中国水土保持学会　组织编写

水土保持行业从业人员培训系列丛书

中国水土保持概论

主编　刘震

中国水利水电出版社
www.waterpub.com.cn
·北京·

内 容 提 要

21世纪伊始，我国的水土保持事业进入新的重要发展时期。随着科学技术的迅猛发展，人们的思维方式快速转变，高新技术手段层出不穷，社会管理制度不断完善，由此深刻影响了水土保持的方方面面，促使水土保持在发展理念、管理方式、技术方法等诸多方面实现了跨越式发展，取得了许多重要成果。全书基本涵盖了当今水土保持行业发展的主要领域，旨在及时、系统、全面总结各种新理念、新方法、新技术。

本书适合行业管理人员、科技工作者、大专院校学生以及其他相关人员阅读和参考，以便及时了解和掌握行业发展的新动态、新成果。

图书在版编目（ＣＩＰ）数据

中国水土保持概论 / 刘震主编 ；中国水土保持学会
组织编写. -- 北京 ：中国水利水电出版社，2018.1
（水土保持行业从业人员培训系列丛书）
ISBN 978-7-5170-6294-3

Ⅰ．①中… Ⅱ．①刘… ②中… Ⅲ．①水土保持—中
国—技术培训—教材 Ⅳ．①S157

中国版本图书馆CIP数据核字(2018)第020107号

书　　名	水土保持行业从业人员培训系列丛书 **中国水土保持概论** ZHONGGUO SHUITU BAOCHI GAILUN
作　　者	主编　刘震 中国水土保持学会　组织编写
出版发行	中国水利水电出版社 （北京市海淀区玉渊潭南路 1 号 D 座　100038） 网址：www. waterpub. com. cn E－mail：sales@waterpub. com. cn 电话：（010）68367658（营销中心）
经　　售	北京科水图书销售中心（零售） 电话：（010）88383994、63202643、68545874 全国各地新华书店和相关出版物销售网点
排　　版	中国水利水电出版社微机排版中心
印　　刷	天津嘉恒印务有限公司
规　　格	184mm×260mm　16 开本　17.75 印张　415 千字
版　　次	2018 年 1 月第 1 版　2018 年 1 月第 1 次印刷
印　　数	0001—3000 册
定　　价	**49.00 元**

《水土保持行业从业人员培训系列丛书》

编 委 会

主 任 刘 宁

副主任 刘 震

成 员 （以姓氏笔画为序）

王玉杰	王治国	王瑞增	方若枰	牛崇桓	左长清
宁堆虎	刘宝元	刘国彬	纪 强	乔殿新	张长印
张文聪	张新玉	李智广	何兴照	余新晓	吴 斌
沈雪建	邰源临	杨进怀	杨顺利	侯小龙	赵 院
姜德文	贺康宁	郭索彦	曹文洪	鲁胜力	蒲朝勇
雷廷武	蔡建勤				

顾 问 王礼先 孙鸿烈 沈国舫

本 书 编 委 会

主 编 刘 震

编写人员

刘 震	宁堆虎	张长印	左长清	刘宝元
王治国	李智广	张小林	张文聪	杨 扬
王海燕	张 超	罗志东	王敬贵	单志杰
丛佩娟	冯 伟	常丹东	苏仲仁	高景晖
邱维理	季玲玲	尤 伟	谢 云	秦 伟
张光辉	王昭艳	邱扬	李 柏	王志强

统 稿 刘 震

总　序

　　水是生命之源，土是生存之本，水土资源是人类赖以生存和发展的基本物质条件，是经济社会可持续发展的基础资源。严重的水土流失是国土安全、河湖安澜的重大隐患，威胁国家粮食安全和生态安全。20世纪初，我国就成为世界上水土流失最为严重的国家之一，最新的普查成果显示，全国水土流失面积依然占全国陆域总面积的近1/3，几乎所有水土流失类型在我国都有分布，许多地区的水土流失还处于发育期、活跃期，造成耕地损毁、江河湖库淤积、区域生态环境破坏、水旱风沙灾害加剧，严重影响国民经济和社会的可持续发展。

　　我国农耕文明历史悠久而漫长，水土流失与之相伴相随，并且随着人口规模的膨胀而加剧。与之相应，我国劳动人民充分发挥聪明才智，开创了许多预防和治理水土流失、保护耕地的方法与措施，为当今水土保持事业发展奠定了坚实的基础。新中国成立以来，党和国家高度重视水土保持工作，投入了大量人力、物力和财力，推动我国水土保持事业取得了长足发展。改革开放以来，尤其是进入21世纪以来，我国水土保持事业步入了加速发展的快车道，取得了举世瞩目的成就，全国水土流失面积大幅减少，水土流失区生态环境明显好转，群众生产生活条件显著改善，水土保持在整治国土、治理江河、促进区域经济社会可持续发展中发挥着越来越重要的作用。与此同时，水土保持在基础理论、科学研究、技术创新与推广等方面也取得了一大批新成果，行业管理、社会化服务水平大幅提高。为及时、全面、系统总结新理论、新经验、新方法，推动水土保持教育、科研和实践发展，我们邀请了当前国内水土保持及生态领域著名的专家、学者、一线工程技术人员和资深行业管理人员共同编撰了这套丛书，内容涵盖了水土保持基础理论、监督管理、综合治理、规划设计、监测、信息化等多个方面，基本反映了近30年、特别是21世纪以来水土保持领域发展取得的重要成果。该丛书可作为水土保持行业工程技术人员的培训教材，亦可作为大专院校水土保持专业教材，以及水土保持相关理论研究的参考用书。

近年来，党中央做出了建设生态文明社会的重大战略部署，把生态文明建设提到了前所未有的高度，纳入了"五位一体"中国特色社会主义总体布局。水土保持作为生态文明建设的重要组成部分，得到党中央、国务院的高度重视，全国人大修订了《中华人民共和国水土保持法》，国务院批复了《全国水土保持规划》并大幅提高了水土保持投入，水土保持迎来了前所未有的发展机遇，任重道远，前景光明。希望这套丛书的出版，能为推动我国水土保持事业发展、促进生态文明建设、建设美丽中国贡献一份力量。

《水土保持行业从业人员培训系列丛书》编委会

2017年10月

前　言

　　21世纪的前20年，是我国水土保持事业发展的重要时期。经济社会的快速发展积累了较为坚实的经济基础，人们对人与自然关系的认识从"征服"到"和谐"，有了质的飞跃，科技迅猛发展推动了思维方式的转变、提供了众多高新技术手段，社会管理制度不断完善，这些都深刻影响了水土保持的方方面面，促使水土保持在发展理念、管理方式、技术方法等方面实现了跨越发展，取得了许多重要成果。为及时、系统、全面总结这批新理念、新技术、新方法，以便行业管理人员、科技工作者、大专院校学生以及其他相关人员及时了解和掌握行业发展的新动态、新成果，特邀请了当今水土保持与生态领域著名的学者、专家共同编撰完成本书。

　　全书基本涵盖了当今水土保持行业发展的主要领域，反映了当今水土保持学科和实践发展的众多新成果，主要包括自然环境背景、水土流失状况、水土保持发展历程、区划与规划、综合治理、预防与监督、监测、信息化建设、科技、战略与展望等内容。

　　本书编写工作启动于2014年10月，2015年5月确定章节结构，2016年5月形成初稿、11月定稿。各章节编写工作由不同学者负责，统稿、定稿：刘震；绪论：刘震、左长清、王海燕；第1章：刘宝元、杨扬、邱维理、谢云、张光辉、邱扬、王志强；第2章：刘震、张长印、王海燕；第3章：宁堆虎、张文聪；第4章：刘震、王治国、张超；第5章：张长印、苏仲仁、丛佩娟、冯伟、常丹东；第6章：张小林、高景晖、季玲玲、尤伟；第7章：李智广、王敬贵；第8章：张长印、罗志东；第9章：左长清、单志杰、秦伟、王昭艳、李柏；第10章：王治国、张超。

　　由于知识水平和时间有限，书中还有疏漏和不足之处，敬请广大读者批评指正。

刘震

2017年11月

目　录

绪　论

0.1　我国的水土流失

　　水土流失是指在水力、风力、重力和冻融等侵蚀营力及不合理人为活动作用下，水土资源和土地生产力的破坏和损失，包括地表侵蚀和水的损失。水土流失是一个古老的自然现象，在人类出现以前的漫长岁月里，仅表现为水力、风力、冻融和重力作用下产生的自然侵蚀。随着人类出现，人口不断增加以及对水土、植物资源的开发利用，自然生态平衡打破，侵蚀速率超过自然侵蚀成百上千倍，产生了加速侵蚀，这种侵蚀破坏了人类正常的生产生活秩序，甚至对生存与发展构成威胁。现在所讲的水土流失，主要是指的这种加速侵蚀。

0.1.1　演变历史

　　我国曾经是森林茂密的国家，无论在高山、低丘，到处都是原始森林，全国森林覆盖率高达 60％以上，东北和西南地区高达 80％～90％。几千年来，随着自然气候的变化，社会发展、人口膨胀、农业生产区扩展、军屯民垦、毁林开荒、采矿冶炼等人为活动频繁，水土流失不断加剧。西汉时期，全国农业区大致格局基本形成，与之相应，在吕梁山以西、六盘山以东的黄土丘陵区的水土流失就已经比较严重。《汉书·沟洫志》上就有"泾水一石，其泥数斗""河水重浊，号为一石水而六斗泥"的记载。至东汉时期，水土流失加剧，黄河水患频发，有关大水的记载不绝于史。明末清初，人口激增，全国各地山地开发明显加速，致使大量陡坡旱地、山坡地、丘陵地被开发，水土流失加重。到 20 世纪初，中国已成为世界上水土流失最严重的国家之一。

　　黄土高原水土流失加剧过程和生态环境的变迁过程是全国的一个缩影。据考证，西周时期黄土高原大部分为森林，其余则是一望无际的肥美草原。秦汉时期以"山多林多，民以板为室"著称。战国时期的榆林地区是著名的"卧马草地"。公元 4 世纪，西夏国位于无定河上游红柳河畔的靖边县，建都于统万城，那里曾是"临广泽而带清流"。在公元 10 世纪以前，曾有 13 个王朝在陕西建都，就因为这里曾是林茂草丰、土壤肥沃、河水充沛的繁荣富庶之地。随着人口增加，军屯民垦，毁林垦荒，森林、草原植被都遭到严重破坏，常常是"野火燎原一炬百里"，烧林狩猎更是司空见惯，伐木阻运、焚林驱兵则是战争常用的手段。加上统治者大兴土木，砍伐森林，致使森林越来越少，植被越来越稀，水

土流失加剧，地貌支离破碎，沟壑纵横。

据记载，秦汉至南北朝时期，黄土高原森林面积不少于 25 万 km²，唐宋时期减少到 20 万 km²，明清时期减少到 8 万 km²，中华人民共和国成立前期仅存 3.7 万 km²，森林覆盖率降至 3%，个别地方甚至更低。而保存下来的也是林相残败，草场退化。榆林地区由"卧马草地"变成不毛之地，流沙越过榆林城 30km 有余，曾经拥有 10 万人口的统万城已变成沙漠废墟。

唐代后期大昌至庆阳间的董志塬，唐朝时称为彭原，据《元和郡县志》卷三《宁州》记载，南北长 40km 有余，东西宽 30km 有余，总面积 1300km² 有余，到现在南北大体如旧，而东西最宽处只有 18km，最窄处只有 0.5km，1300 多年间损失平原近 600km²。塬面遭到严重切割和侵蚀，生态环境遭受严重破坏，土地退化，洪涝、干旱灾害日趋严重。

古代丝绸之路南道的塔克拉玛干沙漠南缘，古代曾是人丁兴旺的绿洲，拥有发达的灌溉农业，由于植被破坏，沙漠扩大，绿洲早已消失。华北平原和太行山一带，两千年前到处是"地幽人迹少，树密鸟声多，绿树绿翠壁，松林撼晨风"的森林景观，森林覆盖率达 60%～70%，而到 20 世纪中叶，仅残存一些天然次生林，森林覆盖率只有 5% 左右。太行山不少地方岩石裸露，寸草不生。科尔沁沙地在 300 年前还是"长林丰草、凡马驼牛羊孳息者，岁以千万计"的森林草原，后来成为"沙地旱海八百里"。愈是近代，人类活动对生态环境的破坏愈烈。1644 年清代开始时，全国森林覆盖率为 21%，到 1949 年仅剩下 8.6%。全国不少地方光山秃岭，风沙四起，水土流失严重，生态环境恶化。

20 世纪上半叶，国内外社会矛盾激化，政局动荡变革，水旱灾害频繁，水土流失十分严重。中华人民共和国成立之初，全国水力侵蚀面积约为 150 万 km²。

中华人民共和国成立以后，党和国家高度重视水土保持工作，组织开展了大规模水土流失治理工作，水土保持工作成效明显。但是，由于人们认知水平的局限性，对人与自然关系的认识受到自然、经济、社会等多方因素限制，水土流失防治工作经历了一个曲折发展的过程。20 世纪 50 年代后，为满足粮食需求，在"人定胜天""大跃进"等指导思想和政策引导下，出现了滥垦、滥牧、滥樵、滥伐现象，水土流失加剧，很多林区、牧区相继成为新的水土流失区。据全国第一次土壤侵蚀调查结果显示，20 世纪 80 年代末，全国土壤侵蚀面积达到 367.03 万 km²，其中，水力侵蚀面积为 179 万 km²，比 50 年代中期增加了 26 万 km²。

改革开放以来，国家进一步提高了对水土保持工作的重视程度，加大了水土保持投入力度，有计划、有组织地开展了水土流失综合防治工作。据 20 世纪 90 年代第二次土壤侵蚀遥感调查成果显示，与第一次全国土壤侵蚀统计调查数据相比全国水土流失面积减少了 11 万 km²。但是，随着我国经济建设速度不断加快，大规模生产建设活动引发了新的水土流失，"边治理，边破坏"现象十分突出。

20 世纪 90 年代以来，国家进一步加大了水土保持工作力度，实施了多项水土保持重点治理工程，建立了生产建设项目水土保持"三同时"制度，控制人为水土流失。各类水土保持措施逐渐发挥作用，水土流失预防和治理成效显著。据第一次全国水利普查水土保持情况普查结果显示，截止 2011 年底全国水土流失面积 294.91 万 km²，比第二次全国土壤侵蚀遥感调查减少了 61.09 万 km²。

0.1.2 主要特征

我国2/3以上的陆地为山地，气候类型丰富多样，加之农耕文明由来已久，大量土地遭受过度开垦使得我国成为当今世界水土流失最严重的国家之一，水土流失呈现面广、量大、强度高等显著特征。

0.1.2.1 面积大，分布范围广

据《全国水利第一次普查水土保持普查情况报告》，全国现有水土流失面积294.91万km²，约占国土总面积的1/3。其中，水力侵蚀面积129.32万km²，风力侵蚀面积165.59万km²。水土流失在我国分布范围十分广，在广大农村地区非常普遍，在城镇和工矿区大量存在；在山地丘陵区存在，在高原和平原也普遍存在。

0.1.2.2 程度剧烈，流失量大

据中国水土流失与生态安全综合考察成果显示，全国多年平均土壤侵蚀总量约为45亿t，主要江河的多年平均土壤侵蚀模数约为3400t/(km²·a)，部分区域侵蚀模数甚至超过30000t/(km²·a)，侵蚀强度远高于土壤容许流失量。从省级行政区看，山西、内蒙古、重庆、陕西、甘肃、新疆6省（自治区、直辖市）的水土流失面积都超过了其总土地面积的1/3。

0.1.2.3 成因复杂，类型多样

我国复杂多变的气候类型和地形地貌特征，造成了水土流失形式多样，几乎涵盖了全世界所有的水土流失类型。水力、风力、冻融、重力侵蚀、混合侵蚀特点各异。在水力侵蚀区溅蚀、面蚀、沟蚀等十分普遍；在风力侵蚀区以风沙流为主，严重时发展成为沙尘暴；在冻土区和雪线以上主要有冻融侵蚀和冰川侵蚀；在重力侵蚀区，崩塌、溜砂、崩岗、陷穴、泻溜等都比较常见；混合侵蚀则以滑坡、泥石流为主要表现形式。

0.1.2.4 时空分布不均，区域分异显著

受地形、地貌、降水、大风等因素的影响，我国水土流失在时间、区域和地类分布上存在较大差异，呈现一定规律性。从时间分布来看，水力侵蚀主要发生在6—9月的主汛期，土壤流失量一般占年均流失量的80%以上，常常几场暴雨就能达到；风力侵蚀主要发生在冬、春季。

在区域分布上，水力侵蚀以长江、黄河两大流域最为严重，水土流失面积分别占流域总面积的30%和60%，特别是黄河中上游地区，水土流失面积占比更高；风力侵蚀主要分布在西北地区几大沙漠及其邻近地区、内蒙古草原和东北的低平原地区，约占全国风蚀总面积的90%以上。

在地类分布上，黄河流域特别是西北黄土高原，水土流失主要分布在沟道，约占总侵蚀量的50%～85%；长江流域主要分布在坡耕地和荒山荒坡。风力侵蚀主要集中在农牧交错区。

严重的水土流失，导致耕地减少，土地退化，江河湖库泥沙淤积，影响水资源的有效利用，加剧洪涝灾害，恶化生态环境，危及国土和国家生态安全，给国民经济发展和人民群众生产、生活带来严重危害，已成为我国重大生态环境问题。加快水土流失治理进程，改善生态环境，有效保护和合理利用水土资源，是关系中华民族生存和发展的长远大计，

是我国生态文明建设一项十分紧迫的战略任务。

0.2　我国的水土保持

我国水土保持源远流长，最初为保护农耕地而产生，可以看出，我国农耕文明绵延数千年，水土保持与之相伴相生、经久不衰。在古代，黄河流域就有"平治水土"之说，从西周到晚清，人民群众创造了保土耕作、沟洫梯田、造林种草、打坝淤地等一系列水土保持方法，当代有关水土保持的理论和方法，很多都是我国历史上水土保持实践的发展和延续。中华人民共和国成立后，在党和国家的重视和关怀下，水土保持事业进入了一个全新的发展时期。改革开放以来，特别是进入新世纪以来，随着经济社会的快速发展，国家对水土保持的投入持续加大，全社会水土保持意识逐渐增强，水土保持事业迎来了黄金发展期，水土保持各项工作取得了举世瞩目的巨大成就。

0.2.1　发展现状

0.2.1.1　成为一门独立完整的学科

水土保持逐渐从土壤保护学科分离出来，水土保持理论体系逐渐得到丰富和完善。从最初仅对侵蚀分类、侵蚀过程及其影响因素的基本、碎片化的认知，到通过长期数以万计的现场试验、观察和测试，积累了大量宝贵的科学数据，建立了土壤侵蚀、水土流失演变、生态系统演变过程与恢复重建、土壤侵蚀监测预报等理论。同时，水土保持规划学、水土保持工程学、水土保持植物学、生产建设项目水土保持等方面的理论逐步完善，诸多学者在水土保持生态补偿、城市水土保持等研究方面进行了有益探索。这些都极大地丰富和发展了水土保持理论基础，建立了较为完整的水土保持理论体系，使水土保持逐步成为一门独立完整的学科。

0.2.1.2　建立了专门机构队伍

水土保持行政管理、科学研究、学科教育、技术服务等体系逐步发展壮大。为做好水土保持工作，从中央到地方相继成立了水土保持行政管理、监督执法、监测培训、科学研究、学科教育、学术团体等专门机构。目前，全国 7 个流域机构都成立了水土保持局（处），全国有 30 个省（自治区、直辖市）水利厅（局）成立了水土保持局（处），有近 3000 家水土保持技术服务企业和科技公司，从业人员达 6 万余人，为水土保持各项工作有序开展提供了重要的人力资源基础。

0.2.1.3　已融入国民经济的诸多领域

水土保持作为国家生态文明建设的重要组成部分，随着国家经济的不断发展，已经突破了传统的"保土、保肥、保水"的农业耕作领域，扩展到了交通、电力、资源与能源开发、基础设施建设、城镇建设、公共服务设施建设等数十个国家重要的经济部门和新兴发展领域。各类生产建设项目水土保持、城市水土保持已经成为国民经济健康运行和可持续发展不可或缺的重要支撑，在国民经济和社会发展中的地位不断提升，发挥着越来越重要的作用。

0.2.1.4 形成了独具中国特色的综合防治方略

水土流失预防和治理实践从试验示范到全面实施，实现了 7 个重大转变：水土保持从典型示范到全面发展；从单项措施、分散治理到以小流域为单元，分区防治、分类指导，综合治理；从单纯治理到以防为主、防治结合；从传统的治理方法到依靠科技，采用和引进新技术、新方法和先进的管理模式；从防护性治理到治理开发相结合，生态、经济和社会效益统筹兼顾，协调发展；从单纯依靠政府行为组织到采取行政、经济、法律手段相结合；从单纯依靠人工重点治理到人工治理和生态自然修复相结合；从单纯依靠经验开展治理到依靠水土保持技术标准体系、实行标准化治理，水土保持走出了一条具有中国特色的水土流失综合防治的新路子。

0.2.2 防治成效

中华人民共和国成立以来，特别是改革开放以来，党和政府领导人民群众开展了大规模的水土流失综合防治，先后实施了长江上游、黄河中上游、环京津地区、珠江上游、黄土高原淤地坝建设、全国坡耕地水土流失综合治理、革命老区水土流失综合治理、国家农业综合开发等多项国家重大水土保持工程。截至 2013 年年底，全国累计治理小流域 7 万多条，实施封育 80 多万 km^2，建设基本农田 1800 多万 hm^2，治理效果十分明显。

0.2.2.1 减少江河泥沙，减轻洪涝灾害

据全国第一次水利普查水土保持情况普查结果显示，截至 2011 年，全国各类水土保持措施面积达 99.16 万 km^2，工程、植物和其他措施分别为 20.03 万 km^2、77.85 万 km^2、1.28 万 km^2。黄土高原淤地坝 5.8 万座，淤地面积 927.57 万 km^2。据 1950—2005 年数据分析，全国梯田、坝滩地、乔木林、灌木林、经济林、人工种草等 6 类水土保持措施累计保水 6604.43 亿 m^3，年均 120.08 亿 m^3；历年修建骨干坝、中小型淤地坝、蓄水池、水窖、涝池、塘坝、谷坊等水土保持工程措施 904.65 万座（处），在有效利用期内累计蓄水 240.45 亿 m^3。水土保持措施累计保土 737.74 亿 t，年均保土 13.41 亿 t。"十二五"期间，全国实施综合治理的水土流失面积 26.55 万 km^2，治理小流域 2 万余条，改造坡耕地 2000 多万亩，在改善生态环境、减少江河泥沙、减轻洪涝灾害等方面发挥了重要作用。

0.2.2.2 促进农业生产，发展区域经济

中华人民共和国成立以来，通过综合治理，建设基本农田 1800 万公顷，为农业稳产高产创造了条件。经测定，梯田每公顷可增产粮食近 1500kg 左右，全国仅此每年可增产粮食 270 亿 kg。各地还因地制宜地发展了各类品质优良、适销对路的经济林果，建成了一批果品生产基地，形成了新兴的地方支柱产业和经济增长点。据测算，营造的 460 多万公顷经济林，年可增产果品 250 亿 kg，增加了当地群众的经济收入。同时，通过水土保持蓄水工程建设，解决了部分山区群众饮水难的问题。种植的近 5000 万公顷林草，不仅绿化了荒山，控制了水土流失，还解决了群众的部分燃料、饲料和用材问题。经过重点治理的地区，群众脱贫率普遍在 90% 以上，水土保持工程被誉为"德政工程""富民工程"。

0.2.2.3 改善生态环境，减轻自然灾害

经过治理的地区，土地资源得到合理开发利用和有效保护，植被覆盖率显著提高，农业生产条件改善，粮食产量和经济收入增加，人口、资源、环境和经济趋于协调发展。据

对长江上中游水土保持重点防治工程一、二、三期实施治理的 1890 条小流域调查统计显示，经过 5 年连续治理，荒山荒坡减少了 81%，林草覆盖率由治理前的 23.3% 提高到 44.8%。坡耕地面积减少了 42%，其中 25° 以上陡坡耕地减少了 73%，治理区水土流失面积占总土地面积的比重已由治理前的 63.5% 降低到 33.6%，生态环境状况已明显改善。

新疆、甘肃、内蒙古等地对风沙危害开展的治理也取得了一定成效。特别是陕西榆林市通过长期不懈的综合治理，沙区面貌发生了巨大变化。植被覆盖率由中华人民共和国成立之初的 1.8% 提高到目前的 39.8%，有 40 万公顷的流沙得到固定或半固定，南移流沙得到有效遏制。

0.2.3 主要特点

在长期的实践中，我国水土保持工作者积累了丰富的防治经验，形成了一整套适应我国自然地理特征和经济发展方式的水土流失预防和治理体系，彰显了中国特色。

0.2.3.1 在防治战略上，协调推进预防保护与综合治理

我国水土流失防治任务非常艰巨，既要治理历史上自然和人为原因造成的严重水土流失，也要预防新的水土流失发生。制定预防保护与综合治理协同推进战略，一方面，针对历史遗留的严重流失区，投入大量人、财、物力进行综合治理，加快治理进程；另一方面，针对经济社会快速发展，大规模经济建设活动可能引发新增水土流失的地区，坚决贯彻预防为主、保护优先的方针，实施大规模的预防保护措施，有效控制新增人为水土流失。

0.2.3.2 在指导思想上，坚持人与自然和谐，妥善处理生态保护与经济、社会发展的关系，实现生态、经济和社会效益协调统一

长期的实践证明，水土保持各项工作能否顺利开展，水土保持事业能否持续健康发展，关键在于能否处理好人与自然的关系，既要保护和改善生态环境，又要坚持以人为本，充分考虑水土流失区群众发展生产、改善生活的迫切需求，协调好治理保护与开发的关系。单纯就水保论水保、就生态论生态，脱离经济、社会发展需求搞生态建设难以奏效。只有将开发寓于治理措施之中，使两者紧密结合，实现经济、生态、社会三大效益的统一，才能充分调动各方面的积极性，治理成果才能巩固持久，水土保持才有生命力。

0.2.3.3 在技术路线上，坚持以小流域为单元，因地制宜，科学规划，工程、生物和农业技术措施优化配置，山水田林路村综合治理

小流域是一个完整的自然集水区和水土流失单元，是大江大河产水、产沙的源头。以小流域为单元，以提高生态效益和社会经济持续发展为目标，上中下游兼顾，山、水、田、林、路、村统一规划，根据不同自然地理和社会经济条件，合理安排农、林、牧、副各业用地，多项水土保持措施对位配置、优化组合，形成各具特色的多功能、多目标的水土保持综合防护体系和小流域经济体系，治本清源，减缓和拦蓄地表径流，做到水不乱流、土不位移，有效控制水土流失、改善生态环境，实现流域内经济、社会的可持续发展。

0.2.3.4 在防治布局上，以大流域为骨架，以国家重点工程为依托，人工治理与生态修复有机结合，集中连片、规模推进

我国水土流失量大面广，在资金投入相对有限、治理需求相对无限的前提下，按照全

国和区域水土保持规划，以国家投资的重点治理工程为依托，采取集中连片、规模治理的方式，集中投入，连片规模推进，形成规模效应。以国家水土保持重点工程为示范，引导、辐射带动周边地区以及社会各方投入水土流失预防和治理，加快水土流失综合防治进程。

以中等尺度和大尺度流域为规划单元、以小流域为设计单元，以区域水土流失防治的关键点为突破口，在小流域这个基本设计单元内优化配置各项措施，最大限度地获取水土保持生态、经济和社会效益。坚持人工治理与生态自然修复相结合，对水土流失严重、治理需求迫切的小范围地区开展人工治理，进行人工干预，有效控制水土流失；对水土流失相对较轻或治理需求相对较低的大范围地区，实施生态修复，采取封育保护等措施，促进生态环境改善。

0.2.3.5　在实施保障上，坚持依法开展水土流失预防与治理工作

《中华人民共和国水土保持法》及其配套法规制度是保护生态环境、遏制人为新增水土流失的法律武器。目前，我国正处在一个经济和社会较快发展时期，对大规模的交通设施建设、矿产资源开发、农林开发等活动如不依法加强管理，必将加剧人为水土流失，进一步恶化本来就很脆弱的生态环境。法律是保障，执法是关键，必须长期不懈，依法防治水土流失。同时，通过推进水土保持机构、职能、权限、程序、责任法定化，推行权力清单制度，推行公众参与、专家论证、风险评估、信用管理等制度，为强化水土流失预防和保护夯实基础。

0.2.3.6　在防治投入上，坚持发挥政策灵活性作用，调动社会各方力量

水土保持是一项规模宏大和任务艰巨的工程，需要大量的资金和劳动投入，完全靠国家投资远远不够，关键在于调动群众的积极性。改革开放30多年的实践证明，调动群众的积极性关键在改革，改革的关键在于依靠政策不断地建立适应市场经济运行规律的新机制。从20世纪80年代开始的户包，到90年代的拍卖"四荒"使用权、股份合作等多种治理形式，水土保持通过深化改革，不断创新机制，充分发挥政策推动作用，极大地调动了农民和社会各界投入治理的积极性，使水土保持充满了生机和活力，形成了治理主体多元化，投入来源多样化，资源开发产业化的多渠道、多层次投资治理，全社会办水保的新格局。

0.2.4　地位与作用

随着我国经济和科技快速发展，人口、资源、生态与环境问题的日益突出，水土保持在我国经济社会发展中的地位和作用越来越凸显。实践表明，水土保持是生态文明建设的重要内容、是实现可持续发展的重要保证、是促进人与自然和谐的重要手段、是我国全面建设小康社会的基础工程，是关系中华民族生存发展的长远大计。

0.2.4.1　水土保持是生态文明建设的重要内容

生态文明建设是中国特色社会主义事业的重要内容，关系人民福祉，关乎民族未来，事关"两个一百年"奋斗目标和中华民族伟大复兴中国梦的实现。建设生态文明就是要坚持节约资源和保护环境的基本国策，全面促进资源节约利用，加大自然生态系统和环境保护力度。水、土资源是生态环境的构成要素，是决定生态环境质量和演替发展进程的重要

因素。水土保持是维持和改善水、土资源状况的重要工程，是维护和改善生态环境的基础保障，是建设生态文明的重要内容。2015年，中共中央、国务院发布的《关于加快推进生态文明建设的意见》再一次明确了水土保持在国家生态文明建设中的作用，提出了"加强水土保持，因地制宜推进小流域综合治理"的要求。

0.2.4.2　水土保持是可持续发展的重要保证

实施可持续发展战略是我国的一项基本国策。选择可持续发展道路，是人类社会在面临人口、资源、环境等一系列重大问题时进行长期反思的结果。相对于传统的发展观，可持续发展观强调的是发展的可持续性，其核心是经济发展应当建立在资源可持续利用、环境可持续维护的前提下，既满足当代人的需要，又不对后代人满足其需要的能力构成威胁。水土资源和生态环境是一切生命机体繁衍生息的根基，是人类社会发展进步过程中不可替代的物质基础和条件。实现水土资源的可持续利用和生态环境的可持续维护，是经济社会可持续发展的客观要求，也是当前我国亟须破解的两大问题。

水土流失导致资源基础破坏、生态环境恶化，加剧自然灾害和贫困，危及国土和国家生态安全，对经济社会可持续发展构成严重制约。从古代的"平治水土"，到现在的预防为主、防治结合，乃至近年来总结形成的人工治理与生态修复相结合防治方略，水土保持一直是几千年来人们保护和合理利用水土资源、改善生态环境不可或缺的有效手段，是可持续发展的重要保证。

0.2.4.3　水土保持是实现人与自然和谐的重要手段

实现人与自然和谐是人类对人与自然关系认识的一次质的飞跃，是社会发展史上的一个重大研究成果，已经成为全球范围的广泛共识。人与自然和谐是我国构建社会主义和谐社会的重要内容，是社会主义现代化建设的客观要求，是经济社会可持续发展的一个必然选择。水土保持是人类在不断追求人与水土和谐的基础上产生的一门科学，人与自然和谐的理念始终贯穿于水土保持的整个发展过程，水土保持的发展史就是一部人与自然和谐相处的发展史。

0.2.4.4　水土保持是全面建设小康社会的基础工程

党的十八大报告提出到2020年全面建成小康社会的伟大目标。党的十八届五中全会对全面建成小康社会的目标作了新的阐述，突出了更加注重发展质量、更加强调全面协调可持续的特征。更加注重质量和可持续的发展，不是以破坏水土资源、牺牲生态环境为代价换取速度的发展，而是要在水土资源、生态环境可承载范围内的发展，是与水土资源可持续利用和生态环境可持续维护相协调的发展。加强水土保持工作，加快水土流失防治进程，一方面控制水土流失区生态环境脆弱、恶化趋势，另一方面预防经济建设过程中可能新增的水土流失，改善生态环境，提高生态环境承载能力，为全面建成小康社会打下坚实基础。

0.2.4.5　水土保持是中华民族生存发展的长远大计

江河水患是长期困扰中华民族的心腹大患，粮食问题事关国计民生社稷安危。随着人口增加，经济社会快速发展，饮水安全、生态安全等一系列新问题接踵而来。这些问题的产生都与水土资源有着极为密切的关系。人类文明的兴衰与水土资源的状况休戚与共、息息相关，水土资源是人类生存发展的基础和文明的根基，是人与人、人与自然、人与社会和谐共生，良性循环、持续发展的基础。可以断言水土保持不仅是我们治理江河根除水患的治本之策，整治国土保证粮食安全的重要保证，应对饮水安全问题、实现水资源可持续利用的有效手段，而且是推动中国走向生态文明、实现中华民族伟大复兴的必然选择。

本 章 参 考 文 献

［1］ 刘震，中国水土保持小流域综合治理的回顾与展望［M］. 郑州：黄河水利出版社，2016.

［2］ 张连伟. 中国古代森林变迁史研究综述［J］. 农业考古，2012（3）：208－218.

［3］ 李丙寅. 中国古代环境保护［M］. 郑州：河南大学出版社，2001.

［4］ 王尚义. 两汉时期黄河水患与中游土地利用之关系［J］. 地理学报，2003，58（1）：73－82.

［5］ 方修琦，章文波，魏本勇，胡玲. 中国水土流失的历史演变［J］. 水土保持通报，2008（1）：158－165.

［6］ 朱士光. 黄土高原地区环境变迁及其治理［M］. 郑州：黄河水利出版社，1999.

［7］ 王志文. 中国北方地区森林—草原变迁和生态灾害的历史研究［D］. 北京：北京林业大学，2006.

［8］ 鄂竟平. 中国水土流失与生态安全综合考察科学报告［J］. 中国水土保持，2008（12）.

［9］ 中华人民共和国水利部，全国第一次水利普查水土保持情况普查公报，2013.

［10］ 中华人民共和国水利部，全国水土保持规划（2015—2030年），2015.

［11］ 中华人民共和国水利部，中国科学院，中国工程院. 中国水土流失与生态安全综合科学考察·总卷（上）［M］. 北京：科学出版社，2011.

第 1 章
自然环境背景

1.1 地 质 地 貌

区域地质地貌条件是现代土壤侵蚀发生与发展的基础。首先，区域地质构造和新构造运动决定了地表起伏状态和侵蚀区、堆积区的空间分布；其次，岩石的物理、化学性质和破碎程度，以及沉积物的结构、沉积层的厚度等物质基础决定了岩层的透水性和抗侵蚀能力；第三，地貌类型及相应的形态特征直接影响着区域土壤侵蚀的类型和强度。

1.1.1 地质背景

中国幅员辽阔，地质环境的空间差异较大，发展历史也不尽相同。总体来说，我国地质有以下两大基本特征。一是各时代地层发育齐全。出露地层由古至今包括太古宇（AR）、元古宇（PT）、下古生界（Pz_1）、上古生界（Pz_2）、中生界（Mz）和新生界（Cz），面积共计约 867 万 km^2，占全国陆地总面积的 90.3％。其中，新生界和中生界的地层出露面积最大，分别占各类地层出露总面积的 46.2％和 28.3％。这两类地层主要由松散沉积物和轻度胶结的碎屑岩构成，极易遭受侵蚀破坏。二是地质构造格局及其演化过程复杂。我国地质构造历史的演化通常划分为 12 个构造期（构造旋回），每个构造期有其相应的代表性构造运动，并伴随着强烈的岩浆活动和区域变质作用。大陆的两大类基本构造单元，即以陆块为代表的稳定区和以陆缘为代表的活动带，在其发展历史中，均经历了多旋回的构造运动，形成不同尺度、不同形式地质构造的相互叠加，造就了复杂的岩性组合和破碎的构造分割状况，为土壤侵蚀提供了丰富多样的物质基础。

1.1.2 地貌特征

我国地形起伏明显，高原和山地主要分布在西部内陆地区，平原和丘陵集中在东部沿海地带，呈现西高东低三级宏观地貌阶梯。最高一级地貌阶梯位于我国西南部，以青藏高原为主体，周缘为喜马拉雅山、昆仑山、阿尔金山、祁连山和横断山脉，总面积约 230 万 km^2，平均海拔 4000～5000m；第二级阶梯位于青藏高原以东、以北，延伸至大兴安岭—太行山—巫山—雪峰山一线，面积约 400 万 km^2，平均海拔 1000～2000m；第三级阶梯即为大兴安岭—太行山—巫山—雪峰山一线以东地区，平原与丘陵、山地交错分布，面积约 330 万 km^2，海拔一般 500m 以下。每一级阶梯都由一个起伏和缓的代表性地貌面和一个前沿坡度骤降带组成。后者的相对高度和坡度较大，往往成为我国严重的土壤侵蚀区。

根据形态特征，陆地地貌一般分为山地、丘陵、高原、平原和盆地。这些地貌类型占我国陆地面积的比例依次为33％、10％、26％、12％和19％。根据成因，我国地貌分为以下3类：外营力如重力、流水、风力、冰川、生物等作用塑造的侵蚀地貌和堆积地貌；内营力如构造运动、岩浆作用等形成的各种原生或次生的构造地貌和熔岩地貌等；在物质条件影响下发育成如喀斯特地貌、页岩地貌等各类岩石地貌。不同的形态类型和成因类型组合，造就了我国复杂多样的地貌类型。以四大高原为例，在形态上同属高原，但成因却各不相同。青藏高原是新构造强烈抬升的山原性质高原；内蒙古高原属于新构造显著抬升的剥蚀性质高原；云贵高原是新构造抬升的喀斯特高原；黄土高原则是以构造抬升为主，黄土层加积为特点，二者共同作用形成的类型独特的叠加高原。

从土壤侵蚀的角度来看，山地、丘陵和高原边缘等相对高差显著的地区易遭受水力和重力等外营力侵蚀；而在相对平缓的高原内部、盆地和平原地区，土壤侵蚀比较轻微。但在西北内陆地区，盆地底部的低平堆积性平原在干旱气候条件下也极易遭受风力侵蚀。土壤侵蚀在我国广泛分布，几乎遍及所有的省、自治区和直辖市。

1.1.3 地貌分区和土壤侵蚀

基于三大地貌阶梯及其南北向地貌的宏观差异，我国可分为东部低山平原、东南低中山地、北部高中山平原盆地、西南中高山地和青藏高原5个地貌（一级）大区。在此基础上根据地貌类型及其成因组合特征可进一步划分出38个地貌（二级）区（表1-1）。各地貌单元的地质基础和地貌特征各异，土壤侵蚀也呈现出明显的区域差别。

表 1-1　　　　　　　　　　中 国 地 貌 区 划

地貌大区	地 貌 区
Ⅰ 东部低山平原	ⅠA 三江低平原；ⅠB 长白山中低山地；ⅠC 鲁东低山丘陵；ⅠD 小兴安岭低山；ⅠE 松辽低平原；ⅠF 燕山—辽西中低山地；ⅠG 华北—华东低平原；ⅠH 宁镇平原丘陵
Ⅱ 东南低、中山地	ⅡA 浙闽低中山；ⅡB 淮阳低山；ⅡC 长江中游平原、低山；ⅡD 桂湘赣中低山地；ⅡE 粤桂低山平原；ⅡF 台湾平原山地
Ⅲ 北部高中山平原盆地	ⅢA 大兴安岭中山；ⅢB 山西中山盆地；ⅢC 内蒙古中平原；ⅢD 河套、鄂尔多斯中平原；ⅢE 黄土高原；ⅢF 新甘中平原；ⅢG 阿尔泰山高中山；ⅢH 准噶尔低平原；ⅢI 天山高山盆地；ⅢJ 塔里木盆地
Ⅳ 西南中高山地	ⅣA 秦岭大巴山高中山；ⅣB 鄂黔滇中山；ⅣC 四川低盆地；ⅣD 川西南、滇中中高山盆地；ⅣE 滇西南高中山
Ⅴ 青藏高原	ⅤA 阿尔金山祁连山高山山原；ⅤB 柴达木—黄湟中高盆地；ⅤC 昆仑山极大、大起伏极高山、高山；ⅤD 横断山极大、大起伏高山；ⅤE 江河上游中、大起伏高山谷地；ⅤF 江河源丘状高山原；ⅤG 羌塘高原湖盆；ⅤH 喜马拉雅山极大、大起伏高山极高山；ⅤI 喀喇昆仑山大、极大起伏极高山

1.1.3.1 东部低山平原大区

东部低山平原大区位于第三级地貌阶梯北部，大兴安岭—太行山东麓以西，东临黄、渤海海滨，南至大别山北麓—钱塘江口，包括三江平原、松嫩平原和华北平原等一系列堆积平原及长白山、小兴安岭、宁镇丘陵等低山丘陵。

河流堆积平原地势低平，土壤侵蚀一般比较微弱，在河流曲流发育或河道调整过程中偶有侧方侵蚀及由此引发的河岸坍塌等重力侵蚀发生。三江平原、松嫩平原和华东平原都有此特点。但在松嫩平原边缘及华北平原，土壤侵蚀较为严重。

松嫩平原的边缘为长白山与大、小兴安岭的山前冲洪积台地。此地段介于构造下沉区与抬升区之间，第四纪时期曾下沉并接受山前冲洪积物甚至湖相沉积，更新世后期又上升成为台地。松散物质的堆积和相对高起的地形为土壤侵蚀奠定了基础。这一区域夏季降水集中，土壤易遭受雨滴溅蚀和地表流水侵蚀；冬季寒冷，冻融作用降低了土壤的抗侵蚀能力，在春季干旱多风时往往造成强烈的土壤风蚀。华北平原的地貌类型和土壤侵蚀状况更为复杂。首先，山前洪积倾斜平原受山地新构造隆起的牵引而抬升，遭受河流切割后形成山前洪积台地，易发生水力侵蚀。其次，河流泛滥为堆积平原地表带来大量松散沉积物，在华北冬春季节干旱多风的条件下极易遭受风蚀。第三，近年来，大量超采地下水导致地下水位下降，沼泽和湿地减少，易被改造为耕地，加剧了冬春季节的风力侵蚀。第四，19世纪黄河改道改变了苏北滨海平原泥沙的蚀积运动状态，导致现代海岸线快速侵蚀后退。

相比堆积平原，山地和丘陵的侵蚀作用更为普遍和明显。由于东部低山平原大区降水主要集中在夏季，且多暴雨，水力侵蚀强烈，特别是在基岩比较软弱、风化较强或地表覆盖有松散层的部位，易发生严重的坡面侵蚀和沟谷侵蚀。

1.1.3.2 东南低中山地大区

东南低中山地大区位于第三级地貌阶梯南部，伏牛山—巫山—雪峰山—云贵高原东南边缘一线以东，北临大别山—钱塘江口，东南分别至东海、南海。与北方的东部低山平原大区相比，新构造隆起幅度较大，沉降区范围及下沉幅度较小。区内以低山、中山为主，山地间发育有一系列中小型盆地，长江、钱塘江、珠江等水系贯穿其中，塑造了江汉平原、洞庭湖平原等堆积平原，并在河口区发育了珠江三角洲平原、韩江三角洲平原等。此外，在海滨地区还发育有狭窄的沿海平原。

由于区内降水量大，河流水量丰沛，水力侵蚀较强，常形成谷深坡陡、山地破碎的地貌景观。在温暖湿润的气候条件下，植被覆盖度总体较高，可有效保护土壤免受侵蚀；而裸露部分多为抗侵蚀能力高的坚硬岩石，实际土壤侵蚀量并不大。但若植被遭受破坏或山坡稳定性因人类活动而降低，水力侵蚀、重力侵蚀均有可能发生。

区内丘陵主要有两类，一是由红色砂页岩构成的红层丘陵，二是由红色风化壳或红土堆积物组成的红土丘陵。两类丘陵都具有岩性软弱、松散层深厚、抗侵蚀能力差的特点。一旦植被遭到破坏，在暴雨条件下极易发生土壤侵蚀。由红色砂岩和第四纪红土构成的丘陵以水力侵蚀为主；花岗岩、片麻岩出露区则以水力侵蚀和重力侵蚀共同作用为特点，常表现为规模不等的崩塌或滑塌，即俗称的"崩岗"。

河湖堆积平原地势低缓，流经河流的河床比降小，平原内部以堆积作用为主，侵蚀极其微弱，仅限于河流曲流发展过程中的侧方侵蚀与河岸坍塌。受山地新构造抬升的影响，堆积平原的边缘地区往往形成台地或阶地，河流分割作用将其塑造成分散的红土岗丘，高出平原20～30m，易遭受土壤侵蚀。在沿海地区分布的河口三角洲平原和海积平原的土壤侵蚀一般不严重，但在海平面相对上升的岸段，海岸侵蚀后退现象显著。

1.1.3.3 北部高中山平原盆地大区

北部高中山平原盆地大区位于第二级地貌阶梯北部，南至昆仑山—阿尔金山—祁连山—秦岭一线，东临大兴安岭—太行山一线，西北至国境。大部分地区整体构造抬升，形成海拔 1000m 以上的高原如内蒙古高原和黄土高原；西部受断裂构造控制，强烈抬升的断块山地与大幅下沉的大型构造盆地相间分布，从北至南依次为阿尔泰山、准噶尔盆地、天山和塔里木盆地。

北部高中山平原盆地大区东部边缘为大兴安岭和太行山，总体呈北北东—南南西走向。大兴安岭气温低、蒸发量小，森林植被生长良好，水力侵蚀作用不明显，土壤侵蚀量不大；但在毁林开荒地区，侵蚀强度明显增加，不仅出现坡面侵蚀和切沟侵蚀，泥石流也偶有发生。此外，大兴安岭北段是我国地带性多年冻土分布区，存在明显的冻融侵蚀。太行山地区的人类活动历史悠久，植被覆盖度很低，长期侵蚀导致许多地方岩石裸露，抗蚀性强，现代土壤侵蚀量已经很小。但在花岗岩和片麻岩出露区，山前黄土覆盖的低山丘陵、冲洪积台地及河谷两侧阶地，地表松散层较厚，土壤侵蚀较强。

太行山以西为黄土高原，是我国土壤侵蚀最为严重的地区。除少数石质山地外，大部分区域被厚层黄土覆盖，地表物质松散，抗侵蚀能力较弱，为土壤侵蚀提供了充分的物质基础。黄土高原的年降水量虽不多，但季节分配不均，夏季多暴雨，易引发严重的土壤侵蚀。此外，黄土高原遭受穿流而过的黄河及其支流的强烈下切，特别是在夏秋暴雨时节，下切侵蚀加强，沟谷加深；沟头溯源侵蚀加快，沟谷延长；谷坡崩塌、滑坡等形式的重力侵蚀活跃，沟谷展宽。总体而言，黄土高原正处于侵蚀作用非常活跃的青年期后期。在冬春干旱季节，由于缺乏植被，第四纪风成黄土被现代风力作用再次侵蚀，成为北方沙尘暴的重要物源。

大兴安岭以西、黄土高原以北为内蒙古高原。由于地处内陆，年降水量少，分布的内流河短小且侵蚀作用微弱，风力作用成为区域性地貌营力的主体，干燥剥蚀与风沙堆积十分普遍。高原面上有一些新构造下沉的盆地分布，如银川盆地和河西走廊，是流水作用的堆积区，第四纪松散沉积物广泛出露。在干旱气候条件下，缺乏植被覆盖的干燥地表易遭受风力侵蚀。河西走廊南部受祁连山新构造抬升的影响，形成多级高差 50～100m 的洪积台地，水力侵蚀明显。

北部高中山平原盆地大区西部褶皱断块山系与大型断陷盆地相间排列，呈现高低悬殊、形态对比鲜明的地貌特征。阿尔泰山和天山属古老褶皱山系，海拔都在 3000m 以上，地貌营力呈明显的垂直分带特征。在雪线以上的现代冰雪作用带，存在多年积雪，发育有现代冰川，以冰川作用和重力侵蚀为主；雪线以下的中、高山地区为霜冻作用带，堆积有大量古代冰碛物，以冻融作用为主；山体中部为流水作用带，河网密布，河流阶地发育，水力侵蚀普遍；山体下部与山麓地带以风力侵蚀为主，但当暴雨发生时河流的下切侵蚀显著，泥石流和崩塌等重力侵蚀也时有发生。准噶尔盆地和塔里木盆地都是以古老结晶地块为基底的大型沉降盆地，堆积了自古生代以来不同时代的深厚沉积，第四纪松散沉积物广泛覆盖地表。从山麓到盆地中心，地貌类型呈环带状分布，依次为山麓洪积扇群、山前洪积冲积倾斜平原、冲积平原、湖积平原和内陆湖泊。因此，盆地是流水、冰川、重力等多种营力共同作用的堆积区。由于气候干旱，总体以风力作用为主，大量的松散沉积物为其提供了物源，形成广袤的沙漠。

1.1.3.4　西南中高山地大区

西南中高山地大区位于第二级地貌阶梯南部，北以秦岭为界，东起巫山—雪峰山一线，西至横断山地下缘，南至国境。海拔一般 1000～2500m，山地较高。古夷平面被断裂构造分割，形成许多断陷盆地如四川盆地；大江大河贯穿，多数地区河流侵蚀强烈，山谷相间排列，地形破碎。

四川盆地平面呈菱形，长轴北东—南西走向，四周由海拔 2000～3000m 以上的高山和高原环绕。盆地内部按地貌类型可分为 3 部分。西部为新构造下沉区，发育沉积较厚的成都平原；中部龙泉山与华蓥山之间以整体抬升为主，岩层强弱相间，形成典型的方山丘陵；东部以褶皱隆起为特点，形成一系列大致平行的北东向梳状褶皱。盆地降水量充沛，河流水量大，侵蚀能力强，除成都平原为下沉区，侵蚀较微弱外，川中丘陵、川东岭谷地区均为抬升区，遭受长江及其支流的下切侵蚀。虽然地形切割较浅，起伏不大，但由于基岩易风化，人类长期开垦坡地，造成该区坡面侵蚀、沟谷侵蚀和重力侵蚀多种类型并存，侵蚀强度大。

西南中高山地大区的山地包括北部的秦岭、大巴山，东部的巫山、武陵山和雪峰山，南部横断山延伸部分的高黎贡山和哀牢山等。这些山地延伸方向与构造线一致，岭谷相间，水系发达，河流水量大，侵蚀作用强，具有山高、谷深、坡陡的特点。由于多数山地岩石坚硬，植被覆盖度较高，可对坡面碎屑物质起到保护作用，自然状态下土壤侵蚀一般较弱。但在碎屑物质丰富的地段，当植被或坡面稳定性遭到破坏时，水力侵蚀和重力侵蚀都很强烈。

区内的云贵高原同样受到强烈的河流侵蚀，地形破碎，只在河流溯源侵蚀尚未到达的分水岭和河流上游地区保存有相对完整的高原面。以四川昭觉—云南昆明一线为界，西部川西南的西昌和滇中的楚雄地区，主要出露厚层紫色砂岩、页岩，构成波状起伏的红色高原；东部滇东地区与贵州高原，广泛出露浅海相碳酸盐岩与碎屑岩，发育典型的喀斯特地貌。高原地势总体自西向东梯级下降，降水量则自东南向西北减少，再加上不同的地表物质分布，高原内的土壤侵蚀空间差异很大。

1.1.3.5　青藏高原大区

青藏高原大区位于第一级地貌阶梯，北自昆仑山—祁连山，南至喜马拉雅山，东起横断山脉，西抵国境，是晚新生代强烈隆起的地貌单元，平均海拔 4000～5000m 以上，是地球上最高的高原。整体抬升的青藏高原实为一个巨大的侵蚀陆块，侵蚀作用是高原地貌发育的主导过程。边缘山地高差大，坡度陡，是侵蚀过程首先发展的部位，沟谷侵蚀强烈，形成高山深谷；高原内部则宽谷湖盆遍布，起伏相对和缓，在河流溯源侵蚀尚未到达的部位，保持较完整的原始高原面。

青藏高原北部边缘的昆仑山（西段）、阿尔金山和祁连山，与塔里木盆地和河西走廊相邻，流经河流以断陷盆地为基准面强烈下切，并在山前凹陷带堆积大量冲洪积物。由于气候干旱，河流主要靠高山冰川融水补给，水量不大，水力侵蚀有限；山地上部以冰川和冰缘作用为主；冰川作用带与谷底之间的谷坡地带，盛行风力侵蚀和重力侵蚀。东部的川西松潘高原和东南部的横断山地气候湿润，降水丰沛，河流侵蚀能力强；加之断裂发育，砂岩、泥岩等胶结松散的碎屑岩较多，易遭受风化，河流溯源侵蚀快。

青藏高原内部的许多地区保留着原始高原面，表现为地形和缓的宽谷、盆地与山脉相间排列，这种次一级的地形变化决定了高原上侵蚀类型与强度的空间分异。宽谷、盆地是高原上的堆积区，当周围河流注入，广泛发育冲积、湖积平原，在遭受河流下切的地方形成台地和阶地。山脉属于侵蚀区，发育有古冰川和现代冰川，地形陡峻，基岩裸露，以冰川和冰缘作用为主，在局部地区也伴随崩塌、泥石流等重力侵蚀。在水汽难以到达的藏北高原和柴达木盆地西部，气候寒冷干燥，水力侵蚀受到限制，风力侵蚀所占比重较大。

1.2　气　候

气候是土壤侵蚀发生和发展的基本条件。降水、风和温度等气候要素以不同的形式发挥作用，产生水力、风力及冻融等不同的侵蚀类型并深刻影响侵蚀过程。

1.2.1　气候概况及其分区

我国地处太平洋西岸，亚欧大陆东部，气候具有显著的季风性。冬季主要受来自北方的大陆极地气团控制，近地面盛行西北、北或东北季风，寒冷而干燥；夏季主要受来自南方的太平洋和印度洋暖湿气团控制，近地面盛行东南、南或西南季风，降雨集中。春秋季节是我国冬夏环流系统的转换时期，表现为明显的春季升温和秋季降温过程，与冬季寒冷干燥、夏季炎热多雨共同构成我国尤其是北方地区气候四季分明的特点。

我国气候同时也具有强烈的大陆性。由于冬夏影响我国的气团分别来自北方和南方，冷热差异十分显著，与世界同纬度地区相比，我国冬季偏冷，夏季偏热。这一大陆性特征从沿海到内陆逐渐增强，表现在以下三个方面。首先，年降水量从东南沿海的 2000mm 以上递减至西北内陆地区的不足 100mm；其次，气温年较差和日较差向西北内陆地区逐渐增大；第三，除东南沿海地区外，我国大部分地区的春温高于秋温，且两者的差值向内陆逐渐增大。我国幅员辽阔，南北跨越热带、亚热带、暖温带、温带和寒温带 5 个不同的温度带，东西跨越湿润、半湿润、半干旱和干旱 4 个不同的水分带，两者的组合多样，再加上地形的影响，形成我国多种多样的气候类型。季风气候和大陆性气候都具有年际变化大的特点，在气候类型丰富的背景下，我国气候灾害不仅种类多，而且发生频繁，主要包括干旱、涝灾、大风和风沙、低温害和热害。

以上气候特点结合我国的地形地貌特征，奠定了我国独特的 3 大气候区域格局：东部以湿润特征为主的季风气候区，西北部以干旱特征为主的大陆性气候区和西南部以高寒特征为主的高寒气候区。地区气候特征主要由温度和水分决定，因此，在进行系统的气候区划时，多考虑这两方面的因素。郑景云等根据全国 609 个气象站 1971—2000 年的日气象观测资料计算出主要的温度和水分指标，将我国划分为 3 级气候区。第 1 级是温度带，主要基于日平均气温稳定大于等于 10℃ 的日数（积温日数）划分，辅以最冷月（1 月）平均气温；第 2 级是干湿区，将多年平均年干燥度系数，即潜在蒸散量与年降水量之比，作为主要划分指标，辅以年降水量指标；第 3 级是气候区，利用多年 7 月平均气温划分。由此，在我国除青藏高原以外的区域共划分出 9 个温度带、15 个干湿区和 44 个气候区；在青藏高原划分出 3 个温度带、9 个干湿区和 12 个气候区。

我国的寒温带分布在东北大兴安岭北部的根河地区，面积很小，仅包括 1 个湿润气候区，表现为生长季短、最冷月气温低、降雪量大、全年湿润的气候特征。

中温带横跨我国北方广大地区，东西跨度大，区域分异明显，出现了湿润、半湿润、半干旱、干旱 4 种气候类型，共划分出 4 个干湿区、18 个气候区。其中，湿润和半湿润气候主要分布在东北地区，半干旱和干旱气候类型主要分布在西北地区的内蒙古、陕西北部、甘肃、宁夏、青海北部以及新疆北部。

暖温带主要分布在华北平原、汾河和渭河谷地，以及新疆南部。与中温带类似，东西跨度大，从东至西湿润、半湿润、半干旱和干旱 4 种气候类型依次出现，共有 4 个干湿区，7 个气候区。湿润与半湿润气候位于辽东丘陵、华北平原、汾河和渭河谷地；干旱和极干旱气候主要分布在大陆腹地的黄土高原东部和新疆南部。

北亚热带主要分布在长江中下游地区和秦巴山地，只有 1 个湿润区，3 个气候区；中亚热带分布在云贵高原北部、四川盆地、长江以南的湖南和江西，以及浙江南部和福建北部地区，包括 1 个湿润区，6 个气候区；南亚热带分布在台湾和福建南部、广东和广西，以及云南南部，包括 1 个湿润区，4 个气候区。

热带包括边缘热带、中热带和赤道热带 3 个气候带，共同特点是全年日平均气温大于等于 10℃，但由于纬度或海拔不同，1 月气温差异较大，气温年较差不同。边缘热带主要分布于滇南山地及台湾和海南两大岛屿，包括 1 个湿润区，3 个气候区；中热带包括 1 个湿润气候区，主要分布在海南南部和东、中、西沙群岛；赤道热带主要分布在南沙群岛，仅包括 1 个湿润气候区。

青藏高原区域从北至南划分为 4 个温度带。高原亚寒带主要分布在唐古拉山和昆仑山之间广大的藏北高原，囊括湿润、半湿润、半干旱和干旱 4 个干湿区，共 5 个气候区；高原温带主要位于横断山脉、祁连山区、柴达木盆地，同样包括 4 个干湿区，共 6 个气候区；高原亚热带主要分布在东喜马拉雅山南翼，只有 1 个湿润气候区。

气候因子是影响土壤侵蚀的主要动力因子，与下垫面地貌、土壤、植被和人类活动等因素结合，决定了不同区域各具特色的土壤侵蚀类型和过程。以气候区划的二级指标年干燥度系数为依据，结合区域水土流失特征，可从侵蚀动力的角度将全国划分为 4 大侵蚀类型区。湿润和半湿润地区年降水量在 600～800mm，多为水力侵蚀区。半干旱地区春季气温回升迅速，大风日数多，易发生强烈的风蚀；夏季降雨集中，易产生水蚀，形成风蚀水蚀交错。干旱地区干燥多风、风速大，为风力侵蚀区。青藏高原海拔高，存在常年或季节性冻土层，冻融作用显著，形成冻融侵蚀区。

1.2.2　降雨与水力侵蚀

降雨一方面通过雨滴打击地表使土壤颗粒从土体分离，直接导致侵蚀；另一方面，当降雨强度大于土壤入渗率时，可产生地表径流，冲刷地表土壤。降雨为土壤侵蚀的发生创造了动力条件，对土壤侵蚀强度和过程具有巨大影响。

从空间上看，我国年降雨量总体由东南向西北递减，等雨量线大致为东北—西南走向。东南沿海地区年降雨量在 1500mm 以上，两广沿海及海南年降雨量甚至高于 2000mm。年降雨量最少的地区位于柴达木盆地、塔里木盆地和吐鲁番盆地，年降雨量不足 50mm。通常将 500mm 等雨量线作为全国湿润和干旱地区的分界线，大致沿大兴安岭—燕山—太行山—吕梁山一线向西南延伸至西藏东南部。从时间上看，受季风气候影响，我国大部分地区降雨都集中在夏季（6—8 月），降雨量通常占年降雨总量的 40％以上。其中，华北和东北大于 60％～70％，青藏高原大部分地区甚至大于 70％。

与降雨量相比，降雨强度与土壤侵蚀的关系更为密切。在土壤侵蚀研究中，通常使用次降雨平均雨强或是一次降雨过程中不同时段如 5min、10min、30min、60min 的最大雨强计算降雨侵蚀力，作为描述降雨造成土壤侵蚀潜在能力的定量指标。Wischmeier 和 Smith 利用多个变量及其组合与土壤流失量的相关分析得出：一次降雨总动能 E 与该次降雨最大 30min 雨强的乘积 EI_{30} 能良好地反映降雨侵蚀力，可将其用于通用土壤流失方程（Universal Soil Loss Equation，USLE），预报多年平均土壤流失量。由于计算该指标所需的降雨过程资料不易获得，我国学者研究了用常规降雨资料计算降雨侵蚀力的简易算法为

$$R = 0.0668P^{1.6266} \tag{1-1}$$

式中　R——年降雨侵蚀力，$MJ \cdot mm/(hm^2 \cdot a \cdot h)$；

　　　　P——年降雨量，mm。

据 1961—1990 年降水资料显示，全国年降雨侵蚀力介于 100～15000MJ・mm/$(hm^2 \cdot a \cdot h)$，由东南向西北方向递减，东南沿海地区可达到 10000～15000MJ・mm/$(hm^2 \cdot a \cdot h)$，西北内陆仅为 100～500MJ・mm/$(hm^2 \cdot a \cdot h)$。降雨侵蚀力大的地区具有高侵蚀危险性，但在自然情况下，这些地区往往也是植被生长茂密的地区，对土壤起到了保护作用，土壤反而不易被侵蚀。若是植被遭到人为破坏，侵蚀强度将大大增加。

1.2.3　风与风力侵蚀

风是土壤侵蚀的又一基本动力因子，可将土壤颗粒或地表物质吹起并进行搬运。风力侵蚀不仅与风速直接相关，也受到地表物质颗粒组成及其松散程度的影响。后者与区域干燥程度有密切的关系。因此，在定量刻画气候因子对风力侵蚀的影响时，还需考虑气温和降水等气候因子

$$C = 3867u^3 / \{\sum[P/(1.8t+22)]^{9/10}\}^2 \tag{1-2}$$

式中　C——风蚀气候因子，％，C 值越大，风蚀发生的可能性越大；

　　　　u——年平均风速，m/s；

　　　　P——月降水量，mm；

　　　　t——月平均气温，℃。

总体上看，风蚀气候因子 C 值的空间分布与降雨侵蚀力大致相反，从东南向西北递增，最大值位于甘肃北部和内蒙古西部，可达 400％以上。在东南部的福建、广东，中南部的贵州、湖北和湖南交界处，C 值极低，不到 1％，说明土壤风蚀可能性极小。

1.3 水 文

1.3.1 主要流域与水系

我国水系众多，径流资源丰富，流域面积在 10 万 km² 以上的大江大河有 12 条，从大到小依次为长江、黑龙江、黄河、松花江、珠江、淮河、海河、雅鲁藏布江、辽河、塔里木河、澜沧江和怒江（表 1-2）。受气候和地形因素的影响，河流的地域分布不均。在受夏季风影响显著的地区，河流众多且多为直接注入海洋的外流河，流域面积约占全国陆地总面积的 64%；不受夏季风影响或受夏季风影响微弱的地区，河流稀少且多为内流河，面积占全国总面积的 36%。外流河与内流河流域的分界线大致为大兴安岭西麓—内蒙古高原南缘—贺兰山—祁连山—巴彦喀拉山—念青唐古拉山—冈底斯山一线。此线以东为外流流域，河流注入太平洋或印度洋，除了鄂尔多斯高原、松嫩平原及雅鲁藏布江南侧等地区存在的面积不大的内流区；此线以西的河流基本都属于内流河，只有额尔齐斯河最终注入北冰洋，属于外流河。

表 1-2   中国主要河流特征

河 流	流域面积/万 km²	河长/km	注入海域或流域
长江	180.9	6300	东海
黑龙江（中国境内）	162.1（90.3）	3420	鞑靼海峡
黄河	75.2	5464	渤海
松花江	55.7	2308	黑龙江
珠江	45.4	2214	南海
海河	31.8	1090	渤海
淮河	26.9	1000	长江
雅鲁藏布江	24.0	2057	孟加拉湾
辽河	22.9	1390	渤海
塔里木河	19.4	2046	台特马湖
澜沧江	16.7	1826	南海
怒江	13.8	1659	安达曼海

我国的水力侵蚀主要发生在外流河流域，其干流多发源于三大地貌阶梯隆起带上，包括第一级阶梯的青藏高原东南边缘；第二级阶梯的大兴安岭、冀晋山地、豫西山地和云贵高原；第三级阶梯的长白山地、山东丘陵和东南沿海山地丘陵。受西高东低的地貌形态影响，大多数外流河都呈自西向东的流向。

1.3.2 水文区划

我国地形复杂，气候多样，水文情况的空间差异显著。基于多年平均径流量，可将我国划分为丰水带、多水带、平水带、少水带和干涸带 5 个径流带，共 11 个水文一级区；

在此基础上依据径流年内分配和径流年内动态这 2 个指标可进一步划分出 56 个水文二级区（表 1-3）。

表 1-3　　　　　　　　　　中 国 水 文 区 划

水文一级区	水文二级区
Ⅰ 东北寒温带、中温带多水、平水地区	Ⅰ1 大兴安岭北部水文区；Ⅰ2 大兴安岭中部水文区；Ⅰ3 小兴安岭水文区；Ⅰ4 长白山西侧低山丘陵水文区；Ⅰ5 长白山东侧水文区；Ⅰ6 三江平原水文区
Ⅱ 华北暖温带平水、少水地区	Ⅱ1 辽东半岛与山东半岛水文区；Ⅱ2 辽河下游平原与海河平原水文区；Ⅱ3 淮北平原水文区；Ⅱ4 冀晋山地水文区；Ⅱ5 黄土高原水文区
Ⅲ 秦、巴、大别北亚热带多水地区	Ⅲ1 秦岭、大巴水文区；Ⅲ2 桐柏、大别水文区；Ⅲ3 长江中下游平原水文区
Ⅳ 东南亚热带、热带丰水地区	Ⅳ1 湘、赣、浙西水文区；Ⅳ2 武夷、南岭山地水文区；Ⅳ3 浙、闽、粤沿海水文区；Ⅳ4 钦州、雷州半岛水文区；Ⅳ5 海南岛水文区；Ⅳ6 台湾水文区；Ⅳ7 南海诸岛水文区
Ⅴ 西南亚热带、热带多水地区	Ⅴ1 湘、鄂西山地水文区；Ⅴ2 川东、黔北水文区；Ⅴ3 四川盆地水文区；Ⅴ4 滇东、滇中高原水文区；Ⅴ5 黔南、桂西水文区
Ⅵ 滇西、藏东南亚热带、热带丰水地区	Ⅵ1 藏东南、滇西北水文区；Ⅵ2 滇西南水文区
Ⅶ 内蒙古中温带少水地区	Ⅶ1 松辽平原水文区；Ⅶ2 大兴安岭南部山地水文区；Ⅶ3 内蒙古高原水文区；Ⅶ4 阴山、鄂尔多斯高原水文区
Ⅷ 西北山地中温带、亚寒带、寒带平水、少水地区	Ⅷ1 阿尔泰山水文区；Ⅷ2 准噶尔西部山地水文区；Ⅷ3 天山水文区；Ⅷ4 伊犁水文区；Ⅷ5 帕米尔高原水文区；Ⅷ6 昆仑山西部水文区；Ⅷ7 昆仑山东部水文区；Ⅷ8 祁连山水文区
Ⅸ 西北盆地温带、暖温带干涸地区	Ⅸ1 准噶尔盆地水文区；Ⅸ2 吐鲁番、哈密盆地水文区；Ⅸ3 塔里木盆地水文区；Ⅸ4 河西、阿拉善水文区；Ⅸ5 嘎顺戈壁与北山戈壁水文区；Ⅸ6 柴达木盆地水文区
Ⅹ 青藏高原东部和西南部温带、亚寒带平水地区	Ⅹ1 长江河源水文区；Ⅹ2 黄河上游水文区；Ⅹ3 三江上游水文区；Ⅹ4 川西东部边缘山地水文区；Ⅹ5 藏东、川西西部水文区；Ⅹ6 念青唐古拉山东段南翼水文区；Ⅹ7 雅鲁藏布江中游水文区；Ⅹ8 印度河上游与雅鲁藏布江上游水文区
Ⅺ 羌塘高原亚寒带、寒带少水地区	Ⅺ1 南羌塘水文区；Ⅺ2 北羌塘水文区

　　总体而言，我国的水文空间分布具有 3 个基本特点。首先，温带地区径流量由东至西的递减趋势明显。东北主要为多水及平水地区，向西至内蒙古为少水地区，再往西至西北盆地为干涸地区。其次，位于北亚热带的秦巴大别山地区具有南北过渡地带的性质。除了东北部有一小部分为多水地区外，其北部区域多为平水、少水或干涸地区；南部则都是多水或丰水地区。第三，在亚热带和热带的 3 个一级水文区，径流量由东、西两个方向向中部减少。以西南多水地区为中心，向东为东南丰水地区，向西为滇西、藏东南丰水地区。

1.3.3　主要河流的水沙特征

1.3.3.1　松花江

　　松花江流域位于我国东北地区北部，东西长 920km，南北宽 1070km，流域面积 55.7

万 km²。流域西、北、东三面环山，中南部形成宽阔的三江平原。山地与丘陵间的过渡地带为低山丘陵区，丘陵与平原的过渡地带形成漫川漫岗区。

松花江流域属于大陆性季风气候。冬季严寒干燥，夏季温暖湿润。多年平均降水量300～950mm，多集中在 7—8 月，约占全年降水量的 50%。根据松花江干流控制站佳木斯站 1955—2010 年资料，松花江多年平均径流量 632 亿 m³，多年平均径流深 119.6mm。以降雨补给为主，约占 75%～80%；其次为融雪水补给，占 15%～20%；地下水补给仅占 5%～8%。降水年内分配不均，是松花江流域洪水频繁发生的主要原因。同时，中上游植被过度砍伐，坡耕地大面积水土流失，导致水库泥沙淤积，调蓄及泄洪能力下降，进一步加剧了洪水灾害。

松花江各支流的含沙量不大，大部分河流的含沙量不到 0.5kg/m³，只有个别河流的含沙量大于 1kg/m³。但随着流域内森林植被的过度砍伐，其涵养水源、调节生态平衡和防灾减灾的能力逐渐下降，水土流失呈加剧趋势。目前，松花江流域水土流失面积为 16万 km²，占流域总面积的 28.8%。其中，水力侵蚀占主导，占总流失面积的 84.5%，侵蚀程度多为轻度和中度。

1.3.3.2　海河

海河流域包括海河、滦河、徒骇河、马颊河等水系，西起太行山，东临渤海，南界黄河，北依内蒙古高原。全长 1090km，流域面积 31.8 万 km²。流域内，丘陵位于燕山南部以及太行山东麓，地表组成物质以石灰岩、砂页岩、碎屑岩及黄土为主；石质和土石质山地主要分布在燕山北部和太行山西部；土质山地则主要分布于永定河，是海河流域的严重土壤侵蚀区。

海河流域属于暖温带大陆季风气候，年均降水量 400～800mm，主要集中在 6—9 月，占全年降水的 80% 以上。根据 1956—1984 年的观测资料，海河流域多年平均径流量 264亿 m³，流域内径流量空间分布与降水量基本一致。沿燕山、太行山、中条山迎风坡的河流为多年平均降水高值区，是对应径流量大于 150mm 的径流高值带。沿高值区向西北、东南两侧延伸，降雨量和径流量逐渐减少。位于背风坡的大同盆地和坝上等地，年均降水量约为 550mm，年均径流量不到 50mm。受降水减少、引水工程及水库蓄水等因素的影响，海河流域的径流呈明显减少趋势。特别是进入 20 世纪 90 年代末和 21 世纪初，海河流域的径流量持续减少，1998—2004 年的年平均径流量为 119 亿 m³，仅占 1956—1984年年平均径流量的 45%。

海河流域的年均输沙量为 1.7 亿 t。其中，永定河年输沙量最大，占流域输沙总量的46.8%，其次为滹沱河、漳河和滦河。随着流域年径流量的下降，河流输沙总量也随之减少，但减少幅度不及径流量。因此，海河流域河流含沙量呈总体增加趋势。

1.3.3.3　黄河

黄河发源于青海省巴彦喀拉山北麓的约古宗列盆地，自西向东流经青海、四川、甘肃、宁夏、内蒙古、陕西、山西、河南和山东九省（自治区），最终注入渤海。全长5464km，流域面积 75.2 万 km²。内蒙古托克托县河口镇以上为黄河上游，河口镇至河南郑州桃花峪为黄河中游，桃花峪以下为黄河下游。

黄河流域地处中纬度地带，上游和中游位于干旱半干旱区，属大陆性气候，冬季较长，多风沙，夏季短促；下游处于暖温带季风气候区，冬季寒冷、雨水少，春季干旱、风沙大，夏季多雨。流域多年平均降水量 467mm，主要集中在 7—9 月，约占全年降水的 70%。

　　由于流域大部分位于干旱半干旱区，并且中游流经大面积的黄土高原区，黄河的水沙基本特征为水少沙多、含沙量高、水沙异源。黄河干流把口站利津站 1952—2010 年多年平均径流量为 301.4 亿 m³，主要来自于河口镇以上的上游河段；多年平均输沙量 7.2 亿 t，超过一半来自于中游河段的黄土高原地区。受流域降水减少以及工农业、生活用水量急剧增加的影响，黄河下游河川径流量明显下降。从 1972 年开始，黄河下游干流连续 26 年出现断流，并且断流天数总体呈增加趋势，严重影响下游的工农业生产和人民生活。直到 1998 年小浪底水库开始发挥其强大的蓄水调洪作用，才从根本上遏制了黄河断流的持续发生。

　　进入 21 世纪以来，国家在黄土高原地区实施了大面积的水土保持措施和生态建设项目，黄土高原的生态环境得到显著改善，土壤侵蚀得以有效遏制，黄河水沙情势发生了巨大的变化。据《中国河流泥沙公报》，黄河中游进口控制站头道拐和出口控制站花园口的多年平均径流量分别从 20 世纪 50—90 年代的 227.4 亿 m³ 和 400.5 亿 m³ 锐减至 21 世纪的 166.2 亿 m³ 和 255.0 亿 m³，对应降幅分别为 26.9% 和 36.3%。黄河中游输沙量的减少趋势更为显著（图 1-1），特别是出口控制站花园口，多年平均输沙量从 21 世纪50—90 年代的 10.5 亿 t 锐减至 2000—2014 年的 1.0 亿 t，降幅超过 90%。

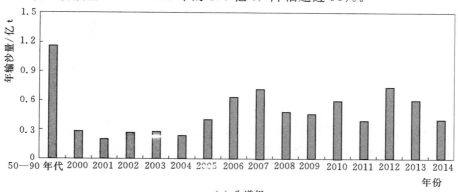

（a）头道拐

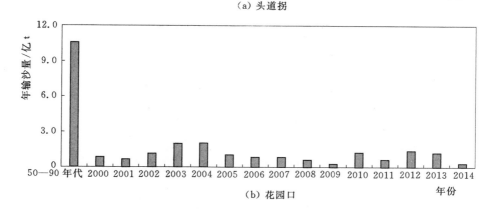

（b）花园口

图 1-1　黄河中游水文控制站头道拐和花园口 2000—2014 年
年输沙量及其与 20 世纪 50—90 年代多年平均输沙量对比

1.3.3.4　淮河

淮河流域位于黄河流域以南，以黄河南大堤和沂蒙山为界；长江流域以北，以大别山、桐柏山脉为界。西起伏牛山，向东流经河南、湖北、安徽、江苏 4 省，最终于江苏省扬州市三江营汇入长江，河流全长 1000km，流域面积 26.9 万 km²。

淮河流域位于我国南北气候过渡带，以北为暖温带，以南为亚热带，属于半湿润季风气候区。流域多年平均降水 888mm，主要集中于 6—9 月，占全年降水量的 50%～80%。降水空间分布不均，大致由南向北递减，总体山区多于平原，沿海多于内陆。

流域多年平均径流量 611 亿 m³，折合平均径流深 230mm，其空间分布状况与多年平均降雨量分布相似。多年平均输沙量多在 1000t/km² 以下，约 90% 的侵蚀泥沙来自流域内的丘陵山区。

1.3.3.5　长江

长江发源于青藏高原唐古拉山脉主峰，自西向东流经青海、西藏、四川、云南、重庆、湖北、湖南、江西、安徽、江苏和上海 11 省（自治区、直辖市）。全长 6300km，为亚洲第一长河和世界第三长河；流域面积 180.9 万 km²，占全国总面积的 18.8%。湖北省宜昌市至江源为长江上游，宜昌至江西省九江市湖口为长江中游，湖口以下为下游。

长江流域大部分地区属于中纬度亚热带季风气候，雨量充沛，多年平均降雨量 1100mm，多集中在夏季。长江长度最长，且地跨我国东西，流域内地貌类型多样，高原、山地和丘陵占 84.7%，平原占 11.3%。

长江多年平均径流量 9755 亿 m³，主要来源于上游和中游地区。其中，上游占 46.5%，中游占 47.3%，而下游只占多年平均径流量的 6.2%。长江以降水补给为主，占年径流总量的 70%～80%，地下水补给只占 20%～30%。发源于青藏高原的部分支流同时接受高山冰雪融水补给。因此，长江流域的径流年内变化与降水比较一致。

流域的多年平均含沙量在上游支流金沙江的直门达水文站为 0.68kg/m³，沿河流向下游逐渐增加，至金沙江的水文控制站向家坝达到 1.66kg/m³。随着含沙量各异的支流逐渐汇入，干流含沙量也相应发生变化。岷江和沱江的含沙量较低，但嘉陵江含沙量较高，汇入长江至上游把口站宜昌时多年平均含沙量为 1.01kg/m³，输沙总量达到 4.3 亿 t。其中，金沙江对长江上游输沙的贡献最大，多年平均输沙量 2.4 亿 t，占 55.8%；其次为支流嘉陵江，占 24.0%。

20 世纪 50 年代以来，由于控制性水利工程的大量兴建，长江输沙量呈明显减少趋势，总体可划分为 4 个阶段（图 1-2）。第一阶段为 1953—1968 年，长江干流把口站大通的多年平均输沙量约为 4.9 亿 t，宜昌以上的长江上游河段泥沙主要来自于汉江，1968 年丹江口水库的投产运行使得汉江流域的来沙大量淤积。第二阶段（1969—1985 年）大通站的多年平均输沙量降至 4.4 亿 t。1985 年以来，嘉陵江流域水利工程的兴建以及退耕还林（草）措施的大面积实施促使长江干流输沙量急剧减少，由此进入第三阶段（1986—2000 年），多年年均输沙量仅为 3.5 亿 t。第四阶段为 2001—2008 年，随着金沙江梯级水电站的兴建，流域来沙在库区淤积，再加上 2003 年三峡水利枢纽工程开始下闸蓄水，长江干流泥沙减少过半，降至 1.7 亿 t。若不考虑三峡大坝的投产使用，多年平均输沙量则略有上浮，约为 2.6 亿 t。目前，金沙江梯级水电工程尚未完工，据估计，届时长江干流输沙量将不足 1 亿 t。

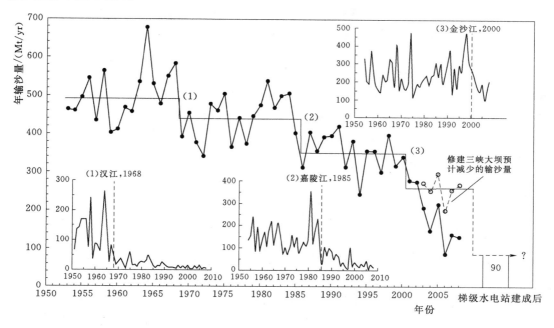

图 1-2 长江干流把口站大通 1953—2008 年年输沙量

1.3.3.6 珠江

珠江流域包括西江、北江、东江和三角洲河网，跨越云南、广西、贵州、广东、湖南和江西 6 省（自治区）。河流全长 2214km，流域面积 45.4 万 km²。流域地貌以高原、山地丘陵和盆地为主，发育于云贵高原的西江支流-南、北盘江地区山高坡陡，中游以广西盆地的岩溶区为主，下游是缓丘和三角洲平原。

珠江流域地处亚热带和热带北沿，高温多雨，多年平均降水量 1200～2000mm，主要集中在夏季。高温湿热的气候条件导致中下游地区的岩石物理和化学风化都比较强烈，有利于土壤侵蚀的发生和发展。

流域多年平均径流量 3360 亿 m³，在我国仅次于长江和黑龙江。但在含沙量方面，珠江流域在各大河流中最小，多年平均含沙量仅为 0.126～0.334kg/m³。径流泥沙主要来源于水土流失强烈的西江流域，其支流北盘江的土城、大渡口和草坪头水文站监测的多年平均输沙模数分别为 1286t/km²、1373t/km² 和 1027t/km²，为珠江流域输沙模数最高的地区。

1.4 土 壤

1.4.1 主要土壤类型及其基本特征

我国的土壤分类距今至少有 4000 年的历史。《禹贡》记载：依据肥力、颜色和质地，土壤分为白壤、黑坟、赤埴坟、涂泥、青黎、黄壤、白坟、垆和埴 9 种。近代土壤分类以苏联道库恰耶夫于 1883 年发表的《俄罗斯黑钙土》一书为标志，主要分类依据是土壤发生学特性，被称为发生学分类。我国在苏联土壤分类体系的基础上，于 1958—1961 年、1978—1985 年先后两次全国土壤普查中发展和确立了较为完整的土壤发生学分类方案。

土壤发生学分类对我国影响深远，在 20 世纪得到广泛应用。1980 年以来，我国开始进行土壤系统分类的研究和探索。参照美国提出的诊断分类体系，以土壤诊断层和诊断特性为依据，并充分考虑我国土壤的独特性，从而建立中国土壤的系统分类体系。经过多年的讨论和修订，这一分类体系将我国土壤分为 14 土纲、39 亚纲、138 土类和 588 亚类（表 1-4），目前已较为成熟。

（1）有机土（A）。有机土土纲以泥炭化为主要成土过程，土壤有机物的积累速度超过分解速度，有机碳含量极高。有机土的形成一般是由于地势低洼、水分多、地表季节性或常年积水造成的。土壤常年处于饱和状态，有机质分解速度慢。植被多为以莎草科为主的湿生性植被和苔草属的各种苔草。有机土土纲包括 2 个亚纲和 7 个土类，在我国的分布面积较小，主要集中在寒温带和温带的东北地区，以及青藏高原东部和北部的边缘地带。

（2）人为土（B）。人为土是由人类活动深刻影响或由人工创造出来的土壤，主要分布在人类耕作频繁和农业活动历史悠久的地区。人为土土纲包括水耕人为土和旱耕人为土 2 个亚纲，共 8 个土类。水耕人为土主要集中在我国的水稻产区，从最北的黑龙江省到最南端的海南省皆有分布；旱耕人为土因土类的不同分布略有差异。人为搬运、耕作、施肥和灌溉等活动使得土壤的形态和性质都发生了改变，原来的土壤多作为人为土的母质或埋藏土存在。

（3）灰土（C）。灰土土纲的典型特征是具有由螯合淋溶作用形成的灰化淀积层。灰土土纲共包括 2 个亚纲和 2 个土类。在我国，灰土分布面积较小，主要位于大兴安岭北端及青藏高原南缘和东南缘的山地垂直带中，台湾省也有零星分布。形成灰土的主要气候特点是寒冷湿润。植被以苔藓和针叶林为主。在寒冷条件下，森林凋落物丰富且分解速度慢，导致大量有机物积累于地表，形成凋落物层（O 层）。这些凋落物在微生物分解过程中，不断提高土壤酸度，使土体上部的碱金属和碱土金属淋失，土壤矿物中的硅铝铁分离，铁铝胶体淋溶并淀积于下部，形成灰化淀积层。因此，在灰土的形成过程中，具有明显的生物累积、矿物破坏和分异，以及淋溶和淀积过程。

（4）火山灰土（D）。火山灰土是以火山灰、浮石、火山渣和火山碎屑物等火山喷发物为母质，原生硅铝酸盐发生风化成土作用而形成的土壤。火山灰土土纲包括 3 个亚纲和 6 个土类，主要分布在火山周围。火山灰土主要包括两个成土化学过程。首先水解作用将火山灰风化成为无定形的硅铝酸盐；然后腐殖质化作用形成稳定的有机–无机络合物，因铝含量较高表现出强烈的碱性特征。

（5）铁铝土（E）。铁铝土由于高度富铁铝化作用，黏粒部分以高岭石类矿物和铁、铝氧化物为主，粉粒和砂粒部分可风化矿物含量少，因而颜色多呈赤红和砖红色。铁铝土土纲包括 1 个亚纲和 3 个土类，主要分布在我国南亚热带地区，包括海南、广东、广西、福建、台湾及云南等省（自治区）。高温高湿气候有利于成土母质的风化淋溶作用，不仅

表 1－4　　　　　　　　　　　　　　　中 国 土 壤 系 统 分 类

土纲	亚纲	土　类	土纲	亚纲	土　类
有机土 （A）	永冻有机土 （A1）	落叶永冻有机土（A1.1）	干旱土 （G）	寒性干旱土 （G1）	黏化寒性干旱土（G1.3）
		纤维永冻有机土（A1.2）			简育寒性干旱土（G1.4）
		半腐永冻有机土（A1.3）		正常干旱土 （G2）	钙积正常干旱土（G2.1）
	正常有机土 （A2）	落叶正常有机土（A2.1）			盐积正常干旱土（G2.2）
		纤维正常有机土（A2.2）			石膏正常干旱土（G2.3）
		半腐正常有机土（A2.3）			黏化正常干旱土（G2.4）
		高腐正常有机土（A2.4）			简育正常干旱土（G2.5）
人为土 （B）	水耕人为土 （B1）	潜育水耕人为土（B1.1）	盐成土 （H）	碱积盐成土 （H1）	龟裂碱积盐成土（H1.1）
		铁渗水耕人为土（B1.2）			潮湿碱积盐成土（H1.2）
		铁聚水耕人为土（B1.3）			简育碱积盐成土（H1.3）
		简育水耕人为土（B1.4）		正常盐成土 （H2）	干旱正常盐成土（H2.1）
	旱耕人为土 （B2）	肥熟旱耕人为土（B2.1）			潮湿正常盐成土（H2.2）
		灌淤旱耕人为土（B2.2）	潜育土 （I）	永冻潜育土 （I1）	有机永冻潜育土（I1.1）
		泥垫旱耕人为土（B2.3）			简育永冻潜育土（I1.2）
		土垫旱耕人为土（B2.4）		滞水潜育土 （I2）	有机滞水潜育土（I2.1）
灰土 （C）	腐殖灰土（C1）	简育腐殖灰土（C1.1）			简育滞水潜育土（I2.2）
	正常灰土（C2）	简育正常灰土（C1.2）		正常潜育土 （I3）	有机正常潜育土（I3.1）
火山灰土 （D）	寒性火山灰土 （D1）	寒冻寒性火山灰土（D1.1）			暗沃正常潜育土（I3.2）
		简育寒性火山灰土（D1.2）			简育正常潜育土（I3.3）
	玻璃火山灰土 （D2）	干润玻璃火山灰土（D2.1）	均腐土 （J）	岩性均腐土 （J1）	富磷岩性均腐土（J1.1）
		湿润玻璃火山灰土（D2.2）			黑色岩性均腐土（J1.2）
	湿润火山灰土 （D3）	腐殖湿润火山灰土（D3.1）		干润均腐土 （J2）	寒性干润均腐土（J2.1）
		简育湿润火山灰土（D3.2）			堆垫干润均腐土（J2.2）
铁铝土 （E）	湿润铁铝土 （E1）	暗红湿润铁铝土（E1.1）			暗厚干润均腐土（J2.3）
		黄色湿润铁铝土（E1.2）			钙积干润均腐土（J2.4）
		简育湿润铁铝土（E1.3）			简育干润均腐土（J2.5）
变性土 （F）	潮湿变性土 （F1）	钙积潮湿变性土（F1.1）		湿润均腐土 （J3）	滞水湿润均腐土（J3.1）
		简育潮湿变性土（F1.2）			黏化湿润均腐土（J3.2）
	干润变性土 （F2）	钙积干润变性土（F2.1）			简育湿润均腐土（J3.3）
		简育干润变性土（F2.2）	富铁土 （K）	干润富铁土 （K1）	黏化干润富铁土（K1.1）
	湿润变性土 （F3）	腐殖湿润变性土（F3.1）			简育干润富铁土（K1.2）
		钙积湿润变性土（F3.2）		常湿富铁土 （K2）	钙质常湿富铁土（K2.1）
		简育湿润变性土（F3.3）			富铝常湿富铁土（K2.2）
干旱土 （G）	寒性干旱土 （G1）	钙积寒性干旱土（G1.1）			简育常湿富铁土（K2.3）
		石膏寒性干旱土（G1.2）		湿润富铁土（K3）	钙质湿润富铁土（K3.1）

土纲	亚纲	土　类	土纲	亚纲	土　类
富铁土 （K）	湿润富铁土 （K3）	强育湿润富铁土（K3.2）	雏形土 （M）	干润雏形土 （M3）	暗沃干润雏形土（M3.4）
		富铝湿润富铁土（K3.3）			简育干润雏形土（M3.5）
		黏化湿润富铁土（K3.4）		常湿雏形土 （M4）	冷凉常湿雏形土（M4.1）
		简育湿润富铁土（K3.5）			滞水常湿雏形土（M4.2）
淋溶土 （L）	冷凉淋溶土 （L1）	漂白冷凉淋溶土（L1.1）			钙质常湿雏形土（M4.3）
		暗沃冷凉淋溶土（L1.2）			铝质常湿雏形土（M4.4）
		简育冷凉淋溶土（L1.3）			酸性常湿雏形土（M4.5）
	干润淋溶土 （L2）	钙质干润淋溶土（L2.1）			简育常湿雏形土（M4.6）
		钙积干润淋溶土（L2.2）		湿润雏形土 （M5）	冷凉湿润雏形土（M5.1）
		铁质干润淋溶土（L2.3）			钙质湿润雏形土（M5.2）
		简育干润淋溶土（L2.4）			紫色湿润雏形土（M5.3）
	常湿淋溶土 （L3）	钙质常湿淋溶土（L3.1）			铝质湿润雏形土（M5.4）
		铝质常湿淋溶土（L3.2）			铁质湿润雏形土（M5.5）
		简育常湿淋溶土（L3.3）			酸性湿润雏形土（M5.6）
	湿润淋溶土 （L4）	漂白湿润淋溶土（L4.1）			简育湿润雏形土（M5.7）
		钙质湿润淋溶土（L4.2）	新成土 （N）	人为新成土 （N1）	扰动人为新成土（N1.1）
		黏磐湿润淋溶土（L4.3）			淤积人为新成土（N1.2）
		铝质湿润淋溶土（L4.4）		砂质新成土 （N2）	寒冻砂质新成土（N2.1）
		酸性湿润淋溶土（L4.5）			潮湿砂质新成土（N2.2）
		铁质湿润淋溶土（L4.6）			干旱砂质新成土（N2.3）
		简育湿润淋溶土（L4.7）			干润砂质新成土（N2.4）
雏形土 （M）	寒冻雏形土 （M1）	永冻寒冻雏形土（M1.1）			湿润砂质新成土（N2.5）
		潮湿寒冻雏形土（M1.2）		冲积新成土 （N3）	寒冻冲积新成土（N3.1）
		草毡寒冻雏形土（M1.3）			潮湿冲积新成土（N3.2）
		暗沃寒冻雏形土（M1.4）			干旱冲积新成土（N3.3）
		暗瘠寒冻雏形土（M1.5）			干润冲积新成土（N3.4）
		简育寒冻雏形土（M1.6）			湿润冲积新成土（N3.5）
	潮湿雏形土 （M2）	叶垫潮湿雏形土（M2.1）		正常新成土 （N4）	黄土正常新成土（N4.1）
		砂姜潮湿雏形土（M2.2）			紫色正常新成土（N4.2）
		暗色潮湿雏形土（M2.3）			红色正常新成土（N4.3）
		淡色潮湿雏形土（M2.4）			寒冻正常新成土（N4.4）
	干润雏形土 （M3）	灌淤干润雏形土（M3.1）			干旱正常新成土（N4.5）
		铁质干润雏形土（M3.2）			干润正常新成土（N4.6）
		底锈干润雏形土（M3.3）			湿润正常新成土（N4.7）

盐基元素遭强烈淋溶，释放出的硅酸也被强烈淋失，致使铁、铝氧化物产生明显的富集作用。土壤中黏粒含量高，并呈较强的酸性。

（6）变性土（F）。变性土是指富含蒙皂石等膨胀性黏土矿物，具有高胀缩性的黏质开裂土壤。变性土土纲包括 3 个亚纲和 7 个土类，在我国分布比较分散，主要位于东部地区的河湖、河谷平原和河谷阶地等低平地区，以及台地丘陵的坡麓和低洼地带。成土母质多为黏质河湖沉积物、基性火成岩和钙质沉积岩等。在气候干湿变化条件下，高胀缩性使得土壤在干燥时开裂，湿润时裂隙闭合。开裂-闭合反复，从而产生不同形式的土壤扰动作用及对应的特殊形态特征如表层土壤物质通过裂隙落入心底土或填充于裂隙间等。

（7）干旱土（G）。干旱土，顾名思义，是指在干旱气候条件下，由于缺乏水分形成的具有低腐殖质的干旱表层的土壤。干旱土土纲包括 2 个亚纲和 9 个土类，主要分布在我国西北部和青藏高原的干旱地区，植被以耐旱生种属为主。由于气候干旱，除了在土壤表层有一个明显干旱层外，在一定深度上发育有富含碳酸钙的钙积层。

（8）盐成土（H）。盐成土是指盐类直接参与成土过程而形成的土壤，主要包括积盐过程和碱化过程。前者是在强烈的蒸发作用下，地下水、地表水以及母质中所含的可溶性盐类通过水分在土壤中的毛管运动在地表和土体上层不断累积的过程。后者是土壤吸附钠离子的过程，交换性钠离子的累积使土壤呈现明显的碱性。盐成土土纲共包括 2 个亚纲和 5 个土类，在我国主要分布于淮河—秦岭—巴颜喀拉山—念青唐古拉山—冈底斯山一线以北的干旱、半干旱和荒漠地区，以及东部和南部的沿海低平原地区。

（9）潜育土（I）。潜育土是指因潜育过程形成的土壤，包括 3 个亚纲和 7 个土类。潜育过程中，土壤长期或经常性处于水分饱和状态，缺乏氧气，还原反应强烈，高价铁锰转化为低价铁锰，形成蓝灰色或青色的还原性土层，即潜育层。在我国，潜育土主要分布于低洼地形区，如分水岭上的蝶形洼地、山间汇水盆地、沟谷地、河流泛滥地等。

（10）均腐土（J）。均腐土是具有暗沃表层和均腐殖质特性的土壤，共包括 3 个亚纲和 10 个土类。其中，暗沃表层是指有机碳含量较高、盐基饱和、结构良好的暗色腐殖质表层；均腐殖质特性是指草原或森林土壤中腐殖质的生物累积深度较大且有机质随土壤深度逐渐减少的特征。我国均腐土的分布范围较广，包括东北地区以及内蒙古、山西、陕西、宁夏、甘肃、青海和新疆等省（自治区）。均腐土的突出特点是存在明显的腐殖质积累作用和钙积作用。前者由于分布地区夏季温暖多雨，植物生长茂盛，土壤中累积的有机质较多；冬季寒冷干燥，有机质分解受到抑制，从而以腐殖质的形态积累于土壤中。后者主要发生在半湿润条件下的干润均腐土中，由于降水较少，只能淋洗易溶性盐类，钙镁等盐类残留于土壤中并与植物残体分解所产生的碳酸结合形成重碳酸钙向下移动，在土体中下部形成钙积层。

（11）富铁土（K）。富铁土是土壤形成过程中受中度富铁铝化作用，导致氧化铁相对富集，并呈现铁质特性和低活性黏粒特征的土壤。富铁土土纲包括 3 个亚纲和 10 个土类，主要分布于我国亚热带地区，以丘陵低山地形为主。与铁铝土相比，富铁土形成过程中的风化作用和富铁铝化作用较弱，存在明显的低活性富铁层，但无铁铝层存在。

（12）淋溶土（L）。淋溶土是指具有棕色黏化层，并具有较大阳离子交换量的土壤。淋溶土土纲包括 4 个亚纲和 17 个土类。主要分布在我国北亚热带、暖温带、温带和寒温带的广大地区。淋溶土的黏化作用包括淀积黏化作用和次生黏化作用。前者是指在湿润地区，土壤表层的层状硅酸盐黏粒经分散，随悬浮液向下迁移形成淀积黏化层的过程；后者是指在温带地区，某一土壤深度的原生矿物在特定的水热条件下发生土内风化，就地转化为次生矿物，形成次生黏化层。

（13）雏形土（M）。雏形土是剖面发育程度较低的一种土壤。由于在各个气候条件下都可发育，雏形土分布范围很广。从热带到极地，从湿润地区到干旱地区，从低海拔的盆地到高海拔的高原，均有雏形土分布。不同的气候条件下，雏形土的类型也有所差异，共包括 5 个亚纲和 28 个土类，类型之多居各土纲之首。但无论何种雏形土，其最重要的特征是土壤物质风化程度弱，质地一般较粗，以砂粒和粉粒为主，淋溶程度很弱，基本无物质淀积。

（14）新成土（N）。新成土的发育程度较雏形土还低，一般只有一个发育程度较差的淡薄腐殖质表层或人为翻耕扰动层，有些时候甚至无土层分化。新成土土纲包括 4 个亚纲和 19 个土类。正常新成土亚纲在全国各地均有分布；冲积新成土亚纲主要分布于冲积平原和河口三角洲地区；砂质新成土多分布于干旱地区的风沙物质所在地；人为新成土则位于人类强烈活动地区，多由于人为扰动堆积或引洪放淤使土体增厚所致。年轻性是新成土的基本特性，其土壤性状主要取决于母质。

1.4.2　土壤分区及基本特点

以土壤系统分类为基础，根据土壤组合和环境条件的重大差异，龚子同将我国划分为 3 个土壤区域：东南湿润土壤区域、中部干润土壤区域和西北干旱土壤区域。在此基础上，参照光、热、水资源总量和分配特点以及土壤组合（土纲-亚纲），划分出 16 个土壤地区二级单元。然后，基于大地貌、土壤组合（亚纲-土类）及相应的肥力特点，划分出 55 个土壤区三级单元。

1.4.2.1　东南部湿润土壤区域

东南部湿润土壤区域位于大兴安岭—太行山—青藏高原东部边缘线以东的广大地区，包含 7 个土壤地区，27 个土壤区，占国土面积的 41.6%，是范围最大、土壤类型最多的土壤区域。区内降水丰富，植被以森林为主。纬度跨度大，温度差异明显，是造成区内土壤差异的主要原因。总体而言，南方土壤呈酸性，北方多呈碱性，华北平原土壤有盐碱，东北松辽平原有机质比较丰富。

由北向南划分出的 7 个土壤地区依次如下。

（1）寒温带寒冻雏形土、正常灰土地区：大兴安岭北段的狭小范围内，以海拔 500～1000m 的山区为主，全年冻结期长，土壤浅薄且贫瘠，植被为寒温带针叶林。

（2）中温带冷凉淋溶土、湿润均腐土地区：东北除大兴安岭北段及南面辽南以外的广大地区，山地、平原均有分布。

（3）暖温带湿润淋溶土、潮湿雏形土地区：辽南至淮河一线地区，包括辽河平原和华北平原，间或有丘陵分布，强烈的人类活动使得天然植被十分有限，以农田为主。

（4）北亚热带湿润淋溶土、水耕人为土地区：秦岭—淮河一线至长江中下游地区，分为东西两部分，东为长江中下游平原兼有丘陵分布，水耕人为土主要集中于此；西为山地、盆地相间分布的汉水中上游。

（5）中亚热带湿润富铁土、常湿雏形土地区：长江以南和南岭以北的广大地区，是东南部湿润土壤区域中面积最大的土壤地区，面积占比 40.9%。地形复杂，高原、山地、丘陵、盆地、平原交错分布，自然植被为常绿落叶林，但除山区分布有林地外，主要为农耕区。

（6）南亚热带湿润富铁土、湿润铁铝土地区：南岭以南、雷州半岛以北的狭长地区，地形以山地、丘陵为主，兼有小面积的盆地和平原。

（7）热带湿润铁铝土、湿润富铁土地区：台湾岛南部、雷州半岛、海南岛及南海诸岛，以热带植被为主。

1.4.2.2 中部干润土壤区域

中部干润土壤区域位于我国季风区向内陆干旱及高原寒旱区的过渡地带，包括 3 个土壤地区、8 个土壤区，占国土面积的 22.7%，是面积最小，土壤类型最少的区域。区内地形以高原为主，兼有山地、盆地；植被以草原为主，山地有森林分布。

由北向南分布的 3 个土壤地区依次如下。

（1）中温带干润均腐土、干润砂质新成土地区：内蒙古高原和鄂尔多斯高原，地形以波状高原为主，兼有丘陵和河湖阶地。由于降水量由东向西减少，植被类型也从东部的典型草原向西逐渐过渡至干草原和荒漠草原，对应的土壤土层逐渐变薄，有机质含量降低，钙基层逐渐明显、变厚。

（2）暖温带干润均腐土、黄土正常新成土、干润淋溶土地区：太行山以东、长城以南、秦岭以北、兰州谷地以西地区，是黄河中游地区、黄土高原的核心所在。以黄土地貌为主，包括川地、塬地、丘陵、盆地和土石山区。天然植被是落叶阔叶林，但由于人类活动历史悠久，仅残留少数山地，川地和塬地被大量开发用于旱作农业，是水土流失的主要发生区，土壤侵蚀程度居全国之首。

（3）高原温带干润均腐土、干润雏形土地区：青藏高原东南部地区的川西、藏东和雅鲁藏布江中游，高山、峡谷相间分布，相对高差大，植被和土壤的垂直分异明显。谷地水热条件好，是种植业集中区；山地则具有丰富的林业资源。

1.4.2.3 西北干旱土壤区域

西北干旱土壤区域位于我国西北内陆干旱地区和青藏高原西北寒旱区，包括 6 个土壤地区、20 个土壤区，占国土面积的 35.7%。由于地处大陆腹地，全年降水量少，除山地外，多呈沙漠和荒漠景观。区内以干旱土为主，并有一定的雏形土和盐成土。

区内包含的 6 个土壤地区分别如下。

（1）中温带钙积正常干旱土、干旱砂质新成土地区：以长城、北山和天山为界向北至我国北部边境，景观以戈壁、荒漠和沙漠为主。区内多发展牧业，在绿洲地区灌溉农业发达。

（2）暖温带盐积、石膏正常干旱土、干旱正常盐成土地区：河西走廊和塔里木盆地，是我国最为干旱的地区，分布大面积的沙漠和荒漠。土壤石膏层明显，盆地周围有雪山融雪灌溉，有绿洲分布。

（3）高原温带正常干旱土、寒冻雏形土地区：青藏高原东北部的柴达木盆地。土壤盐渍化严重，盆地中央分布有盐层深厚的盐湖。区内以牧业为主，但其东部黄河及其支流湟水谷地是重要的种植业基地，以旱地农业为主。

（4）高原温带黏化寒性干旱土、灌淤干润雏形土地区：青藏高原南部和中、西喜马拉雅山与藏南分水岭之间的狭长地带。在南北高山之间，分布有一系列盆地和谷地。由于地处喜马拉雅山雨影区，气候比较干旱，且降水由东向西逐渐减少。

（5）高原亚寒带钙积、寒性干旱土地区：冈底斯山和念青唐古拉山以北的内陆湖区，是青藏高原的核心区域。高原面完整，周围是高大山系，内部是波状丘陵，兼有盆地和谷地，也是咸水湖和盐湖的集中区。寒冷干旱，天然植被以高山草原和荒漠化草原为主。

（6）高原寒带钙积寒性干旱土、干旱正常盐成土地区：位于青藏高原北缘，地形与高原亚寒带钙积、寒性干旱土地区类似，气候则更为寒冷干旱，地表遍布寒冻风化物，土壤普遍盐渍化，基本是无人区。

1.4.3　主要土壤的可蚀性

土壤可蚀性反映土壤遭受侵蚀的敏感程度，是土壤抵抗降雨、径流侵蚀能力的综合体现。目前广泛采用的土壤可蚀性指标由 Wischmeier 和 Smith 提出。他们将水平投影坡长 22.13m，坡宽至少 1.8m，坡度 5.14°（9%），实施顺坡耕作且连续清耕休闲的小区定义为标准小区。土壤可蚀性即为标准小区上单位降雨侵蚀力引起的土壤流失量。基于这一定义计算土壤可蚀性需建设大量径流小区并进行监测，统计各小区的年平均土壤流失量，监测降雨过程并计算年降雨侵蚀力，再根据通用土壤流失方程 USLE 计算土壤可蚀性。这一方法不仅耗时耗力，而且还受天然降雨产流次数的限制，特别是在我国北方的半湿润半干旱地区，年产流次数较少，很难得到足够多的观测资料。因此，部分学者以天然降雨监测数据为基础，总结降雨特征，开展人工降雨试验以研究、推算土壤可蚀性。

根据定义，土壤可蚀性只与土壤本身的理化性质有关，"单位降雨侵蚀力"和"标准小区"排除了其他自然条件和人为活动的影响。因此，可以基于天然降雨小区的观测资料，推求土壤可蚀性与土壤理化性质之间的关系，建立简便的土壤可蚀性计算公式。目前，国际上广为采用的是 Wischmeier 等的关系式为

$$K=[2.1\times10^{-4}(12-OM)M^{1.14}+3.25(s-2)+2.5(p-3)]/759 \tag{1-3}$$

式中　　K——土壤可蚀性因子，$t \cdot hm^2 \cdot h/(hm^2 \cdot MJ \cdot mm)$；

　　OM——土壤有机质含量，%；

　　　s——土壤结构参数（见表 1-4），无量纲；

　　　p——土壤渗透性参数，无量纲；

　　M——土壤质地参数。

通过式（1-4）计算

$$M=(SIL+FSAND)\times(100-CLAY) \tag{1-4}$$

式中　　SIL——土壤中的粉粒（0.002～0.05mm）含量，%；

　　$FSAND$——极细砂（0.05～0.1mm）含量，%；

　　$CLAY$——黏粒（<0.002mm）含量，%。

由于我国的土壤粒径分级与土壤结构等级划分不同于 Wishmeier 等使用的美国制，使用上述公式估算我国土壤可蚀性因子值时需注意转换。

依托第一次全国水利普查水土保持普查，梁音等收集了全国30个省（自治区、直辖市）的土种志（重庆部分在四川省土种志中），利用各土种典型剖面的土壤有机质、土壤结构、机械组成等数据，通过式（1-3）和式（1-4）推算出全国及各省（自治区、直辖市）的土壤可蚀性 K 值（表1-5）。结果表明，全国主要土壤的可蚀性 K 值介于0.0004～0.0828t·hm²·h/(hm²·MJ·mm)之间，最小值出现在陕西，最大值出现在北京。从各省平均值来看，广东省的土壤可蚀性 K 值总体最小，因为土壤黏粒和有机质含量普遍较高；青海省的正相反，黏粒和有机质含量均较低，K 值平均值最大。

表1-5　　　　　　　　　　中国各省份土壤可蚀性 K 值

单位：t·hm²·h/(hm²·MJ·mm)

省（自治区、直辖市）	平均值	最小值	最大值
安徽	0.0325	0.0025	0.0590
北京	0.0381	0.0040	0.0828
福建	0.0276	0.0074	0.0537
甘肃	0.0314	0.0006	0.0669
广东	0.0235	0.0068	0.0382
广西	0.0300	0.0079	0.0562
贵州	0.0265	0.0055	0.0361
海南	0.0311	0.0070	0.0381
河北	0.0338	0.0028	0.0750
河南	0.0377	0.0114	0.0658
黑龙江	0.0284	0.0138	0.0387
湖北	0.0300	0.0023	0.0490
湖南	0.0263	0.0082	0.0470
吉林	0.0351	0.0009	0.0687
江苏	0.0357	0.0097	0.0765
江西	0.0315	0.0064	0.0552
辽宁	0.0390	0.0065	0.0805
内蒙古	0.0356	0.0089	0.0636
宁夏	0.0407	0.0026	0.0608
青海	0.0460	0.0145	0.0681
山东	0.0365	0.0052	0.0554
山西	0.0378	0.0018	0.0711
陕西	0.0336	0.0004	0.0690
上海	0.0420	0.0061	0.0733
四川	0.0283	0.0010	0.0667
天津	0.0453	0.0138	0.0575

续表

省（自治区、直辖市）	平均值	最小值	最大值
西藏	0.0285	0.0080	0.0385
新疆	0.0406	0.0073	0.0661
云南	0.0292	0.0091	0.0484
浙江	0.0335	0.0031	0.0450

1.5　植　　被

植被是指某一地区植物群落的总体，是影响土壤侵蚀和水土流失的重要因素。植被及其覆盖变化可以反映土壤侵蚀的类型、特征与变化，为土壤侵蚀和水土流失治理提供科学依据。

1.5.1　主要植被类型

基于植物群落学—生态学原则，采用不重叠的等级分类法，依据植物种类组成、外貌和结构、生态地理分布以及植物动态变化等植物群落特征，将我国植被划分为 11 个植被型组，53 个植被型和植被亚型，859 个群系组、群系和亚群系（表 1-6）。

表 1-6　　　　　　　　　　　　　　我 国 植 被 类 型 简 表

植被型组	植被（亚）型
A 针叶林	A1 寒温带和温带山地针叶林
	A2 温带针叶林
	A3 亚热带针叶林
	A4 热带针叶林
	A5 亚热带和热带山地针叶林
B 针阔叶混交林	B1 温带针叶、落叶阔叶混交林
	B2 亚热带山地针叶、常绿阔叶、落叶阔叶混交林
C 阔叶林	C1 温带落叶阔叶林
	C2 温带落叶小叶疏林
	C3 亚热带落叶阔叶林
	C4 亚热带常绿、落叶阔叶混交林
	C5 亚热带常绿阔叶林
	C6 亚热带季风常绿阔叶林
	C7 亚热带硬叶常绿阔叶林
	C8 热带季雨林
	C9 热带雨林
	C10 亚热带、热带竹林和竹丛

续表

植被型组	植被（亚）型
D 灌丛	D1 温带落叶阔叶灌丛
	D2 亚热带、热带常绿阔叶、落叶阔叶灌丛（常含稀树）
	D3 热带珊瑚灰岩肉质常绿阔叶灌丛和矮林
	D4 亚热带、热带旱生常绿肉质多刺灌丛
	D5 亚高山落叶阔叶灌丛
	D6 亚高山硬叶常绿阔叶灌丛
	D7 亚高山常绿针叶灌丛
E 荒漠	E1 温带矮半乔木荒漠
	E2 温带灌木荒漠
	E3 温带草原化灌木荒漠
	E4 温带半灌木、矮半灌木荒漠
	E5 温带多汁盐生矮半灌木荒漠
	E6 温带一年生草本荒漠
	E7 高寒垫状矮半灌木荒漠
F 草丛	F1 温带草丛
	F2 亚热带、热带草丛
G 草甸	G1 温带禾草、杂类草草甸
	G2 温带禾草、苔草及杂类草沼泽化草甸
	G3 温带禾草、杂类草盐生草甸
	G4 高寒嵩草、杂类草草甸
H 沼泽	H1 寒温带、温带沼泽
	H2 亚热带、热带沼泽
	H3 热带红树林
	H4 高寒沼泽
I 高山植被	I1 高山苔原
	I2 高山垫状植被
	I3 高山稀疏植被
J 栽培植被	J1 一年一熟短生育期耐寒作物（无果树）
	J2 一年一熟粮食作物及耐寒经济作物
	J3 一年一熟粮食作物及耐寒经济作物、落叶果树园
	J4 两年三熟或一年两熟旱作和落叶果树园
	J5 一年两熟水旱粮食作物、常绿和落叶果树园和经济林
	J6 一年两熟或三熟水旱轮作（有双季稻）及常绿果树园、亚热带经济林
	J7 一年三熟粮食作物及热带常绿果树园和经济林

1.5.2　植被分布规律与分区

影响植被空间分布的主要因素是温度和水分。中国植被分布不仅受纬度地带性（温度）和经度地带性（水分）的影响而表现出空间水平分异规律，而且沿海拔变化呈垂直更替变化，共同构成植被分布的"三向地带性"。

在水平地带性方面，受夏季风影响，我国降水从东南向西北逐渐减少，植被类型呈现明显的经向变化。尤其是在昆仑山—秦岭—淮河一线以北的温带和暖温带地区，植被类型由东南向西北依次更替：落叶阔叶林/针阔混交林→草甸草原→典型草原→荒漠草原→草原化荒漠→典型荒漠。在我国东南季风区，即大兴安岭—吕梁山—六盘山—青藏高原一线以东以南，纬度地带性明显。由北向南，随着纬度的递减，植被类型依次更替：寒温带针叶林→温带针阔叶混交林→暖温带落叶阔叶林→亚热带常绿阔叶林→热带季雨林/雨林。

我国山地植被的垂直地带性大致可以分为湿润区和干旱区山地植被的垂直地带性两大类型。在东部季风区，雨量充沛，山地植被以森林植被类型占优势，高海拔处的植被由低温—中生灌丛、草甸或冻原类型构成。例如，温带的长白山海拔 2691m，具有较完整的垂直地带性，随海拔增高植被类型依次为：山地针阔叶混交林→山地寒温针叶林→亚高山矮曲林→高山冻原。而在西北内陆干旱区，水分少，森林植被通常退居其次，甚至全然消失，旱生的草原或荒漠植被往往占据主导地位。如位于荒漠草原带的阿尔泰山，其植被类型随海拔从低到高依次为：荒漠草原/典型草原→山地寒温性、温性针叶林（阴坡）→亚高山灌丛草甸→高山嵩草草甸→山地冻原。

在同一水平或垂直地带范围内的不同地区，由于地质构造、地貌、地表组成、土壤、水分、局部气候及其他生态因素的差异，会造成植被的异质性和多样性，称为植被分布的非地带性或区域性，如热带季雨林由于局部地区的焚风作用时常出现成片的稀树草原。

根据我国植被类型及其地理分布特征，采用三向地带性与非地带性相结合的综合原则，按照"先地带性、后非地带性，先水平地带性、后垂直地带性，先高级植被分类单位、后低级植被分类单位，先大气候（水热条件）、后地貌基质"的顺序，将我国划分为 8 个植被区域，12 个植被亚区域，28 个植被地带，116 个植被区和 464 个植被小区（表 1-7）。

1.5.2.1　寒温带落叶针叶林区域

寒温带落叶针叶林区域位于我国最北部，包括大兴安岭北部及其支脉伊勒呼里山地。只包含南寒温带落叶针叶林 1 个植被地带，地带性植被为兴安落叶松。本区以山地为主，具有明显的垂直地带性。随着海拔的增加，植被类型依次更替：含蒙古栎的兴安落叶松林→杜鹃—兴安落叶松林→藓类—兴安落叶松林→偃松矮曲林。由于降水少，冬季寒冷漫长，主要农作物为耐寒的各种麦类、甜菜、马铃薯、甘蓝等。

1.5.2.2　温带针叶、落叶阔叶混交林区域

温带针叶、落叶阔叶混交林区域位于东北平原以北、以东的广阔山地，包含温带北部和南部 2 个针叶、落叶阔叶混交林地带。地带性植被是以红松为优势种、伴生多种阔叶树的红松阔叶混交林。区内植物种类繁多，针叶树除红松外，北部有云杉、冷杉和落叶松，南部有沙冷杉等；阔叶树包括紫椴、水曲柳、核桃楸等；林下灌木有毛榛、刺五加等。由于人为活动剧烈，区内原始林面积已急剧缩减，次生林和人工林面积不断扩大。大片草甸

表 1 - 7　　　　　　　　　　　　　　　中 国 植 被 区 划

植被区域	植被亚区域	植 被 地 带
Ⅰ 寒温带落叶针叶林区域		Ⅰ1 南寒温带落叶针叶林地带
Ⅱ 温带针叶、落叶阔叶混交林区域		Ⅱ1 温带北部针叶、落叶阔叶混交林地带
		Ⅱ2 温带南部针叶、落叶阔叶混交林地带
Ⅲ 暖温带落叶阔叶林区域		Ⅲ1 暖温带北部落叶栎林地带
		Ⅲ2 暖温带南部落叶栎林地带
Ⅳ 亚热带常绿阔叶林区域	ⅣA 东部湿润常绿阔叶林亚区域	ⅣA1 北亚热带常绿、落叶混交林地带
		ⅣA2 中亚热带常绿阔叶林地带
		ⅣA3 南亚热带季风常绿阔叶林地带
	ⅣB 西部半湿润常绿阔叶林亚区域	ⅣB1 中亚热带常绿阔叶林地带
		ⅣB2 南亚热带季风常绿阔叶林地带
		ⅣB3 亚热带山地寒温性针叶林地带
Ⅴ 热带季雨林、雨林区域	ⅤA 东部偏湿性热带季雨林、雨林亚区域	ⅤA1 北热带半常绿季雨林、湿润雨林地带
		ⅤA2 南热带季雨林、湿润雨林地带
	ⅤB 西部偏干性季雨林、雨林亚区域	ⅤB1 北热带季节雨林、半常绿季雨林地带
	ⅤC 南海珊瑚岛植被亚区域	ⅤC1 季风热带珊瑚岛植被地带
		ⅤC2 赤道热带珊瑚岛植被地带
Ⅵ 温带草原区域	ⅥA 东部草原亚区域	ⅥA1 温带北部草原地带
		ⅥA2 温带南部草原地带
	ⅥB 西部草原亚区域	ⅥB1 温带北部草原地带
Ⅶ 温带荒漠区域	ⅦA 西部荒漠亚区域	ⅦA1 温带半灌木、矮乔木荒漠地带
	ⅦB 东部荒漠亚区域	ⅦB1 温带半灌木、灌木荒漠地带
		ⅦB2 暖温带灌木、半灌木荒漠地带
Ⅷ 青藏高原高寒植被区域	ⅧA 青藏高原东部高寒灌丛、高寒草甸亚区域	ⅧA1 高寒灌丛、高寒草甸地带
		ⅧA2 高寒草甸地带
	ⅧB 青藏高原中部高寒草原亚区域	ⅧB1 高寒草原地带
		ⅧB2 温性草原地带
	ⅧC 青藏高原西北部高寒荒漠亚区域	ⅧC1 高寒荒漠地带
		ⅧC2 温性荒漠地带

和沼泽被开垦为农田，种植小麦、玉米、大豆、马铃薯和水稻等。

1.5.2.3　暖温带落叶阔叶林区域

暖温带落叶阔叶林区域位于东经 103°30′～124°10′，北纬 32°30′～42°30′之间，呈北窄南宽的三角形，包含暖温带北部和南部 2 个落叶栎林地带。地带性植被是以栎林为代表的落叶阔叶林，山地还分布有油松、赤松、侧柏等。区内人类活动历史悠久，自然植被几乎荡然无存，平原地区多为冬小麦、玉米等栽培植被，山区广布灌丛和草丛。

1.5.2.4 亚热带常绿阔叶林区域

亚热带常绿阔叶林区域包括秦岭—淮河一线至北回归线之间的广大亚热带区域，西至青藏高原东部边缘。根据生态外貌和生境水分条件的差异，划分为东部和西部2个亚区域；在各亚区域内根据生境热量差异，各划分3个植被地带。地带性植被是亚热带常绿阔叶林，以壳斗科中的常绿种类、樟科、山茶科和竹亚科的植物为主。在人类活动的长期影响下，自然植被残存较少。平原、低山丘陵和盆地多种植农作物，以一年二熟为主，如水稻—玉米、小麦—水稻、双季稻等；果树多为苹果、梨、桃等落叶种类；经济作物有茶、油桐和漆树等。

1.5.2.5 热带季雨林、雨林区域

热带季雨林、雨林区域位于我国最南端，包括北回归线以南的云南、广东、广西和台湾4省（自治区）的南部，以及西藏东喜马拉雅南坡南缘山地和南海诸岛，包含东部、西部和南海珊瑚岛3个亚区域，共5个植被地带。其中，东部和西部亚区域由于存在明显的干季，地带性植被为以龙脑香科、楝科、梧桐科、无患子科、漆树科、豆科、大戟科、桑科植物组成的半常绿季雨林。南海珊瑚岛亚区域的地带性植被为由麻风桐和海岸桐组成的热带珊瑚岛常绿阔叶林及滨海植被。由于长期受人类活动影响，本区域现以农作物、经济林、用材林等人工植被和次生植被以及荒坡为主。农作物有三熟水稻、甘蔗、番薯，经济作物有槟榔、香蕉、椰子和橡胶等。

1.5.2.6 温带草原区域

温带草原区域位于东经83°～127°，北纬35°～52°之间，连续分布在松辽平原、内蒙古高原和黄土高原地区，另有一小部分坐落在新疆北部的阿尔泰山区，包含东部和西部2个草原亚区域，共3个植被地带。尽管面积辽阔，由于降水贫乏，植物种类相对较少。地带性植被为禾草草原，以耐旱的多年生根茎禾本科草类为主。区内植被的经向地带性明显，从东南向西北，依次出现森林草原、典型草原和荒漠草原。因大面积垦荒、放牧，草原退化已相当严重，原始植被所剩无几。

1.5.2.7 温带荒漠区域

温带荒漠区域位于东经108°以西，北纬36°以北，包括新疆的准噶尔盆地和塔里木盆地、青海的柴达木盆地、甘肃和宁夏北部的阿拉善高原，以及内蒙古鄂尔多斯台地的西段，包含东部和西部2个荒漠亚区域，共3个植被地带。地带性植被是温带荒漠植被，主要以藜科、菊科、禾本科、蝶形花科、蔷薇科和毛茛科植物为建群种。降水量少，水分成为植被生长发育的主要限制条件，经向地带性较纬向地带性更为明显。此外，区内分布有天山、昆仑山、阿尔泰山和祁连山等巨大山系，垂直地带性也比较显著。由于绝大部分地区不适合人类居住，植被仍保持着自然面貌；而区内宜居地区多数已被开垦为农田或牧场。

1.5.2.8 青藏高原高寒植被区域

青藏高原高寒植被区域即为青藏高原地区，包含3个植被亚区域，共6个植被地带。由于青藏高原独特的地形地貌特点，植被水平分布规律在高原面上呈现出东南—西北方向的"高原地带性"。在高原东南部的山地峡谷区，海拔介于3000～4000m，河谷侧坡发育

着以森林为代表的山地垂直带植被。向西至川西北部、青海南部和藏北东部，海拔升至
4000～5000m，植被以高寒灌丛和高寒草甸为主。继续向西北至羌塘高原，海拔 4500～
5000m，取而代之的是高寒草原和高寒荒漠草原植被；而海拔较低的藏南谷地分布着温性
草原和温性干旱落叶灌丛植被。继续往西北至平均海拔 5000m 以上的青藏高原最北部，
即喀喇昆仑山与昆仑山之间的山原和湖盆区，分布有大面积的冻土和高寒荒漠植被；在海
拔较低的西部阿里地区，则发育着以山地温性荒漠或草原化荒漠为基底的山地垂直带植
被。受限于高海拔和低温，农业主要集中在河谷地区，包括青稞、燕麦、荞麦和马铃
薯等。

1.5.3　植被覆盖与土壤侵蚀

据《中国植被图集（1∶1000000）》，我国各类植被的覆盖面积占全国陆地总面积的
75.4%，城镇、湖泊、冰川等的覆盖面积占比为 24.6%。目前，多采用遥感方法提取归
一化差分植被指数（Normalized Difference Vegetation Index，NDVI），以监测植被覆盖
度及其动态变化。有研究表明，1982—2010 年，全国植被的生长季（4—10 月）NDVI 显
著增加；但 1999—2010 年增速明显放缓。从空间分布上来看，1982—2010 年，我国南方
地区的生长季 NDVI 大幅持续增加；但在北方地区，NDVI 呈现先增后减的趋势。20 世
纪 80 年代至 90 年代中期，由于温度总体上升，降水增加，植被生长良好，NDVI 显著增
加；从 90 年代中期至 2010 年，温度持续上升的同时降水减少，严重影响北方地区，特别
是干旱和半干旱地区的植被生长。

土壤侵蚀与植被覆盖紧密相关，土壤侵蚀产流量和产沙量通常随植被覆盖度增加呈指
数减少（图 1-3），但减少的程度和方式与植被类型、土壤性质以及地形特征有关。黄明
斌等发现，黄土高原沟壑区小流域径流量随植被盖度的增大而减少，并且森林小流域比相
同盖度的天然草地小流域的蒸腾量大，径流量小；张兴昌等在黄土高原的野外径流小区试

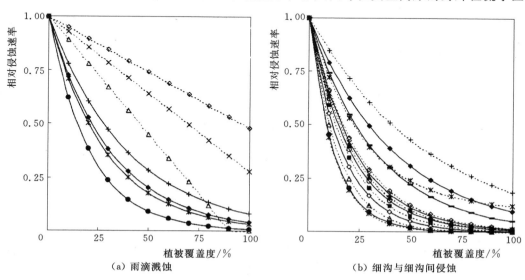

图 1-3　不同研究中雨滴溅蚀与细沟与细沟间侵蚀相对侵蚀速率随植被覆盖度的变化

验表明，相比农作物，牧草、灌木间作或种植天然牧草能有效减少土壤侵蚀。在我国不同的植被区域，植被类型各异，土壤、地形也有所差异，土壤侵蚀状况各不相同。例如，寒温带落叶针叶林区域和温带针叶、落叶阔叶混交林区域是我国重要的木材生产基地之一，森林植被覆盖率 70％～80％，且下层植被丰富，能有效涵养水源、保持土壤，减少水土流失。但近几十年来，由于农田大量开垦，水土流失状况也十分严重。在温带草原区，过度放牧和毁林开矿，严重影响现有森林和其幼苗幼树的生长，森林植被退化严重。如在乌兰察布高原乌拉山天然次生林区，森林覆盖率只有 4.9％，强烈的土壤侵蚀下，甚至有大面积的基岩出露。青藏高原高寒植被区域同样存在过度放牧、草地退化的问题。1982—2009 年，青藏高原近 12％的草地植被覆盖度持续降低，主要涉及柴达木盆地、祁连山、共和盆地、江河源地区及川西地区等。植被覆盖度降低，草地退化，伴随而来的就是水土流失和土地沙化。截至 2009 年，西藏自治区土地沙化面积约为 21.6 万 km²，占全区总面积的 18.0％。

本 章 参 考 文 献

［1］　陈家琦，王浩，杨小柳. 水资源学［M］. 北京：科学出版社. 2002.

［2］　程裕淇. 中国区域地质概论［M］. 北京：科学出版社，1994.

［3］　丁明军，张镱锂，刘林山，等. 1982—2009 年青藏高原草地覆盖度时空变化特征［J］. 自然资源学报，2010（12）：2114－2122.

［4］　龚子同. 中国土壤系统分类——理论·方法·实践［M］. 北京：科学出版社，1999.

［5］　国家林业局. 中国荒漠化和沙化状况公报，2015. ［EB/OL］.

［6］　黄明斌，康绍忠，李玉山. 黄土高原沟壑区森林和草地小流域水文行为的比较研究［J］. 自然资源学报，1999（3）：226－231.

［7］　李容全，邱维理，张亚立，等. 对黄土高原的新认识［J］. 北京师范大学学报（自然科学版），2005（4）：431－436.

［8］　梁音，刘宪春，曹龙熹，等. 中国水蚀区土壤可蚀性 K 值计算与宏观分布［J］. 中国水土保持，2013（10）：35－40.

［9］　廖克. 中华人民共和国国家自然地图集［M］. 北京：中国地图出版社，1999.

［10］　全国土壤普查办公室. 中国土壤［M］. 北京：中国农业出版社，1998.

［11］　孙鸿烈，郑度，姚檀栋，等. 青藏高原国家生态安全屏障保护与建设［J］. 地理学报，2012（1）：3－12.

［12］　孙家抦. 遥感原理与应用［M］. 武汉：武汉大学出版社，2013.

［13］　王振嵘，卢贤娥. 乌拉山地区森林植被退化原因及对策［J］. 内蒙古林业，2001（4）：24－25.

［14］　武吉华，张绅，江源，等. 植物地理学［M］. 北京：高等教育出版社，2004.

［15］　熊怡. 中国水文区划［M］. 北京：科学出版社，1995.

［16］　尹泽生. 中国地貌基本特征［A］. 杨景春，中国地貌特征与演化［M］. 北京：海洋出版社，1993.

［17］　曾昭璇. 中国的地形［M］. 广州：广东科技出版社，1985.

［18］　张兴昌，邵明安，黄占斌，等. 不同植被对土壤侵蚀和氮素流失的影响［J］. 生态学报，2000（6）：1038－1044.

［19］　赵其国. 中国土壤资源［M］. 南京：南京大学出版社，1991.

［20］　郑景云，尹云鹤，李炳元. 中国气候区划新方案［J］. 地理学报，2010（1）：3－12.

［21］ 中国科学院中国植被图编辑委员会. 中国植被图集（1：1000000）［M］. 北京：科学出版社，2001.

［22］ 中国科学院中国植被图编辑委员会. 中国植被及其地理格局［M］. 北京：地质出版社，2007.

［23］ 中国植被编辑委员会. 中国植被［M］. 北京：科学出版社，1980.

［24］ Gyssels G，J Poesen，E Bochet，and Y Li. Impact of plant roots on the resistance of soils to erosion by water：a review［J］. Progress in Physical Geography，2005（2）：189 - 217.

［25］ Hu B，Z Yang，H Wang，X Sun，N Bi，and G Li. Sedimentation in the Three Gorges Dam and the future trend of Changjiang（Yangtze River）sediment flux to the sea［J］. Hydrology and Earth System Sciences，2009，13：2253 - 2264.

［26］ Peng S，A Chen，L Xu，C Cao，J Fang，R B Myneni，J E Pinzon，C J Tucker，and S Piao. Recent change of vegetation growth trend in China［J］. Environmental Research Letters，2011，6：044027.

［27］ Yang Z，H Wang，Y Saito，J D Millliman，K Xu，S Qiao，and G Shi. Dam impacts on the Changjiang（Yangtze）River sediment discharge to the sea：The past 55 years and after the Three Gorges Dam［J］. Water Resources Research，2006，42，W04407，doi：10. 1029/2005WR003970.

［28］ Zuazo V H D，C R R Pleguezuelo. Soil - erosion and runoff prevention by plant covers：A review［J］. Agronomy for Sustainable Development，2008（1）：65 - 86.

［29］ Wischmeier W H，C B Johnson，and B C Cross. A soil erodibility nomograph for farmland and construction sites［J］. Journal of Soil and Water Conservation，1971（5）：189 - 193.

［30］ Wishmeier W H，and D D Smith. Rainfall energy and its relationship to soil loss［J］. Transactions，American Geophysics Union，1958，39：285 - 291.

［31］ Wishmeier W H，and D D Smith. Predicting rainfall erosion losses from cropland east of the Rocky Mountains［R］. Agriculture Handbook No. 282，U. S. Department of Agriculture，Washington，D. C. 1965.

第 2 章
水土流失状况

2.1 分　布　情　况

据《第一次全国水利普查水土保持情况公报》（2013 年）显示，全国水土流失总面积 294.91 万 km²，占普查范围的 31.12%，其中水蚀面积 129.32 万 km²，风蚀面积 165.59 万 km²。全国水力侵蚀和风力侵蚀各级强度的面积与比例分别见表 2-1 和表 2-2。

表 2-1　　　　各省（自治区、直辖市）水力侵蚀各级强度面积与比例

省（自治区、直辖市）	水力侵蚀总面积 /km²	各级强度的水力侵蚀面积及比例									
		轻度		中度		强烈		极强烈		剧烈	
		面积 /km²	比例 /%	面积 /km²	比例 /%	面积 /km²	比例 /%	面积 /km²	比例 /%	面积 /km²	比例 /%
合计	1293246	667597	51.62	351448	27.18	168687	13.04	76272	5.90	29242	2.26
北京	3202	1746	54.53	1031	32.20	341	10.65	70	2.19	14	0.43
天津	236	108	45.76	60	25.43	59	25.00	6	2.54	3	1.27
河北	42135	22397	53.15	13087	31.06	4565	10.84	1464	3.47	622	1.48
山西	70283	26707	38.00	24172	34.39	14069	20.02	4277	6.09	1058	1.50
内蒙古	102398	68480	66.88	20300	19.82	10118	9.88	2923	2.86	577	0.56
辽宁	43988	21975	49.96	12005	27.29	6456	14.68	2769	6.29	783	1.78
吉林	34744	17297	49.78	9044	26.03	4342	12.50	2777	7.99	1284	3.70
黑龙江	73251	36161	49.37	18343	25.04	11657	15.91	5459	7.45	1631	2.23
上海	4	2	50.00	2	50.00	0	0	0	0	0	0
江苏	3177	2068	65.08	595	18.73	367	11.55	133	4.19	14	0.45
浙江	9907	6929	69.94	2060	20.80	582	5.88	177	1.78	159	1.60
安徽	13899	6925	49.82	4207	30.27	1953	14.05	660	4.75	154	1.11
福建	12181	6655	54.64	3215	26.40	1615	13.26	428	3.50	268	2.20
江西	26497	14896	56.22	7558	28.52	3158	11.92	776	2.93	109	0.41
山东	27253	14926	54.77	6634	24.34	3542	13.00	1727	6.33	424	1.56
河南	23464	10180	43.39	7444	31.72	4028	17.17	1444	6.15	368	1.57

续表

省（自治区、直辖市）	水力侵蚀总面积/km²	各级强度的水力侵蚀面积及比例									
		轻度		中度		强烈		极强烈		剧烈	
		面积/km²	比例/%	面积/km²	比例/%	面积/km²	比例/%	面积/km²	比例/%	面积/km²	比例/%
湖北	36903	20732	56.18	10272	27.83	3637	9.86	1573	4.26	689	1.87
湖南	32288	19615	60.75	8687	26.90	2515	7.79	1019	3.16	452	1.40
广东	21305	8886	41.71	6925	32.50	3535	16.59	1629	7.65	330	1.55
广西	50537	22633	44.79	14395	28.48	7371	14.59	4804	9.50	1334	2.64
海南	2116	1171	55.34	666	31.47	190	8.98	45	2.13	44	2.08
重庆	31363	10644	33.94	9520	30.35	5189	16.54	4356	13.89	1654	5.28
四川	114420	48480	42.37	35854	31.34	15573	13.61	9748	8.52	4765	4.16
贵州	55269	27700	50.12	16356	29.59	6012	10.88	2960	5.36	2241	4.05
云南	109588	44876	40.95	34764	31.72	15860	14.47	8963	8.18	5125	4.68
西藏	61602	28650	46.51	23637	38.37	5929	9.63	2084	3.38	1302	2.11
陕西	70807	48221	68.10	2124	3.00	14679	20.73	4569	6.45	1214	1.72
甘肃	76112	30263	39.76	25455	33.45	12866	16.90	5407	7.10	2121	2.79
青海	42805	26563	62.06	10003	23.37	3858	9.01	2179	5.09	202	0.47
宁夏	13891	6816	49.07	4281	30.82	2065	14.86	526	3.79	203	1.46
新疆	87621	64895	74.06	18752	21.40	2556	2.92	1320	1.51	98	0.11

表 2 - 2　　　各省（自治区、直辖市）风力侵蚀各级强度面积与比例

省（自治区、直辖市）	风力侵蚀总面积/km²	各级强度的风力侵蚀面积及比例									
		轻度		中度		强烈		极强烈		剧烈	
		面积/km²	比例/%	面积/km²	比例/%	面积/km²	比例/%	面积/km²	比例/%	面积/km²	比例/%
合计	1655916	716016	43.24	217422	13.13	218159	13.17	220382	13.31	283937	17.15
河北	4961	3498	70.52	1310	26.40	153	3.08	0	0	0	0
山西	63	61	96.83	2	3.17	0	0	0	0	0	0
内蒙古	526624	232674	44.18	46463	8.82	62090	11.79	82231	15.62	103166	19.59
辽宁	1947	1794	92.15	117	6.01	1	0.05	25	1.28	10	0.51
吉林	13529	8462	62.55	3142	23.22	1908	14.10	17	0.13	0	0
黑龙江	8687	4294	49.43	3172	36.51	1214	13.98	7	0.08	0	0
四川	6622	6502	98.19	109	1.65	6	0.09	5	0.07	0	0
西藏	37130	14525	39.12	5553	14.96	17052	45.92	0	0	0	0
陕西	1879	734	39.06	154	8.20	682	36.30	308	16.39	1	0.05
甘肃	125075	24972	19.97	11280	9.02	11325	9.05	33858	27.07	43640	34.89
青海	125878	51913	41.24	20507	16.29	26737	21.24	19950	15.85	6771	5.38
宁夏	5728	2562	44.73	405	7.07	482	8.41	2094	36.56	185	3.23
新疆	797793	364025	45.63	125208	15.69	96509	12.10	81887	10.26	130164	16.32

2.1.1 水蚀状况

全国水蚀总面积为 129.32 万 km²，其中轻度、中度、强度、极强度和剧烈侵蚀的面积分别为 66.76 万 km²、35.14 万 km²、16.87 万 km²、7.63 万 km²、2.92 万 km²。各等级水力侵蚀面积比例分别为 51.62%、27.18%、13.04%、5.90%、2.26%，如图 2-1 所示。水蚀面积中，轻度和中度侵蚀面积之和占水蚀总面积的 78.8%，强度及以上面积所占比例较小，为 21.2%。各省（自治区、直辖市）水蚀强度分级面积，见表 2-1。

2.1.2 风蚀状况

全国风蚀总面积为 165.59 万 km²，其中轻度、中度、强度、极强度和剧烈侵蚀的面积分别为 71.60 万 km²、21.74 万 km²、21.82 万 km²、22.04 万 km²、28.39 万 km²。各等级水土流失面积比例分别为 43.24%、13.13%、13.17%、13.31% 和 17.15%，如图 2-2 所示。风蚀面积中，轻度和中度侵蚀面积之和占水蚀总面积的 56.37%，强度及以上面积所占比例为 43.63%。全国各省（自治区、直辖市）风蚀强度分级面积，见表 2-2。

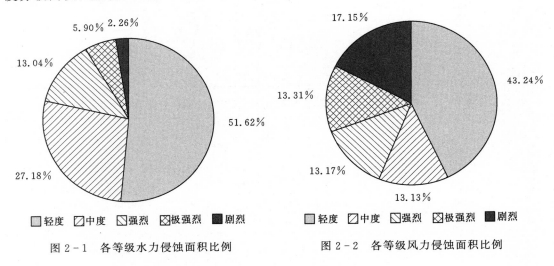

图 2-1　各等级水力侵蚀面积比例　　　　图 2-2　各等级风力侵蚀面积比例

2.2 动 态 变 化

2.2.1 水土流失面积动态变化

根据第一次、第二次、第三次全国土壤侵蚀遥感普查和全国第一次水利普查水土保持情况普查成果，全国水土流失面积由 20 世纪 80 年代中期的 367.03 万 km² 减少到 90 年代中期的 355.56 万 km²，减幅约 0.4%；到 2000 年增长到 356.92 万 km²，增幅 0.4%；到 2010 年减少到 294.91 万 km²，减幅约 17%，近 10 年平均每年减少 6.2 万 km²，见表 2-3 和图 2-3。

表 2-3   **1985—2010 年全国水土流失面积**

水土流失类型	年份	总面积/km²	轻度/km²	中度/km²	强度/km²	极强度/km²	剧烈/km²
水力侵蚀	1985	1794169.22	919122.48	497811.51	244615.51	91402.27	41217.45
	1995	1648815.35	830551.65	554911.51	178306.67	59940.67	25104.85
	2000	1612190.55	829541.80	527712.78	172018.98	59413.66	23503.33
	2010	1293246	667597	351448	168687	76272	29242
风力侵蚀	1985	1876099.19	941091.85	278748.76	231677.45	166227.79	258353.34
	1995	1906741.89	788256.73	251199.64	247991.04	270139.25	349155.23
	2000	1957022.00	808888.70	280903.30	250274.80	264790.20	352164.60
	2010	1655916	716016	217422	218159	220382	283937
合计	1985	3670268.41	1860214.33	776560.27	476292.96	257630.06	299570.79
	1995	3555557.24	1618808.38	806111.15	426297.71	330079.92	374260.08
	2000	3569212.55	1638430.50	808616.08	422293.78	324203.86	375667.93
	2010	2949162	1383613	568870	386846	296654	313179

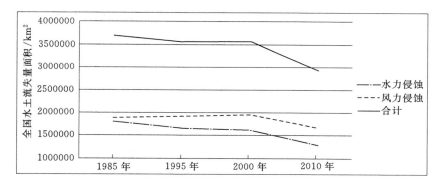

图 2-3   1985—2010 年全国水土流失面积变化情况

从四次全国土壤侵蚀普查结果看，1985—2010 年的 25 年间，随着国家对水土保持生态建设投入力度的不断加大和社会公众水土保持意识不断增强，全国水土保持生态建设工作取得了飞速发展，水土流失防治成效十分显著，水力侵蚀面积和风力侵蚀面积分别从1985 年的 179.42 万 km²、187.61 万 km²，下降到 2010 年的 129.32 万 km²、165.59 万 km²。

1985—2010 年，全国有 25 个省（自治区、直辖市）水土流失面积减小，6 个省（自治区、直辖市）增加。其中，水土流失面积减少大于 1 万 km² 的有河北、山西、内蒙古、辽宁、黑龙江、浙江、安徽、江西、山东、河南、湖北、湖南、四川、贵州、云南、西藏、陕西、甘肃、青海、宁夏等 21 个省（自治区）。

2.2.2 水土流失强度动态变化

从侵蚀强度看，25 年间全国轻度侵蚀面积减少最多，共减少 47.66 万 km²，减少了

25.6%。其中，前 15 年减少 22.18 万 km²、减少了 11.9%；后 10 年减少 25.48 万 km²，减少了 13.7%。1985—2010 年，全国中度侵蚀面积减少了 20.77 万 km²，减少了 27.4%。相对而言，强度、极强度和剧烈侵蚀的面积变化较小，其中，强度侵蚀面积减少 8.94 万 km²，极强度和剧烈侵蚀面积分别增加 3.9 万 km²、1.36 万 km²。各强度等级的侵蚀面积变化见表 2-3 和图 2-4。

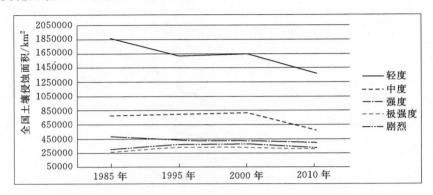

图 2-4 1985—2010 年全国各强度等级侵蚀面积变化情况

2.2.3 不同类型动态变化

2.2.3.1 水力侵蚀动态变化

1985 年、1995 年、2000 年和 2010 年全国水蚀面积分别为 179.42 万 km²、164.88 万 km²、161.22 万 km²、129.32 万 km²，呈下降趋势。25 年间，全国水蚀面积共减少 50.1 万 km²，平均每年减少 2.0 万 km²，减少了 27.92%。其中，前 15 年平均每年减少 1.21 万 km²，后 10 年平均每年减少 3.19 万 km²。

1985—2010 年，各强度等级的水力侵蚀面积均呈下降趋势。其中，轻度侵蚀、中度侵蚀、强度侵蚀、极强度侵蚀、剧烈侵蚀面积分别减少了 25.15 万 km²、14.64 万 km²、7.59 万 km²、1.51 万 km²、1.20 万 km²，如图 2-5 所示。

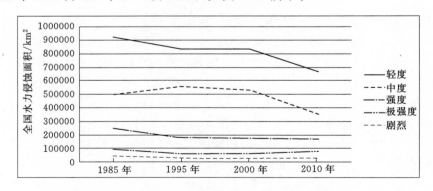

图 2-5 1985—2010 年全国各强度等级水力侵蚀面积变化情况

25 年间，全国有 24 省（自治区、直辖市）的水力侵蚀面积减小，7 省（自治区、直辖市）增加。其中，水力侵蚀面积减少大于 1 万 km² 的有河北、山西、内蒙古、辽宁、黑龙江、浙江、安徽、江西、山东、河南、湖北、湖南、四川、贵州、云南、陕西、甘肃、新疆 18 个省（自治区）。

2.2.3.2 风力侵蚀动态变化

全国风力侵蚀面积呈先增加后减少趋势，1985 年、1995 年、2000 年和 2010 年风蚀面积分别为 187.61 万 km²、190.67 万 km²、195.70 万 km²、165.59 万 km²。1985—2000 年的 15 年，全国风力侵蚀面积增加 8.09 万 km²，平均每年增加 0.54 万 km²。2000—2010 年，全国风力侵蚀面积减少 30.11 万 km²，减少了 15.39%，平均每年减少 3.01 万 km²。

1985—2010 年，全国各强度等级的风力侵蚀中，轻度侵蚀面积减少了 13.22 万 km²，中度侵蚀、强度侵蚀、极强度侵蚀、剧烈侵蚀面积分别增加了 0.22 万 km²、1.86 万 km²、9.86 万 km²、9.38 万 km²。2000—2010 年，轻度侵蚀、中度侵蚀、强度侵蚀、极强度侵蚀、剧烈侵蚀面积均呈下降趋势，分别减少了 9.29 万 km²、6.35 万 km²、3.21 万 km²、4.44 万 km²、6.82 万 km²，如图 2-6 所示。

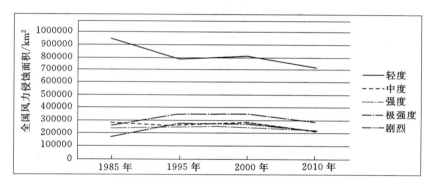

图 2-6 1985—2010 年全国各强度等级风力侵蚀面积变化情况

25 年间，全国有风力侵蚀的 16 省（自治区、直辖市）中，13 省（自治区、直辖市）风力侵蚀面积减小。风力侵蚀面积减少大于 1 万 km² 的有内蒙古、山东、西藏、青海、宁夏、新疆 6 省（自治区、直辖市），其中，内蒙古减少最多，25 年间共减少了 11.39 万 km²。福建、江西、山东境内风力侵蚀全部消失。辽宁、黑龙江、四川等省略有增加。

2.3 主 要 危 害

水土流失既是土地退化和生态恶化的主要形式，也是土地退化和生态恶化程度的集中反映，对经济社会发展的影响是多方面的、全局性的和深远的，甚至是不可逆的。

2.3.1 破坏土地资源

水土流失导致土地退化，耕地毁坏，使人们失去赖以生存的基础，威胁国家粮食安全。

2.3.1.1 破坏土地资源，蚕食耕地

年复一年的水土流失，造成地形破碎，沟壑纵横，破坏土地资源，耕地面积减少。我

国人均占有耕地面积远低于世界平均水平，人地矛盾突出，严重的水土流失又加剧了这一矛盾。北方土石山区、西南岩溶区和长江上游等地有相当比例的农田耕作层土壤已经流失殆尽，母质基岩裸露，彻底丧失了农业生产能力。据调查，自中华人民共和国成立之初至2000年，全国因水土流失毁掉的耕地超过 266.7 万 hm²，平均每年近 6.67 万 hm²。因水土流失造成退化、沙化、碱化草地约 100 万 km²，占我国草原总面积的 50%。进入 20 世纪 90 年代，沙化土地每年扩展 2460km²。

2.3.1.2　土层变薄

土壤几乎是一种不可再生的资源。据研究显示，在自然状态下形成 1cm 厚的土层需要 120～400 年，而在水土流失严重地区，每年流失表土 1cm 以上，土壤流失速度比土壤形成速度快 120～400 倍。特别是土石山区，由于土壤流失殆尽，基岩裸露，"石化"现象严重。据调查，广西、贵州、云南等石灰岩地区许多地方已无地可种。广西大化瑶族自治县七百弄乡总面积 203km²，裸岩面积达 102.3km²，占全乡土地面积的 50.4%。

2.3.1.3　土地肥力下降

水土流失严重的坡耕地成为"跑水、跑土、跑肥"的"三跑田"，土壤肥力下降，结构破坏，理化性状变差，土地日益贫瘠，退化严重。据实验分析，当表层腐殖质含量为 2%～3% 时，如果流失土层 1cm，那么每年每平方公里的地上就要流失腐殖质 200t，同时带走 6～15t 氮、10～15t 磷、200～300t 钾。据全国水土流失与生态安全综合科学考察结果显示，全国每年流失的氮、磷、钾总量近亿吨，其中黄土高原约为 4000 万 t。位处黄土高原的定西、西海固、陕北丘陵沟壑区以及风沙区因水土流失造成粮食单产非常低，在实施水土流失综合治理工程前，多年平均粮食单产不到 50kg。

2.3.2　加剧洪涝灾害

水土流失造成大量泥沙下泄并淤积下游江、河、湖、库，降低了水利设施调蓄功能和天然河道泄洪能力，增加下游洪涝灾害发生频次。黄河水患的症结在于黄土高原的水土流失，1950—1999 年下游河道淤积泥沙 92 亿 t，致使河床普遍抬高 2～4m。1998 年长江发生的全流域性特大洪水，其主要原因之一是长江上中游地区水土流失严重，区域水土保持功能衰减，加速了暴雨径流的汇聚过程，且每年约有 3.5 亿 t 粗沙、石粒淤积在支流水库和中小河道内，降低了水库调蓄和河道行洪能力。湖南湘、资、沅、澧四水河床普遍淤高 0.6m，1996 年沅水流域发生了仅相当于 20～30 年一遇洪水，却出现了历史最高水位。辽河支流柳河流域，每年有 1000 万 t 泥沙下泄，沉积在辽河干流，下游部分河床高于地面 1～2m，成为地上悬河。据不完全统计，全国 8 万多座水库年均淤积 16.24 亿 m³，仅洞庭湖年均淤积即达 0.98 亿 m³。

同时，由于水土流失使上游地区土层变薄，土壤蓄水能力降低，增加了山洪发生的频率和洪峰流量，增加了一些地区滑坡泥石流等灾害的发生机会。据 20 世纪 90 年代调查数据显示，长江上游威胁程度较高的滑坡有 1500 多处，泥石流沟有 3000 多条，年均侵蚀量在 1.2 亿 t 左右。泥石流是水土流失的一种极端表现形式，陡峭的地形、大量松散固体物质和高强度降雨是形成泥石流的三个必要条件，植被破坏、陡坡开荒、生产建设过程中的乱挖乱弃等不合理活动都会导致径流增加，加大泥石流发生的频率，扩大泥石流的规模，加重危害程度。

2.3.3 制约区域经济发展

水土流失造成人居环境恶化，加剧贫困，成为制约山丘区经济社会发展的重要因素。水土流失破坏土地资源、降低耕地生产力，不断恶化农村群众生产、生活条件，制约经济发展，加剧贫困程度，不少山丘区出现"种地难、吃水难、增收难"。水土流失与贫困互为因果、相互影响，水土流失最严重地区往往也是最贫困地区，我国76%的贫困县和74%的贫困人口生活在水土流失严重区。多数水土流失严重区，土地生产力严重被削弱，人地矛盾突出，无法跳出"越穷越垦、越垦越穷"的发展困境。据统计，黄河上中游306个县中，有207个是国家级和省级贫困县，占总县数的67%，长江流域203个国家级贫困县中大部分分布在水土流失严重的中上游地区。我国西南、西北许多少数民族区也多为水土流失严重区，贵州省铜仁地区和黔西南布依族苗族自治州11个民族县，全部为水土流失严重县。根据全国水土流失防治与生态安全综合科学考察和亚洲开发银行的研究报告显示，水土流失给我国造成的经济损失约相当于GDP总量的3.5%。

2.3.4 威胁生态安全

水土流失与生态恶化互为因果。水土流失导致土壤涵养水源能力降低，加剧干旱、风沙灾害。据调查，21世纪初全国因水土流失造成退化、沙化、盐碱化草地约135万 km^2，占全国草原总土地面积的1/3。据遥感监测，1983—1995年，内蒙古自治区草地退化面积扩大了1倍，净增17.4万 km^2。水土流失也加剧了土地沙化和沙尘暴发生频率。20世纪50—60年代，沙化土地每年扩展 $1560km^2$；70—80年代，沙化土地每年扩展 $2100km^2$；进入90年代，沙化土地每年扩展 $2460km^2$，相当于每年损失一个中等县的土地面积。据国家气象中心数据显示，2000年3月至5月我国北方地区共发生15次大范围扬沙和沙尘暴天气，沙尘天气频率之高、范围之广、强度之大、历史之长为1950年以来同期所罕见。2001年1月、2月，两次大规模的扬沙天气之后，3月在内蒙古又出现2次沙尘暴，波及新疆南部、甘肃、内蒙古中西部、宁夏、陕西中北部、山西大部、河北和京津等地区，影响到整个华北地区的生态安全。

水土流失导致土地沙化，植被破坏，河流湖泊消失或萎缩，野生动物的栖息地减少，生物群落结构遭受破坏，繁殖率和存活率降低，甚至威胁到种群的生存。同时，水土流失作为面源污染的载体，在输送大量泥沙的过程中，也输送了大量化肥、农药和生活垃圾等面源污染物，加剧水源污染，极大地破坏了生态环境，影响了生态系统的稳定和安全。

2.3.5 影响城市安全

随着城镇化飞速发展的过程中也带来了比较严重的水土流失。陕西省榆林市曾因风沙三迁城址。深圳市建市之初，由于城市建设过快，一些地方盲目开发，加之对城市水土保持重要性认识不足，造成大面积地貌植被破坏，自然水系改变，出现严重的水土流失。1994年全市水土流失面积达 $167.7km^2$，比原来扩大47倍，其中人为水土流失面积 $155.2km^2$，占全市水土流失总面积的93%。1983年因台风暴雨引发山体滑坡，造成经济损失达 5.5 亿元人民币。江西省新余市由于土地开发、开矿、采石,公路、铁路的兴建扩建以及工业化、城市化进程等造成人为水土流失面积达 784km²,占全市水土流失面积的 83%。1983—1989 年新余市城北区的兴建致使 6km² 山地植被、地貌遭受破坏,晴天尘沙飞扬,雨天黄水乱流,城区周围 133hm² 优良农田被黄泥淤害板结,33hm² 农田被黄泥污水侵蚀。由于基建废弃土石乱挖乱倒,导致沙至芙塘灌溉暗渠被淤塞,成为废渠。1993—1994 年赣新、劳动、胜利等路下水道淤积泥沙 6000m³,火车、四眼井、市一中至汽车修配厂下水道淤积严重,路面水深 30cm,严重影响交通和人民生活。

2.4 形 成 原 因

我国是当今世界水土流失最严重的国家之一,水土流失形成的原因既有自然的、也有人为的,既有历史的、也有现代的。现代水土流失除了我国特殊的自然地理和复杂多变的气候条件的影响外,更为主要的还是人为因素造成的。

2.4.1 历史因素

我国在历史上曾经是森林茂密的国家。由于自然气候变异、人口增加,军屯民垦、毁林垦荒、烧林狩猎、伐木阻运、焚林驱兵,以及统治者大兴土木,砍伐森林,造成水土流失加剧,地貌支离破碎,沟壑纵横。愈是近代,人类活动对生态环境的破坏愈烈。1644年清代开始时,全国森林覆盖率为 21%,到 1949 年仅剩下 8.6%。全国不少地方光山秃岭,风沙四起,生态环境严重恶化。纵观历史,可以看出,水土流失的产生、发展与人口增长、人类活动(包括封建统治者大兴土木滥伐森林、战乱频繁毁坏森林、人口增加开垦森林植被等)的关系十分密切。

先秦时(公元前 3 世纪以前),全国人口仅 2000 万,周朝又设有机构,重视山林川泽的保护,森林覆盖率达 53%,黄河较清。但从秦到西汉,人口成倍增长,至西汉平帝元始二年(公元 2 年),已达 5959 万人。为解决吃饭问题,国家鼓励屯垦戍边,黄土高原上许多游牧区被垦为农业区,森林与草原遭到破坏,水土流失日趋严重,黄河由混变黄,逐步淤积成为悬河,频繁地泛滥与改道。

东汉至隋,战乱不断,人口大减。晋元帝太康元年(公元 280 年),人口仅 1616 万人。唐玄宗天宝十四年(公元 755 年),人口增至 5300 万人。五代战乱中,人口虽减,但从未低于 3000 万。元朝太宗二年(公元 1300 年)达 5884 万人。林区大幅度减少,水土流失加重,仅宋朝 300 年间,黄河决口 40 多次。元朝不设山林川泽保护机构,环境每况愈下。

清朝实行鼓励人口增长的政策,清雍正二年(公元 1724 年),全国人口 2500 万人,仅仅 42 年,到乾隆三十一年(公元 1766 年),人口爆炸性地翻了三番,达 2 亿 9 百万人。再过了 83 年,即道光二十九年(公元 1849 年),人口又翻了一番,达 4 亿 7 千万人。明、清至今 600 多年间,森林遭到毁灭性的破坏,水土流失空前严重,生态环境急剧恶化。如北京地区和湘江下游的森林都毁于明清时期。明朝近 300 年,黄河决口 60 多次。

2.4.2 自然因素

造成水土流失的自然因素主要包括气候、地形、地质、土壤、植被等自然因素。

2.4.2.1 气候

影响水土流失的气候因素主要是降雨。我国降水呈现时空分布不均衡的特征。从空间分布上看，我国年降雨量总体由东南向西北递减，造成东南多雨、西北干旱。从时间分布上看，由于受季风气候影响，全国大部分降雨都集中在夏、秋季，降雨量占全年降水量的60%以上，且多暴雨。降水不均衡分布造成水土流失在空间和季节分布上也不均衡。

黄土高原地区受季风的影响，每年冬夏季风周期性的进退和交替变化，使得雨季、旱季分化十分显著，雨季降雨量集中且多为暴雨，降雨量占年降水量的60%～70%，历史上曾有降雨量700～800mm的记录，暴雨常常与水土流失、洪水灾害相伴。东北松花江辽河流域地处温带、寒温带，大陆季风气候显著，区内降水分布很不均匀，70%以上的降水集中在6—9月，其中7月、8月占全年降水量的50%以上，也是集中产生水力侵蚀的季节。东南沿海地区台风雨是降水的主要来源之一，随着冷暖气团的消长强弱及台风登陆的多寡，降水量的年际变化很大，部分地区多雨年的降水量比值在2.0以上，造成较为严重的崩岗。

决定水土流失的降雨因素主要包括降雨类型、降雨量、降雨强度等。一般来说，暴雨发生频次与水土流失程度呈正比，即暴雨爆发的越频繁，造成水土流失量越大、程度越剧烈。降雨量也与水土流失呈正相关关系，降雨量越大，造成水土流失越严重。降雨强度是指单位时间内的降水量，如果是阵雨又称雨强或雨率，降雨强度越大，造成水土流失也越严重。

2.4.2.2 地形地貌

我国水土流失类型分布于地貌特征密切相关。我国位于欧亚大陆面向太平洋的东斜面上，整个地势西部高、东部低，地形复杂，自西向东构成三级阶梯。第一级阶梯是位于我国西南部的青藏高原，海拔在4000m以上，是我国地形最高的部分；第二级阶梯是我国高原和盆地的主要分布地区，海拔1000～2000m；第三级阶梯是我国平原的主要分布地区，海拔多在500m以下。特殊的自然地理条件造成了我国山地、丘陵、高原占国土总面积的69%，山高坡陡的地貌为水土流失的形成提供了量能基础，一旦遇到强降雨或大风等其他外营力，则会产生较为严重的水土流失。

地形因素主要包括地面坡度、坡长等。处于临界坡度以下时，地面坡度与水土流失呈正相关关系。据津格运用小区的模拟降雨和野外条件证实：坡度每增加1倍，土壤流失量增加2.61～2.80倍；斜坡水平长度每增加1倍，土壤流失量增加3.03倍。当地面坡度达到一定值时，水土流失程度反而呈减少趋势，该定值坡度也就是临界坡度，临界坡度大小与当地气候、土壤、地表植被物等有关；坡长与水土流失呈正相关关系，即坡长越长，侵蚀力的作用面越大，侵蚀动能增加，造成水土流失越严重。

此外，坡形和坡向也对水土流失具有影响。山丘区的斜坡坡形可分为直形坡、凹形坡、凸形坡等，不同坡形造成降雨径流的再分配情况不同，水土流失形式和强度也不同。坡向是指丘陵斜坡的朝向，坡向不同，坡面水热条件和降雨量存在较大差异，造成植物生长状况和土地利用方式不同，水土流失程度不同。据黄河水利委员会西峰站多年观测结果：

一般情况下，阴坡水分状况好，植被易于恢复或生长较茂密，水土流失程度较轻，弱于阳坡。迎风坡降雨量大于背风坡，因此迎风坡水土流失也较背风坡严重。

2.4.2.3　地质

地质因素中岩性不同，地面组成物质不同，相应的抗蚀能力也不同，因此造成水土流失形成的概率高低不一。在各时代地层中，新生界和中生界的地层出露面积最大，主要由松散沉积物和轻度胶结的碎屑岩组成，加之不同尺度，不同形式地质构造相互叠加及演化的复杂格局，为土壤侵蚀提供了丰富的物质基础。科学研究显示，新构造运动的上升区往往是侵蚀的严重区，六盘山近百年内上升的速度为 5～15mm/a，造成这一地区侵蚀复活，使得冲沟和斜坡上一些古老侵蚀沟再度活跃。

2.4.2.4　土壤

土壤是地球陆地表面能生长植物的疏松表层，由矿物质、有机质、水分、空气和土壤生物组成，是岩石的风化物在气候、地形、生物等因素作用下逐渐形成的。土壤是水土流失形成的物质基础，土壤抗侵蚀性能强弱对水土流失的形成和严重程度具有决定作用。土壤抗侵蚀性能强弱取决于土壤的颗粒组成、有机质含量和水稳性团粒结构的含量。西北黄土高原、西南和南方丘陵山区，出露地面的组成物质主要有厚层黄土沉淀物、紫色页岩风化物和花岗岩风化物及其发育的黑垆土、紫色土、红壤等。这些土壤和地面组成物质在地表植被破坏时，土壤抗侵蚀特性很差，极易受水力、风力侵蚀而被搬运。

2.4.2.5　植被

植被是指某一地区内由许多植物组成的各种植物群落的总称。按植物群落类型划分，植被的类型可分为森林植被、草原植被、草甸植被、荒漠植被等。我国植被地理分布呈现明显的地带性，区域差异显著，由东南向西北，依次为落叶阔叶林（针阔混交林）、草甸草原、典型草原、荒漠草原、草原化荒漠、典型荒漠。由于特殊的自然地理条件，造成我国水土资源不相匹配，北方缺水、南方缺土，制约植被生长。植被的地带性分异规律是影响我国水土流失类型分布的重要因素。

一般来说，植被覆盖度越大、层次结构越复杂，防治水土流失的效果越显著，以茂密的森林植被为之最，主要表现为以下 3 点。

（1）拦截降雨。植被地上部分的茎、叶、枝、干不仅呈多层遮蔽地面，而且能拦截降雨、削弱雨滴的击溅作用，同时改变了降雨的性质，减小了林下降雨量和降雨强度，削弱了林下土壤侵蚀营力。据观测，降雨量的 15%～40% 首先被树冠截留后通过蒸发回到大气中，其次被枯枝落叶吸收且 5%～10% 蒸发，其余大部分降雨（50%～80%）渗透到土壤中变成地下径流，仅有约 10% 的降雨形成地表径流。

（2）保护和固持土壤。枯枝落叶层覆盖在地表，保护地表土壤免受雨滴的击溅和径流侵蚀。植被根系号称"地下钢筋"，尤其是乔灌木树种构成的混交林具有深长的垂直根系、水平根系和斜根系，有较强的固土作用，保障表土、底土、母质和基岩连成一体，增强了土体的抗蚀能力。

（3）调节地表径流。林下枯枝落叶层结构疏松，吸水力强，并具有过滤地表径流的作用，使地表径流携带的土沙石等沉淀下来。据监测数据显示，1kg 的枯枝落叶层可吸收 2～5kg 的水；在 10°坡地上，15 年生阔叶林的枯枝落叶层水流速度仅为裸地的 1/40。

2.4.3 人为因素

人类合理利用土地的行为，以及诸多不合理开发的行为，如毁林毁草、滥垦滥牧、开荒扩种、陡坡耕作、开矿修路及弃土弃渣等活动，成为造成水土流失的重要原因。

2.4.3.1 过伐、过垦、过牧，破坏植被

我国人口众多，对粮食、民用燃料等的需求较大，耕地少，后备资源不足。长期以来，在生产力水平不高的情况下，对土地实行掠夺性开垦，片面强调粮食生产，忽视了因地制宜地开展农林牧综合发展，把只适合林牧利用的土地也开辟为农田，破坏了生态环境。据统计分析，1950年至今，每年人口净增1000多万，耕地却以每年数百万亩的速度锐减。据国土资源部第二次国土资源调查数据显示，我国现有耕地18.2亿亩，耕地面积累计减少3亿多亩，人口生存压力和传统粗放的生产方式，对土地构成较大压力，大量开垦陡坡，以至陡坡越开越贫，越贫越垦，生态系统恶性循环；滥砍滥伐森林，甚至乱挖树根、草坪，树木锐减，大量植被遭受破坏，使地表裸露，区域蓄水保土、防风固沙等水土保持功能骤减，水土流失不断加剧。据统计，20世纪50年代，长江流域内大部分地区保存较好的植被到21世纪初，流域内各省林地面积平均每年下降0.6%~0.8%，上游荒山荒坡面积已达1.7亿亩，占土地总面积11.3%。根据有关资料，全国共有大于25°的坡耕地9000万多亩，其中6200万亩分布在长江中上游地区，这些坡耕地基本上是毁林毁草开荒的产物，大多数还在采用顺坡耕作方式耕种。

近年来，随着经济社会发展，国家增长方式的不断调整，农业生产和种植结构发生了较大改变。一些地方结合当地自然条件和社会经济，进行集团化陡坡开垦种植、定向用材林开发、规模化农林开发、炼山造林等多种农林开发模式。但在生产准备阶段和生产过程中缺乏及时、有效的水土保持措施，大规模砍伐、运输、整地、栽植等一系列活动仍造成较为严重的水土流失。据中国水土流失防治与生态安全综合科学考察，2000—2005年，全国农林开发造成的水土流失约占生产建设项目水土流失总量的1/4。

2.4.3.2 各类生产建设活动

改革开放以来，随着我国经济社会快速发展，经济结构调整成效显著，投资渠道不断拓宽，一大批生产建设项目，水利电力工程、油（气）输送和储存工程、输变电工程，以及大型水厂、桥梁、铁路、高速公路等生产建设项目相继启动实施，极大地改善了区域供水、供电、交通、航运等基础设施状况，加快了国民经济发展。但是有相当一段时期，由于一些生产建设单位对水土保持工作认知不到位和重视程度不足，经济增长方式未脱离"四高一低"（高投入、高消耗、高耗能、高污染、低效率）粗放型发展模式，在取得较高发展水平的同时，引发了较为严重的人为新增水土流失。

据中国水土流失防治与生态安全综合科学考察成果，2000—2005年，我国共启动实施各类生产建设项目76810个，占地总面积5.5万km²有余。其中，平原区占地约1.2万km²，占总面积的21.4%；山区占地面积1.8万km²，占总面积的32.6%；丘陵区占地约2.2万km²，占总面积的39.5%；风沙区占地3600km²，占总面积的6.5%。2000—2005年，全国各类生产建设项目造成水土流失面积达2.7万km²，弃土弃渣量达到92.1亿t；新增水土流失总量为9.5亿t。与其他类型水土流失相比，生产建设活动造成的水

土流失具有地域不完整、形式多样、时间潜在、分布不均衡、强度变化大、物质成分复杂、重大危害突发性等显著特征。

本 章 参 考 文 献

[1]　水利部，中国科学院，中国工程院. 中国水土流失与生态安全综合科学考察·总卷（上）[M]. 北京：科学出版社，2011.

[2]　王青兰. 水土保持生态建设概论 [M]. 郑州：黄河水利出版社，2008.

[3]　唐克丽. 中国水土保持 [M]. 北京：科学出版社，2004.

[4]　刘士凯、夏长江、付桂梅. 浅谈水土流失危害及治理措施 [J]. 农业与技术，2011（2）：79－80.

[5]　马关义. 水土流失的原因及防治措施 [J]. 现代农村科技，2017（3）：84.

[6]　秦天枝. 我国水土流失的原因、危害及对策 [J]. 生态经济，2009（10）：163－169.

[7]　李智广，曹炜，刘秉正，罗志东. 我国水土流失趋势与发展状况研究 [J]. 中国水土保持科学，2008（2）：57－62.

[8]　何文虹，刘万青，赵三民，等. 城市水土流失危害与城市水土保持措施 [D]. 探索与思考——中国首届城市水土保持学术研讨会论文集，88－96.

第3章
水土保持发展历程

　　我国农耕历史悠久，山丘区面积比重大，是世界上水土流失最严重的国家之一，在长期的历史实践中，我国劳动人民很早就认识到水土流失的危害，也积累了丰富的水土流失治理经验。从西周到晚清，广大劳动人民创造、发展了保土耕作、沟洫梯田、造林种草、打坝淤地等一系列水土保持措施。当代的水土保持理论方法，很多都是我国历史上水土流失防治实践的延续与发展。从近现代开始，受西方科学的影响，国内一批科学工作者相继投身于治理水土流失、改变人民贫困生活的行动中，他们做了大量科学研究工作，并最终提出"水土保持"这门学科，水土保持也从自发阶段进入到自觉阶段。中华人民共和国成立以后，在党和政府的重视和关怀下，水土保持事业进入到一个全新的历史时期，并取得了举世瞩目的巨大成就。

3.1　古代水土保持

　　从"平治水土"的传说开始，伴随着农业生产发展的需要，我国劳动人民创造了一系列蓄水保土的水土保持措施，同时在长期生产实践以及对自然现象的观察中，提出了诸如沟洫治水治田、任地待役、法自然等有利于水土保持的思想，这些重要的思想及保持水土的发明创造，是留给我们的宝贵财富。

3.1.1　古代对水土流失现象的认识

　　在长期的生产生活实践中，古人对地形地貌特征、土地冲蚀等现象已经有了一定的认识，特别是从因森林植被破坏而引起的河水变浊、山川易色等现象中观察和意识到水土流失的巨大危害。《诗经》中有不少诗篇反映了与地形地貌等有关的水土保持内容。《小雅·黍苗》中有"原""隰"之分（"原"为高平之地，"隰"为低湿之地），《小雅·甫田》中有"如坻如京"的描述（坻指小丘，京为大丘），《小雅·天保》中有"如山如阜，如冈如陵"的描述（阜为土山，陵指大土山，阜陵为土质丘陵，有别于石质山冈）。《魏风·陟岵》中把多草木和无草木的山区分为"岵"和"屺"。《庄子·胠箧》中载有"川竭而谷虚，丘夷而渊实"的话，意思是河川干涸了，没有流水带来泥沙淤积山谷，山谷就会空而无物；山丘土壤因长年流失，山丘（土壤）被移走，可把深渊填满。《管子·水地》记有"晋之水枯旱而运，淤滞而杂"，"杂"主要指水中泥沙。随着人们对客观自然现象认识的逐步深化，对水土流失现象已能做出较为准确的解释，北宋沈括所著《梦溪笔谈》中说，"凡大河、漳水、滹沱、涿水、桑乾之类，悉是浊流……其泥岁东流，皆为大陆之土，此理必然"，将河流混浊和泥沙产生的原因说得已经很清楚了。

3.1.2　古代水土保持思想及观点

3.1.2.1　"平治水土"

早在上古时期，黄河流域就有"禹平水土"的传说，《禹贡》《史记》中对大禹的成就做了赞扬和总结，"惟禹之功为大，披九山，通九泽，决九河，定九州，各以职来贡，不失其宜"，给后世治理江河大地以很大启迪。"平治水土"一词也屡见于古史典籍之中。对于"平治水土"的内容，后世篇文解释不一，《尚书》中箕子说"我闻在昔鲧陻（堵塞）洪水，汩陈（破坏）五行，帝乃震怒"，意指鲧只知"壅防百川"，而乱了五行，才导致失败。《论语·泰伯》中记载，禹"尽力于沟洫"，这是"平治水土"内容的又一个重要方面。《诗经》言有"原隰既平，泉流既清"，据《郑笺》解释："原隰既平，则土治矣，泉流既清，则水治矣。故云：土治曰平，水治曰清，以此喻治之有本也。""平治水土"的内容在历史的发展中，其内涵不断丰富成为一个包含正确处理水与土之间的关系、治理江河大地、保护利用水土资源等含义的代名词。"平治水土"可以说是有记载以来中国最早的水土保持行为，也是中国最早的水土保持思想。

3.1.2.2　沟洫治水治田

从传说中的禹"尽力于沟洫"开始，"沟洫论"一直是我国历史上治水治田最重要的一项主张。古籍中常把"沟洫"与"井田"联系起来，据《周礼·遂人》记载，大田四百亩（古尺寸）一块为一夫，夫与夫之间有"遂"（小沟），遂边设小路叫"径"；十夫之间有"沟"，沟边的路叫"畛"；百夫之间有"洫"，洫边的路为"涂"；千夫之间有"浍"，浍边的路叫"道"；万夫之间有"川"，川边的路叫"路"。这样一套完整的沟洫系统，可以用于田间排洪，也可用于蓄水保墒，可以治田，亦可治水。因此，沟洫从西周开始，经春秋战国两汉，一直到南北朝都得到历朝历代的重视和推广。

在以后的历史发展中，沟洫往往又作为治理黄河的一项重要主张。西汉贾让主张治黄应"多穿漕渠，使民溉田，分杀水怒，兴利除害，民虽劳不疲"。明嘉靖时期，总理河道的周用在《治河事宜疏》中说："治河垦田，事实相因，水不治则田不可治，田治则水当益治，事相表里。若欲为之，莫如所谓沟洫者尔。"并呼吁："夫天下之水，莫大于河，天下有沟洫，天下皆容水之地，黄河何所不容？天下皆修沟洫，天下皆治水之人，黄河何所不治？……一举而兴天下之大利，平天下之大患。"明万历时任工科给事和营田使的徐贞明也认为"河之无患，沟洫其本也"，并进一步提出治水先治源，"水利之法，当先于水之源，源分则流微而易御，田渐成则水渐杀，水无泛滥之虞，田无冲击之患矣。"明末著名科学家徐光启也进一步对沟洫治河做了论述，"禹之治水，功在治田也""治田者，用水者也，用水者，必将储水以待乏者也。水之用于田也多，水之储以待用于田也又多，则其入于川者寡矣。"到了清乾隆时，陕西道监察御史胡定则具体地提出了"汰沙澄源"论，"黄河之沙，多出自三门峡以上及山西中条山一带破涧中，请令地方官于涧口筑坝堰，水发，沙滞涧中，渐为平壤，可种秋麦。"沟洫治河在于正确处理了治上与治下、治田与治河之间的辩证关系，具有合理性，在我国水利水保发展史上产生了重要影响。

3.1.2.3 任地待役

所谓"任地待役"，就是在一个地域内各类土地的利用要保持一定的比例关系，即要合理规划利用水土资源。《商君书·算地》记述："山林居什一，薮泽居什一，溪谷流水居什一，城邑蹊道居什一，恶田居什二，良田居什四。"《左传》记载，楚国司马蒍掩《庀赋》有"度山林，鸠薮泽，辨京陵，表淳卤，数疆潦，规偃潴，町原防，牧隰皋，井衍沃，量入修赋"的内容，大意是估测山和林的面积范围，统计沼泽和湖泊湖陂，辨别不宜耕种的高地和丘陵，标出瘠薄的盐碱地，算出易受水淹的地域，规划低洼可蓄水之地，划定平原耕地及河川堤防界限，下湿的水草地做牧场，把肥沃良田划为固定农田，依照各种土地收入的多少定其赋税。成书于战国中期的《禹贡》，则将当时全国土地按照不同的地理地貌划分为九州，并根据"平治水土"的原则对各区的平原、山区做出相宜的土地规划，确定利用途径和适宜作物，以此达到"九州攸同，四奥既宅，庶土交正"的目的。任地待役、因地制宜，无疑对于合理利用水土保持资源、保护生态环境是十分有利的，这也是当代进行水土保持必须遵循的一条重要原则。

3.1.2.4 法自然

当人类还处于蛮荒时代和生产力不发达时期，人们对自然界抱有一种敬畏的态度，并信奉各种自然神。而随着生产力的发展和认识的不断提高，这种敬畏和信奉就转化为对自然规律的遵循。老子讲"道法自然"，《淮南子》中说"上因天时，下尽地利，中用人为"，用今天的话来理解，也就是要按自然规律办事，人与自然要和谐相处。古时这种思想是很朴素和普遍的，并在一定时期上升为一些法令制度。传说舜帝曾"命益为虞治山泽"，西周官制中仍设置有专门管理山泽、薮泽的官员，被称作"山虞""泽虞""虞师"等。《佚周书》载："春三月山林不登斧，以成草木之长；夏三月川泽不入网罟，以成鱼鳖之长。"春秋时管仲曾提示齐桓公"山林虽近，草木虽美，宫室必有度，禁伐必有时"。秦始皇嬴政统一中国后，曾行"一山泽"令，诏令全国禁止私人任意砍伐森林、破坏植被。直至清代，为保护"龙兴之地"的东北，清统治者一度对东三省实行封关政策，禁止垦殖樵采等活动。这些"法自然"的思想以及禁止乱砍滥伐的规定，对保护森林植被、维护生态平衡等无疑起到了很大作用，也为当今进行水土保持提供了思想来源。

3.1.3 古代主要水土保持措施

3.1.3.1 耕作措施

蓄水保土的耕作措施是随着农业技术的不断成熟而逐步丰富和完善的。最早有"甽田法"，《汉书·食货志》记载："后稷始甽田，以二耜为耦，广尺深尺，曰甽。长终亩（和亩等长），一亩三甽，一夫三百甽，而播种于甽中。"到了商代，相传伊尹首创区（ōu）田耕作法，《氾胜之书》记载："凡区种，不先治地，便荒地为之。"意思是区田如果不先整地，就等于把作物直接种植于荒地内。类似于今天的"掏钵种""穴种""窝种""坑田"等。据该书记载："区田以粪气为美，非必须良田也。诸山陵、近邑高危、倾阪及丘城上，皆可为区田。"说明区田法在当时不但用于平地，还可用于山陵、坡耕地。区田法一度盛行于北方山丘区，直到清时《马首农言》一书中仍有"区田，劚地为区，可备旱荒"的记载。西汉时，搜粟都尉（农官）赵过在畎田法的基础上进一步总结推广了一种适宜于干旱地区的耕作法，即代田法。《汉书·食货志》中说："过能为代田，一亩三圳，岁代处（每年轮番），故曰代田，古法也。"也就是作三沟三垄，由于垄和沟的位置逐年代换，所以叫代田。代田法在坡耕地上的应用就是横坡沟垄种植法，现代陕北推行的川台地沟垄种植法和晋西推广的抗旱丰产沟耕作法，就是由代田法演替而来。随着生产工具的不断创新和种植技术的不断提高，特别是铁制农具的出现，为深耕、垄作等创造了有利条件，农业逐渐走向精耕细作，轮作倒茬、间作套种等技术也逐渐成熟完善。我们今天所采取的一些有利于水土保持的耕作法，或古已有之，或从古法改进、演替而来。

3.1.3.2　工程措施

（1）梯田。关于梯田产生的原因，元代农学家王祯认为"盖田尽而地，地尽而山"，才"梯山为田"。南方类似于梯田的陂田，其记载最早出现在《史记》《汉书》中。南宋诗人范成大《骖鸾录》有"岭陂之上皆禾田，层层而上至顶，名梯田"；"梯田"一词可追溯至此。梯田也称"高田"，明代诗人杨慎《出郊》诗："高田如楼梯，平田如棋局。白鹭忽飞来，点破秧针绿。"唐宋时，梯田得到很大发展，这与当时人口剧增、鼓励垦辟有关。楼钥《咏冯公岭》诗云："百级山田（梯田）带雨耕，驱牛扶耒半空行。"现存的广西龙脊梯田、云南的哈尼梯田及北方土石山区的部分石坎梯田，据今均有600多年的历史。

（2）淤地坝。一般认为，淤地坝不是首先由人工修筑的，而是山体滑塌自然形成的，称之为"天然聚湫"。明隆庆三年（1569年），陕西省子洲县裴家湾乡王家圪洞（黄土圪垯），沟壑两岸滑塌，堵塞沟道，形成淤地坝，群众称之为聚湫，坝高62m，淤地53.33万 m²，坝地土质肥沃，年年丰收。人工修筑淤地坝，有文献可考的，最早在明万历年间（1573—1620年），距今已有400多年的历史，见于山西省《汾西县志》："涧河沟渠下隰处，淤漫成地，易于收获高田。向有勤民修筑。"汾西一带向有闸沟筑坝澄沙淤地的传统经验，当时的汾西县知县毛炯曾发布告鼓励农民打坝淤地，提出"以能相度砌棱成地者为良民，不入升合租粮，给以印帖为永业"。随着人们对淤地坝认识的不断提高，淤地坝又成为减少泥沙、治理黄河的一项重要措施。清乾隆时胡定提出的"汰沙澄源"论，说的就是利用淤地坝来减沙增地。

（3）引洪淤灌。引洪淤灌的历史，可追溯及先秦时期。《礼记·郊特性》记述有"祭坊与水庸"的祝词："土反其宅，水归其壑。"后人注释，"坊者，所以蓄水，亦以障水；庸者，所以受水，亦以泄水"。坊与庸都是农田内人工修筑的工程，引含沙量高的洪水于坊内灌溉落淤，即"土反其宅"；经过灌淤或洪漫后的水，通过庸泄入沟中，即"水归其壑"。《史记·河渠书》和《汉书·沟洫志》都有番系引汾引黄溉皮氏的记载。引洪淤灌在秦汉和唐时都得到应用推广，用以改造咸卤地或淤滩成田，增产粮食；在北宋中期曾形成一定规模，据《宋史·河渠志》记载，"绛州（在今山西运城境内）正平县南董村旁有马壁谷水，尝诱民置地开渠，淤瘠田五百余顷。其余州县有天河及泉源处，亦开渠。筑堰凡九州二十六县，新旧之田，皆为沃壤。宋仁宗嘉祐五年（1060年）毕功"。

（4）沟头防护工程。我国北方黄土地区的沟头防护工程历史较长，据考证，山西省太谷县有一处沟头防护工程，初建于明崇祯年间（1628—1644年），重建于清顺治十一年（1654年），距今300余年仍然完好。据碑石铭文记载，该工程曾经历三次改进，最后于清顺治十一年（1649 年）"纠众而后筑之"，三年建成，"波循故道，水害除矣；履道坦坦，行人便矣"。山西平陆县的沟头防护工程建于清乾隆四年（1739 年），20 世纪 80 年代中期曾部分坍塌，后经修复继续使用。甘肃省西峰市方家沟圈沟头防护工程建于 1915 年，沟头以上塬面面积 0.64km²，自建后沟头没再前进。

3.1.3.3　植物措施

据《国语·齐语》载，管仲任齐国宰相时，提出"十年之计，莫如树木"，并以一国的山、泽中草木生长情况来判断其贫富："行其山泽，观其桑麻，计其六畜之产，而贫富之国可知。"西汉的《史记·货殖列传》中讲述："安邑（山西中条山区）千树枣；燕（河北燕山）、秦（陕西秦岭）千树栗；蜀、汉（汉中）、江陵（鄂西）千树橘；齐、鲁千亩桑麻……此其人皆与千户侯等。"《逸周书·三十九》中讲述了不宜种植五谷的地方，应栽植树木："坡沟、道路、聚苴（草丛地）、丘陵不可树谷者，树以材木……"南宋魏岘在其所著《四明它山水利备览》中述及水利工程结合植物措施的优点："植榉柳之属，令其根盘错据，岁久沙积，林木茂盛，其堤越固，必成高举，可以水久。"

3.2　近代水土保持［鸦片战争（1840 年）— 中华人民共和国成立（1949 年）］

鸦片战争以后，国内政局动荡，战事频繁，民不聊生，大量毁林开荒使一些地区森林草原资源遭到很大破坏，黄河水患频发，水土流失加剧。在一些有识之士的奔走呼吁下，水土保持逐渐被提上议事日程，建立了一些专门的机构，并结合西方现代科学技术，开展科学实验工作，使水土保持这门学科最终得以建立。虽然一些有远见的主张因历史条件所限未能付诸实施，所开展的工作成效有限，但这些具有开创性的工作对中华人民共和国成立以后的水土保持事业具有启蒙和奠基作用。

3.2.1　政策及机构

晚清政府设有司掌农林牧水业务的工部，并曾发布《推广农林简明章程》，但大多一纸空文，流于形式。民国时期，国民政府于 1945 年制定的《农业政策纲领》中提出要"普遍发展农田水利，厉行水土保持，以其稳定生产，保护资源"。晋察冀边区政府在 1946 年发布的《荒山荒地荒滩垦殖暂行办法》中强调"坡度在三十度以上者，只许植树造林，不得垦种谷物"。这些政策性的规定，在一定程度上遏制了滥垦滥伐之风。1933 年 9 月，国民政府在南京成立"黄河水利委员会"，并在黄河水利委员会工务处设置林垦组；1940 年又设置黄河水利委员会直属的林垦设计委员会，并制定了《水土保持纲要》；1941 年 1 月，国民政府黄河水利委员会在甘肃省天水市建立了陇南水土保持实验区，同年 7 月在陕西省长安县建立了关中水土保持实验区。后因经费困难等问题，于 1946 年 10 月将这两个实验区同时撤销。1942 年 8 月，国民政府农林部在天水建立了天水水土保持实验区，一直保留到中华人民共和国成立，为黄河水利委员会天水水保站的前身；1945 年在重庆成立了"中国水土保持协会"。政策的制定和机构的建立，有效地促进了水土保持工作的开展。

3.2.2　学科的初步确立

在社会各界有识之士的大力呼吁和水保工作者的辛勤耕耘下，水土保持学科得以逐步确立。李仪祉和张含英先后任黄河水利委员会委员长期间，都曾亲自率领科技人员对黄河上中游的水土流失和水土保持进行了调查研究，在此基础上，将水土保持作为治黄之本，纳入治黄计划，还提出了治理坡耕地、荒地与沟壑的具体措施。随着对水土保持重要性认识的不断提高，1932 年，金陵大学开设森林改良土壤和保土学课程，开始介绍有关土壤侵蚀及其防治方法的基本原理。1934 年开始，以美籍土壤专家梭颇博士为首的一批土壤专家用两年半的时间，在对中国土壤调查和研究的基础上，编写了《中国土壤地理》一书。1945 年，张含英以美国鄂礼士《土壤之冲刷与控制》一书为基础，补充了一些适合于中国国情的内容，编译了《土壤之冲刷与控制》一书。

关于"水土保持"一词的由来，一般认为是 1940 年在成都召开的黄河水利委员会林垦设计委员会第一次会议上，经与会 50 多位专家学者讨论研究提出的，至此取代了以往采用的"防止土壤冲刷"等提法。"水土保持"一词首先产生在中国，不仅体现了我国水土保持科学工作者的聪明才智，同时也标志着中国水土保持由自发阶段走向自觉阶段。

3.2.3　科学实验和推广

1924—1926 年，时任金陵大学农学院森林系研究教授的美国人罗德民博士，为研究黄河泥沙来源及防治措施，会同助教任承统、李德毅、沈学礼等，分别在山西沁源、方山，宁武东寨和青岛林场等处，设置径流泥沙观测小区进行试验，对不同降雨、不同植被条件下的水土流失进行观测研究，写出了《影响地表径流和面蚀的因素》《山西森林之破坏与山坡土层之侵蚀》等论文。这是我国最早的水土保持试验研究工作，同时他们的研究成果及径流测验方法，对当时国内和国际水土保持科学研究都具有开创性的意义。国民政府先后在福建长汀、重庆北碚、甘肃天水及陕西长安等地建立了水土保持试验站，开始进行水土流失定位观测和水土保持推广工作。关中、陇南、天水等水土保持实验区开展了比较系统的坡沟水土流失测验及梯田、沟洫、保土耕作、沟壑造林、修谷坊等治理措施的试验研究，并进行示范推广，先后在陕西朝邑、平民两县沿黄荒滩造林 1 万多亩，在甘肃兰州南北二山造林 1000 多亩，在陕西西安荆峪修淤土坝 2 座，坡耕地修软埝 1 万多亩等。

3.3　中华人民共和国成立至改革开放初期（1949—1978 年）

中华人民共和国成立后，围绕发展山区生产和治理江河等需要，党和政府很快就将水土保持作为一项重要工作来抓，并大力号召开展水土保持工作。在经过一段时间的试验试办及推广后，伴随着农业合作化的高潮，水土保持工作迎来一段全面推广发展的黄金时期，并迎来了水土保持发展的高潮。随着"大跃进"开始，三年自然灾害降临，水土保持转入调整、恢复阶段，基本农田建设成为此后相当长一个时期内水土保持工作的主要内容。

3.3.1 组建各级水土保持管理和领导机构

中华人民共和国成立后，党和政府对水土保持工作十分重视，立即将其纳入了国民经济建设的轨道。为了搞好水土保持工作，从中央到地方相继成立了相应的组织领导、行政管理和科学研究等专门机构，为我国水土保持工作的健康发展提供了组织保证。

1953 年，水利部工务司设立了水土保持科，农业部水土利用总局设立了水土保持处，成为中华人民共和国最早的水土保持行政管理机构。

1957 年 5 月，国务院全体会议决定成立"国务院水土保持委员会"，任命陈正人为主任，水利部部长傅作义、林业部部长梁希、中国科学院副院长竺可桢、农业部副部长刘瑞龙为副主任，罗玉川等 8 人为委员，下设办公室负责日常工作。从 1961 年起，由于中央对国民经济实行了"调整、巩固、充实、提高"的八字方针，机构精简，编制紧缩，国务院水土保持委员会于 1961 年 8 月被撤销。在"文化大革命"期间，全国的水土保持工作由地方各级政府自行组织开展。1964 年 7 月，经国务院批准，成立了黄河中游水土保持委员会，中共西北农村工作部部长李登瀛兼任主任，副主任由屈健（1965 年 1 月由鲁钊接替）、惠中权、赵明甫、唐方雷担任，共设委员 18 人。

1979 年，水利部设立农田水利局，下设水土保持处负责管理全国的水土保持日常工作。

地方水土保持管理机构依各地水土保持任务有所不同，省级一般在省水利（水电）厅（局）内设立水土保持专门管理机构。水土保持任务较重的省（区、市），设立隶属水利（电）厅的副厅级水土保持局，主管水土保持工作。地（市、盟、州）水利水土保持局设立的水土保持科（站）、县（市、区、旗）水利水土保持局设立的水土保持（站、队、股）和乡（镇）人民政府设立的水利（水土保持）站，是地方的水土保持管理机构。

20 世纪 50 年代，黄河、长江等水土流失较为严重的地区大部分成立了省级水土保持委员会，甚至一些水土流失比较严重的地（市、盟、州）、县（市、区、旗）也成立了水土保持委员会。地方水土保持领导机构，主要由水利、农业、林业、畜牧、计划、财政、环保、司法、交通、经委等部门的领导组成，主任委员由分管农业的领导担任，副主任委员由水利、农业、林业部门的领导担任，成员一般 10～20 名，对水土保持工作进行组织领导，研究重大事项。

20 世纪 50 年代以来，我国相继建立了一大批水土保持科研机构。1951 年 10 月黄河水利委员会设立了西峰水土保持科学试验站，1952 年 9 月西北黄河工程局在陕西绥德县筹建了陕北水土保持推广站（黄委绥德水土保持科学试验站前身），与 1942 年建立的天水水土保持实验区（后改为站）并称为"黄委三站"，在黄土高原水土保持科研史上发挥了重要作用。中国科学院水利部水土保持研究所成立于 1956 年 2 月，是在原中国科学院植物研究所西北工作站和中国科学院南京土壤研究所黄土试验站的基础上组建成立的一个多学科的综合性研究机构。

3.3.2 政务院推广水土保持工作

中华人民共和国成立后，党和政府很快就将水土保持作为一项重要工作来抓，大力号召开展水土保持工作。1952 年 10 月，毛泽东主席视察黄河，发出"要把黄河的事情办好"的指示，对黄河多泥沙危及下游安全问题，特意强调"必须注意水土保持"。同年 12 月，政务院发布了《关于发动群众继续开展防旱抗旱运动并大力推广水土保持工作的指示》，对水土保持工作做了较为系统的阐述和要求，指示强调："水土保持工作是一种长期的改造自然的工作。由于各河流治本和山区生产的需要，水土保持工作目前已刻不容缓。"同时指出："水土保持是群众性、长期性和综合性的工作。必须结合生产的实际需要，发动群众组织起来长期进行，才能收到预期的工效"，要"选择重点进行试办，以创造经验，逐步推广。"

1962—1963 年初，国务院连续发出《关于开荒挖矿、修筑水利和交通工程应注意水土保持的通知》《关于加强水土保持工作的报告》《关于汛前处理好挖矿、筑路和兴修水利遗留下来的弃土、塌方、尾沙的紧急通知》《关于奖励人民公社兴修水土保持工程的决定》《关于迅速采取有效措施严格禁止毁林开荒陡坡开荒的通知》等 5 个文件，国务院水土保持委员会印发《关于加强水土保持科学试验工作的几点建议》，转发了山西省《关于水保冬修工程验收和开荒检查的通知》，国务院农林办发出《关于迅速采取有效措施，禁止毁林开荒、陡坡开荒的通知》，各省相继发文，采取相应措施加强水土保持工作，制止水土破坏。山东、甘肃两省还在此期间成立了水土保持委员会。

3.3.3　水土保持先进典型

1955 年，毛泽东主席在《中国农村的社会主义高潮》一书中，对《看，大泉山变了样子！》一文作了按语，指出："很高兴地看完了这一篇好文章。有了这样一个典型例子，整个华北、西北以及一切有水土流失问题的地方，都可以照样去解决自己的问题了。并且不要很多的时间，三年、五年、七年，或者更多一点时间，也就够了。问题是要全面规划，要加强领导。我们要求每个县委书记都学阳高县委书记那样，用心寻找当地群众中的先进经验，加以总结，使之推广。"山西阳高大泉山位于永定河上游，属于黄土丘陵区。1938 年和 1945 年张凤林、高进才先后来到大泉山附近的奶奶庙看庙修行。为了谋生，他俩自发地在周围植树造林、治山治沟，根据山、沟大小等实际情况，采取打土谷坊、沟头埂、旱井，挖卧牛坑、鱼鳞坑、排水沟，修水平田等措施，保持水土不流失。他们还总结出了"水是一条龙，从上往下行，治下不治上，万事一场空"的治理经验。经过两人十几年的辛勤劳动，彻底改变了大泉山的面貌。1951 年山西全省农民捐献飞机支援抗美援朝，本是和尚的他俩毅然捐献了 2500kg 山药蛋，这在当时是个大数字，这桩爱国善举引起县领导的好奇和重视。1955 年，黄河水利委员会主任王化云到大泉山考察，阳高县委总结了大泉山的经验，并写成典型调查报告。后来这篇报告被收进到毛主席主编的《中国农村的社会主义高潮》一书，毛主席高度评价了大泉山水土保持这个创举和典型。毛泽东主席的按语发出之后，大泉山的治理经验迅速在全国传播，涌现出一大批治理典型。山西省柳林县贾家塬、平顺县羊井底乡、离山县王家沟，甘肃省庆阳县、邓家堡、杨家沟、张家岔，陕西绥德县韭园沟、辛店沟、杜家石沟、吴家畔，四川省遂宁县梓潼乡，辽宁得利寺，河南济源，广东五华，江西兴国，山东沂水等都是这一时期比较突出的典型。水土保持工作由过去一家一户分散单项治理，发展为一村一组合作进行一坡一沟成片治理，甚至是在一个农业社的范围内，从分水岭到坡脚，从毛沟到干沟，自上而下、由小到大，成坡成沟地集中连片治理。

3.3.4 《中华人民共和国水土保持暂行纲要》

1957 年 7 月，国务院发布《中华人民共和国水土保持暂行纲要》，这是我国第一部从形式到内容都比较系统、全面、规范的水土保持法规。纲要明确划分了各业务部门负责水土保持工作的范围，并指出山区应该在水土保持的原则下，使农、林、牧、水密切配合，全面控制水土流失，同时对水土保持规划和防治水土流失的具体方法、要求以及奖惩等内容都做了明确规定。

3.3.5 保卫三门峡

三门峡水利枢纽是黄河干流上修建的第一座大型水利枢纽，也是建国后第一个大型水利建设工程，1957 年 4 月动工兴建，1958 年 11 月截流，1961 年基本竣工。泥沙淤积问题一直是三门峡水利枢纽的一个"顽疾"，水库上游的水土保持工作受到党中央和国务院的高度重视。1958 年 4 月，周恩来总理视察三门峡水库工地，强调水土保持规划的重点在上游，不但要保持水土，而且要利用水土，水土保持对治黄的作用要减径流、拦泥沙、消洪峰。为贯彻这一指示，黄河水利委员会组织力量编写了《1958—1962 年黄河水土保持规划草案》，提出要在 2～3 年内实现山区园林化、坡地梯田化、沟壑川台化、耕地水利化，迅速起到减径流、拦泥沙、消洪峰的作用。1959 年 10 月，周恩来总理又召开三门峡水库枢纽工程现场会，提出根治黄河必须在依靠群众、发展生产的基础上，大面积地实施全面治理与修建干支流水库并举；保卫三门峡水库枢纽工程，发展黄河流域山丘区农业生产，必须做到三年小部、五年大部、八年基本完成黄河流域 7 省（自治区）水土保持工程，逐步达到控制水土泥沙流失的目标。11 月，国务院水土保持委员会召开黄河流域 7 省（自治区）水土保持会议，传达国务院总理周恩来对水土保持工作的指示。会议在河南洛阳开幕，在北京闭幕，代表们在会议中间参观了三门峡工程的施工现场，部分代表还乘飞机参观了陕、甘、晋的水土保持现场情况，而后赴京继续开会。期间，国务院水土保持委员会在北京中央人民广播大厅召开了黄河、永定河流域中上游地区水土保持广播大会，对水土保持工作进行动员宣传。"保卫三门峡"运动虽然提出了一些不切实际的目标和要求，但经过广泛的发动和动员，使广大干部群众认识到了水土保持在治理江河、保护水库等方面的根本性作用。

1958—1960 年，在社会主义建设总路线、"大跃进"、人民公社化以及水土保持"苦战三年，两年扫尾，五年基本控制""保卫三门峡"等口号的号召和推动下，水土保持和其他一些行业一样，形成了一个全党全民性的群众运动。在这种形势下，为适应大规模、高速度、高标准的治理要求，一些地方开始打破社队界限，联村联乡地组织劳力进行水土保持大兵团作战，开展治理大协作。

1963 年 4 月，国务院发出《关于黄河中游地区水土保持工作的决定》，将黄河流域作为全国水土保持工作的重点，其中从河口镇到龙门 10 万 km² 中的 42 个县是重点中的重点，要求 42 个县加强对水土保持工作的领导，制定水土保持规划。《决定》还提出，水土保持是山区生产的生命线，是山区综合发展农业、林业和牧业生产的根本措施；对水土保持工程设施，应该贯彻"谁治理，谁受益，谁养护"的原则，坚决制止陡坡地开荒和毁林开荒。

3.3.6　基本农田建设

基本农田建设一直是水土保持工作的一个重要方面，早在 1957 年山西省就针对山区农业广种薄收、粗放经营，农耕地"越种越多，越多越低，越低越开荒"的恶性循环等问题，正式提出了"建立基本农田制"的构想，即在"人少地多的山区，普遍建设基本农田，把主要精力放在建设好小部农耕地上，实行精耕细作，保证高产；在保证总产不断增加的前提下，逐步退耕其他耕地，实行草田轮作或造林种草，发展林木业生产"。20 世纪 60 年代初期，面对国民经济严重的困难局面，中央强调要贯彻执行国民经济以农业为基础，全党全民大办农业、大办粮食的方针。此后，"以粮为纲"的方针一直贯穿于六七十年代农业生产始终，各级水土保持部门在制止各地滥垦开荒等破坏行为的同时，适时引导群众将基本农田建设作为水土保持工作的中心内容，大力建设梯田、坝地、滩地、水地等高产稳产的基本农田，更多地、直接地为当地农业生产服务。1961 年，黄河水利委员会党组致函中共中央农村工作部和水电部提出：梯田、坝地和水地都是高产田，只要作法对头，当年修建，当年就可以增产；"三田"也是保持水土，拦蓄泥沙最迅速、最有效的措施；水土保持以建设"三田"为中心，对调动群众的积极性、改变山区面貌是关键性的一招。1964 年，毛泽东主席发出"农业学大寨"的号召，水土保持以基本农田建设为主的工作方针得到进一步强化。

3.3.7　水土保持调查与考察

20 世纪 50 年代，在苏联专家的指导、帮助下，水利部和中国科学院先后会同农业部、林业部等有关部门组织了多次水土保持调查和考察，其中比较大的有四次：1953 年4—7 月，由水利部副部长张含英率团对西北水土流失严重区进行考察；1953 年 5—12 月，黄河水利委员会组织约 500 人，对黄河中游水土流失地区 20 多条主要支流进行了大规模的水土保持查勘；1955 年 5 月，中国科学院组织成立"黄河中游水土保持综合考察队"，对山西西部进行考察；1956—1958 年，黄河中上游水土保持综合考察队对陕西省北部、甘肃省东部和中部进行考察。这几次考察活动基本上完成了对黄河中游水土流失严重地区的查勘规划任务。同期，海河、淮河、长江等河流上游也进行水土保持查勘规划工作。这些考察活动，系统地对考察区域的自然条件、社会经济情况、侵蚀规律、水土保持措施、土地利用情况进行了调查统计和研究分析。

3.4　改革开放至 20 世纪末（1979—2000 年）

改革开放后，随着国家将经济建设作为工作重点并实行改革开放政策，水土保持工作得以恢复并加强，同时由基本农田建设为主转入以小流域为单元进行综合治理的轨道。八片国家水土流失重点治理工程、长江上游水土保持重点防治工程等重点工程的实施，推动了水土流失严重地区的水土保持工作；家庭联产承包责任制在农村普遍实行，促进了户包治理小流域的发生发展，调动了千家万户治理水土流失的积极性；80 年代后期在晋陕蒙接壤地区首先开展的水土保持监督执法工作，为水土保持法的制定颁布做了必要的前期探索和实践。1991 年，《中华人民共和国水土保持法》正式颁布实施，水土保持工作由此走上依法防治的轨道。

3.4.1 恢复和完善水土保持领导和管理机构

十一届三中全会后，相关水土保持领导和组织管理机构很快得到恢复。1980 年 5 月，恢复黄河中游水土保持委员会，主任委员由陕西省政府主要负责人担任，国家有关部委负责人及流域内的陕西、甘肃、宁夏、青海、山西、内蒙古等省（自治区）分管农业的领导任副主任委员或成员。

为加强对全国水土保持工作的领导，1982 年 5 月，国务院决定成立"全国水土保持工作协调小组"，成员由国家计委、国家经委、水电部、农牧渔业部、林业部、财政部、国家土地管理局和中国科学院等单位的领导组成，水电部部长钱正英任组长。1988 年，"全国水土保持工作协调小组"改为"全国水资源与水土保持工作领导小组"，由国务院副总理田纪云任组长，1993 年机构改革时这一机构被撤销。

1988 年 4 月，经国务院批准，成立了"长江上游水土保持委员会"，成员由流域涉及的云南、贵州、四川、湖北等省的副省长，国家计委副主任，农业部、林业部、水利部的副部长，以及国家土地管理局、中国科学院、财政等有关负责人组成，四川省政府主要负责人任主任委员。

1986 年，水利部设立农村水利水土保持司；1994 年，水利部设立水土保持司，下设规划协调处（后改为监测协调处）、生态建设处和监督管理处，负责管理全国的水土保持日常工作。

水利部所属的流域机构相继设立或提升了水土保持工作部门。1980 年成立黄河水利委员会黄河中游治理局（机关设在西安），1992 年更名为黄河上中游管理局。黄河水利委员会水土保持处，20 世纪 80 年代升格为水土保持局（副局级），下设生态建设处、监督管理处，负责管理黄河流域的水土保持工作。长江水利委员会水土保持局成立于 1987 年12 月，原名农村水利水土保持局，机关设在武汉，为长江水利委员会的直属单位，主管长江流域的水土保持工作。海河、淮河、松辽和珠江水利委员会分别设有水土保持处，负责相应流域的水土保持工作。太湖流域管理局设立的水政水资源处，负责本流域的水土保持工作。

同期，地方各级水土保持行政管理和组织领导机构也得到迅速恢复和完善。

3.4.2 以小流域为单元的综合治理

1980 年 4 月，水利部在山西省吉县召开了历时 8 天的 13 省、区小流域综合治理座谈会。会议在总结过去经验的基础上，提出了小流域综合治理，认为这是水土保持工作的新发展，符合水土流失规律，能够把治坡与治沟、植物措施与工程措施有机结合起来，更加有效地控制水土流失；能够更加有效地开发利用水土资源，按照自然特点合理安排农林牧业生产，改变农业生产结构，最大限度地提高土地利用率和劳动生产率，加速农业经济的发展，使农民尽快地富裕起来；有利于解决上下游、左右岸的矛盾，正确处理当前与长远、局部与全局的关系，充分调动群众的积极性，团结一致，加快水土保持工作的步伐，便于组织农林牧水农机和科技等各方面的力量打总体战，能使小流域治理速见成效；同时认为进行小流域治理，流域面积在 $30km^2$ 以下为宜，最多不超过 $50km^2$。会议要求各省区认真予以推广，加快小流域治理，会后由水利部颁发了《水土保持小流域治理办法（草案）》。13 个省区小流域综合治理座谈会后，在财政部的支持下，由流域机构组织开展了水土保持小流域治理试点工作。试点小流域是我国第一次有组织、大规模、由国家补助投资开展的水土保持项目，它探索了水土保持快速治理的途径和不同类型区综合治理的模式，进一步确立了小流域综合治理的思路，在全国不同类型小流域治理中起到了先导作用。试点小流域到 1990 年的 10 年时间，共开展小流域治理 204 条，总面积 $66.97km^2$，其中水土流失面积 $55.72km^2$，完成治理面积 $22.36km^2$。

在此后的水土流失治理实践中，各地不断完善小流域治理经验，探索和丰富各有特色的小流域治理模式和管理经验。以小流域为单元，因地制宜，科学规划，工程措施、生物措施和农业技术措施优化配置，山水田林路村综合治理，形成综合防护体系，实现生态经济和社会综合效益，这一做法在实践中取得了巨大的成功，受到广大干部群众的欢迎，得到国内外专家的高度评价，已成为我国生态建设的一条重要技术路线。

3.4.3　《水土保持工作条例》及《中华人民共和国水土保持法》

1982 年 6 月，国务院发布《水土保持工作条例》，要求全国各地遵照执行。条例分水土流失的预防、水土流失的治理、教育与科学研究等共 33 条，提出了"防治并重，治管结合，因地制宜，全面规划，综合治理，除害兴利"的水土保持工作方针，明确了水土保持工作的主管部门为水利电力部，明确提出了关于水土流失预防的内容，提出了"以小流域为单元，实行全面规划、综合治理"等内容，对推动 80 年代的水土保持工作发挥了重要作用，同时为后续水土保持法规奠定了良好的基础。

1991 年 6 月 29 日，第七届全国人民代表大会常务委员会第二十次会议通过《中华人民共和国水土保持法》并正式颁布实施，这是水土保持发展史上的一座里程碑，它第一次以法律形式将水土保持工作固定下来，标志着我国水土保持工作由此进入依法防治的新阶段。水土保持法共分总则、预防、治理、监督、法律责任、附则 6 章，提出了"预防为主，全面规划，综合防治，因地制宜，加强管理，注重效益"的水土保持工作方针，将原来的"治理为主、防治并重"改为"预防为主"；明确了水土保持工作的主管部门，即"国务院水行政主管部门主管全国的水土保持工作。县级以上地方人民政府水行政主管部门，主管本辖区的水土保持工作"；规定了水土保持方案制度，即"在建设项目环境影响报告书中，必须有水行政主管部门同意的水土保持方案"，同时规定"建设项目中的水土保持设施，必须与主体工程同时设计、同时施工、同时投产使用。建设工程竣工验收时，应当同时验收水土保持设施，并有水行政主管部门参加"等。水土保持法颁布后，一系列配套法律法规也随之逐步建立。作为水土保持法最重要的一个配套法规，《中华人民共和国水土保持法实施条例》于 1993 年 8 月由国务院正式颁布实施；各省（自治区、直辖市）

也结合当地实际，制定了相应的水土保持法实施办法和条例。到 2000 年，全国有 28 个省（自治区、直辖市）1000 多个市、县制定了本区域的水土保持法实施办法。同时，26 个省（自治区、直辖市）颁布实施了水土保持补偿费、水土流失防治费征收使用、管理办法，形成了较完备的配套法律法规体系。

3.4.4 全国八片水土保持重点治理

1982 年 8 月，全国第四次水土保持会议要求各地区在普遍号召开展面上治理的同时，都应选择自己的重点，以小流域为单元，进行综合、集中、连续治理，以重点推动面上工作；在全国范围，拟首先抓好八个重点。1983 年，经国务院批准，黄河流域的无定河、三川河、皇甫川和定西县，海河流域的永定河上游，辽河流域的柳河上游，长江流域的湖北省葛洲坝库区和江西省兴国县等 8 个水土流失重点区被列入重点治理区，由财政部每年安排 3000 万元进行治理，由此拉开了国家水土流失重点治理工程的序幕。这 8 个地区水土流失严重，群众生活贫困，生态环境恶化，区域土地总面积 11 万 km²，水土流失面积达 10 万 km²，约占区内土地总面积的 90%，涉及北京、河北、山西、内蒙古、湖北、辽宁、江西、陕西和甘肃 9 省（自治区、直辖市）的 43 个县（市、区、旗）。全国八片水土流失重点治理工程是我国第一个国家列专款、有规划、有步骤、集中连片大规模开展水土流失综合治理的国家生态建设重点工程。其后，八片重点治理的投资规模不断增加，范围也进行了适当的调整。八片地区大部分中央投资治理了 15～20 年，坚持长期治理，取得了巨大的成效，水土流失得到基本遏制。其中甘肃的定西县（现定西市安定区）、江西的兴国县等水土流失特别严重的地区，目前仍是国家投资的重点治理区。

3.4.5 监督管理开始起步，并逐步规范

《水土保持法》颁布后，水利部大力推动监督执法工作的开展。1992 年 6 月水利部农村水利水土保持司发出《关于开展水土保持监督执法试点的通知》，在全国确定了 108 个县（市、区）作为第一批水土保持监督执法试点县。监督执法试点的主要内容是水土保持法宣传、执法监督体系建设、人为水土流失和监督对象普查、预防监督规划和地方性配套法规建设、方案报告审批及防治费收缴等。在第一批水土保持监督执法试点县的基础上，从 1994 年开始，水利部又开展了第二批共 100 个水土保持监督执法试点县的试点工作，同时规定，凡是列入国家重点防治区的县（市、区）都必须按执法试点县标准开展监督执法工作，验收不合格的，取消"重点"资格。经过 3 年时间，全国先后有两批共 343 个县（含国家重点治理县）开展了水土保持监督执法试点县工作，有效地推进了水土保持法的宣传、配套法规和执法监督体系的建立完善、预防监督经费的落实等各项工作，使水土保持监督执法工作以点带面，全面铺开。

1999 年 6 月，水利部印发《关于开展全国水土保持生态环境监督管理规范化建设工作的通知》，以水土保持监督管理工作法制化、规范化、正规化建设为核心，在全国 60 个地（市）、1166 个县（市、旗、区）开展了水土保持监督管理规范化建设工作，要求全面开展监督管理，加强水土保持生态环境监督管理正规化建设，全面普查重点监督对象、建立分类档案，进一步落实水土保持方案报告制度和"三同时"制度，严肃查处人为水土流

失案件，依法收好管好用好水土保持规费。2000 年，水利部水土保持司又印发《关于进一步加强水土保持监督管理规范化建设工作的通知》，要求按照行政处罚法、行政复议法等法律法规进一步加大检查指导的力度，加快规范化建设步伐。通过水土保持生态环境监督管理规范化建设，各地在水土保持宣传、配套法规、机构能力建设、执法程序规范、返还治理示范、水土保持方案落实、两费征收等方面有了明显的提高和推进。

通过试点和规范化建设，在全国建立起了比较健全的水土保持监督管理机构，建立起了比较完善的法规体系。开展了正常的监督管理工作，对遏制严重的人为水土流失起到了决定性作用。

3.4.6　黄河中游及长江上游重点治理工程

黄河中游、长江上游是我国水土流失最为严重的地区，也是治理的重点。20 世纪 80 年代后期到 90 年代，国家相继实施了黄河中游地区治沟骨干工程、长江上游水土保持重点防治工程、黄土高原水土保持世界银行贷款项目等重点工程。

经国家计委、水利部批准，自 1986 年开始，黄河中游地区治沟骨干工程开始专项建设。治沟骨干工程相对于一般淤地坝而言，建设规模大，防洪标准高，在小流域中起着"上拦下保、骨干控制"作用，成为黄土高原地区治理水土流失的重要措施，为减少入黄泥沙、加快黄河流域水土流失治理、促进区域经济的发展发挥了巨大作用。

1988 年 4 月，国务院批复全国水土保持工作协调小组，同意将长江上游列为全国水土保持重点防治区。1989 年"长江上游水土保持重点防治工程"开始实施，选定水土流失严重的金沙江下游和毕节、陇南及陕南地区、嘉陵江中下游地区、三峡库区等 4 片为首批重点防治区。1994 年以后，重点防治区逐步扩展到中游的丹江口库区、洞庭湖水系、鄱阳湖水系和大别山南麓诸水系。防治工程以小流域为单元实施管理，按规划措施安排投资，完成一批验收一批。

黄土高原水土保持世行贷款项目。黄土高原水土保持世界银行贷款项目是我国利用外资治理水土流失的第一个大型项目。在水利部的组织协调下，黄河水利委员会与山西、陕西、甘肃、内蒙古四省（自治区）自 1990 年 9 月开始进行总体规划和初步设计，1993 年 11 月项目通过了世界银行评估，1994 年 10 开始正式实施。项目区位于黄河中游水土流失严重的多沙粗沙区，包括山西省的蔚汾河、昕水河及河曲、保德、偏关片，内蒙古自治区的罕台川、哈什拉川、呼斯太河，陕西省的延河、佳芦河，甘肃省的马莲河等 9 条流域（片），涉及 7 个地区（市、盟）的 21 个县（旗、市）。项目区总面积 15559km²，其中水土流失面积 13992km²。总投资 21.64 亿元，其中利用世界银行贷款 1.5 亿美元。项目执行期 8 年，治理水土流失面积 4868km²。二期工程于 1999 年正式启动实施，执行期为 6 年，项目总投资 21 亿元，其中利用国际复兴银行贷款（IBRD）1 亿美元，国际开发协会信贷（IDA）0.5 亿美元。项目涉及山西、内蒙古、陕西、甘肃 4 省（自治区）12 个地（市、盟）的 37 个县（旗、市），总面积 1.9 万 km²，其中水土流失面积 1.8 万 km²，治理水土流失面积 4333km²。黄土高原水土保持世界银行贷款项目为多渠道投资水土流失治理做了有益的尝试。同时，项目执行过程中，全面推广国际先进管理经验，培养了一支素质较高的水土保持管理队伍。项目建设取得了举世瞩目的成就，获得"2003 年度世界银行行长杰出成就奖"。

3.4.7 建设秀美山川与《全国生态环境建设规划》

1997 年 6 月，国务院副总理姜春云同有关部门的同志到陕西省的榆林地区和延安市，就治理水土流失、建设生态农业问题进行调查，并写出《关于陕北地区治理水土流失，建设生态农业的调查报告》。报告记述了两个地区通过搞水土保持、防沙治沙，取得了明显的生态效益、经济效益和社会效益。江泽民总书记在看了报告后，做出重要批示，指出："历史遗留下来的这种恶劣生态环境，要靠我们发挥社会主义制度的优越性，发扬艰苦创业的精神，齐心协力地大抓植树造林、绿化荒漠、建设生态农业去加以根本地改观。经过一代又一代人长期的、持续的奋斗，再造一个山川秀美的西北地区，应该是可以实现的。"由此向全党全国人民发出了"加强生态建设、再造秀美山川"的伟大号召。为落实批示精神，水利部组织编写了《全国水土保持生态建设规划》，并纳入到《全国生态环境建设规划》。1998 年，国务院批准实施《全国生态环境建设规划》，要求各地结合本地区的具体情况，因地制宜地制定本地区的生态环境建设规划，调动亿万群众的积极性，组织全社会的力量，投入生态环境建设。同年，国家还批准了《全国生态环境保护纲要》。《全国生态环境建设规划》对 21 世纪初期我国水土保持生态环境建设做出了全面部署，根据规划，全国年综合治理水土流失 5 万 km^2，到 2010 年实现初见成效，2030 年实现大见成效；到 21 世纪中叶将全国现有水土流失面积基本治理一遍，在水土流失区及潜在水土流失区建立起完善的水土保持预防监督体系和水土流失动态监测网络，大部分地区农业生产条件和生态环境明显改善，实现山川秀美。

3.4.8 退耕还林工程

1998 年 6 月中旬至 9 月上旬，长江流域及北方的嫩江流域出现历史上罕见的特大洪灾，给人民生命财产造成巨大损失，在党中央、国务院的领导和指挥下，中国人民战胜了洪水的袭击，取得了抗洪抢险的胜利。但洪水的肆虐也敲响了生态安全的警钟。时任总书记江泽民在视察江西抗洪救灾工作时要求："加快长江、黄河等大江大河大湖的治理，在中上游地区要大力开展水土保持综合治理，防治水土流失，切实改善生态环境。"时任总理朱镕基在视察湖南、湖北抗洪抢险工作时强调："做好江河上游地区的水土保持工作，保护生态环境，对减少江河湖泥沙淤积、提高防洪能力具有根本性的作用，各地一定要下决心抓好这件关系子孙后代的大事。"

"98 大洪水"使人们更加清楚地认识到保护和改善生态环境的重要性，长期以来，由于盲目毁林开垦和进行陡坡地、沙化地耕种，造成了我国严重的水土流失和风沙危害，洪涝、干旱、沙尘暴等自然灾害频频发生，人民群众的生产、生活受到严重影响，国家的生态安全受到严重威胁。为此，国务院于 1999 年 8 月做出了实施退耕还林工程的决定。退耕还林工程从保护和恢复生态环境出发，将水土流失严重的耕地，沙化、盐碱化、石漠化严重的耕地以及粮食产量低而不稳的耕地，有计划，有步骤地停止耕种，因地制宜地造林种草，恢复植被。

1999 年，四川、陕西、甘肃 3 省率先开展了退耕还林试点，2000 年在中西部地区 17

个省（区、市）和新疆生产建设兵团开展试点，2002年全面启动。按照《退耕还林工程规划》（2001—2010年）。到2010年，完成退耕地造林14.67万km²，宜林荒山荒地造林17.33万km²，陡坡耕地基本退耕还林，严重沙化耕地基本得到治理。

按退耕还林政策，国家无偿向退耕农户提供粮食、生活费补助。粮食和生活费补助标准为：长江流域及南方地区每公顷退耕地每年补助粮食（原粮）2250kg；黄河流域及北方地区每公顷退耕地每年补助粮食（原粮）1500kg。每公顷退耕地每年补助生活费300元。粮食和生活费补助年限，1999—2001年还草补助按5年计算，2002年以后还草补助按2年计算；还经济林补助按5年计算；还生态林补助暂按8年计算。同时，国家向退耕农户提供种苗造林补助费。种苗造林补助费标准按退耕地和宜林荒山荒地造林每公顷750元计算。

3.5 新世纪水土保持（2000年以来）

进入21世纪以来，党中央更加重视可持续发展和生态文明建设。世纪之初中央提出"以人为本，全面、协调、可持续的发展"的科学发展观，党的十八大又作出"五位一体"的总体布局，将"生态文明建设"与"经济建设、政治建设、文化建设、社会建设"并列。重新修订了《水土保持法》，健全了水土保持法规体系，进一步完善生产建设项目水土保持监督管理。水土流失治理投入大幅度增加，国家重点治理的范围进一步扩大。水土保持工作迈上了一个全新的台阶。

3.5.1 党中央国务院高度重视水土保持

进入21世纪以来，党中央高度重视水土保持工作。党的十六大提出全面建设小康社会，并将"可持续发展能力不断增强，生态环境得到改善，资源利用效率显著提高，促进人与自然的和谐，推动整个社会走上生产发展、生活富裕、生态良好的文明发展道路"作为小康社会的四大目标之一。党的十七大提出"以人为本，全面协调可持续发展"的科学发展观。党的十八大提出大力推进生态文明建设，明确指出："建设生态文明，是关系人民福祉、关乎民族未来的长远大计。面对资源约束趋紧、环境污染严重、生态系统退化的严峻形势，必须树立尊重自然、顺应自然、保护自然的生态文明理念，把生态文明建设放在突出地位，融入经济建设、政治建设、文化建设、社会建设各方面和全过程，努力建设美丽中国，实现中华民族永续发展"。

2015年1月19—21日，习近平总书记在云南考察时指出，"要把生态环境保护放在更加突出位置，像保护眼睛一样保护生态环境，像对待生命一样对待生态环境，在生态环境保护上一定要算大账、算长远账、算整体账、算综合账，不能因小失大、顾此失彼、寅吃卯粮、急功近利。"

2015年4月，中共中央、国务院印发了《关于加快推进生态文明建设的意见》。指出，加快推进生态文明建设是加快转变经济发展方式、提高发展质量和效益的内在要求，是坚持以人为本、促进社会和谐的必然选择，是全面建成小康社会、实现中华民族伟大复兴中国梦的时代抉择，是积极应对气候变化、维护全球生态安全的重大举措。要充分认识加快推进生态文明建设的极端重要性和紧迫性，切实增强责任感和使命感，牢固树立尊重自然、顺应自然、保护自然的理念，坚持绿水青山就是金山银山，动员全党、全社会积极行动、深入持久地推进生态文明建设，加快形成人与自然和谐发展的现代化建设新格局，开创社会主义生态文明新时代。明确提出要保护和修复自然生态系统，加强水土保持，因地制宜推进小流域综合治理。

2015年9月，中共中央、国务院印发了《生态文明体制改革总体方案》，为加快建立系统完整的生态文明制度体系，加快推进生态文明建设，增强生态文明体制改革的系统性、整体性、协同性提出了明确的总体方案。阐明了我国生态文明体制改革的指导思想、理念、原则、目标，方案包括健全自然资源资产产权制度、建立国土空间开发保护制度、建立空间规划体系、完善资源总量管理和全面节约制度、健全资源有偿使用和生态补偿制度、建立健全环境治理体系、健全环境治理和生态保护市场体系、完善生态文明绩效评价考核和责任追究制度、生态文明体制改革的实施保障等内容。

2016年1月5日，习近平总书记在重庆召开推动长江经济带发展座谈会上强调，"长江拥有独特的生态系统，是我国重要的生态宝库。当前和今后相当长一个时期，要把修复长江生态环境摆在压倒性位置，共抓大保护，不搞大开发。要把实施重大生态修复工程作为推动长江经济带发展项目的优先选项，实施好长江防护林体系建设、水土流失及岩溶地区石漠化治理、退耕还林还草、水土保持、河湖和湿地生态保护修复等工程，增强水源涵养、水土保持等生态功能"。

3.5.2 依法行政，水土保持监督管理走上规范化轨道

在中央全面推进依法治国战略布局的大形势下，水土保持依法行政得到强化。

3.5.2.1 水土保持法规体系进一步完善

2010年12月25日第十一届全国人民代表大会常务委员会第十八次会议通过了修订后的《中华人民共和国水土保持法》，修订后的水土保持法在充分保留原有重要规定的基础上，适应新时期和今后一个时期我国经济社会发展和水土保持生态建设的新形势，对水土保持工作做出了更加全面和细致的规定，强化了6个方面的重点内容：一是强化了地方政府水土保持主体责任，二是强化了水土保持规划的法律地位，三是强化了水土保持预防保护制度，四是强化了水土保持方案管理制度，五是强化了水土保持补偿制度，六是强化了水土保持法律责任。到2014年年底，全国已有21个省（自治区、直辖市）依照新水土保持法出台了省级水土保持法实施办法（条例）。

2014年1月29日，财政部、国家发改委、水利部、中国人民银行以财综〔2014〕8号文件印发了《水土保持补偿费征收使用管理办法》，明确了水土保持补偿费的征收范围、征收主体、计征方式、使用管理等内容。2014年5月7日，国家发改委、财政部、水利部以发改价格〔2014〕886号文件印发了《水土保持补偿费收费标准（试行）》，明确了水土保持补偿费收费标准的基本原则和具体的收费标准。这两个文件有效的强化和规范了全国水土保持补偿费的征收和管理工作。

3.5.2.2 水土保持监督管理能力进一步增强

2007—2009年，水利部在全国组织开展了水土保持监督执法专项行动，对在建生产

建设项目进行了一次拉网式全面调查，并全部建档立案，对存在违法违规问题的建设项目提出了限期整改要求，提高了社会各界的水土保持意识和法制观念。2009—2014 年在全国开展了二批水土保持监督管理能力建设，有 1200 个县（市、区、旗）达到了配套法规"五完善"、机构履职"五到位"、监督检查"五规范"、管理制度"五健全"等能力建设目标，增加了基层水土保持监督管理能力。

同时社会监督实现常态化，各级人大将《水土保持法》执行情况作为监督内容，开展经常性的督查，有力地推动了水土保持监督管理工作的开展。

3.5.2.3　水土保持行政许可进一步规范

21 世纪以来，对生产建设项目水土保持监督管理方面的行政许可程序不断规范，更加高效、便捷。自 2013 年起，水利部审批的生产建设项目水土保持方案的技术评审由国家财政支付评审经费。2015 年 10 月 11 日，国务院印发了《国务院关于第一批清理规范 89 项国务院部门行政审批中介服务事项的决定（国发〔2015〕58 号）》，明确，生产建设项目水土保持方案编制，"申请人可按要求自行编制水土保持方案，也可委托有关机构编制，审批部门不得以任何形式要求申请人必须委托特定中介机构提供服务；保留审批部门现有的水土保持方案技术评估、评审"。生产建设项目水土保持监测，"申请人可按要求自行编制水土保持监测报告，也可委托有关机构编制，审批部门不得以任何形式要求申请人必须委托特定中介机构提供服务；审批部门完善标准，按要求开展现场核查"。生产建设项目水土保持设施验收技术评估，"不再要求申请人提供水土保持设施验收技术评估报告，改由审批部门委托有关机构进行技术评估"。自 2015 年起，由水利部验收的生产建设项目水土保持技术评也改由国家财政支付评估费用，由水行政主管部门委托技术服务机构完成相关的技术服务工作，减少了生产建设单位的负担。

3.5.3　突出重点治理，水土流失防治成效显著

自 1983 年开始实施国家水土保持重点工程以来，经过 30 年的努力，国家重点工程建设范围不断扩大，投入不断增加，到 2015 年由中央投资实施的国家级水土保持重点工程有：国家水土保持重点建设工程、国家农业综合开发水土保持项目、坡耕地水土流失综合治理工程、中央补助地方水土保持项目、丹江口库区及上游水土保持项目等，当年中央专项投资达 56.35 亿元。加上京津风沙源治理、岩溶地区石漠化治理、巩固退耕还林成果等生态综合治理项目中的水土保持投入，中央层面用于水土流失治理的资金达 80 亿元以上。

在投资增加的同时，重点工程建设管理制度也在不断完善。水利部专门制定了《国家水土保持重点建设工程管理办法》，建设管理过程中大力推广项目责任主体负责制、工程合同制、建设监理制、资金报账制、群众投劳承诺制、工程建设公示制和建后管护责任制等制度。2015 年财政部修订出台了《农田水利设施和水土保持建设补助资金管理办法》《农业综合开发资金和项目管理办法》等项目管理制度，水利部出台了《关于进一步加强国家水土保持重点工程验收工作的通知》等管理办法。

在增加政府投资的同时，调动各方面投入水土流失治理积极性，推动形成了中央、地方、企业、社会多元化的资金投入格局，多措并举筹集资金，集中力量办大事。强化"政府主导、水保搭台、部门唱戏、社会参与"的工作机制，加强财政政策的综合集成。坚持

"谁投资、谁所有、谁受益、谁管护"的原则，积极推动承包、拍卖、租赁、股份合作等多种形式的治理开发。水利部专门出台了《关于引导民间资本参与水土保持工程建设实施细则》，充分发挥民间资本在推进水土流失综合治理中的作用。2015年全国民间资本投入水土流失治理资金近40亿元。

通过重点治理工程建设的推动，水土流失治理成效逐步显现。"十二五"期间，全国共完成水土流失综合治理面积26.55万km²，治理小流域2万余条，实施坡改梯2000多万亩，修建骨干和中型淤地坝2000余座，晋陕蒙砒砂岩区建设沙棘林14.37万hm²。"十二五"期间，国家水土保持重点工程建设规模、范围进一步扩大，在长江上中游、黄河上中游、丹江口库区及上游、京津风沙源区、西南岩溶区、东北黑土区等区域建成了一批水土流失重点治理工程。全国有700多个县实施了国家水土保持重点治理工程。中央投资240多亿元，是"十一五"期间的两倍多，通过实施重点工程完成水土流失治理面积6.58万km²。在重要水源区和城镇周边地区，积极推进生态清洁小流域建设，全国建成生态清洁小流域1000多条，为防治面源污染、改善人居环境、保护水资源发挥了重要作用。根据2013年第一次全国水利普查成果，与2000年土壤侵蚀遥感调查成果相比，我国水土流失面积减少61万km²，中度及以上水土流失面积减少37万km²。重点治理区群众生活水平大幅度提高，水土保持措施可增产粮食约10亿kg，增产果品约40亿kg，治理区林草覆盖率增加8个百分点。

3.5.4 以科学发展观为指导，促进人与自然和谐

在中央科学发展观指导下，水土保持工作更加注重发挥大自然的自我修复能力、更加注重以人为本。

3.5.4.1 生态自然修复大规模实施

随着人们对人与自然关系的重新审视，生态修复作为快速恢复植被的一项重要措施被逐步认识、接受。2001年11月，水利部发出《关于加强封育保护，充分发挥生态自然修复能力，加快水土流失防治步伐的通知》，要求积极适应新形势，进一步调整工作思路，因地制宜，为生态修复创造条件，采取措施，加大封育保护工作的力度。这是首次以文件形式正式提出开展水土保持生态修复的设想和要求。同年，长江水利委员会和黄河水利委员会分别在长江上游和黄河上中游地区启动实施了水土保持生态修复试点工程，涉及5省（自治区）22个县，还在青海省"三江"源区安排了专项资金实施了水土保持预防保护工程，封育保护面积30万km²。水利部在塔里木河、黑河等内陆河流域组织实施了生态调水，使塔里木河、黑河下游大片胡杨林恢复了生机。2002年，水利部又在29个省（自治区、直辖市）、106个县启动实施了全国水土保持生态修复试点工程，初步探索出不同地区开展水土保持生态修复的模式和措施，成为各地开展生态修复工作的示范和样板。在试点的带动下，截至2005年年底，全国已有25个省、980多个县发布了封山禁牧、舍饲养畜的政策决定，其中北京、河北、陕西、青海、宁夏5省（自治区、直辖市）人民政府实行了全境禁牧，生态修复取得历史性突破。

2003年6月，水利部发布了《关于进一步加强水土保持生态修复工作的通知》，再次对水土保持生态修复从认识、规划、政策、监管等方面进行了部署。同年，水利部组织编

71

制了《全国水土保持生态修复规划（2004—2015 年)》。

3.5.4.2　生态清洁小流域大范围推进

随着我国经济社会的发展，政府对饮用水安全更加重视，由此，水土保持控制面源污染的作用逐步受到重视和推广。20 世纪末，北京市结合饮用水源保护开展了包括面源污染防治的小流域综合治理，到 21 世纪初总结提出了生态清洁型小流域的概念。以小流域为单元，以流域内水资源、土地资源、生物资源承载力为基础，以调整人为活动为重点，从山顶到河谷依次建设"生态修复、生态治理、生态保护"三道防线。其重点是将化肥农药等面源污染、农村生活垃圾、废水处理等作为综合防治的内容，最大限度地减少对下游水源区的污染。其后水利部大力推广北京市的经验做法，全国各地主要水源地上游，特别是南水北调水源地丹江口水库上游国家水土保持重点治理工程，全面实施生态清洁小流域治理。

3.5.5　水土保持基础性工作全面加强

进入 21 世纪以来，水土保持基础性工作进一步加强，水土保持规划、科学研究、信息化建设等都取得了长足进展。

3.5.5.1　水土流失与生态安全综合科学考察

2005—2008 年，水利部、中国科学院、中国工程院共同组织国内水土保持生态建设及其相关领域的著名专家、学者，联合开展了"中国水土流失与生态安全综合科学考察"。组成西北黄土区、长江上游区、东北黑土区、北方土石山区、南方红壤区、西南石漠化区、西北风沙区 7 个分区考察组和开发建设活动考察组，同时成立了水土流失状况与基础数据集成、水土流失对社会经济发展和生态安全影响评价、水土流失防治政策等 3 个专题研究组。此次科学考察是中华人民共和国成立以来水土保持领域规模最大、范围最广、参与人员最多的一次综合性科学行动。共有 86 个科研院所以及各流域机构、各省（自治区、直辖市)、地、县水利部门的 800 多名工程技术人员参加，其中两院院士 28 人、教授和研究员 223 人。现场考察途经 27 个省（自治区、直辖市）的 315 个县，行程 14 万 km，召开座谈会 410 次，发放调查问卷近 20 万份。最终形成了 1 个总报告、11 个分报告和 1 份向国务院的汇报材料。以这次科学考察成果为基础，专家学者编著了《中国水土流失防治与生态安全》系列丛书。这次考察摸清了我国水土流失现状，全面总结了我国水土流失防治的成绩与经验，系统揭示了我国水土流失防治工作中存在的问题，提出了水土流失防治对策及建议，促进了我国水土保持科技创新。

3.5.5.2　全国水土保持规划

2011 年 5 月，按照水土保持法有关要求，水利部会同发展改革委、财政部、国土资源部、环境保护部、农业部、林业局等部门，启动《全国水土保持规划》编制工作。规划编制历经 4 年，分为区划、规划和审查报批 3 个阶段。2015 年 10 月 17 日国务院印发《关于全国水土保持规划（2015—2030 年）的批复》，本规划对新时期水土保持进行了完整的顶层设计，是今后一个时期我国水土保持工作的发展蓝图和重要依据，是贯彻落实国家生态文明建设总体要求的行动指南。《规划》要求，全国水土流失防治工作要树立尊重自然、顺应自然、保护自然的生态文明理念，坚持预防为主、保护优先，全面规划、因地制宜，注重自然恢复，突出综合治理，强化监督管理，创新体制机制，充分发挥水土保持的生态、经济和社会效益，实现水土资源可持续利用，为保护和改善生态环境、加快生态文明建设、推动经济社会持续健康发展提供重要支撑。规划分析了水土流失防治现状和趋势，以全国水土保持区划为基础，以保护和合理利用水土资源为主线，以国家主体功能区规划为重要依据，提出了全国水土保持工作的总体布局和主要任务。规划明确，用15年左右的时间，建成与我国经济社会发展相适应的水土流失综合防治体系，实现全面预防保护，林草植被得到全面保护与恢复，重点防治地区的水土流失得到全面治理。预计到2020年，全国新增水土流失治理面积32万km²，年均减少土壤流失量8亿t；到2030年，全国新增水土流失治理面积94万km²，年均减少土壤流失量15亿t。

3.5.5.3 全国水土保持监测网络建立

根据水土保持法律法规的要求，21世纪初期，各流域机构和省级，以及部分地市级水行政主管部门相继成立了水土保持监测机构。截至2005年年底，水利部成立了水土保持监测中心，长江、黄河等7大流域机构成立了监测中心站，29个省（自治区、直辖市）成立了监测总站，150个地市成立了监测分站，全国的水土保持监测网络基本形成。

2003—2005年和2009—2011年，水利部分别实施了二期全国水土保持监测网络和信息系统建设工程，为监测机构配套了现代化的监测设备，并建立了监测站点，形成了不同空间尺度的数据库系统，为实现水土保持信息化奠定了基础。同时，自2001年起，中央财政每年安排一定数量的监测经费，开展重点流域、重点片区的监测。自2003年起，水利部每年发布全国水土保持监测公报。部分省（自治区、直辖市）也发布了本省的年度水土保持公报。

水土保持监测制度和规范建设也在不断完善。2001年，水利部以12号令发布了《水土保持生态环境监测网络管理办法》，明确了各级监测机构的职责，以及监测站网建设、监测成果发布等制度。2002年，水利部制定并发布了《水土保持监测技术规程》，规定了水土保持监测的方法、步骤、内容、范围、技术要求以及数据处理、资料整编和质量保证的标准。

3.5.5.4 水土保持重点防治区划分和公告

按《水土保持法》的规定，水利部于2006年4月发布了《关于划分国家级水土流失重点防治区的公告》，将大兴安岭、呼伦贝尔、长白山、滦河、黑河绿洲、塔里木河绿洲、子午岭、六盘山、三江源、金沙江上游、岷江上游、汉江上游、桐柏山大别山、新安江、湘资沅上游和东江上游等16片确定为重点预防保护区，辽宁冶金煤矿、晋陕蒙接壤煤炭、陕甘宁蒙接壤石油天然气、豫陕晋接壤有色金属、东南沿海、新疆石油天然气开发区和三峡库区等7片为重点监督区，东北黑土地、西辽河大凌河中上游、永定河、太行山、河龙区间多沙粗沙区、泾河北洛河上游、祖厉河渭河上游、湟水洮河中下游、伊洛河三门峡库区、沂蒙山、嘉陵江上中游、丹江口水源区、三峡库区、金沙江下游、乌江赤水河上中游、湘资沅澧中游、赣江上游、珠江南北盘江和红河上中游等19片为重点治理区。明确了水土流失防治的重点区域，对于全面推进我国的水土保持生态环境综合防治战略具有十分重要的意义。

2013年8月，水利部办公厅印发了《全国水土保持规划国家级水土流失重点预防区和重点治理区复核划分成果》，对国家级水土保持重点预防区和重点治理区进行了重新复核和公告。

3.5.5.5 水土流失普查

2010—2012 年第一次全国水利普查期间，同步开展了水土保持普查，首次运用野外调查与定量评价相结合的方法查清了土壤侵蚀的面积、分布与强度；首次采用地面调查与遥感技术相结合的方法，查清了西北黄土高原区和东北黑土区的侵蚀沟道的数量、分布与面积；采用资料分析与实地考察相结合的方法，查清了现有水土保持措施的类型、数量与分布。最新普查表明，全国土壤侵蚀总面积 294.91 万 km²，占普查范围总面积的 31.12%，其中水力侵蚀 129.32 万 km²、风力侵蚀 165.59 万 km²。

3.5.5.6 水土保持科研创新

在中央生态文明建设的推动下，水土保持科技取得了长足进展。水利部于 2008 年 9 月印发了《全国水土保持科技发展规划纲要》，国家资助开展了一大批水土保持科研项目。"十一五"期间开展了"中国主要水蚀区土壤侵蚀过程与调控研究"和"西南喀斯特山地石漠化与适应性生态系统调控"等"973"项目，"黄土高原水土流失综合治理关键技术""长江上游坡耕地整治与高效生态农业关键技术试验示范""红壤退化的阻控和定向修复与高效优质生态农业关键技术研究与试验示范"等 3 项国家科技支撑计划，和"三峡库区水土流失与面源污染控制试验示范"等 2 项中科院西部行动计划，以及"典型区域水土流失综合治理关键技术研究与集成"等 14 项水利部行业公益性专项经费项目。"十二五"期间开展了"植物固沙的生态-水文过程、机理及调控""典型山地水土要素时空耦合特征、效应及其调控"等"973"项目，"半干旱区受损生态系统恢复重建及资源持续利用技术研究与示范""农田水土保持关键技术研究与示范""黄土丘陵区退化生态修复技术研究与示范"等国家科技支撑计划，以及"生产建设项目水土流失测算共性技术研究""工程开挖面与堆积体水土流失量测算技术研究""崩岗侵蚀风险评估及分类防控关键技术研究""水土保持生态效应监测与评价技术研究"等水利部行业公益性专项经费项目。

3.5.6 广泛宣传，水土保持社会影响力不断提高

21 世纪水土保持国策宣传教育又上了一个新的台阶，水土保持社会影响力得到前所未有的加强。

3.5.6.1 水土保持国策宣传教育活动

2008—2010 年，水利部以实现"三提高""三增强"为目标，在全国范围内开展了广泛、深入、持久的水土保持国策宣传教育活动。"三提高"即提高全民水土保持法制观念，提高各级水保人员依法行政能力，提高社会公众参与水土保持的积极性；"三增强"即增强全民保护水土资源的意识，增强开发建设单位履行水土保持法律义务的自觉性，增强各级领导防治水土流失的责任感、使命感和紧迫感。活动期间各级水行政主管部门积极开展水土保持科普教育、技能教育、法制教育、警示教育和生态理念教育，开展了大规模的国策教育培训工作。针对不同群体的特点和需要，编制了以中小学生水土保持科普教材、农民水土保持实用技术、开发建设项目水土保持法律法规宣传手册为重点的水土保持系列教材，同时加快了水土保持生态建设大示范区、科技示范园区、水土保持教育基地、水土流

失警示教育基地、试验实习基地等多种形式的户外教育基地的建设，为长期开展水土保持国策宣传教育提供软、硬件支撑，使水土保持内容进教材、进课堂、进社区、进农户、进工地，全面提高了公众水土保持国策意识，增强了全社会学法、守法、用法，监督和抵制违法行为的自觉性。

3.5.6.2　水土保持生态文明示范工程

为积极探索具有水土保持特色的生态建设新路子，更好地推进水土保持生态建设工作，充分发挥水土保持在建设生态文明社会中的重要引导带动作用，促进我国经济社会又好又快发展，2011年水利部印发了《关于开展国家水土保持生态文明工程创建活动的通知》，决定在全国范围内开展水土保持生态文明工程创建活动。水土保持生态文明工程包括水土保持生态文明城市、水土保持生态文明县、生产建设项目水土保持生态文明工程三类。2014年7月，水利部又印发了《关于进一步做好国家水土保持生态文明工程创建工作的通知》，进一步推动国家水土保持生态文明工程创建工作。到2015年年底，全国共有2个城市、31个县（区、市、旗）、16个生产建设项目和6条小流域达到创建标准，并通过了水利部评审。

3.5.6.3　水土保持科技示范园建设

为进一步推动和规范水土保持科技工作，打造精品，发挥典型带动和示范辐射作用，普及、提高全社会的水土保持科技意识，2004年水利部决定在全国开展水土保持科技示范园区建设活动，印发了《关于开展水土保持科技示范园区建设的通知》，出台了《水土保持科技示范园区建设实施方案》，对水土保持科技示范园区建设条件、组织实施、验收标准、命名管理等提出了明确要求。到2015年，经过严格的评审，由水利部命名的国家水土保持科技示范园区已达104个，为提高水土保持科技水平，提供示范引领和科普教育等发挥了具体作用。

为了探索建立充分利用社会资源开展中小学社会实践教育机制，在各地教育行政部门和水利部门推荐，专家评审和实地考察验收的基础上，2012年教育部和水利部联合命名了24家单位为首批全国中小学水土保持教育社会实践基地。这些基地在中小学水土保持教育实践方面发挥了巨大作用。

3.5.6.4　水土保持进党校活动

为深化水土保持国策宣传教育，充分发挥地方党校在干部培训方面的重要作用，2015年水利部全面布置了推进水土保持进党校试点工作，计划用3年左右的时间（2015—2017年），在全国至少50个地市开展水土保持宣传教育进党校试点工作。为推动此项工作，水利部分别在宁夏固原和山东临沂举办两期现场集中培训，并为各地党校提供了多媒体、电视片、图解画册等教学素材。

<h2 style="text-align:center">本 章 参 考 文 献</h2>

［1］郭廷辅. 水土保持的发展与展望［M］. 北京：中国水利水电出版社，1997.

［2］唐克丽. 中国水土保持［M］. 北京：科学出版社，2004.

［3］刘震. 水土保持60年：成就·经验·发展对策［J］. 中国水土保持科学，2009，7（4）：1-6.

[4]　水利部，中国科学院，中国工程院. 中国水土流失防治与生态安全［M］. 北京：科学出版社，2010.

[5]　刘震. 新时期我国水土保持的形势与任务［J］. 中国水利，2011（6）：80-89.

[6]　郭廷辅，段巧甫. 水土保持经济与生态文明建设［M］. 北京：中国水利水电出版社，2015.

[7]　刘震. 总结经验抓住机遇全面实施新水土保持法［J］. 中国水土保持，2015（6）：1-6.

第4章
水土保持区划与规划

4.1 水土保持规划的概况

4.1.1 规划工作背景

4.1.1.1 我国水土保持规划工作历程

中华人民共和国成立以来，开展了大量的水土保持基础性研究和规划工作。其中最具有代表性的是 1955—1957 年，中国科学院组织了黄土高原地区水土保持调查，并完成《黄河中游黄土高原水土保持土地合理利用区划》。

1993 年，国务院批复了《全国水土保持规划纲要（1991—2000 年）》，该纲要成为以后规划的基础和依据。1998 年，水利部为了配合全国生态环境建设规划组织编制了《全国水土保持生态环境建设规划》，同年国务院批复了《全国生态环境建设规划（1998—2050年）》。2000 年以来，各级部门又先后编制完成了东北黑土区水土流失综合治理、黄土高原淤地坝、南方崩岗治理、岩溶地区石漠化治理、坡耕地水土流失综合整治、革命老区水土保持重点工程等专项规划及"十五"到"十三五"等阶段性规划。黑龙江、云南、重庆、浙江等省（自治区、直辖市）编制完成了水土保持生态建设规划并由相应省级人民政府批复。

近几年来，党中央、国务院就建设生态文明社会做出了一系列重大战略部署。十八大将生态文明建设放在突出地位，纳入中国特色社会主义事业的总体布局。党中央、国务院先后做出了全面深化改革、全面推进依法治国的重大决策，提出了推动政府职能转变、加快推进生态文明建设等方面的配套制度和意见。2011 年，修订后的《水土保持法》正式实施，对水土保持工作作出了更加全面和细致的规定，进一步明确了规划的法律地位。为贯彻党中央、国务院重大战略部署，落实《中华人民共和国水土保持法》，全面推进新时期我国水土保持工作，水利部会同发展改革委、财政部、国土资源部、环境保护部、农业部、林业局等部门，成立了全国水土保持规划编制工作领导小组，并于 2011 年 5 月正式启动全国水土保持规划编制工作。在深入调查研究、反复论证咨询、广泛征求意见的基础上，编制完成了《全国水土保持规划（2015—2030 年）》。

4.1.1.2　水土保持规划的重要作用

水土保持规划对加快生态文明建设、保障经济社会持续健康发展具有巨大的促进作用和重要意义。

（1）水土保持规划是践行生态文明要求的具体行动。水土资源是生态环境良性演替的基本要素，水土保持是我国生态文明建设的重要内容。水土保持规划突出尊重自然、顺应自然、保护自然的生态文明理念，指明了全面建成与我国经济社会发展相适应的水土流失综合防治体系的路线图和时间表、具体步骤和实现途径，是落实生态文明总体部署的行动纲领和科学指南。

（2）水土保持规划是实现全面建成小康社会目标的重要保障。我国 76％的贫困县和74％的贫困人口都聚集在水土流失严重区，80％以上的水土流失面积分布在老少边穷地区，水土保持规划充分考虑水土流失严重地区的治理需求，因地制宜、科学施策，最大限度发挥水土保持的生态、经济和社会效益，在有效保护和合理利用水土资源的同时，促进治理区群众脱贫致富、加速实现小康。

（3）水土保持规划是履行《水土保持法》赋予职责的必然要求。新《水土保持法》强调的规划法律地位、政府主体责任、预防保护规定和法律责任追究等要求需要通过规划实施进行落实。

（4）水土保持规划是提升水土流失防治水平的实现途径。水土保持规划在凝练多年防治经验的基础上系统谋划，提出了提升防治水平、强化薄弱环节的总体设计，注重发挥大自然自我修复能力，加快防治进程；注重防治的针对性、精准性和科学性，通过水土保持区划，明确了不同区域的主导功能和防治方向；注重基础能力的提升，全方位强化监测、科技和信息化建设，加强监督执法、宣传教育和制度创新。

4.1.2　规划体系

根据水土保持法相关规定，水土保持规划分为综合规划和专项规划。

水土保持综合规划是指以县级以上行政区或流域为单元，根据区域或流域自然与社会经济情况、水土流失现状及水土保持需求，对预防和治理水土流失，保护和利用水土资源作出的总体部署，规划内容涵盖预防、治理、监测、监督管理等。水土保持综合规划是水土保持法中规定由县级以上人民政府或其授权的部门批复的水土保持规划，是一种中长期的战略发展规划。综合规划按不同级别进行分类，包括全国、流域、省、市、县级水土保持规划。

水土保持专项规划是指根据水土保持综合规划，对水土保持专项工作或特定区域预防和治理水土流失而作出的专项部署。水土保持专项规划是在综合规划指导下的专门规划，通常是项目立项的重要依据，也可直接作为工程可行性研究报告或实施方案编制的依据。

专项规划包括两种类型，一类是专项工程规划，如东北黑土区水土流失综合防治规划、黄土高原地区综合治理规划、坡耕地综合治理规划、黄土高原地区水土保持淤地坝规划等；一类是专项工作规划，如水土保持监测规划、水土保持科技支撑规划、水土保持信息化规划等。我国水土保持规划体系，见表 4-1。

表 4-1 我国水土保持规划体系构成

分级层面		综合规划	专项规划		备注
			专项工程规划	专项工作规划	
国家层面	全国	√		√	
	流域	√		√	跨省的大流域
	特定区域		√		跨省区域或对象
省级层面	全省	√		√	
	特定区域		√		境内部分区域（流域）或对象
市级层面	全市	√		√	
	特定区域		√		境内部分小流域或片区
县级层面	全县	√		√	
	特定区域		√		境内部分小流域或片区

注 专项工程包括以中大流域为单元的综合防治、侵蚀沟或崩岗、坡耕地整治、淤地坝等。

4.2 水土保持区划的概况

4.2.1 水土保持区划概念

水土保持区划指根据自然和社会条件、水土流失类型、强度和危害，以及水土流失治理方法的区域相似性和区域间差异性进行的水土保持区域划分，并对各区分别采取相应的生产发展方向布局（或土地利用方向）和水土流失防治措施布局的工作（GB/T 20465—2006《水土保持术语》），是一种部门综合区划，是水土保持的一项基础性工作，将在相当长的时间内有效指导水土保持综合规划与专项规划。

4.2.2 水土保持区划原则

（1）区内相似性和区间差异性原则。水土保持区划遵循区域分异规律，即保证区内相似性和区间差异性。同一类型区内，各地的自然条件、社会经济情况、水土流失特点应有明显的相似性，生产发展方向（包括土地利用调整方向、产业结构调整方向等）、水土流失防治途径及措施总体部署应基本一致；不同类型区之间则应有明显的差异性。

（2）以水土流失类型划分（或土壤侵蚀区划）为基础的原则。水土流失类型划分（或土壤侵蚀区划）属于自然区划，它是不考虑行政区界和社会经济因素的，一般均按水土流失类型如水蚀、重力侵蚀、风蚀、冻融侵蚀划分，是水土保持区划的基础之一。

（3）按主导因素区划的原则。水土保持区划的主要依据是影响水土流失发生发展的各种因素，应从众多的因素中寻找主导因素，以主导因素为主要依据划分。

（4）自然区界与行政区界相结合的原则。水土保持区划的性质是部门经济区划，是在自然区划的基础上进行的，因此首先应考虑流域界、天然植被分界线、等雨量线等自然区界，尽量保证地貌类型的完整性；同时必须充分考虑行政管理区界，尽可能保证行政区划的完整性，并将两者结合起来。

（5）自上而下与自下而上相结合的原则。在进行区划时应由上一级部门制定初步方案，下达到下一级，下一级据此制定相应级别的区划，然后再反馈至上一级，上一级根据下一级的区划汇总并对初步方案进行修订。这样自上而下与自下而上多次反复修改最终形成各级区划。

4.2.3　水土保持区划目的和任务

水土保持区划的目的就是为分类分区指导水土流失防治和水土保持规划提供基础的科学依据。其任务就是在调查研究区域水土流失特征、防治现状、水土保持经验、区域经济发展对水土保持要求和存在问题的基础上，正确处理好水土保持与生态环境和社会经济发展的关系，提出分区生产发展方向、水土保持任务、防治途径和技术或措施体系部署或安排。

4.2.4　水土保持区划内容

水土保持区划内容主要包括三个方面的内容，一是确定包括自然条件、社会经济条件、水土流失特征等因素组成的划分指标体系；二是明确分级体系和分区方案；三是明确各级区的命名编码规则以及分区描述内容。

4.2.5　水土保持区划的步骤与方法

水土保持区划工作的具体方法、步骤如下。

（1）组织队伍，制订计划。组成区划工作组，制定工作大纲和技术细则，并组织培训技术人员。

（2）收集资料，实地调查。收集与水土保持区划有关的自然、社经、农林牧等各方面的资料和成果，进行归类整编。同时进行实地调查，核实分析。

（3）资料分析，专题研究。对收集到的各种图表、文字资料，要认真地进行分析研究，从中找出区划需要的依据或指标，对关键性问题进行专题研究。

（4）综合归纳，形成成果。集中力量，对各组分析的资料和专题讨论成果进行综合归纳，归纳过程中可结合数值区划方法（如主成分分析、聚类分析、灰色系统理论、模糊数学及数量化理论等）进行。主要是确定各级区划的主要指标、范围、界限，然后绘制区划图表，编写区划报告，征求意见，修改审定，形成成果。

4.2.6　全国水土保持区划概要

（1）区划体系。全国水土保持区划采用三级分区体系。一级区为总体格局区，主要用于确定全国水土保持工作战略部署与水土流失防治方略，反映水土资源保护、开发和合理利用的总体格局，体现水土流失的自然条件（地势—构造和水热条件）及水土流失成因的区内相对一致性和区间最大差异性。二级区为区域协调区，主要用于确定区域水土保持布局，协调跨流域、跨省区的重大区域性规划目标、任务及重点。反映区域特征优势地貌特征、水土流失特点、植被区带分布特征等的区内相对一致性和区间最大差异性。三级区为基本功能区，主要用于确定水土流失防治途径及技术体系，作为重点项目布局与规划的基础。反映区域水土流失及其防治需求的区内相对一致性和区间最大差异性。

（2）区划指标与方法。依据三级分区体系，我国气候、地貌、水土流失特点以及人类活动规律等特征，从自然条件、水土流失、土地利用和社会经济等影响因子或要素中，选定各级划分指标。

在收集已有相关区划及分区成果、上报系统数据以及水土保持情况普查成果的基础上，对数据进行整理复核分析，形成数据库，建立以地理信息系统为基础的全国水土保持区划协作平台。在定性分析的基础上，依托协作平台，运用相关统计分析方法，以县级行政区为分区单元，适当考虑流域边界和省界、历史传统沿革，借鉴相关区划成果，遵循上述区划原则进行区划，并对三级区进行水土保持功能评价，充分征求流域机构和地方部门意见，多次协调，形成区划成果。

（3）区划案例。以2011—2014年开展的全国水土保持区划为例。区划以第一次全国水利普查水土保持情况普查成果作为基础，开展了基础资料收集和调查工作，进行了相关专题研究，制定了全国水土保持区划导则，经过多次协调、讨论和咨询，编制完成全国水土保持区划方案及相关成果。区划提出了区划依据、原则、指标、方法，明确了全国水土保持区划体系，对三级区进行了分区水土保持功能定位，形成了全国水土保持区划成果并随国务院批复的全国水土保持规划印发。全国共划分8个一级区、41个二级区、117个三级区（含港澳台地区）。

1）东北黑土区。东北黑土区，即东北山地丘陵区，包括黑龙江、吉林、辽宁和内蒙古4省（自治区）共244个县（市、区、旗），土地总面积约109万km²，共划分为6个二级区、9个三级区，见表4-2。

表4-2　　　　　　　　　　　　　　　东北黑土区分区方案

一级区代码及名称	二级区代码及名称		三级区代码及名称	
I 东北黑土区 （东北山地丘陵区）	I-1	大小兴安岭山地区	I-1-1hw	大兴安岭山地水源涵养生态维护区
			I-1-2wt	小兴安岭山地丘陵生态维护保土区
	I-2	长白山-完达山山地丘陵区	I-2-1wn	三江平原-兴凯湖生态维护农田防护区
			I-2-2hz	长白山山地水源涵养减灾区
			I-2-3st	长白山山地丘陵水质维护保土区
	I-3	东北漫川漫岗区	I-3-1t	东北漫川漫岗土壤保持区
	I-4	松辽平原风沙区	I-4-1fn	松辽平原防沙农田防护区
	I-5	大兴安岭东南山地丘陵区	I-5-1t	大兴安岭东南低山丘陵土壤保持区
	I-6	呼伦贝尔丘陵平原区	I-6-1fw	呼伦贝尔丘陵平原防沙生态维护区

2）北方风沙区。北方风沙区，即新甘蒙高原盆地区，包括甘肃、内蒙古、河北和新疆4省（自治区）共145个县（市、区、旗），土地总面积约239万km²，共划分为4个二级区，12个三级区，见表4-3。

3）北方土石山区。北方土石山区，即北方山地丘陵区，包括河北、辽宁、山西、河南、山东、江苏、安徽、北京、天津和内蒙古10省（自治区、直辖市）共662个县（市、区、旗），土地总面积约81万km²，共划分为6个二级区，16个三级区，见表4-4。

表4-3 北方风沙区分区方案

一级区代码及名称	二级区代码及名称	三级区代码及名称	
Ⅱ 北方风沙区（新甘蒙高原盆地区）	Ⅱ-1 内蒙古中部高原丘陵区	Ⅱ-1-1tw	锡林郭勒高原保土生态维护区
		Ⅱ-1-2tx	蒙冀丘陵保土蓄水区
		Ⅱ-1-3tx	阴山北麓山地高原保土蓄水区
	Ⅱ-2 河西走廊及阿拉善高原区	Ⅱ-2-1fw	阿拉善高原山地防沙生态维护区
		Ⅱ-2-2nf	河西走廊农田防护防沙区
	Ⅱ-3 北疆山地盆地区	Ⅱ-3-1hw	准噶尔盆地北部水源涵养生态维护区
		Ⅱ-3-2rn	天山北坡人居环境维护农田防护区
		Ⅱ-3-3zx	伊犁河谷减灾蓄水区
		Ⅱ-3-4wf	吐哈盆地生态维护防沙区
	Ⅱ-4 南疆山地盆地区	Ⅱ-4-1nh	塔里木盆地北部农田防护水源涵养区
		Ⅱ-4-2nf	塔里木盆地南部农田防护防沙区
		Ⅱ-4-3nz	塔里木盆地西部农田防护减灾区

表4-4 北方土石山区分区方案

一级区代码及名称	二级区代码及名称	三级区代码及名称	
Ⅲ 北方土石山区（北方山地丘陵区）	Ⅲ-1 辽宁环渤海山地丘陵区	Ⅲ-1-1rn	辽河平原人居环境维护农田防护区
		Ⅲ-1-2tj	辽宁西部丘陵保土拦沙区
		Ⅲ-1-3rz	辽东半岛人居环境维护减灾区
	Ⅲ-2 燕山及辽西山地丘陵区	Ⅲ-2-1tx	辽西山地丘陵保土蓄水区
		Ⅲ-2-2hw	燕山山地丘陵水源涵养生态维护区
	Ⅲ-3 太行山山地丘陵区	Ⅲ-3-1fh	太行山西北部山地丘陵防沙水源涵养区
		Ⅲ-3-2ht	太行山东部山地丘陵水源涵养保土区
		Ⅲ-3-3th	太行山西南部山地丘陵保土水源涵养区
	Ⅲ-4 泰沂及胶东山地丘陵区	Ⅲ-4-1xt	胶东半岛丘陵蓄水保土区
		Ⅲ-4-2t	鲁中南低山丘陵土壤保持区
	Ⅲ-5 华北平原区	Ⅲ-5-1rn	京津冀城市群人居环境维护农田防护区
		Ⅲ-5-2w	津冀鲁渤海湾生态维护区
		Ⅲ-5-3fn	黄泛平原防沙农田防护区
		Ⅲ-5-4nt	淮北平原岗地农田防护保土区
	Ⅲ-6 豫西南山地丘陵区	Ⅲ-6-1tx	豫西黄土丘陵保土蓄水区
		Ⅲ-6-2th	伏牛山山地丘陵保土水源涵养区

4）西北黄土高原区。西北黄土高原区包括山西、陕西、甘肃、青海、内蒙古和宁夏6省（自治区）共271个县（市、区、旗），土地总面积约56万 km²，划分为5个二级区，15个三级区，见表4-5。

5）南方红壤区。南方红壤区，即南方山地丘陵区，包括江苏、安徽、河南、湖北、浙江、江西、湖南、广西、福建、广东、海南、上海、香港、澳门和台湾15省（直辖市、自治区、特别行政区）共888个县（市、区），土地总面积约127.6万km²，划分为9个二级区、32个三级区，见表4-6。

表4-5　　　　　　　　　　　　　　　　西北黄土高原区分区方案

一级区代码及名称	二级区代码及名称		三级区代码及名称	
IV　西北黄土高原区	IV-1	宁蒙覆沙黄土丘陵区	IV-1-1xt	阴山山地丘陵蓄水保土区
			IV-1-2tx	鄂乌高原丘陵保土蓄水区
			IV-1-3fw	宁中北丘陵平原防沙生态维护区
	IV-2	晋陕蒙丘陵沟壑区	IV-2-1jt	呼鄂丘陵沟壑拦沙保土区
			IV-2-2jt	晋西北黄土丘陵沟壑拦沙保土区
			IV-2-3jt	陕北黄土丘陵沟壑拦沙保土
			IV-2-4jf	陕北盖沙丘陵沟壑拦沙防沙区
			IV-2-5jt	延安中部丘陵沟壑拦沙保土区
	IV-3	汾渭及晋城丘陵阶地区	IV-3-1tx	汾河中游丘陵沟壑保土蓄水区
			IV-3-2tx	晋南丘陵阶地保土蓄水区
			IV-3-3tx	秦岭北麓-渭河中低山阶地保土蓄水区
	IV-4	晋陕甘高塬沟壑区	IV-4-1tx	晋陕甘高塬沟壑保土蓄水区
	IV-5	甘宁青山地丘陵沟壑区	IV-5-1xt	宁南陇东丘陵沟壑蓄水保土区
			IV-5-2xt	陇中丘陵沟壑蓄水保土区
			IV-5-3xt	青东甘南丘陵沟壑蓄水保土区

表4-6　　　　　　　　　　　　　　　　南方红壤区分区方案

一级区代码及名称	二级区代码及名称		三级区代码及名称	
V　南方红壤区（南方山地丘陵区）	V-1	江淮丘陵及下游平原区	V-1-1ns	江淮下游平原农田防护水质维护区
			V-1-2nt	江淮丘陵岗地农田防护保土区
			V-1-3rs	浙沪平原人居环境维护水质维护区
			V-1-4sr	太湖丘陵平原水质维护人居环境维护区
			V-1-5nr	沿江丘陵岗地农田防护人居环境维护区
	V-2	大别山-桐柏山山地丘陵区	V-2-1ht	桐柏大别山山地丘陵水源涵养保土区
			V-2-2tn	南阳盆地及大洪山丘陵保土农田防护区
	V-3	长江中游丘陵平原区	V-3-1nr	江汉平原及周边丘陵农田防护人居环境维护区
			V-3-2ns	洞庭湖丘陵平原农田防护水质维护区
	V-4	江南山地丘陵区	V-4-1ws	浙皖低山丘陵生态维护水质维护区
			V-4-2rt	浙赣低山丘陵人居环境维护保土区
			V-4-3ns	鄱阳湖丘岗平原农田防护水质维护区
			V-4-4tw	幕阜山九岭山山地丘陵保土生态维护区
			V-4-5t	赣中低山丘陵土壤保持区

续表

一级区代码及名称		二级区代码及名称		三级区代码及名称	
V	南方红壤区（南方山地丘陵区）	V-4	江南山地丘陵区	V-4-6tr	湘中低山丘陵保土人居环境维护区
				V-4-7tw	湘西南山地保土生态维护区
				V-4-8t	赣南山地土壤保持区
		V-5	浙闽山地丘陵区	V-5-1sr	浙东低山岛屿水质维护人居环境维护区
				V-5-2tw	浙西南山地保土生态维护区
				V-5-3ts	闽东北山地保土水质维护区
				V-5-4wz	闽西北山地丘陵生态维护减灾区
				V-5-5rs	闽东南沿海丘陵平原人居环境维护水质维护区
				V-5-6tw	闽西南山地丘陵保土生态维护区
		V-6	南岭山地丘陵区	V-6-1ht	南岭山地水源涵养保土区
				V-6-2th	岭南山地丘陵保土水源涵养区
				V-6-3t	桂中低山丘陵土壤保持区
		V-7	华南沿海丘陵台地区	V-7-1r	华南沿海丘陵台地人居环境维护区
		V-8	海南及南海诸岛丘陵台地区	V-8-1r	海南沿海丘陵台地人居环境维护区
				V-8-2h	琼中山地水源涵养区
				V-8-3w	南海诸岛生态维护区
		V-9	台湾山地丘陵区	V-9-1zr	台西山地平原减灾人居环境维护区
				V-9-2zw	花东山地减灾生态维护区

6）西南紫色土区。西南紫色土区，即四川盆地及周围山地丘陵区，包括四川、甘肃、河南、湖北、陕西、湖南和重庆7省（直辖市）共254个县（市、区），土地总面积约51万 km²，划分为3个二级区、10个三级区，见表4-7。

表4-7　　　　　　　　　　西南紫色土区分区方案

一级区代码及名称		二级区代码及名称		三级区代码及名称	
VI	西南紫色土区（四川盆地及周围山地丘陵区）	VI-1	秦巴山山地区	VI-1-1st	丹江口水库周边山地丘陵水质维护保土区
				VI-1-2ht	秦岭南麓水源涵养保土区
				VI-1-3tz	陇南山地保土减灾区
				VI-1-4tw	大巴山山地保土生态维护区
		VI-2	武陵山山地丘陵区	VI-2-1ht	鄂渝山地水源涵养保土区
				VI-2-2ht	湘西北山地低山丘陵水源涵养保土区
		VI-3	川渝山地丘陵区	VI-3-1tr	川渝平行岭谷山地保土人居环境维护区
				VI-3-2tr	四川盆地北中部山地丘陵保土人居环境维护区
				VI-3-3zw	龙门山峨眉山山地减灾生态维护区
				VI-3-4t	四川盆地南部中低丘土壤保持区

7）西南岩溶区。西南岩溶区，即云贵高原区，包括四川、贵州、云南和广西4省（自治区）共273个县（市、区），土地总面积约70万km²，划分为3个二级区，11个三级区，见表4-8。

表4-8 西南岩溶区分区方案

一级区代码及名称	二级区代码及名称		三级区代码及名称	
Ⅶ 西南岩溶区（云贵高原区）	Ⅶ-1	滇黔桂山地丘陵区	Ⅶ-1-1t	黔中山地土壤保持区
			Ⅶ-1-2tx	滇黔川高原山地保土蓄水区
			Ⅶ-1-3h	黔桂山地水源涵养区
			Ⅶ-1-4xt	滇黔桂峰丛洼地蓄水保土区
	Ⅶ-2	滇北及川西南高山峡谷区	Ⅶ-2-1tz	川西南高山峡谷保土减灾区
			Ⅶ-2-2xj	滇北中低山蓄水拦沙区
			Ⅶ-2-3w	滇西北中高山生态维护区
			Ⅶ-2-4tr	滇东高原保土人居环境维护区
	Ⅶ-3	滇西南山地区	Ⅶ-3-1w	滇西中低山宽谷生态维护区
			Ⅶ-3-2tz	滇西南中低山保土减灾区
			Ⅶ-3-3w	滇南中低山宽谷生态维护区

8）青藏高原区。青藏高原区包括西藏、甘肃、青海、四川和云南5省（自治区）共144个县（市、区），土地总面积约219万km²，划分为5个二级区、12个三级区，见表4-9。

表4-9 青藏高原区分区方案

一级区代码及名称	二级区代码及名称		三级区代码及名称	
Ⅷ 青藏高原区	Ⅷ-1	柴达木盆地及昆仑山北麓高原区	Ⅷ-1-1ht	祁连山山地水源涵养保土区
			Ⅷ-1-2wt	青海湖高原山地生态维护保土区
			Ⅷ-1-3nf	柴达木盆地农田防护防沙区
	Ⅷ-2	若尔盖-江河源高原山地区	Ⅷ-2-1wh	若尔盖高原生态维护水源涵养区
			Ⅷ-2-2wh	三江黄河源山地生态维护水源涵养区
	Ⅷ-3	羌塘-藏西南高原区	Ⅷ-3-1w	羌塘藏北高原生态维护区
			Ⅷ-3-2wf	藏西南高原山地生态维护防沙区
	Ⅷ-4	藏东-川西高山峡谷区	Ⅷ-4-1wh	川西高原高山峡谷生态维护水源涵养区
			Ⅷ-4-2wh	藏东高山峡谷生态维护水源涵养区
	Ⅷ-5	雅鲁藏布河谷及藏南山地区	Ⅷ-5-1w	藏东南高山峡谷生态维护区
			Ⅷ-5-2n	西藏高原中部高山河谷农田防护区
			Ⅷ-5-3w	藏南高原山地生态维护区

4.2.7 水土流失重点预防区和重点治理区

根据水土保持法第十条"水土保持规划应当在水土流失调查结果及水土流失重点预防区和重点治理区划定的基础上，遵循统筹协调、分类指导的原则编制"，以及第十二条

"县级以上人民政府应当依据水土流失调查结果划定并公告水土流失重点预防区和重点治理区"规定，规划需要在水土流失重点预防区和重点治理区划分的基础上开展。

4.2.7.1 划分原则

（1）统筹考虑水土流失现状和防治需求。国家级重点防治区以水土流失调查为基础，立足于技术经济的合理性和可行性，与国家和区域水土流失防治需求相协调，统筹考虑水土流失潜在危险性、严重性进行划分。

（2）与已有成果和规划相协调。国家级重点防治区划分要充分继承原"三区"划分成果，借鉴全国主体功能区规划等成果，与已批复实施水土保持综合和专项规划相协调，保持水土流失重点防治工作的延续性。

（3）集中连片。为便于水土保持管理，发挥水土流失防治整体效果，国家级重点防治区划分应集中连片，并具有相应规模。

（4）定性分析与定量分析相结合。国家级重点防治区划分应采取定性分析与定量分析相结合的方法。

4.2.7.2 划分级别及要求

水土流失重点防治区按照行政区域级别，分为国家级、省级、市级、县级四级。重点预防区和重点治理区相互不得交叉。国家级重点防治区以县级行政区为单元。

4.2.7.3 划分指标

（1）水土流失重点预防区划分条件和指标。国家级水土流失重点预防区主要指水土流失相对轻微，现状植被覆盖较好，是国家、省（自治区、直辖市）或区域重要的生态屏障和生态功能区；存在水土流失风险，一旦破坏难以恢复和治理的区域；人为扰动和破坏植被、沙结壳等地表覆盖物后，造成水土流失危害较大的区域；以及国家或区域重要的大江大河源区、饮用水源区等特定的生态功能区。

国家级水土流失重点预防区一般涉及水源涵养、水质维护、生态维护、防灾减灾等水土保持功能，主要划分指标包括土壤侵蚀强度、森林覆盖率、人口密度等。

（2）水土流失重点治理区划分条件和指标。国家级水土流失重点治理区主要指水土流失严重，对大江大河干流和重要支流、重要湖库淤积影响较大的区域。水土流失严重威胁土地资源，造成土地生产力下降，直接影响农业生产和农村生活，急需开展抢救性、保护性治理的区域。涉及革命老区、边疆地区、贫困人口集中地区、少数民族聚居区等特定区域。

国家级水土流失重点治理区一般指治理需求迫切，预期治理成效明显，水土流失治理程度较低的区域。主要划分指标包括土壤侵蚀强度、水土流失面积比、中度以上水土流失面积比、坡耕地面积比等。

4.2.7.4 划分方法

根据水土流失重点预防区和重点治理区划分条件，结合国家主体功能区规划、相关水土保持规划等，以县级行政区为单元，收集自然环境、水土流失、土地利用、人口、经济社会发展等资料和数据。以全国水土保持规划协作平台为基础，以集中连片面积不小于1万 km² 为控制指标，按照各县所在区划一级区划分标准，确定国家重点防治涉及的县（区、市、旗）名单。重点预防的面积根据区域需重点预防的森林、草地或特殊区域的面积，结合地形地貌条件，论证确定。重点治理的面积根据水土流失分布情况，结合土地利用方式，论证确定。

4.2.7.5 国家级水土流失重点防治区

根据水土保持法第十二条规定，结合国家重点生态功能区及范围、水土流失分布及防治现状，以 2006 年水利部《关于划分国家级水土流失重点防治区的公告》为基础，在国务院批复的《全国水土保持规划（2015—2030 年）》中，共划分大小兴安岭等 23 个国家级水土流失重点预防区，涉及 460 个县级行政单位，重点预防面积 43.92 万 km²，约占国土面积的 4.6%；东北漫川漫岗等 17 个国家级水土流失重点治理区，涉及 631 个县级行政单位，重点治理面积 49.44 万 km²，约占水土流失面积的 16.8%。

4.3 水土保持规划的基础

4.3.1 基本资料

基本资料是水土保持区划和规划的基础，主要通过资料收集、实地调查、遥感调查等获取。典型小流域或片区调查可参照水土保持工程调查与勘测有关规范执行。规划基准年资料是预测和评价近、远期水土保持需求分析的基础，一般选用规划编制期内较完整又具有代表性的某一年份，即规划基准年的资料。规划基准年的资料不符合要求时，应采取延长插补、统计分析、专家判断等方法进行修正。

国家、流域规划和省级水土保持综合规划的基本资料更偏重于宏观，规划区内基本资料要能反映出地形地貌、水土流失、社会经济等地域分布特点，能够满足评价现状，分析判断发展形势即可。市、县级水土保持综合规划基本资料要准确反映出地形地貌、水土流失、土地利用、社会经济等的空间分布特征。专项规划所需的基本资料应能满足专项工作或者特定区域预防和治理水土流失的专项部署要求。

4.3.1.1 自然条件

（1）地理位置，特别是经纬度代表规划区域在地球的空间位置及所处的气候带。

（2）地质，地质对水土流失的影响主要反映在地质构造背景、地层结构和地质构造方面。规划中地质资料应包括能反映规划区特点的地面组成物质及岩性、地质构造等。

（3）地貌，地貌因素对水土流失影响的强弱，主要是受坡度、坡长、地表破碎程度等控制。规划中地貌资料应包括地貌类型、面积及分布等。

（4）气象，气候因素对水土流失形成主要外营力，其影响是多方面的，以降水对水蚀的影响、风对风蚀的影响、温度对冻融侵蚀的影响最为突出。各种气候因素之间相互作用，主要是水热变化对土壤、植被的形成与分布影响深远。规划中气象资料要素主要包括多年平均降水量、最大年降水量、最小年降水量、降水年内分布、年暴雨天数，多年平均蒸发量，年平均气温、大于等于 10℃ 的年活动积温、极端最高气温、极端最低气温，年均日照时数，无霜期，最大冻土深度；风蚀地区还包括年平均风速、最大风速、大于起沙风速的日数、大风日数、主害风风向等；沿海地区还应有台风相关的气象资料。

（5）土壤，土壤性状、类型、空间分布规律和构成对水土流失强度及其土地利用方式具有显著的影响。规划中土壤资料应包括能反映规划区土壤类型及其分布、土壤厚度、土壤质地、土壤养分含量等有关土壤特征的土壤普查资料、土壤类型分布图等。

（6）植被与作物，植被包括林木、草本、灌木、果树、特用植物等，植被分析内容包括植物地带性分布（植物区系）、人工植被和天然植被的面积、森林覆盖率、林草覆盖率或植被覆盖率、植被覆盖度、植物群落结构及生长情况、城镇绿化情况等。

（7）水资源，规划中主要说明规划区所属流域、水系，地表径流量，年径流系数，年内分布情况，含沙量，输沙量等水文泥沙情况。

（8）其他，其他条件如：灾害性气候如霜冻、冰雹、干热风与植物和作物生长有关；矿藏资源、水能资源、旅游资源等的分布、储量以及开发条件等，对区域城镇、工矿企业等建设和开发过程水土流失产生的影响，以便提出相应的预防监督措施。

4.3.1.2　社会经济条件

区划与规划应对区域范围内的社会经济条件进行深入分析，既要考虑当前，又要着眼未来；一个项目只有在技术和经济上均具备条件的情况下，才能得以实现。社会经济条件分析包括人口和劳动力分析、土地利用结构、经济结构（经济收入与产业结构等）、物质技术条件分析、政策因素分析等。

4.3.1.3　土地利用现状

规划中土地利用资料应包括土地总面积、利用类型、分布以及土地利用总体规划等，重点了解与土地利用水土保持评价相关的坡耕地、"四荒"地、疏幼林地、工矿等用地的分布和面积，以及与规划级别一致的土地利用规划。

4.3.1.4　水土流失及其防治情况

水土流失及其防治情况分析包括水土流失现状、水土保持现状。

（1）水土流失现状。水土流失现状资料应包括区域不同时期及最新的水土流失普查资料，具体包括水土流失类型、面积、强度、分布、危害、侵蚀沟道的数量等，以及相关图件。影响水土流失其他主要因素的相关资料包括水蚀地区的降雨侵蚀力、主要土壤可蚀性、地形因子、生物因子、耕作因子等；风蚀地区的年起沙风速的天数及分布，地面粗糙度、植被盖度和地下水位变化等。

重点是主要水土流失类型发生发展的原因和危害。水土流失与自然、社会两大因素有很大关系，在一些区域内，人类活动是加速水土流失的主要原因，而在另一些区域则与人类活动甚少相关。因此应分不同区域有针对性地进行分析。

（2）水土保持现状。水土保持现状是进行现状评价和存在问题分析的基础，收集的资料主要包括机构建设、配套法规及制度，区域涉及的各级水土流失重点预防区和重点治理区划分成果，已实施的水土保持重点项目及其主要措施类型、分布、面积或数量、防治效果、经验及教训，科技推广情况，以及水土保持监测、监督管理等工作开展情况。

4.4　水土保持规划的方法与主要内容

4.4.1　综合规划

国家、流域和省级水土保持综合规划的规划期宜为 10～20 年；县级水土保持综合规划不宜超过 10 年，编制内容主要包括现状调查和专题研究、现状评价与需求分析、总体布局、规划方案、重点项目安排与实施效果、实施保障措施等。

4.4.1.1 现状评价与需求分析

（1）水土保持现状评价。现状评价包括区域的土地利用和土地适宜性评价、水土流失消长评价、水土保持现状评价、水资源丰缺程度评价、饮用水水源地面源污染评价、生态状况评价、水土保持监测与监督管理评价等。修编规划还应进行现行规划实施回顾评价。

在现状评价的基础上，进行归纳总结，提出在水土流失防治方面需解决的主要问题及意见。现状评价是确定建设规模、实施项目区域、重点投资区域等的重要依据。

（2）水土保持需求分析。需求分析是指在现状评价和经济社会发展预测的基础上，结合土地利用规划、水资源规划、林业发展规划、农牧业发展规划等，以维护和提高水土保持主导基础功能为目的，从促进农村经济发展与农民增收、保护生态安全与改善人居环境、利于江河治理和防洪安全、涵养水源和维护饮水安全，以及提升社会服务能力等角度进行分析。

4.4.1.2 规划的原则、目标、任务与规模确定

（1）规划原则。水土保持规划编制应按照规划指导思想，遵循统筹协调、分类指导、突出重点、广泛参与的原则。

（2）规划目标及任务。规划目标应分不同规划水平年拟定，并根据规划工作要求与规划期内的实际需求分析确定，近期以定量为主，远期以定性为主。

根据规划区特点，从经济社会长远发展需要出发确定规划任务，主要包括防治水土流失和改善生态与人居环境，促进水土资源合理利用和改善农业生产基础条件以及发展农业生产，减轻水、旱、风沙灾害，保障经济社会可持续发展等方面。任务因某一时期某一地区水土流失防治的需求和经济社会发展状况不同而异。

（3）规划规模。规模主要指水土流失综合防治面积，包括综合治理面积和预防保护面积。应根据规划目标和任务，结合现状评价和需求分析、资金投入分析等，按照规划水平年分近、远期拟定。

4.4.1.3 规划总体布局

总体布局包括区域布局和重点布局两部分。

（1）区域布局。区域布局应根据水土保持区划，分区提出水土流失现状及存在的主要问题；统筹考虑相关行业的水土保持工作，拟定分区水土流失防治方向、战略和基本工作要求。区域布局是根据因地制宜、分区防治的方针而作出全面的水土保持总体安排。

（2）重点布局。重点布局是指在规划区内根据当前和今后（规划期）经济社会发展和水土保持需求，根据水土流失重点预防区和水土流失重点治理区，结合规划现实需求布局重点建设内容与项目的安排。

4.4.1.4 规划主要内容

（1）预防。预防规划主要是明确规划区内预防范围、保护对象、项目布局或重点工程布局、措施体系及配置等内容。

（2）治理。治理规划应根据规划总体布局，在水土流失重点治理区的基础上，确定规划区内治理范围、对象、项目布局或重点工程布局、措施体系及配置等内容。

（3）监测与综合监管。主要内容分别如下。

1）监测。监测规划应在监测现状评价和需求分析的基础上，围绕规划目标和监测任务，提出监测站网布局和监测项目安排，明确监测内容和方法。

2）综合监管。综合监管规划主要包括水土保持监督管理、科技支撑及基础设施与管理能力建设等。

4.4.1.5 实施进度安排及投资匡（估）算

（1）实施进度安排。主要说明实施进度安排的原则，提出近远期规划水平年实施进度安排的意见。按轻重缓急原则，对近远期规划实施安排进行排序，在分析可能投入情况下，合理确定近期预防、治理等的规模和分布。

（2）投资匡（估）算。综合规划宜按综合指标法进行投资匡（估）算。全国及省级、大型流域的水土保持综合规划一般进行投资匡算。市、县级及中小型流域的水土保持综合规划根据要求可进行投资匡算。投资匡算编制的综合指标法可类比同地区同类项目，分区测算单位面积治理投资。

4.4.1.6 实施效果分析与保障措施

（1）实施效果分析。实施效果分析包括调水保土、经济、社会和生态效果以及社会管理与公共服务能力提升，分析方法应遵循定性与定量相结合的原则。

（2）实施保障措施。实施保障措施包括法律法规保障、政策保障、组织管理保障、投入保障、科技保障等内容。

4.4.2 专项规划

专项规划包括专项工程规划和专项工作规划。本部分内容主要针对专项工程（含特定区域）规划进行阐述，专项工作规划由于涉及相关行业的要求，应根据有关规定与要求另行编写。

4.4.2.1 依据和范围

以水土保持综合规划为依据，明确专项规划的范围，确定规划目标和任务，提出规划方案和实施建议。规划范围应根据编制任务以及工作基础、工程建设条件等分析确定，规划期宜为 5～10 年。

4.4.2.2 主要内容

规划主要内容包括根据专项规划编制的任务与要求，开展相应深度的现状调查和勘查，并进行必要的专题研究；分析并阐明开展专项规划的必要性；有针对性地进行现状评价与需求分析，确定规划目标、任务；专项工程规划还需要论证工程规模；提出规划方案，以水土保持区划为基础，提出总体布局；提出规划实施意见和进度安排，匡（估）算投资，进行效益分析或经济评价，拟定实施保障措施。

（1）目标、任务和规模。专项规划应按照现状评价和需求分析，结合投入可能，拟定规划目标、任务，并确定建设规模。

（2）规划方案。根据规划目标、任务和规模，结合现状评价和需求分析，遵循整体部署，按照水土保持区划以及各级人民政府划定并公告的水土流失重点预防区和水土流失重点治理区，进行规划区预防和治理水土流失、保护和合理利用水土资源的专项部署。

（3）近期重点建设内容和投资估算。专项规划在规划方案总体布局的基础上，根据水土保持近期工作需要的迫切性，提出近期重点建设内容安排。通过不同地区典型小流域或工程调查，测算单项措施投资指标，进行投资匡算，必要时可对资金筹措做出安排。专项规划应在效益分析的基础上进行国民经济评价。

4.5　典　型　案　例

4.5.1　案例一：《全国水土保持规划》

4.5.1.1　编制背景和过程

随着我国经济快速发展，资源约束趋紧、环境污染严重、生态系统退化的现象十分严峻，面对生态问题日益突出的严峻形势，十八大把生态文明建设提到与经济建设、政治建设、文化建设、社会建设并列的位置，形成了中国特色社会主义五位一体的总体布局。党中央、国务院对大力推进生态文明建设做出了一系列部署，要求必须树立尊重自然、顺应自然、保护自然的生态文明理念，把生态文明建设放在突出地位，并将荒漠化、石漠化、水土流失综合治理作为建设生态文明的重要内容。

水土保持作为我国生态文明建设的重要组成部分，是江河治理的重要举措，是山丘区小康社会建设和新农村建设的基础工程。但是，目前我国水土保持工作与生态文明建设、全面建设小康社会、全面深化改革、全面推进依法治国，以及城镇化、信息化、农业现代化和绿色化等一系列的新要求还不相适应，与广大人民群众对提高生态环境质量的新期待还有一定差距。今后十五年是防治水土流失、保护和合理利用水土资源的关键时期，有必要在国家层面制定统一的水土保持规划，以确保为维护良好生态、促进江河治理、保障饮水安全、改善人居环境、推动经济社会发展提供必要支撑和保障。

2010 年 12 月，水利部批复《规划项目任务书》，完成了规划编制的前期准备工作。2011 年 3 月，水利部会同发展改革委、财政部、国土资源部、环境保护部、农业部、林业局等部门成立了规划编制工作领导小组。5 月，正式启动规划编制工作，并成立了中科院、工程院院士以及有关方面专家参加的规划技术咨询专家组。

规划编制技术总负责单位为水利部水利水电规划设计总院，长江、黄河等七大流域机构承担相应工作，水利部水土保持监测中心、北京林业大学等十家科研院所及大专院校协作，各省（自治区、直辖市）水利（务）厅（局）参与。

规划编制工作历时 4 年，分为区划、规划和审查报批 3 个阶段。先后召开了四次领导小组会议，专门听取阶段成果汇报，解决规划编制中的重大关键问题。开展了多项专题规划，经过深入调查研究、反复论证咨询、专家组严格把关，2014 年 5 月，规划报告通过水利部组织的专家审查，并在广泛征求吸纳中央和国务院相关部门和公众意见后，最终形成规划成果报请国务院批复。

4.5.1.2　主要内容

（1）指导思想与编制原则。指导思想是深入贯彻党的十八大和十八届二中、三中、四中全会精神，认真落实党中央、国务院关于生态文明建设的决策部署，树立尊重自然、顺应自然、保护自然的理念，坚持预防为主、保护优先，全面规划、因地制宜，注重自然恢复，突出综合治理，强化监督管理，创新体制机制，充分发挥水土保持的生态、经济和社会效益，实现水土资源可持续利用，为保护和改善生态环境、加快生态文明建设、推动经济社会持续健康发展提供重要支撑。编制原则是指，一是坚持以人为本，人与自然和谐相处。二是坚持整体部署，统筹兼顾。三是坚持分区防治，合理布局。四是坚持突出重点，分步实施。五是坚持制度创新，加强监管。六是坚持科技支撑，注重效益。

（2）目标与任务。《全国水土保持规划》确定近期到2020年，基本建成与我国经济社会发展相适应的水土流失综合防治体系，基本实现预防保护，重点防治地区的水土流失得到有效治理，生态进一步趋向好转。全国新增水土流失治理面积32万 km²，其中新增水蚀治理面积29万 km²，风蚀面积逐步减少，水土流失面积和侵蚀强度有所下降，人为水土流失得到有效控制；林草植被得到有效保护与恢复；年均减少土壤流失量8亿 t，输入江河湖库的泥沙有效减少。

远期到2030年，建成与我国经济社会发展相适应的水土流失综合防治体系，实现全面预防保护，重点防治地区的水土流失得到全面治理，生态实现良性循环。全国新增水土流失治理面积94万 km²，其中新增水蚀治理面积86万 km²，中度及以上侵蚀面积大幅减少，风蚀面积有效削减，人为水土流失得到全面防治；林草植被得到全面保护与恢复；年均减少土壤流失量15亿 t，输入江河湖库的泥沙大幅减少。

（3）水土保持总体方略与布局。按照《全国水土保持规划》目标，以水土保持区划为基础，综合分析水土流失防治现状和趋势、水土保持功能的维护和提高的需求，提出包括预防、治理和综合监管三个方面的全国水土保持总体方略。

综合协调天然林保护、退耕还林还草、草原保护建设、保护性耕作推广、土地整治、城镇建设、城乡统筹发展等水土保持相关内容，按8个一级区凝练提出水土保持区域布局。

（4）重点防治项目。以国家级"两区"为基础，以最急需保护、最需要治理的区域为重点，拟定了一批重点预防和重点治理项目。

一是重点预防项目。遵循"大预防、小治理""集中连片、以重点预防区为主兼顾其他"的原则，规划3个重点预防项目：重要江河源头区水土保持项目，共涉及长江、黄河等32条江河的源头区；重要水源地水土保持项目，共涉及丹江口库区、密云水库等87个重要水源地；水蚀风蚀交错区水土保持项目，范围覆盖北方农牧交错区和黄泛平原风沙区。

二是重点治理项目。以国家级水土流失重点治理区为主要范围，统筹正在实施的水土保持等生态重点工程，考虑老少边穷地区等治理需求迫切、集中连片、水土流失治理程度较低的区域，确定4个重点项目：以小流域为单元，开展重点区域水土流失综合治理项目；在坡耕地分布相对集中、流失严重的地区开展坡耕地水土流失综合治理项目；在东北黑土区、西北黄土高原区、南方红壤区选取侵蚀沟和崩岗分布相对密集的区域，开展侵蚀沟综合治理项目；为更好发挥示范带动作用，选取具有典型代表性、治理基础好、示范效应强、辐射范围大的区域，规划建设一批水土流失综合治理示范区。

（5）综合监管。《全国水土保持规划》贯彻落实水土保持法规定，提出了综合监管建设内容和重点，主要包括三个方面：

一是明确了水土保持监管的主要内容，依法构建了水土保持政策与制度框架，确定了规划管理、工程建设管理、生产建设项目监督管理、监测评价等一系列重点制度建设内容。

二是明确了动态监测任务和要求，确定了水土保持普查、水土流失动态监测与公告、重要支流水土保持监测、生产建设项目集中区水土保持监测等重点项目。

三是细化了水土保持监管能力建设，确定了监管、监测、科技支撑、社会服务、宣传教育、信息化等方面的能力建设内容和要求。

（6）实施保障措施。《全国水土保持规划》要求各级政府将水土保持纳入本级国民经济和社会发展规划，并从加强组织领导、健全法规体系、加大投入力度、创新体制机制、依靠科技进步、强化宣传教育六个方面，提出了规划实施的保障措施。

4.5.2 案例二：省级水土保持规划

以《浙江省水土保持规划》为例。

（1）《浙江省水土保持规划》规划期限为 2015—2030 年。近期规划水平年为 2020 年，远期规划水平年为 2030 年。

（2）水土流失及水土保持情况。水土流失情况：浙江省水土流失的类型主要是水力侵蚀，2014 年全省水土流失面积 9279.70km²，占总土地面积的 8.9%，其中轻度流失面积 2843.26km²，中度流失面积 4321.22km²，强烈流失面积 1255.45km²，极强烈流失面积 692.51km²，剧烈流失面积 167.26km²。

水土保持成效：人为活动产生的新的水土流失得到初步遏制，水土流失面积明显减少，自 2000 年以来水土流失面积占总土地面积的比例下降了 6.5%，土壤侵蚀强度显著降低，治理区生产生活条件改善，林草植被覆盖度逐步增加，生态环境明显趋好，蓄水保土能力不断提高，减沙拦沙效果日趋明显，水源涵养能力日益增强，水源地保护初显成效。

面临的问题：水土流失综合治理的任务仍然艰巨；水土保持投入机制有待完善；局部人为水土流失依然突出；综合监管亟待加强；公众水土保持意识尚需进一步提高。

（3）水土保持区划。浙江省在全国水土保持区划的一级区为南方红壤区（Ⅴ区），涉及江淮丘陵及下游平原区（Ⅴ-3）、江南山地丘陵区（Ⅴ-4）和浙闽山地丘陵区（Ⅴ-6）等 3 个二级区，以及浙沪平原人居环境维护水质维护区（Ⅴ-3-1rs）、浙皖低山丘陵生态水质维护区（Ⅴ-4-7ws）、浙赣低山丘陵人居环境维护保土区（Ⅴ-4-8rt）、浙东低山岛屿水质维护人居环境维护区（Ⅴ-6-1sr）、浙西南山地丘陵保土生态维护区（Ⅴ-6-2tw）共 5 个三级区。其中浙沪平原人居环境维护水质维护区为平原区，需要确定容易发生水土流失的其他区域，其他 4 个三级区均为山区丘陵区。

（4）目标、任务与布局。总体目标：到 2030 年，基本建成与浙江省经济社会发展相适应的分区水土流失综合防治体系。全省水土流失面积占总土地面积的比例下降到 5% 以下，中度及以上侵蚀面积削减 25%，水土流失面积和强度控制在适当范围内，人为水土流失得到全面控制，全省所有县（区、市）水土流失面积占国土面积均在 15% 以下；森林覆盖率达到 61％以上，林草植被覆盖状况得到明显改善。

近期目标：到 2020 年，初步建成与浙江省经济社会发展相适应的分区水土流失综合防治体系，重点防治地区生态趋向好转。全省水土流失面积占总土地面积的比例下降到 7％以下，中度及以上侵蚀面积削减 15％，水土流失面积和强度有所下降，人为水土流失得到有效控制，全省所有县（区、市）水土流失面积占国土面积均在 20％以下；森林覆盖率达到 61％，林草植被覆盖状况得到有效改善。

主要任务：加强预防保护，保护林草植被和治理成果，提高林草覆盖度和水源涵养能力，维护供水安全；统筹各方力量，以水土流失重点治理区为重点，以小流域为单元，实施水土流失综合治理，近期新增水土流失治理面积 2600km²，远期新增水土流失治理面积 4600km²；建立健全水土保持监测体系，创新体制机制，强化科技支撑，建立健全综合监管体系，提升综合监管能力。

总体布局："一岛两岸三片四带"。

"一岛"，是做好舟山群岛等海岛的生态维护，人居环境维护。

"两岸"，是强化杭州湾两岸城市水土保持和重点建设区域的监督管理工作。

"三片"，是指衢江中上游片、飞云江和鳌江中上游片、曹娥江源头区片的水土流失综合治理与水质维护。

"四带"，是千岛湖—天目山生态维护水质维护预防带、四明山—天台山水质维护水源涵养预防带、仙霞岭水源涵养生态维护预防带、洞宫山保土生态维护预防带。

划分水土流失重点预防区和重点治理区，淳安县、建德市属新安江国家级水土流失重点预防区，确定预防保护范围面积为 3340km²。全省共划定 8 个省级水土流失重点预防区，涉及 53 个县（市、区），重点预防区面积为 33136km²。划定 3 个省级水土流失重点治理区，涉及 16 个县（市、区），重点治理区面积为 2483km²。

（5）预防保护。预防对象：保护现有的天然林、郁闭度高的人工林、覆盖度高的草地等林草植被和水土保持设施及其他治理成果。恢复和提高林草植被覆盖度低且存在水土流失的区域的林草植被覆盖度。预防开办涉及土石方开挖、填筑或者堆放、排弃等生产建设活动造成的新的水土流失。预防垦造耕地、经济林种植、林木采伐及其他农业生产活动过程中的水土流失。

措施体系：包括禁止准入、规范管理、生态修复及辅助治理等措施。

措施配置：按水土保持主导基础功能合理配置措施。

（6）综合治理。治理范围：适宜治理范围包括影响农林业生产和人类居住环境的水土流失区域，以及直接影响人类居住及生产安全的可治理的山洪和泥石流地质灾害易发的区域，但不包括裸岩等不适宜治理的区域。

治理对象：包括存在水土流失的园地经济林地、坡耕地、残次林地、荒山、侵蚀沟道、裸露土地等。

措施体系：包括工程措施、林草措施和耕作措施。

措施配置：以小流域为单元，以园地经济林地水土流失治理和坡耕地、溪沟整治为重点，坡沟兼治。

（7）监测。优化监测站网布设，构建全省水土保持基础信息平台，建成全省监测预报、生态建设、预防监督和社会服务等信息系统，实现省、市、县三级信息服务和资源共享。开展水土流失调查、水土流失重点预防区和重点治理区动态监测、水土保持生态建设项目和生产建设项目集中区监测，完善全省水土保持数据库和水土保持综合应用平台等建设，定期发布水土流失及防治情况公告。

（8）综合监管。相关内容如下。

1）监督管理：加强水土保持相关规划、水土流失预防工作、水土流失治理情况、水土保持监测和监督检查的监管，完善相关制度。

2）机制完善：重点是建立健全组织领导与协调机制，加强基层监管机构和队伍建设，完善技术服务体系监管制度。

3）重点制度建设：水土保持相关规划管理制度、水土保持目标责任制和考核奖惩制度、水土流失重点防治区管理制度、生产建设项目水土保持监督管理制度、水土保持生态补偿制度、水土保持监测评价制度建设、水土保持重点工程建设管理制度等。

4）监管能力建设：明确各级监管机构管辖范围内的监管任务，规范行政许可及其他各项监督管理工作；开展水土保持监督执法人员定期培训与考核，出台水土保持监督执法装备配置标准，逐步配备完善各级水土保持监督执法队伍，建立水土保持监督管理信息化平台，做好政务公开。

5）社会服务能力建设：完善各类社会服务机构的资质管理制度，建立咨询设计质量和诚信评价体系，加强从业人员技术与知识更新培训，强化社会服务机构的技术交流。

6）宣传教育能力建设：加强水土保持宣传机构、人才培养与教育建设，完善宣传平台建设，完善宣传顶层设计，强化日常业务宣传。

7）科技支撑及推广：加强基础理论和关键技术研究，重点推广新技术、新材料，提升安吉县水土保持科技示范园建设水平，规划建设钱塘江等源头区、城区或城郊区等水土保持科技示范园区。

8）信息化建设：依托浙江省水利行业信息网络资源，在优先采用已建信息化标准的基础上，建立浙江省水土保持信息化体系，形成较完善的水土保持信息化基础平台，实现信息资源的充分共享和开发利用。

（9）近期工程安排。近期主要安排重要江河源区水土保持、重要水源地水土保持、海岛区水土保持、重点片区水土流失综合治理、城市水土保持、水土保持监测网络建设项目等。

4.5.3　案例三：专项规划

4.5.3.1　以《坡耕地综合治理规划》为例

（1）规划范围：涵盖我国所有坡耕地涉及的县（市、区）。根据国土资源部公布的土地详查资料，全国共有3.59亿亩坡耕地，分布在30个省（自治区、直辖市）的2187个县（市、区、旗）。

（2）坡耕地分布、水土流失及治理状况。全国现有坡耕地坡度主要分布在5°～25°，共有3.12亿亩，占坡耕地总面积的87%。其中，5°～15°的坡耕地面积1.93亿亩，15°～

25°坡耕地面积 1.20 亿亩。

全国现有坡耕地面积占全国水土流失总面积的 6.7%，年均土壤流失量 14.15 亿 t，占全国土壤流失总量 45 亿 t 的 31.4%。坡耕地较集中地区，其水土流失量一般可占该地区水土流失总量的 40%～60%，坡耕地面积大、坡度较陡的地区可高达 70%～80%。

据统计，全国现有梯田约 10.9 万 km²，其中 5°～15°坡面上修建梯田 1.01 亿亩，15°～25°坡面上修建 0.48 亿亩，25°以上坡面上修建 0.14 亿亩；其中旱作梯田约 1.1 亿亩，主要分布于西北黄土高原、西南、华北、东北及大别山区、秦巴山和武夷山等山丘区。稻作梯田约 0.5 亿亩，主要分布于南方降雨量大的山丘区。坡耕地经过治理后，产生明显的生态、社会和经济效益。

（3）坡耕地治理的必要性。坡耕地综合治理是控制水土流失、减少江河水患的关键举措，据统计，我国坡耕地产生的土壤流失量约占到全国年均流失量的 31%。坡耕地综合治理是促进山区粮食生产、保障国家粮食安全的必然要求。多年实践表明，实施坡耕地改造后亩均增产粮食约 70～200kg。坡耕地综合治理是推进山区现代农业建设、实现全面小康的基础工程。坡耕地综合治理是促进退耕还林还草、建设生态文明的重要举措。

（4）规划水平年。《坡耕地综合治理规划》基准年为 2010 年。规划时段为 2011—2030 年，近期规划水平年为 2020 年，远期规划水平年为 2030 年。坡耕地现状数据以国土资源部提供的 2008 年全国耕地调查资料为基础。

（5）规划目标。统筹坡改梯适宜性和建设能力分析结果，确定本规划目标。

总体目标：通过近 20 年努力，到 2030 年，对全国现有 3.59 亿亩的坡耕地全部采取工程、植物和农业耕作等水土保持措施；对适宜坡改梯的 2.3 亿亩坡耕地，根据经济社会发展需求进行改造和治理，有效控制坡耕地水土流失，大幅度提高土地生产力，改善生态环境。

近期目标：2011—2020 年，力争建成 1 亿亩高标准梯田（其中通过国家坡改梯专项工程确保完成 4000 万亩），基本扭转坡耕地水土流失综合治理严重滞后的局面，稳定解决 7000 万山丘区群众的粮食需求和发展问题，治理区生态和人居环境明显改善，江河湖库泥沙淤积压力有效缓解。

（6）分区与总体布局。相关内容如下。

规划分区：将规划区划分为西北黄土高原区、西南紫色土区、西南岩溶区、东北黑土区、南方红壤区、北方土石山区、青藏高原区、北方风沙区八个类型区。

总体布局：全国 2.3 亿亩适宜坡改梯的坡耕地主要分布在西北黄土高原区、北方土石山区、东北黑土区、西南紫色土区、西南岩溶区和南方红壤丘陵区，有 2.23 亿亩坡耕地适宜治理，占 96.8%；在北方风沙区和青藏高原冻融区也有少量分布。

近期，在统筹考虑水土流失治理迫切性和难易程度、山丘区粮食自给需求等因素基础上，按照突出重点、先易后难，优先安排缺粮特困地区、老少边穷地区、退耕还林地区、水库移民安置区和坡耕地治理任务大、人口相对集中、耕地资源抢救迫切的重点地区的原则，按水土流失类型区及各类型区措施配置比例，对 1 亿亩坡改梯建设任务进行布局。坡耕地面积大于 2 万亩的 1593 个县区，均纳入规划和布局范围。

（7）近期建设方案。力争用 10 年时间，在人地矛盾突出、坡耕地水土流失严重、耕地资源抢救迫切的重点区域，建设 4000 万亩高标准梯田，稳定解决当地 3000 万人的粮食需求和发展问题。以坡耕地面积大、水土流失严重、抢救耕地资源迫切的长江上中游、西南石灰岩地区、西北黄土高原、东北黑土区、北方土石山区等片区为重点，优先实施人地矛盾突出的贫困边远山区、缺粮特困地区、少数民族地区、退耕还林重点地区、水库移民安置区等，同时少量兼顾当地政府重视、群众积极性高、水土保持机构健全、技术力量较强、工作基础较好的地区。

依据近期1亿亩坡改梯建设规模总体布局，以及国家坡改梯专项工程建设重点区域，统筹考虑各省区任务需求和纳入规划范围项目县数，以及有关省区试点工作开展情况，确定近期专项工程分省及分类型区建设任务，并根据不同类型区坡改梯单位面积配套措施配置比例，确定专项工程总体建设规模。

（8）技术支持。坡耕地水土流失综合治理是一项长期、艰巨的系统工程，应针对工程建设管理中的难点问题和生产实践中的关键技术，有目的、有计划地开展科学研究和技术攻关，引进与推广先进实用技术，提高工程建设的科技含量，保证工程建设质量，提高工程建设效益。

（9）投资估算与效益分析。相关内容如下。

资金筹措方案：坡耕地水土流失综合治理属公益性项目，所需资金由中央与地方共同筹措。

效益分析：依据《水土保持综合治理效益计算方法》（GD/T 15774—2008），全国山丘区坡耕地水土流失综合治理效益主要表现在经济、社会和生态三个方面。

坡耕地水土流失综合治理工程项目属公益性项目，生态和社会效益显著。该项目实施后有一定经济效益，经济评价符合规定要求，项目的实施是可行的。

4.5.3.2　以《全国水土保持监测规划》为例

（1）我国水土保持监测的现状。相关内容如下。

1）水土保持监测网络建设：目前，已建成了水利部水土保持监测中心，长江、黄河、淮河、海河、珠江、松辽、太湖流域机构监测中心站、31个省（自治区、直辖市）监测总站、175个监测分站和736个监测点构成的监测网络，配备了数据采集与处理、数据管理与传输等设备，并依托水利信息网基本实现了互联互通，初步建成了水土保持监测网络系统，水土保持监测数据采集能力明显提高。同时，全国水土保持监测技术队伍也得到了长足的发展，形成了一支专业配套、结构合理的监测技术队伍。

2）数据库及信息系统建设：建立了全国、分流域以县为单位的1：10万水土流失数据库，开发了全国水土保持监测管理信息系统，建成了全国水土保持空间数据发布系统、开发建设项目水土保持方案在线上报系统等。

3）水土流失动态监测与公告：实施了全国水土流失动态监测与公告项目，依据动态监测成果，水利部连续8年发布了全国水土保持监测公报，23个省（自治区、直辖市）公告了年度监测成果。

4）监测制度和技术标准体系：水利部门先后制定了一系列规章制度和技术标准，促进了水土保持监测的规范化。各地水利水保部门也根据工作需要，编制了相应的监测技术规范。

（2）水土保持监测工作存在的问题。我国的水土保持监测工作取得了可喜的进展和成就，但与加快水土流失防治进程、推进生态文明建设、全面建设小康社会、构建和谐社会和建设创新性国家的迫切需要还不相适应。当前我国的水土保持监测工作存在的主要问题有4点：一是监测网络建设与经济社会发展的需要不相适应；二是监测基础设施和服务手段与现代化的要求不相适应；三是监测信息资源开发和共享程度与信息化的要求不相适应；四是监测网络管理体制和机制与监测工作可持续发展的要求不相适应。

（3）水土保持监测需求分析。水土保持监测工作是政府决策的需要、是经济社会发展的需要、是公众服务的需要、是生态文明建设的需要、是水土保持事业发展的需要。

（4）规划水平年。《全国水土保持监测规划》基准年为2011年。规划时段：2011—2030年，其中近期规划水平年为2020年，远期规划水平年为2030年。

（5）规划目标。水土保持监测工作发展的总目标是：按照水土保持事业发展的总体布局，围绕保护水土资源，促进经济社会可持续发展目标，按照水土保持监测服务于政府、服务于社会、服务于公众的要求，建成完善的水土保持监测网络、数据库和信息系统，形成高效便捷的信息采集、管理、发布和服务体系，实现对水土流失及其防治的动态监测、评价和定期公告，为国家生态建设宏观决策提供重要支撑。

近期目标（2012—2020年）：建成布局合理、功能完善的水土保持网络；水土保持监测的自动化采集程度明显提高；基本建成功能完备的数据库和应用系统，实现各级监测信息资源的统一管理和共享应用；初步建成水土保持基础信息平台；初步实现土流失重点防治区动态监测全覆盖，生产建设项目水土保持监测得到全面落实，水土流失及其防治效果的动态监测能力显著提高，实现对水土流失及其防治的动态监测、评价和定期公告。

远期目标（2021—2030年）：建成国家水土保持基础信息平台，实现监测数据处理、传输、存储现代化，实现各级水土保持业务应用服务和信息共享；全国不同尺度水土保持监测评价有序开展，生产建设项目水土保持监测健康发展；各项水土保持监测工作持续开展，水土保持监测全面为各级政府制定经济社会发展规划、调整经济发展格局与产业布局、保障经济社会的可持续发展提供重要支撑。

（6）监测任务。水土保持监测内容主要包括水土保持调查，水土流失重点防治区监测、水土流失定位观测、水土保持重点工程效益监测和生产建设项目水土保持监测等。

1）水土保持调查：水土保持调查包括水土保持普查和专项调查。水土保持普查综合采用遥感、野外调查、统计分析和模型计算等多种手段和方法，分析评价全国水土流失类型、分布、面积和强度，掌握水土保持措施的类型、分布、数量和水土流失防治效益等。水土保持专项调查是为特定任务而开展的调查活动。规划期内拟开展侵蚀沟道、黄土高原淤地坝、梯田、水土保持植物、崩岗、侵蚀劣地、泥石流、生产建设项目水土保持等专项调查。

2）水土流失重点防治区监测：主要是采用遥感、地面观测和抽样调查相结合的方法，对水土流失重点预防区和重点治理区进行监测，综合评价区域水土流失类型、分布、面积、强度、治理措施动态变化及其效益等。水土流失重点防治区监测每年开展一次。根据重点防治区功能，增加相应的监测内容，如重要水源区，增加面源污染监测指标。各省（自治区、直辖市）根据需要，适时开展辖区内水土流失重点防治区监测。

3）水土流失定位观测：水土流失定位观测是对布设在全国水土保持基本功能区内的

小流域控制站和坡面径流场等监测点开展的常年持续性观测。观测内容包括水土流失影响因子及土壤流失量等，为建立水土流失预测预报模型、分析水土保持措施效益提供基础信息。

4）水土保持重点工程效益监测：主要采用定位观测和典型调查相结合的方法，对水土保持工程的实施情况进行监测，分析评价工程建设取得的社会效益、经济效益和生态效益，为国家制定生态建设宏观战略、调整总体部署提供支撑。监测内容主要包括项目区基本情况、水土流失状况、水土保持措施类别、数量、质量及其效益等。每年对每个水土保持重点工程项目区50%的小流域实施监测。

5）生产建设项目水土保持监测：主要监测生产建设项目扰动地表状况、水土流失状况、水土流失危害、水土保持措施及其防治效果等，全面反映项目建设引起的区域生态环境破坏程度及其危害，为制定和调整区域经济社会发展战略提供依据。

（7）站网规划。按照"全面覆盖、提高功能、规范运行"的原则，首先要完善水土保持监测网络，开展水土保持监测机构标准化建设，提高各级监测机构的能力和水平。其次要开展水土保持监测点标准化建设，通过标准化建设，建成一批先进、高效、安全可靠的水土保持监测点。2018年，完成50个国家重要水土保持监测的建设和升级改造，全面实现自动观测、长期自记、固态存储、自动传输，并能及时将监测数据传输到各级监测机构。2024年，完成734个国家一般监测点建设和升级改造，建成较为完整的水土保持数据定位采集体系。

根据全国水土保持普查开展情况，全国规划建立75846个野外调查单元，2010年开展第一次全国水利普查水土保持情况普查已建立了33966个，到2020年，再建立41880个调查单元。

（8）数据库及信息系统建设。《全国水土保持监测规划》应用现代信息技术和先进的水土保持监测技术，建成由水利部、流域机构、省级和地市组成的，以水利部、流域机构、省级为核心的数据库及信息系统，经过不断的资源整合，建成一个基于统一技术架构的国家水土保持信息平台，全面提高水土流失预测预报、水土保持生态建设管理、预防监督和社会公众服务的能力。

（9）能力建设。水土保持监测能力建设要全面加强水土保持监测行业管理规章制度体系，建立良好的水土保持监测管理运行机制；建成完善水土保持监测技术标准体系，为我国的水土保持生态建设奠定良好的基础；依托高等院校和科研院所，开展水土保持监测科学技术研究和技术推广，提高水土保持科学技术水平；加大对各级监测机构技术人员的培训，满足开展水土流失监测的人才需求；建立信息畅通、气氛活跃的水土保持技术交流与合作机制。

（10）近期重点建设项目。主要包括以下4点。

1）全国水土保持普查：采用遥感、野外调查、统计分析和模型计算等多种手段和方法，定期开展全国水土保持普查，查清水土流失的分布、面积和强度，以及各类水土保持措施的数量、分布和防治效益，更新全国水土保持基础数据库。

2）全国水土流失动态监测与公告项目：开展国家级水土流失重点预防区和重点治理区监测及水土保持监测点定位观测，分析不同分区水土流失发展趋势，掌握区域水土流失变化情况，评价水土流失综合治理效益。开展 50 个重点监测点和 734 个一般监测点的定位观测，发布年度水土保持公报。

3）重要支流水土保持监测：在长江、黄河、淮河、海河、珠江、松辽、太湖等流域，选择水土流失和治理措施具有区域代表性、面积大于 1000km² 的 51 条一级支流开展水土保持监测。

4）生产建设项目集中区水土保持监测：选择面积大于 1 万 km²、资源开发和基本建设活动较集中和频繁、扰动地表和破坏植被面积较大、水土流失危害和后果严重的区域开展监测。

（11）投资匡算、效果分析和保障措施。主要内容如下。

投资匡算：主要是对《全国水土保持监测规划》提出的近期水土保持监测重点项目进行编制。

效果分析：《全国水土保持监测规划》的实施，可全面提高水土保持监测的现代化水平，具有显著的社会效益。全面提高全国水土保持监测预报、监督管理和综合治理等工作的管理水平和服务能力，为水土流失预测预报和水土保持防治效果评价等提供准确数据，为国家生态建设科学决策提供服务，促进经济社会与资源、环境协调发展。

本 章 参 考 文 献

［1］　刘震. 全国水土保持规划主要成果及其应用［J］. 中国水土保持，2015（12）：1-4.

［2］　鲁胜力，王治国，张超. 努力构建我国水土保持生态建设新格局［J］. 中国水土保持，2015（12）：21-23.

［3］　全国水土保持规划编制工作领导小组办公室、水利部水利水电规划设计总院. 中国水土保持区划［M］. 北京：中国水利水电出版社，2016.

［4］　王治国，张超，孙保平，等. 全国水土保持区划概述［J］. 中国水土保持，2015（12）：12-17.

第 5 章
水土流失综合治理

　　水土流失综合治理是指按照水土流失规律、经济社会发展和生态安全的需要，在统一规划的基础上，调整土地利用结构，合理配置预防和控制水土流失的工程措施、植物措施和耕作措施，形成完整的水土流失防治体系，实现对流域（或区域）水土资源及其他自然资源的保护、改良与合理利用的活动。

　　水土流失既是资源问题，又是环境问题。水土流失现象发生的机理十分复杂，不仅与土壤本身的特性有关，而且与地形地貌、植被、气候等其他因素有关，并且人类的行为方式以及人类社会经济技术发展水平也对水土流失的发生发展产生重要的影响。因此，必须多层次、多领域采取多种措施，优化配置，形成综合防治体系，才可能实现治理水土流失的目的。

　　我国既是世界上水土流失最严重的国家之一，又是世界上开展水土保持具有悠久历史并积累了丰富经验的国家。特别是中华人民共和国成立以来，经过不断实践、总结探索，我国水土流失治理走出了一条以小流域为单元、以重点工程为依托，山水林田路统一规划，科学确定治理模式，具有中国特色综合治理水土流失的路子。实践证明，综合治理是我国防治水土流失最成功的技术路线，任何单一措施都难以比拟。

5.1　小流域综合治理

5.1.1　概念与特点

　　根据《中华人民共和国水土保持法释义》《水土保持术语》（GB/T 20465—2006），小流域是指面积不超过 $50km^2$ 的集水单元。

　　小流域综合治理是指以小流域为单元，在全面规划的基础上，预防、治理和开发相结合，合理安排农、林、牧等各业用地，因地制宜布设水土保持措施，实施水土保持工程措施、植物措施和耕作措施的最佳配置，实现从坡面到沟道、从上游到下游的全面防治，在流域内形成完整、有效的水土流失综合防护体系，既在总体上，又在单项措施上能最大限度地控制水土流失，达到保护、改良和合理利用流域内水土资源和其他自然资源，充分发挥水土保持生态效益、经济效益和社会效益的水土流失防治活动。

　　小流域综合治理，概括起来主要有以下 5 个方面的基本特点。

5.1.1.1 独立性

小流域治理的独立性，是指在实施水土保持的过程中，可以把每个小流域作为一个基本的单元，独立地、自成体系地进行防治措施的布设，以实现小流域整体的功能和效益。小流域治理的独立性，是由小流域自身存在的独立性所决定的。因为每一个小流域，不论面积大小，自然地理、社会经济条件如何，都是一个相对独立和完整的自然单元和社会经济单元，其水土流失产生、发展的全过程都可以在这个独立的、闭合的集水区域内体现出来。小流域治理独立性是小流域综合治理的基本依据。

5.1.1.2 多样性

由于每个小流域所处的自然、气候、地理条件千差万别，土地利用、生产力水平和经济社会情况各不相同，因此，每个小流域治理开发的方向、预期的目标、治理的措施、开发的路子不尽相同。这就是小流域治理的多样性。具体到每一个小流域，要因地制宜综合分析本流域自然资源的有利因素、制约因素和开发潜力，结合当地实际情况和经济发展要求，科学确定其发展方向和开发利用途径。小流域治理的多样性，为提供丰富多彩的小流域产品，为满足人们多层次的需求提供了可能。

5.1.1.3 综合性

水土流失的发生、发展，有自然因素，也有社会、经济因素，因此进行水土流失防治必须采取综合措施。同一个小流域内，不同部位采取的措施也不同。同时，小流域既是一个水土流失的自然单元，又是一个经济开发的社会单元，以小流域为单元进行治理，必须多目标、多功能，并使其协调发展。小流域治理的综合性，决定了在小流域治理过程中，要综合考虑各种内外部条件，统筹多个目标，采取综合措施，构建综合防护体系，实现生态效益、经济效益和社会效益的协调发展。

5.1.1.4 基础性

小流域综合治理对山区经济发展来说是一项基础性工作。因为，在水土流失未得到有效治理的情况下，广大水土流失地区的水土资源不可能得到有效的保护和利用，各种适用的科学技术不可能得到有效的推广和应用，农业生产、农村经济就不可能实现快速健康的发展，更不可能实现建成美丽中国、全面建设小康社会的宏伟目标。小流域治理的核心，集中地体现在对水土资源的综合治理和有效利用上，为经济社会的进一步发展创造有利条件，提供基础和平台。

5.1.1.5 可持续性

小流域综合治理坚持统筹兼顾，在目标上立足实现多赢，不仅能够有效解决当前生存与发展的问题，而且能够有效协调人口、资源、环境的矛盾，解决长远的问题，使水土流失区逐步走上生态、经济协调统一、良性循环的发展轨道，实现永续发展。实践证明，任何单项措施都不能全面顾及生产、生活和生态 3 个方面的问题，不可能从根本上解决问题。

5.1.2 基本理论

经过长期探索与实践，小流域综合治理逐渐形成了自己的理论体系。这些理论，不仅包括治理模式与防治技术，而且涉及其防治战略与理念。

5.1.2.1　径流调控理论

我国小流域综合治理理论方面最大的突破和建树是总结形成了径流调控理论。也正是由于径流调控理论的提出，使水力侵蚀的治理由原来的经验推动，上升到以科学理论为指导；由过去的经验治理，逐步上升到有计划、有目的的科学规划、科学设计、科学治理，从而以最少的投入取得了最大的效益。

水土流失的成因很多，问题很复杂，水土保持的规划设计、措施配置，长期以来始终是凭经验，而缺乏理论指导。20 世纪 90 年代以来，水土保持工作者经过长期潜心钻研，提出了径流调控的理论。其基本思想是把径流作为水力侵蚀防治的主导因素，从控制径流入手，控制水土流失；科学调控和合理利用径流，兴利除害，高效利用水土资源。坡面径流是指天然降水除土壤渗透、地表蒸发和植物吸收外，其沿着坡面流动的部分，其流量的大小、速率，是影响水力侵蚀的主导因素。如果有效控制了起决定作用的主导因素，其他问题也就可以迎刃而解。水土保持规划、设计、治理只有从主导因素入手，才能真正做到措施配置合理，科学、高效、合理利用水土资源，实现三大效益的统一。

径流调控的方法，简单地讲，就是将坡面径流通过一定的方式，使其分散或聚集，改变其运行规律，减轻其对土壤的冲刷。通常有 3 种方法，一种是改变微地形，改善土壤结构，增加土壤入渗，减少径流总量；二是建设排水导流工程，把多余的坡面径流有目的地排出去，并增加地面覆盖，缓减径流对土地的冲刷；三是建设专门的集流蓄水措施，蓄积利用，既减少冲刷，又科学利用径流，提高土地生产力。总之，目前我们进行规划、设计的主要依据之一就是径流调控理论，配置措施主要针对径流的调控和利用，既充分利用径流资源，又要对它进行有效调蓄，使其为我所用，从而达到控制水土流失、有效利用水土资源的目的。近几年来，在设计中运用径流调控理论指导，小流域综合治理取得的效果更加显著，也更好地体现了水土保持的特色。

5.1.2.2　系统论

水土流失是自然因素和人为因素相互作用的综合结果，治理难度很大。同时，水土流失治理涉及多个既对立又统一的矛盾体，如生态与经济、当前与长远、局部与全局等。一般来说，在生态脆弱地区，没有生态效益就没有经济效益；而没有一定的经济效益作基础，生态效益也难以持久。如何处理生态治理、环境保护与经济社会发展之间的关系，确保它们相辅相成、互相促进，是水土保持工作必须回答和解决的一个关键问题。这些年来，小流域综合治理遵循的一个重要理论就是系统论，即把小流域治理作为一个复杂的系统，系统地进行研究，统筹协调其中各个要素之间的辩证统一关系，系统地采取综合措施进行整治，使之协调发展。实践也证明，面对复杂的水土流失问题，制定和实施水土流失防治战略，必须是系统的、综合的、配套联动的，仅凭某项单一的对策、措施，是不可能奏效和达到预想目的的。

系统论的思想，不仅是小流域治理遵循的一个基本理念，而且体现在其治理过程的方方面面。在防治策略上，小流域治理坚持治理与开发相结合，当前利益与长远利益相结合，实现生态、经济和社会三大效益协调统一。在措施配置上，强调山水田林路村统一规划，工程、植物、耕作和封禁治理措施综合运用、优化配置，构建有效的水土流失综合防护体系。在项目安排上，既安排生态效益显著但需很长时间见效的项目，也建设短平快的项目，让群众尽快得到实惠。在区域布局上，把流域作为一个整体，全面兼顾，上下游统筹，有序协调推进。在建设机制上，把小流域治理纳入生态建设整体框架之中，以规划为基础，充分发挥各个部门的作用，协调配合，各尽其力，实现整体效益。在水土保持投入上，不断增加政府投入的同时，广泛吸收社会资金，调动全社会的积极性。

5.1.2.3　可持续发展理论

水土保持工作是可持续发展的重要内容。一方面，进行小流域治理，保护和抢救水土资源，减轻由水土流失而导致的各种自然灾害和经济损失，本身就是实现本流域可持续发展的重要手段和途径。另一方面，进行小流域治理，改善生态环境，减少开发建设过程中造成的水土流失和人为破坏，客观上为下游地区经济社会的可持续发展创造了有利条件。

可持续发展的理念，也体现在小流域治理的整个过程之中。人类要生存、经济要发展、社会要进步，必然要对水土资源进行开发，关键的问题是如何处理好开发与保护的关系，确保在经济社会发展的同时，做到水土资源能可持续地被利用，生态环境能可持续地被维护。遵循可持续发展理论，就是在小流域治理过程中，既要合理开发利用水土资源，又要有效保护资源和环境，确保资源开发的强度在大自然能够承受的范围之内；既保证当前需要，又考虑长远发展；既顾及当代人发展，又顾及后代人生存，实现永续利用和可持续发展。

5.1.2.4　人与自然和谐相处理论

人与自然和谐相处这既是科学发展观的内在要求，也是新时期治水思路的本质特征，也是小流域治理始终遵循的一个重要法则。因为，不论是从水土资源来讲，还是从生态环境来看，对人类活动都是有一定承载能力的，一旦超过其承载能力，水土资源和生态环境就会受到伤害。同样，人类的生态建设活动如果超过自然的承载能力，也很难收到预期的效果。因此，在小流域治理的实践中，必须始终遵守人与自然和谐相处的基本原理。

小流域治理体现了人与自然和谐相处，可概括为以下4个方面，一是尊重自然规律，按照自然规律办事。根据水土资源和生态环境的承载能力，因地制宜，分类指导，合理选择防治水土流失的措施和方案，合理选择适宜的植被类型，做到因地、因水制宜。二是以人为本，关注民生。凡是解决生产、生活问题的措施，都应首先是可持续地利用资源和使生态环境逐步实现良性循环的，确保人们在安居乐业的前提下，逐步走上良性发展的道路。三是充分发挥大自然的作用。搞好封育防护，依靠生态系统自我修复能力，恢复植被，使生态环境更好、更快地改善。尽可能地保护原有的生态环境，已经侵蚀严重的区域，通过人工治理和自然修复结合起来进行综合防治。四是正确处理人与自然的关系。在开发资源、发展经济、满足人的需求的过程中，既要关注人，也要关注自然；既要满足人的需求，也要维护自然的平衡。善待自然，让生态系统保持在良好的状态，良性循环，更好地造福于人类。

5.1.3　主要功能

小流域综合治理在经济社会发展中展现出多方面的功能。

5.1.3.1　防护功能

小流域综合治理通过因地制宜，科学布设各项措施，可以实现流域水土流失从坡面到沟道、从上游到下游的层层拦蓄和全面防治，从而在流域内形成完整、有效的水土流失综合防护体系，最大限度地控制水土流失，保护水土资源。一般来说，经过治理的小流域水系得到有效整治，泥沙有效控制。这不论是对小流域本身，还是对下游地区，客观上都起到了重要的保护作用。

5.1.3.2 生态功能

小流域治理是生态建设的一个重要组成部分，直接关系我国的生态安全。如果千千万万个小流域治理好了，大江大河的中上游生态环境就大为改善，有效减轻下游地区的灾害，确保大江大河的安全，为下游地区经济社会发展创造更好的条件。小流域治理中大量的种树种草，或者封山禁牧、保护植被，本身也是直接的建设生态、恢复生态、改善生态的过程。经过治理的小流域，生态系统实现良性循环，生态功能发挥作用，山清水秀，小气候、小环境大大改善。

5.1.3.3 经济功能

小流域综合治理的核心，是有效保护和高效集约利用水土资源，改善农村生产生活条件，这客观上为农村产业结构的调整，区域经济的发展，群众脱贫致富创造了有利条件。通过基本农田建设和坡面水系工程建设，增强了土壤保水、保土、保肥能力，提高土地资源利用率、土地生产力和农作物产量，可解决水土流失地区的温饱问题；通过大面积发展经济林果，更可直接增加群众的经济收入，促进群众脱贫致富。

5.1.3.4 社会功能

小流域综合治理区，大多数都在经济贫困且人口较为密集的山丘区，原来穷山恶水，村庄脏、乱、差。进行小流域综合治理后，不仅改善了山区农业生产条件，使光山秃岭变成山清水秀的美好家园，而且改善了群众的生活、生存条件，方便了出行，农村环境得到整治，村容村貌发生了变化，许多小流域变成人们休闲观光的"农家乐"，客观上提高了群众的生活质量。同时，小流域治理中大量农田生产道路和乡村道路的建设，还促进了封闭山村与外界的沟通，促进当地文化、科技、卫生等事业的发展，加快了农村社会进步，人们的健康状况也得到了一定改善。

5.1.4 发展历程与成效

以小流域为单元，山水田林路综合治理是我国劳动人民长期水土保持实践中总结出的一条成功经验。

20世纪50—70年代，陕西、山西等地在黄土高原的支毛沟流域进行了生物措施与工程措施相结合的综合治理试验，形成了小流域综合治理的雏形。这一阶段，从总体上来讲，治理措施的配置比较分散，"东沟打坝、西山造林"，效果不理想。但通过曲折的探索，总结正反两方面的经验教训，已逐步认识到小流域综合治理的优越性，为以后确立以小流域为单元，进行综合治理奠定了思想和实践基础。

20世纪80年代到20世纪末，我国水土保持工作逐步扭转了单项措施分散治理的局面，走上了小流域综合治理的轨道。1980年4月，水利部在山西吉县召开了十三省区小流域综合治理座谈会，对小流域综合治理作了充分肯定，认为小流域综合治理是水土保持工作的新发展，符合水土流失规律，能够更加有效地开发利用水土资源，要求各省区认真予以推广。随后，在总结各地试点经验的基础上，国家安排专项资金，在黄河中游、长江上游、东北黑土区、华北土石山区、南方红壤区、西南石漠化地区等水土流失严重地区大规模推行小流域综合治理。

进入 21 世纪以来，按照全面建设小康社会的总体部署和要求，小流域综合治理的内涵和外延不断丰富，步入了国家重点治理与全社会广泛参与相结合的快速发展阶段，取得了显著成效。

截至目前，全国累计治理小流域 7 万多条，防治水土流失面积 115 万 km²。治理区人均纯收入普遍比未治理区高出 30%～50%，有 1.5 亿群众直接受益，解决了 2000 多万山区群众的生计问题。许多昔日的荒山秃岭、不毛之地，如今已是满目青山，花果满园。原来封闭、落后、荒凉的农村，呈现出山清水秀、林茂粮丰、安居乐业的繁荣景象。

小流域综合治理尊重自然规律，符合水土流失区经济社会发展和生态文明建设需求，能够统筹经济、社会和生态三大效益，具有很强的生命力，很好地解决了群众要"票子"和国家要"被子"的矛盾，被群众誉为"德政工程""民心工程""致富工程"，深受基层干部和广大群众的欢迎，得到了社会各界的广泛认可。

5.1.5　基本做法

多年来，各地在推进小流域综合治理方面，总结出许多好经验、好方法，探索出了一条适合我国国情、综合治理水土流失的路子，已走出国门，成为享誉国际的"中国品牌"。世界银行已将黄土高原水土保持小流域综合治理作为世界银行农业项目的"旗帜工程"，向世界其他国家宣传推广。我国大力推行小流域综合治理的基本做法总结为 5 点。

（1）在技术层面上，坚持以小流域为单元，山水田林路统一规划，综合治理，因地制宜，因害设防，合理配置工程措施、生物措施和农业耕作措施，形成从坡面到沟道、从上游到下游完整防护体系的技术路线，总结推广了适合不同类型区的生态安全型、生态清洁型、生态经济型等多种治理模式。在科研试验示范的基础上，围绕小流域综合治理规划、设计、施工，制定颁布了 50 多项国家和行业标准与规范。

（2）在目标定位上，坚持与防灾减灾、产业结构调整、农民脱贫致富、社会主义新农村建设相结合，统筹生态效益、经济效益和社会效益，在治理水土流失的基础上，积极培育当地优势特色产业，促进了区域经济社会的全面发展。如黄河中游治理区的苹果、红枣，长江上中游的柑橘、脐橙、石榴、茶叶，永定河上游的仁用杏，甘肃定西的土豆等，已经成为当地支柱产业和经济增长点。近些年来，积极推行生态清洁小流域，聚焦人居环境的改善和面源污染的防治，促进了水源地保护和美丽乡村建设。

（3）在工作组织上，坚持政府主导、部门协作、社会参与，根据"统一规划、各投其资、各负其责、各记其功"的原则，按照水土保持规划，政府发挥在规划实施、资金支持等方面的主导作用，部门以及行业之间加强沟通、协调与配合，全社会广泛参与，合力推动小流域综合治理。有些地方保留或恢复了水土保持委员会，湖北省制定了由 16 家厅（局）组成的水土保持工作联席会议制度，定期协调解决水土流失防治工作中的重大问题，积极推动小流域综合治理，有力地促进了水土保持生态文明建设。

（4）在政策机制上，坚持效益驱动、政策激励。通过产权制度改革，充分调动全社会力量参与小流域综合治理。从 20 世纪 80 年代推行户包小流域，90 年代拍卖"四荒"使用权，到 2012 年，水利部根据国务院有关文件，又出台了《鼓励和引导民间资本参与水土保持工程建设实施细则》，逐步建立健全了适应市场经济运行规律的激励机制，培育了一批民间资本参与小流域综合治理的典型"大户"，仅山西省 2012 年以来小流域治理"大户"资本投入已超过 30 亿元，带动了民间资本参与小流域综合治理的积极性。

（5）在建设管理上，不断完善工程建设管理办法和规章制度。积极推行项目法人责任制、招投标制、工程监理制、公示制，以及村民自建、竞争立项等激励机制；加强检查与技术指导，注重工程质量，狠抓精品工程，积极推广先进实用技术，培育了江西赣州、福建长汀、黑龙江拜泉、甘肃天水、山西平鲁、贵州毕节等一大批小流域综合治理示范工程，起到了很好的辐射带动作用。

5.1.6 发展展望

小流域综合治理是新时期加快生态文明建设、建设社会主义新农村、脱贫攻坚行之有效的措施。《中共中央、国务院关于加快推进生态文明建设的意见》中明确要求"要加强水土保持，因地制宜推进小流域综合治理"，国务院批复的《全国水土保持规划（2015—2030 年）》进一步明确了今后一段时期小流域综合治理的目标任务。下一阶段，我国小流域综合治理将深入贯彻落实党中央、国务院的决策部署，进一步深化水土保持改革，强化措施，狠抓落实，不断提高治理水平和效益。

5.1.6.1 进一步深化和拓展小流域综合治理

以国务院批复的全国水土保持规划为依据，按照因地制宜、分类指导的原则，在我国东部经济发达地区以及城市化进程较快的中西部地区，大力推进生态清洁小流域、生态安全小流域建设，着力建设美丽乡村；在中西部贫困山区认真落实扶贫攻坚战略，持续开展小流域综合治理，着力改善民生。

5.1.6.2 进一步提升小流域综合治理效率

在水土流失地区，围绕小流域综合治理，根据统一规划，按照"渠道不乱、用途不变、优势互补"原则，统筹相关资金，形成合力，提高小流域综合治理的综合性和系统性，治理一条、巩固一条、见效一条，又好又快发挥效益。

5.1.6.3 进一步探索和完善小流域综合治理机制

根据农村土地流转、"三权分制"、发展现代农业等政策要求，积极探索和建立以奖代补、先建后补、政府购买服务等小流域综合治理建管机制和组织形式，通过市场化改革、项目资金补贴、奖励等形式，鼓励和引导村民、大户、企业、社会等民间资本投入小流域综合治理，为生态文明建设打造强劲助推力。

5.1.6.4 进一步发挥科技的支撑作用

不断提高规划设计水平，加强生产实践中迫切需要解决的重大问题和关键技术研究，积极推广实用技术，建立和完善技术服务和技术推广体系，推行现代化通信技术、遥感遥测技术、暴雨洪水预报技术、防洪排涝调度技术等的应用，不断提升小流域综合治理科技含量与治理水平。

5.2 综合治理模式

我国地域辽阔，自然和经济社会条件差异大。经过长期实践，因地制宜探索总结出了适合不同类型区以及不同功能小流域综合治理的成熟模式。

5.2.1 不同类型区综合治理模式

不同水土流失类型区的自然和社会经济条件不尽相同，其治理主攻方向、治理措施及治理模式也各有特点。

5.2.1.1 西北黄土高原区

（1）主攻方向。以治理坡耕地和控制沟道侵蚀为重点，配套建设雨水集流节水灌溉工程，推广普及旱作农业技术，发展各具特色的林果业、畜牧业等优势产业。

（2）主要措施。以建设稳产、高产基本农田为突破口，确保粮食自给，促进退耕还林还草。在荒山荒坡和退耕的陡坡地上，大力营造以柠条、沙棘等灌木为主的水土保持林，控制坡面土壤侵蚀。在沟壑开展沟道治理，防治沟头前进、沟底下切和沟岸扩张。沿沟缘线修筑沟边埝，在干、支、毛沟，建立以治沟骨干工程为核心，淤地坝、谷坊、小水库相配套的坝系工程，实现粮食下川、林草上山。兴修水窖、涝池等雨水集蓄利用工程，充分利用村庄、道路、坡面、沟道径流，实行节水灌溉，高效利用水资源，解决人畜饮水困难。积极开展封山禁牧，充分发挥生态的自我修复能力，加快植被恢复速度。有条件的地方，利用光、热、水、土资源，发展多种经营，建设特色主导产业，增加农民收入。

（3）防治模式。主要包括以下两种情况。

1）黄土丘陵沟壑区：以小流域为单元，实行工程、植物措施相结合，山、水、田、林、路、村综合治理。集中连片、规模治理。首先在保证基本农田的基础上，将坡耕地全面退耕还林还草；在林草措施上，先草灌、后乔木。具体在梁峁顶营造防护林带，种植牧草；在梁峁坡兴修水平梯田，在近村向阳部位建果园；在峁缘线营造防护林，修筑防护埝；在村旁、场院旁、路旁修建涝池、水窖，拦蓄径流；在沟坡造林种草封育建设植被；在沟道建淤地坝、谷坊，修蓄水池，沟台整地造田，沟底营造防冲林。自上而下，层层设防，建立综合防护体系。采取"山顶草灌戴帽，山坡梯田缠腰，庭院、'四旁'广布涝池、水窖，栽植杏树、梨桃，沟道修坝建谷坊，沟底营造防冲林"的主要治理模式。

2）黄土高原沟壑区：实行"保塬、护坡、固沟"的治理模式。在塬面建设以水平梯田为主，田、林、路、拦蓄工程相配套的塬面防护体系；在沟坡建设以梯田、果园、护坡林草为核心的坡面防护体系；在沟道建设以谷坊、防冲林为主的沟道防护体系。

5.2.1.2 东北黑土区

（1）主攻方向。以保护黑土资源、治理漫川漫岗水土流失和侵蚀沟为重点，充分利用耕地多，土壤肥沃，森林资源丰富，草地面积广阔，植物种类多样的优势，建设优质、高产、高效的商品粮基地、林业基地、牧业基地。

（2）主要措施。包括以下4个方面。

1）在岗脊、坡顶植树，林地与耕地交界处开挖截水沟，拦蓄坡面径流和泥沙。

2）在 3°～5°坡耕地实行等高耕作；5°～8°坡耕地修成坡式梯田，地埂建设植物带；8°～15°坡耕地修成水平梯田；大于 15°坡耕地和荒山、荒坡整地营造水土保持林，发展经济林。

3）加强侵蚀沟治理。沿沟沿线修沟边埂、蓄水池，在沟底建设谷坊、塘坝，营造沟底防冲林。

4）对疏幼林、残林实行封禁治理，依靠大自然自身力量恢复植被。

（3）防治模式。在漫川漫岗区推行"坡顶岗脊、坡面、沟底三道防线保水土，梯级开发促生产"的治理开发模式。在低山丘陵区推行"水保林戴帽、用材林围顶、经果林缠腰、两田穿靴、蓄排工程座底"的治理开发模式。

5.2.1.3 北方土石山区

（1）主攻方向。以改造坡耕地为突破口，以林草植被建设为重点，推广雨水高效利用技术，大力建设优质果品基地，实现粮食自给，增加农民收入。

（2）主要措施。兴修梯田、条田，在有条件的地方发展灌溉，提高粮食单产。大力开发治理荒山荒坡和退耕陡坡地，实行多林种配置，发展水土保持林、水源涵养林、用材林、经济林。支沟修筑谷坊，干沟修筑防洪堤，导水归槽，减轻洪水危害，治滩造田。

（3）防治模式。桐柏山区、大别山区、鲁中山地，采用山顶、山腰、山下、沟道、渠路五道防线模式。

1）山顶：实行人工治理和生态修复相结合，建设植被，保持水土，涵养水源，提供饲料、燃料和木料。

2）山腰：因地制宜栽植干鲜果品，积极推广旱作栽培、深翻扩穴、增施有机肥、树盘铺草等技术，提供绿色果品。

3）山下：土层厚和有灌溉条件的缓坡地、沟谷阶地、山前平原，平整土地，修建梯田和引排水渠，建设高产、稳产农田，种植粮食和经济作物。

4）沟道：在毛沟修谷坊，在支沟修建小型拦蓄工程，形成坝系，上坝拦泥，下坝蓄水，引拦并举，发展灌溉。

5）渠路：修建环山道路、田间作业路，沿分水岭和等高线修路，渠路结合，田、渠、路、林配套。

太行山区采用在分水岭，封、补、育、造结合建设植被；在坡面，缓坡修梯田、陡坡整地造林种草，背风向阳地段建果园，发展径流农业；在沟谷，从上到下，先支后干，修建谷坊、塘坝、护村堤、导洪渠，营造沟底防冲林。形成分水岭—坡面—沟谷三道防线水土流失综合治理模式。蓄水、保土、缓洪、减灾，发展生产。

5.2.1.4 西南土石山区

（1）主攻方向。以保护和抢救土壤资源为重点，整治坡耕地，配套坡面水系工程；种植经果林、水保林，实施生态修复、推广农村能源替代工程，增加和保护植被；发展庭院、屋顶集水及蓄水工程，增强抵御自然灾害的能力。

（2）主要措施。主要包括以下两种情况。

1）石漠化地区：把土地整治、发展水利、建设高产、稳产农田作为突破口，解决粮食问题；封、造、育相结合，建设植被；发展具有当地特色的经果林、药材、经济作物等，增加农民收入。

治理的首要任务是抢救土壤资源，维持群众基本的生存条件。将 25°以下坡耕地修成水平梯地，配置坡面截水沟、蓄水池等小型排蓄工程，防治土壤冲刷，保护耕地土层，解决粮食问题。积极栽植绿肥，提倡秸秆还田，改良土壤，减轻土壤侵蚀，提高作物产量。种植经济价值高，又能适应石灰岩山区土层薄、肥力低、易受旱等特点的树、草。利用当地雨量多、气温高的特点，搞好封禁治理，恢复天然植被。就地取材，在沟中修筑土石谷坊，抬高侵蚀基面，拦截泥沙。

2）泥石流多发区：制止陡坡开荒与顺坡耕作，退耕陡坡还林还草；坡耕地应尽量修成梯田、梯地，采取保土耕作措施；在坡面建立截、排结合的坡面水系；在沟中修建谷坊群，拦截泥沙，抬高沟床，稳定沟坡。在泥石流沟道，采取拦、堵、排、导等措施进行治理，并建立预警系统，加强观测预报。

（3）防治模式。主要包括以下两种情况。

1）石漠化地区：采取"封育、建园、造田、治水"的治理模式。

a. 封育：对 25°以上的山坡地、疏林地，实行封山育林，封、补、管、造相结合，依靠大自然自身力量恢复植被。

b. 建园：在 15°～25°的坡耕地退耕建设果园和经济林基地。

c. 造田：对 10°～15°的坡耕地，实施坡改梯，建设保水、保土、保肥的水平梯田。

d. 治水：配套梯田和沟道整治，建设山塘、蓄水池、截洪沟、排洪沟、灌溉渠、拦沙坝、沉沙池，形成蓄、引、提、拦一体化的抗旱、防洪体系。

2）泥石流多发区：对泥石流沟道实行分区防治，蓄、排、拦、挡、护、疏相结合的模式。

a. 汇流区：采取蓄、排结合的措施。沟缘线以上，陡坡造林种草，增加地面覆盖，缓坡修建基本农田，拦蓄、调节径流，增加入渗。在基本农田上方，修建排洪沟和蓄水池，分散径流、消减水势，发展灌溉。

b. 土石供给和流通区：采取拦、挡、护措施。在支毛沟修建谷坊，在主沟道布设拦沙坝；在崩塌、滑坡地段修建拦挡、护坡工程。拦、挡、护起到防止沟道下切、沟岸扩张，抬高侵蚀基底，减缓水流速度和土沙来源。

c. 堆积区：建设疏导工程，在沟口修建导流渠，将泥石流堆积物排导到指定区域。

5.2.1.5　南方红壤丘陵区

（1）主攻方向。以治理丘陵岗地水土流失为重点，建设高产稳产田；充分利用水热资源和植物资源，发展优质、高效的林果业，促进农民脱贫致富。封禁治理和造林种草相结合，发展农村能源替代工程，恢复和提高植被覆盖度。

（2）主要措施。采用上拦、下堵、中间封的方法治理岗地水土流失，保护表土层。挖三沟（拦洪沟、排水沟、灌溉沟）、排五水（地下水、铁锈水、黄泥水、积水、山洪水），拦、排、灌结合，改造中低产田，提高粮食产量。在丘陵山区，种植经济林果，发展商品经济，增加农民收入。大力发展沼气、节柴灶、小水电，采取多能互补措施，解决农村能源问题。

（3）防治模式。主要包括以下两种情况：

1）洞庭湖水系区：实行土水林综合治理，建设 3 个防治体系。

a. 基本农田防治体系：在 10°～15°坡耕地实行坡改梯，在沟台地平整土地，引水灌溉，发展水田。

b. 工程防治体系：在山坡修建截水沟，在支沟修建谷坊群，在主沟修建拦水坝、引水渠，起到拦蓄截排灌五种功能。

c. 植物防治体系：在 15°～25°坡耕地集中连片规模建设经济林和果园，在 25°以上坡耕地营造水保林，对疏幼林、残次林实行封禁治理。

2）鄱阳湖水系区：推行"梯田灌溉、经果开发、封山造林"治理开发模式。

a. 梯田灌溉：在河道、沟道两岸建设水平梯田，配套塘坝、提灌站、引水渠，变旱地为水田，促进粮食增产。

b. 经果开发：在浅丘地带的坡耕地和部分荒山，整地建设经果林，幼林实行果粮间作，增加地面覆盖，增产增收，保持水土。

c. 封山造林：在低山、丘顶、沟坡、沟底采取封禁治理和营造护坡林、防冲林，建设植被，固持土壤，防止冲刷，涵养水源。

5.2.1.6 风沙区

风沙区综合治理应坚持"防风固沙、恢复生态、发展经济、改善民生为一体的"中国特色。主要治理措施有：一是迎着沙丘移动方向修筑拦沙坝、沙障，营造防风固沙林带，阻止沙丘前移；二是在村庄和耕地周围营造防护林网，保护村庄安全，促进农业丰收；三是对流动、半流动沙丘采取"锁住四周、渗透腹部、以路划区、分块治理、因地制宜、适地适树、固定流沙"；四是在已固定沙丘上，大量造林、种草，发展林牧副业；五是在有条件的地方，搞引水拉沙造田，既能制止沙丘前移，又增加水田；六是通过挖排水沟降低地下水位，种草或客土改良土壤，打井灌溉，把沙丘间的碱滩地改造成高产、稳产的小片水地。

我国在风沙区治理的实践中，涌现出宁夏回族自治区的沙坡头、内蒙古自治区的库布齐沙漠两个世界级治沙样板，总结出一批不同类型区的综合治理模式。

（1）黄土高原风沙区。黄土高原风沙区主要分布在内蒙古、陕西境内，长城贯穿其间，总面积 6.5 万 km²。地貌特征是沙丘密布，间有滩地。年降水量 150～400mm，平均气温 6～8℃，无霜期仅 110～150d。水土流失以风蚀为主，兼有水蚀。侵蚀模数 200～2000t/(km²·a)，是我国沙尘暴策源地之一。

黄土高原风沙区综合治理模式以芹河流域综合治理最具代表性。该流域位于毛乌素沙漠南缘的陕西省榆林市境内，流域总面积 205.2km²。主河道长 16.5km，是无定河二级支流，年径流量 1805 万 m³。流域属典型的风沙区，50.8％的土地为流动沙地。1983 年芹河流域列为国家水土保持重点治理区后，根据本地自然特点和现状，经过多年实践，按照"综合防沙治沙，突出农田建设，切实加强牧业；以林护牧，以牧促农，农林牧副全面发展"的指导思想，总结出在风沙丘地、湖盆滩地、河谷阶地布设三道防线的综合治理模式。

第一道防线：在风沙丘地建立大面积的"草灌乔"结合的防风固沙林，固定流沙。具体作法：一是在沙地上先用草做网格状的沙障，网格内种植沙柳、紫穗槐、柠条等，待丘顶吹平后，栽种灌草，达到全面固定。二是对大片距村庄远的流沙，实施飞机播种，发展植被。对河源沙滩及其周围流沙区，栽沙柳、沙棘，使其在短期内成为覆盖度较高的灌丛。

第二道防线：是在滩地周围建立宽约 1km 的乔灌混交固坡、护岸阻沙林带，保障滩地的正常生产。

第三道防线：是在滩地上建立渠、路、田、林配套的基本农田。围绕村庄营造环村林，结合路、渠营造农田防护林带，每个网格内有农田 2.67 万 m²；在河谷内分节筑坝、抬高河床水位，发展自流灌溉；在滩地上挖大口面池塘，发展多管井，利用表层潜水；建提灌站，浇灌河谷高地。以河段或沙滩为单元，形成灌排灌的水资源小循环，重复利用。有条件的地方进行沙田客土改良，推行草田轮作。

（2）黄土高原闭流区风沙地。黄土高原闭流区风沙地综合治理以盐池县最为典型。按照"治沙兴县"的战略方针，多年本着"吃粮要抓水，花钱靠养羊，生存必治沙"的思路，探索出了具有盐池特色的"合理利用水资源、营造防护林、保护利用草原"的闭流区风沙地治理模式。

1）合理利用水资源。根据地形，在低洼地带打机井，开挖土圆井和带子井，扩大水浇地，发展灌溉农业，并针对风沙区土壤水分蒸发快，保水差的特点，采用地膜覆盖、豆粮套种、温棚种植等保水节水措施，合理利用好宝贵的水资源，促进农林牧业生产发展。

2）营造防护林。具体有 4 种方式：一是农田防护林网。在道路、渠网、基本农田的四周建立垂直于主风向的林带，减缓风速，防治风沙，达到保护农田、提高产量的目的。二是经济林。以户为单元发展果树为主的庭院经济，形成井灌区果品生产基地，既美化了环境，又提高了经济收入。三是防风固沙林。在沙岗地、缓坡伏沙地，栽植以柠条、沙打旺、沙柳为主的灌木林带，一般带宽 3m，带间距 6m。四是草原防护林。在现已严重退化或正在退化的草地内种植草原防护林，以乔木、灌木混交的方式为主，防风阻沙，减轻风沙对草原的危害，改良草场。4 种形式造林，形成带、片、网防风固沙林，起到"土蓄水、水养林、林固沙"的效果。

3）保护利用草原。在退耕及弃耕且土壤养分好的坡耕地内种植紫花苜蓿，建立饲草基地，发展畜牧业经济。对现有的草场资源，采取以水定草，以草定蓄的办法，防止草地超载过牧；草地封禁，羊只舍饲，依靠自然修复能力实现天然草场的改良；实行轮牧，保护草原，发展养殖业。

（3）东南滨海风沙区。我国东南滨海风沙区，受地理和气候等因素的影响，风沙侵蚀造成的危害十分严重。当地群众和专家学者在长期与风沙斗争的实践中，研究总结了一套行之有效的防风固沙方法，风沙侵蚀得到有效的控制。福建省风沙危害地区从 20 世纪 50 年代的 500km² 减少到 21 世纪初的 100km²。现以福建省海坛岛防风固沙模式为例进行介绍。

海坛岛地处闽东南，是福建省的第一大岛也是平潭县的主岛。全岛分为丘陵、平原、台地 3 个地貌类型，滨海多为风沙平原和沙积台地。本岛属南亚热带半湿润海洋性季风气候。年平均气温 19.6℃，年降水量 1172.0mm，年均风速 6.9m/s，多年平均大风（不小于 17.9m/s）日数达 98.2d。由于这里风速强劲，持续时间长，特别是在秋冬干燥少雨季节大风天气可持续 10～15d。由此在隘口、风口、裸地以及迎风面开阔且失去防护林保护的农田经常遭受风沙灾害，沙压房屋、沙埋道路、沙填荷塘，使一些居民被迫迁居或外出谋生，形成生态难民。

治理模式可概括为建设"三道屏障"。

第一道屏障——设置沙障和挡风栅栏。由于风蚀沙埋，植树造林难以成活，采取先在滨海沿岸设置沙障（沙堤种植老鼠刺），阻挡流沙，在沙障后 100m 处设置两道间隔 50m 疏透度为 0.5 左右的挡风栅栏，以降低风速，保证栏后植物的生长。

第二道屏障——建设滨海基干林带。在环海坛岛沿岸纵深 500m 内建设高标准的木麻黄防护林带，形成一道绿色屏障。

第三道屏障——建设农田防护林网。在防护林带后面的基本农田上建设方格状的农田林网，树种选择适生的木麻黄和柠檬桉进行混交配置。其作用是进一步抵御风害，改善农田小气候，提高土地生产力。

除上述模式外，中国—加拿大水土保持生态建设科技合作项目还探索出以下两个风沙区综合治理模式。

一是在甘肃省临泽县对绿洲外围的沙漠戈壁采用封禁治理、在沙漠戈壁与绿洲交接区建设阻沙林带、对绿洲内的活化沙丘采用植物固沙、在农田区建设防护林网，全面推行节水灌溉，探索出一条"封、阻、固、防、节"的综合治理路子，填补了荒漠绿洲区水土保持综合治理模式。

二是在陕西省榆阳区牛家梁通过乔灌草防风固沙，修堤开沟排洪，打井提水节灌，建立饲草基地，发展养殖，形成了"固沙、排洪、节灌、发展生产"的风沙区治理开发模式。

5.2.1.7　水风蚀复合区

水风蚀复合区的水土流失综合治理，要以科学发展观为指导，以水资源的可持续利用和生态环境的可持续维护为根本目标，实行治水保土与防风固沙相结合，治理与开发相结合，人工治理与生态修复相结合，工程、植物、农业耕作措施与封禁治理相结合，做到措施选择得当、防治体系优化、防治效果显著。现将黄河、海河、松辽流域典型的水风蚀复合区综合治理措施配置模式加以介绍。

（1）晋陕蒙水风蚀复合区。在坡耕地采取兴修水平梯田、草田轮作、冬季留茬等措施，变坡地为平地，提高地面糙度与覆盖度，减轻水蚀、风蚀。

在坡面采取整地拦蓄径流。具体做法是沿等高线修筑隔坡水平阶，隔坡宽度为 3m、2m、1m 3 种，水平阶宽 1m，修成约 5°的反坡。在反坡水平阶中造林种草或发展经济林果，保持水土，防风固沙，发展经济。

在退化草坡、撂荒地以及梁峁顶采取隔坡水平沟种植灌草，实行草田轮作。树种选择深根性和浅根性搭配，在背风土厚的地方引进常绿树草种。

在主要产沙区的沟谷地，枝毛沟修谷坊，营造沟底防冲林；在冲沟、干沟修淤堤坝，拦沙淤地造田；在有常流水的沟道建坝库，蓄水灌溉。

对陡坡耕地实行退耕还林还草。采取水平沟、鱼鳞坑整地蓄水，营造草、灌、乔混交林网；立地条件较好的地方，种植榆树、海红子、大核桃等；立地条件差的地方种植沙棘、柠条等树种。

（2）海河上游水风蚀复合区。主要包括以下3点。

一是建设基本农田保持水土，营造防护林网防风固沙，走少种、高产、多收的道路，解决粮食问题。

二是退耕陡坡耕地还林还草，改造荒地造林种草，实行封禁、育林、育草，建设植被；在背风、向阳、土层厚的地方，发展经济林果，增加农民收入。

三是在水土流失严重的沟道，修筑沟头、沟边防护埂和沟底谷坊，营造沟底防冲林；在沟坡挖水平沟、鱼鳞坑，营造护坡林；在有水利条件的地方，建设节水型农业和牧业。

（3）松辽流域水风蚀复合区。主要包括以下4点。

1）对石质低山区的山顶进行鱼鳞坑、水平坑整地等，采用油松、侧柏、柠条、沙棘营造混交林；在山坡上改造坡耕地为水平梯田，营造防风固沙林；在近村庄和水源较近的地方建设高产稳产田；在山脚、沟内水利条件好的地方，发展经济作物。

2）在黄土丘陵的分水岭上营造乔灌混交林；在大面积坡耕地上兴修水平梯田，利用田埂造林种草；在沟道内修筑谷坊、塘坝、水库，拦泥造地，蓄水浇田。

3）对沙化漫岗地区，在沙丘漫岗顶部混交栽植乔、灌、草；在沙地上，以作业带为主架建设带、网、片结合的防护林；在侵蚀沟头、沟边修筑防护埂；在沟道内建水库、塘坝，在水库、塘坝的两侧和下游建设基本农田。

4）在坨、沼、甸地区，挖甸蓄水，建设水田；围绕沙丘和坨甸边缘，营造易活的乡土树种，形成锁边林；对明沙坨子，扎草方格沙障，稳定沙面，封育造林。

5.2.2　不同功能小流域综合治理模式

经过深化研究与实践，丰富拓宽了小流域综合治理内涵和外延，形成了几十个各具特色、成熟的综合治理模式，根据不同功能，大体可归纳为生态环境型、生态经济型、生态安全型、生态旅游型、生态清洁型等模式。

5.2.2.1　生态环境型

生态环境型小流域综合治理模式主要针对水土流失严重的山丘区，是以有效控制水土流失、改善生态环境为目的的一种综合防治形式。结合实例，介绍2种典型模式。

（1）五道防线模式。陕西省清涧县的老舍古流域，属黄土丘陵沟壑区第一副区，系无定河二级支流，流域总面积90.12km²，主沟道长15km，平均宽5.67km。流域内梁峁起伏，沟壑纵横，水土流失十分严重，土壤侵蚀模数达18000t/(km²·a)，在黄土丘陵沟壑区具有代表性。

1983年，老舍古流域被列为国家水土保持重点治理区。实施过程中，从流域的实际出发，按照坡沟兼治，集中连片的技术路线，本着治理与开发、短期效益与长期效益、工程措施与植物措施相结合，因地制宜、除害兴利、服务经济社会发展的原则，积极推广了改土治水技术，兴建基本农田，促进陡坡耕地退耕还林还草，各项治理措施优化配置，层层设防，形成了五道防线的综合治理模式，取得了良好的效果。

1）第一道防线——梁峁顶防护体系。流域内梁峁顶面积约 3.5km²，占总面积的 3.9%。依据其地势高，较平坦，易受大风、干旱、低温等自然灾害危害的特点，采取营造防风林带，种植牧草和建设高标准基本农田的措施。

2）第二道防线——梁峁坡防护体系。梁峁顶至峁缘线以上为梁峁坡，面积约 37.2km²，占总面积的 41.3%。坡度一般在 20°左右，多为农耕地，以修水平梯田为主，在近村向阳部位整地后建果园；将较陡的坡耕地修成隔坡梯田，进行林粮（草）间作；对陡坡耕地实行草田轮作、等高垄沟种植。

3）第三道防线——峁缘线防护体系。峁缘线为梁峁坡和沟坡的交接处，坡度由缓变陡的地带，溯源侵蚀严重。采取营造峁缘防护林和修筑防护埂两种方法锁边防冲。

4）第四道防线——沟坡防护体系。沟坡是指峁缘线以下，沟道底部以上的坡面，面积约 44.5km²，占总面积的 49.4%。坡度陡，侵蚀严重，地形破碎。布设措施根据坡度大小、完整程度而定，在大面积荒地上实行封禁。在比较平缓和完整的沟坡上，采用水平沟、水平阶、反坡梯田和大鱼鳞坑等工程整地，营造经济林和用材林；在陡峻破碎的沟坡地上，营造柠条、沙棘等灌木林或种植优良牧草。

5）第五道防线——沟底防护体系。沟底面积 4.87km²，占总面积的 5.4%。治理措施是修建淤地坝、骨干坝、谷坊、围井，建池，箍洞，整治沟台地，营造沟底防冲林和护岸林，形成节节拦蓄的坝系和灌排系统，抬高侵蚀基准面，防止沟岸扩张，淤地增加基本农田。

老舍古流域通过多年的治理，修建基本农田 2.3km²，人均达到 1900m²；造林种草 50.8km²（其中退耕还林 13km²），占流域内宜林宜草面积的 85%。建设淤地坝 111 座、谷坊 287 道，累计治理面积 63.16km²，占水土流失总面积的 70.1%。流域内水土流失基本得到控制，土壤侵蚀模数由 18000t/（km²·a）下降到 2876t/（km²·a），抗御大风、干旱、霜冻、洪涝等自然灾害能力增加，大大减轻了水土流失对下游的危害。植被覆盖率由治理前的 20.03% 提高到 60.08%，小气候明显改善，生态环境明显好转。

（2）戴帽、围顶、缠腰、穿靴、座底模式。辽宁省凌源市位于东北辽西山地西部，总面积 3278km²，共 29 个乡镇，269 个村，60 万人口，人口密度 183 人/km²，劳力 23 万个。地貌特征是七山一水二分田。十年九旱，水土流失严重。年均降水量 500mm，径流深 123mm，年径流量 4.41 亿 m³。年均土壤侵蚀量 695 万 t，土壤侵蚀模数 2689t/（km²·a），侵蚀速率 2mm/a。年均流失土壤有机质 19.832t、氮肥 11.533t、磷肥 74t。沟壑密度 2.39km/km²，有 60km² 荒山岩石裸露，300km² 荒山土层不足 10cm。水土流失面积 2325km²，占总面积的 86.2%。

凌源市水土流失的综合治理是根据自然特点和水土流失规划，以合理利用土地资源为基础，科学配置水土保持措施。经过对雹神庙、天竺山、石佛沟等流域试验研究，总结提出了从山顶到沟底综合防治体系，即：薪炭林戴帽，用材和经济林围顶，果牧缠腰，两田穿靴，一龙座底。

1）薪炭林戴帽：山顶地势较缓采用穴状整地，营造刺槐沙棘林，保持水土，涵养水源，并作为薪炭林基地。

2）用材和经济林围顶：山顶周围的坡上，采用竹节壕配鱼鳞坑整地方式，营造油松、樟子松、刺槐和山杏等树种，建立用材林和经济林基地。

3) 果牧拦腰：山腰土厚缓坡处，修建果树台田，栽植苹果、梨、山楂、扁杏、大枣，建设干鲜果园；土薄坡陡处，修水平沟，营造林带，种植牧草，建设人工牧场，进行经济开发，建设果牧商品生产基地。

4) 两田穿靴：山脚坡缓土厚，修建高标准水平梯田，河川两岸平田整地，发展水利，建设集约经济田。

5) 一龙座底：沟壑治理是上游谷坊拦，中间塘坝蓄，出口造农田；河道整治是河靠山，路靠边，路坝结合树镶嵌，使河流、沟道拦蓄排工程配套成龙，充分开发利用水土资源。

经过综合治理，林草覆盖率、森林覆盖率分别由治理前的 40.6%、24.7% 提高到 71.9%、31.6%。年均径流量和土壤侵蚀量分别由治理前的 4.41 亿 m³、695 万 t 减少到 2.68 亿 m³ 和 497 万 t，蓄水保土效益分别为 60.8% 和 71.5%，生态环境改善十分显著。

5.2.2.2　生态经济型

生态经济型小流域主要针对水土流失现状较为严重，但区域内光、热、水、土等立地条件较好，具有果品、茶叶、药材等特色优势产品，发展特色经济潜力较大的区域，以水土流失综合治理促进农村种植结构和产业结构调整，推动经济发展、农民增收的一种治理形式。生态经济型小流域，各地可因地制宜建设庭院经济型模式、城郊瓜果菜模式、地埂经济模式、猪沼果模式、花卉生产模式、山地果园模式等。

四川省广安区福成项目区于 2011 年被列为国家坡耕地水土流失综合治理试点工程。项目区涉及广安区悦来、大安和协兴 3 个镇、9 个行政村，总人口 10804 人，98% 为农业人口，有 819 人未脱贫。项目实施前，人均基本农田 0.33 亩，人均纯收入 3180 元。项目区总土地面积 1651hm²，水土流失面积 4.18km²，年侵蚀总量 1.55 万 t，侵蚀模数 3709t/(km²·a)。项目实施以来，共修建水平梯田 6269 亩、截排水沟 15.66km、蓄水池 56 口、沉沙凼 148 个、机耕道 90km、田间道路 11.67km。

(1) 模式的做法。项目区无"工业三废"污染，且周边交通便利，气候属亚热带湿润气候，年均降雨量 1055mm，具有发展绿色蔬菜产业的有利条件。通过坡耕地水土流失综合整治，项目区将优质蔬菜列为当地支柱产业之一，实行区域化发展、规模化种植、成片推进，采取菜粮（果）间作、菜桑（粮）套种、菜粮（菜）轮作的方式，形成 3 种综合治理建设蔬菜基地模式。

1) 菜粮（果）间作模式：主要在桃园间作韭菜、花菜、海椒、茄子、冬瓜、萝卜、西红柿等，旱地粮田间作秋萝卜、茄子、辣椒等需水少的蔬菜。

2) 菜桑（粮）套种模式：主要是利用桑树每年 11 月至次年 4 月的养蚕间隔期，种植青菜、菠菜等；小麦套种甘薯或者大白菜。

3) 菜粮（菜）轮作模式：主要是冬、春季种植萝卜，夏季种植辣椒、番茄，秋季种植芹菜等；或者在水稻田，在水稻收割后至下一季插秧期间，种植白菜、芹菜、蒜苗等蔬菜。

(2) 模式效益。主要包括以下两点。

1) 提高了蓄水保土能力。土壤流失量由治理前 1.55 万 t 减少到了 0.35 万 t，年保土

1.2万t，新增土壤蓄水能力16.79万 m³。

2）促进了农民增收。在新修梯田上发展连片优质蔬菜5200余亩，粮经比由治理前的7:3调整到1:1，农民年人均收入增加1485元。

5.2.2.3 生态安全型

生态安全型模式是针对水土流失造成水旱风沙和泥石流等自然灾害较为严重的水土流失区，通过拓展水土流失综合防治传统措施，突出安全防护，以减少自然灾害，保障流域内群众生产生活安全的小流域综合治理的一种形式。以广东省探索开展生态安全小流域建设为例作以简要介绍。

（1）产生背景。随着广东省城乡水利防灾减灾工程的实施，全省主要江河和县级以上城市防洪体系基本形成，防洪安全得到了有力保障。但位于大江大河上游及其支流的山区中小河流由于独特的气候条件，水土流失不断引发山洪、地质灾害和面源污染等问题。据统计，1990—2007年，广东省山区仅山洪地质灾害平均每年造成约20亿元直接经济损失，而人员伤亡总数约占全省因台风洪涝灾害总伤亡人数的近八成。根据《广东省山洪灾害防治规划》，广东省具有山洪灾害防治任务的小流域共1182条，而历史上已经出现山洪地质灾害的小流域达944条。小流域山洪灾害直接威胁着广东丘陵山区77万城镇人口和308万农村人口的生产生活安全，受威胁人口占全省人口的4.5%。为保护丘陵山区社会经济发展成果，提高防御山洪灾害和地质灾害的能力，治理水土流失、地质灾害和面源污染，改善生产生活条件和生态环境，促进当地经济发展，从2008年开始，广东省探索实施了小流域综合治理的新模式，即生态安全小流域，并采取"政府主导、行业协作、群众参与"的组织方式，同时出台了《广东省小流域综合治理规划编制导则》。

（2）建设思路、目标及原则。主要内容分别如下。

1）建设思路。坚持以人为本、人与自然和谐相处，紧紧围绕建设社会主义新农村和广东省率先实现现代化、建设和谐社会的目标进行统一规划；以实施可持续发展战略，保障防洪安全和经济社会发展安全，维护生态，改善人居环境和经济社会发展环境为中心，依据小流域自然条件和社会经济现状，通过防治洪水灾害、地质灾害，治理水土流失和开展生态建设，保障小流域生态优良、生产生活安全和谐发展。

2）建设目标。"安全、生态、发展、和谐"是小流域综合治理的总体目标。保障人居安全和财产安全是小流域综合治理的第一要务；水土流失得到有效治理、生态环境良性发展是小流域综合治理的主要特征；发展是小流域综合治理的基本要求；和谐是小流域综合治理的根本目标。

（3）模式的做法。根据《广东省千宗治洪治涝保安工程建设方案》，生态安全小流域综合治理主要有防洪、水土流失治理、人居环境整治和其他等四大类措施。

1）防洪工程：倡导"保持沟道河流的天然属性、维持河流的天然状态"。以清淤疏浚为主，以护坡、护岸和堤防修建为辅，扩大河道行洪能力。

2）水土流失治理工程：实施分区防治。根据地形地势、水土流失类型与强度、人类活动情况，以及主要防治对策等，将小流域划分为生态保护区、治理开发区和重点整治区。

3）人居环境整治工程：包括房前屋后的绿化美化、简易污水处理设施建设及固体垃坂的收集与处理等。

4）其他：包括制定管护措施、防灾预案及建设预警预报系统等非工程措施。

5.2.2.4　生态景观旅游型

生态景观旅游型主要是针对自然景观独特、旅游资源丰富、交通便利的山丘区，以小流域水土流失综合防治为契机，将建设小流域水土流失综合防治体系与旅游资源开发相结合，在根治水土流失的同时，打造出供人们休闲观光和旅游的生态环境，实现生态效益与经济效益、社会效益的有机统一。

河北迁西县大堡城子小流域，地处冀北土石山区，土壤以棕壤为主，平均土层厚度150cm；气候属暖温带半湿润大陆性季风气候，年平均气温10.3℃，多年平均降雨量704.2mm。全流域总人口835人，其中农业人口419人。土地总面积6.0km²，水土流失面积3.2km²，占总土地面积的53.3%。耕地面积80.08hm²，其中坡耕地占79.6%。

2011年大堡城子村被列入全国水土流失综合治理重点工程以来，当地利用独特的区位优势和旅游资源，将项目引入八面峰生态农业观光休闲度假区建设，建成"一轴、两区、三园"的布局。

一轴：一条八面峰生态文化景观主线，将山体作为园区核心区域，形成由东到西贯穿山脊的景观轴线，连接主峰东西片区，使得园区建设立足于固有的山体，打造特色园景区。

两区：两个休闲度假区。一是在东部沟谷打造生态度假区，配备综合功能设施；二是在西部区域建设露营地，为自驾游客提供场所，并提供房车服务。

三园：一是1200亩的板栗园，二是535亩的水果采摘园，三是290亩的红叶园（以天然橡树林为主），共栽植板栗1.5万株、桃树2000株、梨树1500株、早红考密斯5000株、黄金梨2000株、樱桃400株、杏树1000株。

模式的实施，拦蓄泥沙850t，建设石坎水平梯田750亩，发展经果林、风景林2025亩，植被覆盖率由原来的48.7%提高到60.7%；年产绿色农业产品35t，收入520万元，旅游每年可接待1.8万人，收入480万元。项目区通过发展高标准水平梯田，生产条件得到较大改善，特色园区将错落有致的梯田、人工林与自然景观融为一体，成为集休闲、旅游、观赏、采摘、科普为一体的沟域农业园区、绿色农产品生产基地、乡村旅游度假基地、综合教育培训基地，生态和经济效益十分可观。

5.2.2.5　生态清洁型

生态清洁型即生态清洁小流域，是指在传统水土保持小流域综合治理的基础上，将水资源保护、面源污染防治、农村垃圾及污水处理等有机结合的一种新型小流域综合治理模式。

（1）产生背景与发展现状。生态清洁小流域是一种新型小流域综合治理模式。随着经济社会的发展和人民生活水平的提高，人们越来越重视与期盼山青、水绿、天蓝的人居环境。2003年以来，北京市水务系统在科学发展观和治水新思路的指导下，认真落实北京市委、市政府关于"向观念要水、向科技要水、向机制要水"的指示精神，积极探索拓展水土保持工作新理念，按照"以水源保护为中心，构筑'生态修复、生态治理、生态保护'三道防线，建设生态清洁小流域"的思路，在原有小流域综合治理措施的基础上，突出小流域内污水、垃圾、厕所和环境的治理，明确了保护水源的三道防线措施布局，提出了生态清洁小流域建设的 21 项措施。水利部原部长汪恕诚同志考察了北京市郊区生态清洁小流域建设工作后，给予了高度评价，并要求在全国各地推广北京市的经验。2006 年，水利部在全国启动了生态清洁小流域建设试点工程。据统计，"十二五"期间，全国已建成 1000 条生态清洁小流域，在保护水源、改善水质、美化人居环境以及促进区域产业结构调整和经济发展等方面发挥了重要作用。

生态建设的深入开展，传统意义上以"保水、保土、保肥"为主要目标的小流域综合治理已经难以满足社会需求，亟待增加水源与水质保护、面源污染控制、人居环境改善等目标。在此背景下，生态清洁小流域概念应运而生，并且很快被各级水行政主管部门和社会公众接受和认可。2011 年正式实施修订后的《水土保持法》第 36 条规定："在饮用水水源保护区，地方各级人民政府及其有关部门应当组织单位和个人，采取预防保护、自然修复和综合治理措施，配套建设植物过滤带，积极推广沼气，开展清洁小流域建设，严格控制化肥和农药的使用，减少水土流失引起的面源污染，保护饮用水水源。"2016 年发布的《全国水土保持规划（2015—2030 年）》确定近期在丹江口库区、燕山太行山、黄山—天目山等水源地开展生态清洁小流域建设。

（2）生态清洁小流域建设。主要包括以下 4 个方面。

1）建设目标：流域内水土流失得到控制，固体废弃物、垃圾或其他污染物得到有效处理，农田中化肥、农药及重金属残留物的含量符合相关规定，推广有机农业、水土资源得到有效保护与合理利用，实现人与自然和谐发展。

2）建设原则：以小流域为单元，以水源保护为中心，以控制水土流失和面源污染为重点，坚持山、水、田、林、路、村、固体废弃物和污水处置统一规划，预防保护、生态，修复与综合治理并重。

3）建设要求：根据建设地点、措施内容等可以把生态清洁型小流域分为城郊型生态清洁小流域和水源区生态清洁小流域。城郊型生态清洁小流域建设内容以提高自然风光旅游价值为目标，措施总体布局侧重自然景观的保护和改善。实践中，大多数地方都与水土保持科技示范园建设结合进行。水源区生态清洁小流域以改善水质、减少出口泥沙为目标，措施布设宜侧重在水源涵养林、调蓄水工程和水源保护工程等。

4）措施布局：根据小流域的自然条件、功能类型区、水土流失、污染源特点等因素，在小流域内分为自然修复区、综合治理区、沟（河）道及湖库周边整治区，各区防治目标、防治措施和布局具体如下。

a. 自然修复区：第一，在自然植被较好的地方，主要采取封禁措施，保护林草植被，蓄水保土，涵养水源；同时，采取防止人为扰动破坏、污染物随意排放等预防保护措施。第二，在自然植被较差的地方，主要采取补植、抚育等措施，促进林草植被恢复，保持土壤，涵养水源；同时，采取防止人为扰动破坏、污染物随意排放等预防保护措施。

b. 综合治理区：第一，在土地利用现状分析评价基础上，按土地利用类型和污染类型配置水土流失及面源污染防治措施。第二，村庄、企事业单位及其附近地区措施布局包括人居环境改善、道路整治、垃圾与污水处理等措施。

c. 沟（河）道及湖库周边整治区：第一，受人为干扰少、生态功能较好的沟（河）

道，以预防保护为主，不宜采取工程措施。第二，受人为干扰较大、自然形态遭受严重破坏的沟（河）道，采取必要的工程治理措施。第三，沟道拦泥、河库清淤符合当地防洪标准，淤泥宜综合利用，或按有关规定处置。第四，水库、湖塘等周边地带措施布局符合水源保护规定。

5.3　国家水土保持重点工程

国家水土保持工程，是加快推进我国水土流失集中连片综合治理、规模治理的示范样板和龙头。1982 年，全国第四次水土保持工作会议研究确定，开展重点治理，示范引导、辐射带动面上综合治理。1983 年，经国务院批准，首先选定无定河、皇甫川、定西县、三川河、永定河、柳河、兴国县、葛洲坝库区共 8 个水土流失严重、群众贫困，对国民经济发展影响较大的区域开展以小流域为单元的重点治理，涉及 43 个县。这项工程就是全国八片水土保持重点治理工程。

随着我国经济社会的快速发展，国家更加重视生态环境建设，投入力度不断加大。在总结八片重点治理经验、充分肯定成效的基础上，国家又相继实施了长江和黄河上中游水土保持重点防治项目、京津风沙源治理项目、黄土高原水土保持世界银行贷款项目、首都水资源可持续利用水土保持项目、国债水土保持项目、东北黑土区水土流失综合防治试点项目、珠江上游南北盘江石灰岩地区水土保持综合治理试点项目、黄土高原地区淤地坝建设项目等国家水土保持重点工程项目。在这些重点治理工程项目的辐射带动下，综合治理的理念深入人心，以小流域为单元、综合治理的技术路线日臻成熟，并不断得到拓展和创新，水土流失治理速度进一步加快，治理水平大幅提升。

现重点以目前正在实施、且对我国生态文明建设作用重大、对经济社会可持续发展影响深远的三大国家水土保持重点工程为例，简要介绍工程的背景以及综合治理的思路、作用和成效。

5.3.1　国家水土保持重点建设工程

5.3.1.1　实施背景

革命老区大多位于偏远山丘地区，是我国水土流失最为严重的地区，也是贫困程度最深、少数民族人口最为集中分布的区域。水土流失是制约这些区域经济社会发展、群众脱贫致富、建设生态文明、实现全面小康社会目标的重要因素。全国革命老区土地面积 322 万 km^2，水土流失面积达 105 万 km^2，一些老区县水土流失面积占土地总面积比例高达 90%，全国 76% 的贫困县和 74% 的贫困人口集中分布在水土流失严重的革命老区。

党和国家高度关注革命老区的水土流失防治问题。1983 年，经国务院批准，财政部和水利部以江西赣南、陕北榆林、山西吕梁等革命老区为重点，开始实施"全国八片水土保持重点治理工程"（2003 年更名为"国家水土保持重点建设工程"）。该工程是我国第一个由中央安排财政专项资金，有计划、有步骤、集中连片在水土流失严重的贫困革命老区，把水土流失治理与促进群众脱贫致富结合起来，开展水土流失综合治理的水土保持重点工程。

国家水土保持重点建设工程至今已连续实施 5 期，深受广大群众欢迎，被誉为党和政府的"民生工程""德政工程"，已成为我国水土流失综合治理的成功范例。

5.3.1.2 发展历程

1983 年至今，国家水土保持重点建设工程已连续顺利实施 5 期。截至 2016 年年底，工程建设累计安排中央投资 118.2 亿元，综合治理水土流失面积 8.21 万 km²。

（1）一期工程（1983—1992 年）：中央财政每年投资 3000 万元，于 1992 年通过验收。实施范围包括黄河流域的无定河、三川河、湫水河、皇甫川流域和定西县；海河流域的永定河流域；辽河流域的柳河上游和大凌河中游；长江流域的贡水流域、三峡库区、赣江流域。涉及北京、河北、山西、内蒙古、湖北、辽宁、江西、陕西和甘肃 9 省（自治区、直辖市）的 43 个县（市、区、旗）。

（2）二期工程（1993—2002 年）：第一阶段为 1993—1997 年，中央财政每年投资 4000 万元，于 1997 年通过验收；第二阶段为 1998—2002 年，中央财政每年投资 5000 万元，2002 年通过验收。实施范围包括永定河、湫水河、大凌河、柳河、无定河、皇甫川、赣江和定西。涉及陕西、甘肃、山西、内蒙古、江西、辽宁、河北、北京 8 省（自治区、直辖市）的 56 个县（市、区、旗）。

（3）三期工程（2003—2007 年）：2003—2006 年中央财政每年投资 5000 万元，2007 年增加到 8000 万元。本期工程按照集中连片、规模治理，建设水土保持大示范区的思路，2003 年开始实施，2007 年通过验收，共治理 42 个项目区的 359 条小流域。实施范围包括永定河、湫水河、太行山区、大凌河、柳河、无定河、皇甫川、赣江和定西。涉及陕西、甘肃、山西、内蒙古、江西、辽宁、河北、北京 8 省（自治区、直辖市）的 42 个县（市、区、旗）。

（4）四期工程（2008—2012 年）：工程累计投资 30.1 亿元，治理 1052 条小流域，治理水土流失面积 16026km²。建设范围包括北京、河北、山西、内蒙古、辽宁、福建、江西、山东、安徽、河南、陕西及甘肃 12 个省（自治区、直辖市）的 106 个县，涉及陕北、赣南、闽西北、太行山、大别山、桐柏山、沂蒙山等革命老区。

（5）五期工程（2013—2017 年）：工程规划综合治理水土流失面积 3 万 km²，治理小流域 2008 条。建设范围包括河北、辽宁、陕西、山西、江西和湖南等 20 个省（自治区、直辖市）的 279 个县，涉及太行山、沂蒙山、大别山、井冈山、遵义、洪湖、百色、琼崖、陕甘宁、晋绥、鄂豫陕和东北抗联等 12 个革命老区片。目前工程尚在实施，2013—2016 年 4 年累计安排中央财政资金 77 亿元，治理水土流失面积 23816km²。

5.3.1.3 建设思路与原则

（1）建设思路：以控制水土流失、改善民生、增加农民收入、改善农业生产条件和生态环境为目标，紧紧围绕项目区特别是革命老区经济社会发展和新村建设，以县为单位，以小流域为治理单元，山、水、田、林、路、村统一规划，工程措施、植物措施和农业耕作措施科学配置，开展综合治理；以政策为导向，充分调动社会各方面力量治理水土流失的积极性，加快水土流失治理进程；以水土资源的可持续利用和生态环境的可持续维护，促进经济社会的可持续发展。

（2）建设原则：统筹规划，突出重点；以人为本，注重民生；因地制宜，综合治理；

创新机制，多元投入；注重科技，提升效益。

5.3.1.4　主要经验

经过30多年的实践，国家水土保持重点建设工程总结探索出了许多可行的做法，积累了丰富的成功经验。

（1）探索并形成了水土流失综合治理科学技术路线，走出了一条适合我国国情的水土流失综合防治路子。该工程作为国家实施的第一个水土保持重点工程，多年来坚持不断探索，大胆实践，在水土保持理论和实践上始终走在全国的前列，为全国水土保持工作的开展开创了一条既符合自然规律，又适应我国不同地区经济社会发展水平的水土流失防治之路，这就是预防为主，防治结合；以小流域为单元，山水田林路统一规划，工程措施、生物措施和农业耕作措施优化配置；治理与开发相结合，人工治理与自然恢复相结合；政府组织推动和依靠市场机制推动相结合；水土保持行业主抓与部门协作相结合的水土保持技术路线与组织实施方式。这条技术路线强调尊重自然规律和经济社会发展规律，因地制宜，因害设防，形成控制水土流失的综合防护体系，把水土流失治理与促进农民群众脱贫致富和当地经济社会发展结合起来，得到了社会各界的广泛认可，是一条具有中国特色的水土保持综合防治的科学技术路线。

（2）建立了政府引导，群众和社会参与的工作机制。在长期实践中，国家水土保持重点建设工程形成了一整套行之有效的水土保持工作机制。一是工程实施坚持以地方和群众投入为主，中央扶持的投入机制，充分发挥中央资金的引导带动作用。二是政府推动，苦干实干。治理区各级政府和广大干部群众要把工程建设作为改变当地贫穷落后面貌的一项重要措施和难得的机遇，政府要把工程实施作为为群众办实事、办好事的大事来抓，群众要把工程实施作为为自己谋利益、谋发展的大事来干，形成了苦干实干，推进工程建设顺利实施的良好氛围。如甘肃省定西市安定区，明确提出"水保立区"的发展战略，坚持"政府苦抓、干部苦帮、群众苦干"，不断把水土保持工作推上新台阶。多年来，许多地方干部换了一届又一届，但治理水土流失的接力棒没有丢，一任接着一任干，一张蓝图绘到底。三是创新机制，调动社会力量投入。在工程实施过程中，重视发挥政策的作用，实行户包、拍卖、租赁、股份合作等，调动社会力量参与水土流失治理，提高了工程建设的质量与效益。近年来，江西省赣州市社会各界兴办水保股份合作制实体和基地4678个，投入各类资金5.8亿元，是国家投入的10倍以上。河北张家口市的"四荒"拍卖、山西大同市的大户治理等都在吸引社会投资方面取得了明显成效。

（3）为全国大规模开展生态建设树立了示范样板。国家水土保持重点建设工程在技术路线、组织实施、建管机制等方面积累了丰富的经验。工程建设坚持因地制宜、因害设防，科学布设各项措施，探索出了黄土高原丘陵沟壑区、南方红壤区等不同类型区的综合治理模式；粮田下川，林草上山；山田窖院兼治，拦蓄排灌结合；建退还封改等小流域综合治理模式。沙棘护坡与固沟、草田轮作、径流调控利用、截堵削固等治理措施模式；果品基地建设、观光旅游、庭院经济、猪沼果等经济开发模式。建设了一大批综合效益显著的水土保持生态建设示范工程，涌现了一批在全国范围内具有示范带动、宣传推广作用的先进典型，先后有数百条小流域被水利部、财政部命名为"全国水土保持生态环境建设示范小流域"，北京的延庆县，河北的涿鹿县、内蒙古的敖汉旗和奈曼旗，江西的兴国县、石城县和信丰县，陕西的榆阳区和吴旗县被命名为"全国水土保持生态环境建设示范县"。国家水土保持重点建设工程的成功经验成为国家相关生态建设工程借鉴、学习的示范样板，有力地推动了全国水土保持生态建设工作。

5.3.1.5 建设成效

工程实施以来，在各级党委、政府的高度重视下和各级水利、财政部门的精心组织下，治理区广大干部群众发扬"自力更生、苦干实干、讲求实效、开拓创新"的精神开展工程建设，取得了显著的社会、经济和生态效益。

（1）水土流失得到有效控制。工程建设坚持以小流域为单元，山水田林路全面规划、综合治理。从山顶到山脚涵养了水，保住了土，增加了植被，实现了粮田下川、林草上山、泥不出沟、水不乱流，基本形成了"山顶松柏翠绿，山腰梨果飘香，缓坡梯田缠绕，山脚覆膜建棚，河畔路旁绿化，沟道蓄水拦沙"的水土流失综合防护体系。工程自 1983 年实施至今，累计完成水土流失综合治理面积 8.21 万 km²。其中，建设基本农田 110 万 hm²，种植经果林 113 万 hm²，建设小型水利水保工程 40 余万处，巩固和促进陡坡耕地退耕还林还草 1400 多万亩。经过治理的小流域水土流失治理程度达到 70% 以上，林草植被覆盖率平均提高 20%，生态状况明显好转。

（2）农业综合生产能力显著提高。国家水土保持重点建设工程立足当地实际，把农业增产和农民增收放在最突出位置。通过项目实施，因地制宜建成了一大批梯田、水窖、旱井、谷坊、淤地坝等小型水利水保工程，有效改善了当地农业生产条件。凡是经过重点治理的区域，人均基本农田在北方增加 1～2 亩，南方增加 0.2～0.3 亩。粮食产量翻一番到两番，稳定解决了群众的粮食自给问题。工程建设在综合治理水土流失的同时，大力发展经济林果和特色产业，有力促进了当地经济社会发展，实现了生态建设与经济发展"双赢"。项目区群众人均增收 400 元/年，促进 100 多万群众实现了脱贫致富。江西兴国县樟江和鼎城项目区培植了以油茶、茶叶、苗木等为主的产业，土地利用率提高到 97%，土地产出增长率达 65%，商品率达 59%，群众人均纯收入比治理前增加了 2560 元。

（3）抵御自然灾害能力有效增强。工程实施坚持工程措施、生物措施和农业耕作措施优化配置，增加蓄水保土能力，延缓暴雨汇流时间，减少沟道洪峰流量与含沙量，进一步提高防洪抗旱减灾能力。特别是在干旱等极端灾害性天气情况下，更加凸显出其抗灾减灾保民生的优势。2013 年，我国长江以南大部地区出现了历史罕见的持续高温少雨天气，38℃以上的酷热天气日数为近 50 年来之最。在干旱灾情如此严重的情况下，实施国家水土保持重点建设工程的治理区灾情大幅度减轻。如江西赣县桃江项目区上堡村枧田小流域构建了层层设防、节节拦蓄的水土保持综合防治体系，充分发挥了"绿色水库"的功效，治理区受旱面积及受灾程度比非治理区减少 20%～30%，区内溪河水流淙淙，农田全部种上了晚稻，80% 以上的农田有水灌溉。而未实施重点治理的白枧村，小溪断流，山塘干涸，30% 的农田因缺水而无法栽种晚稻。

（4）贫困落后状况明显改善。工程实施使治理区水土流失严重、生产生活条件落后、生态环境恶劣和经济社会发展相对滞后的状况得到明显改善。工程实施拉动了投资，扩大了就业，改善了农村产业结构和生产生活条件，增加了农民收入，提高了农民幸福指数。目前已涌现出一大批生产发展、生活富裕、乡风文明、村容整洁、管理民主的村庄，为革命老区新农村建成和全面建成小康社会创造了条件。陕北、太行山、大别山等革命老区，一批过去封闭、落后、荒凉的穷山村，通过实施国家水土保持重点建设工程，发展成了开放、富裕、秀美的新山村，"住土房、喝苦水、点油灯"的贫困农家如今住上了砖瓦房，吃上了自来水，通了电，道路四通八达，涌现出不少文明户、文明村。

5.3.2　国家农业综合开发水土保持项目

5.3.2.1　项目背景

　　水土流失不仅导致耕地资源减少、农业综合生产能力降低，而且导致江河湖库淤积，加剧洪涝灾害，严重制约了我国社会经济可持续发展。为有效治理水土流失，改善生态环境和农业生产条件，提高当地综合生产能力，促进农业增产和农民增收，1989 年国家农业综合开发办公室安排专项资金，启动实施了国家农业综合开发水土保持重点治理工程（以下简称农发水保项目）。农发水保项目是经国家农业综合开发办公室批准，由水利部组织实施、地方农业综合开发机构参与管理的部门项目。1989 年开始实施以来，在国家农发办的大力支持下，项目建设范围逐步扩大，资金投入逐步加大，建设管理日趋规范，取得了显著的生态、经济和社会效益，在我国水土保持生态建设中发挥了重要的示范和带动作用，成为推动水土流失地区农业增产、农民增收和农村经济发展的重要民生工程。

5.3.2.2　发展历程

　　从 1989 年至今，农发水保项目大致经历了 4 个发展阶段。

　　（1）起步实施阶段（1989—1998 年）。1988 年 10 月，长江上游水土保持委员会向国务院报送了《关于长江上游水土保持重点防治区立项的请示》，随后国务院以国函〔1989〕1 号文对请示作出批复，明确了长江上游水土保持重点防治经费筹集等有关事项。1989 年，根据国务院批复精神，财政部每年安排农业综合开发资金 2500 万元，正式启动实施了长江上游农业综合开发水土保持重点治理项目，由此拉开了农发资金支持水土保持生态建设的序幕。当时该项目的实施区主要涉及贵州、云南、四川、陕西、甘肃和湖北 6 省。

　　（2）稳步发展阶段（1999—2007 年）。在实施长江上游农业综合开发水土保持重点治理的基础上，为加强黄河上中游地区水土流失治理，1999 年，国家农发办进一步加大了对农发水保项目的投入力度，新增山西、陕西、甘肃、青海和宁夏 5 省（自治区）实施农发水保项目，至此农发水土保持项目的实施省份达到 9 个。2003 年，为加强和规范项目管理，根据国家农发办的意见，水利部对农发水保项目建设布局进行了适当调整，项目实施省份由原来的 9 个压缩到宁夏、陕西、山西、四川、重庆、江西、湖南 7 个。到 2007 年，项目实施范围为 7 个省（自治区、直辖市）的 80 个县，项目年度中央投资达到 1 亿元以上。

　　（3）加快推进阶段（2008—2016 年）。根据新时期国家农业综合开发有关精神和要求，国家农发办又安排专项资金，相继在一些水土流失重点地区开展了农发水土保持重点治理，由此农发水土流失治理工作逐步进入快速推进的发展时期。主要包括三个小的专项。一是为保护黑土资源，巩固与提高黑土地农业综合生产能力，保障国家粮食安全，根据时任总理温家宝和时任副总理回良玉的重要批示，2008 年启动实施的东北黑土区水土流失重点治理项目。建设范围包括吉林、黑龙江 2 省及黑龙江农垦总局的 31 个县，每年度中央财政资金投入 1.2 亿元。2011 年起，项目实施范围扩大到内蒙古、辽宁两个省份，项目年度中央财政资金投入提高至 1.7 亿元。二是为有效治理陕甘宁地区坡耕地上严重的水土流失，提高当地农业综合生产能力，减少入黄泥沙，2010 年启动了陕甘宁地区水土流失综合治理项目。项目实施涉及陕西、甘肃、宁夏三省（自治区）的 34 个项目县，年度中央财政资金投入 1 亿元，2012 年项目年度中央财政资金投入增加至 1.2 亿元。三是为加快滇黔桂岩溶区水土流失综合治理，抢救滇黔桂岩溶区珍贵的土地资源，促进当地脱贫致富，2013 年启动滇黔桂岩溶区水土流失综合治理项目，实施范围包括广西、贵州、云南三省（自治区）的 30 个县，年度中央财政资金投入 1.3 亿元。随着这 3 个专项工程的实施，近年来农发水保项目年度投资规模逐步达到 5 亿左右，2013—2016 年达到 6.3 亿元，农发水土流失重点治理初步实现了由小范围零星治理向大范围规模治理转变。

（4）改革转型阶段（2017 年— ）。2017 年，为贯彻落实国务院关于进一步优化财政资金配置，提高财政资金使用效益决策部署，农发办对项目布局进行了重新调整，实施范围集中在东北黑土区和黄土高塬沟壑区，启动实施了东北黑土区侵蚀沟综合治理和黄土高原塬面保护项目，实施范围包括黑龙江、吉林、辽宁、内蒙古、陕西、甘肃和山西 7 省（自治区），年度中央财政资金投入达 6.3 亿元。

5.3.2.3 主要特点

（1）形成部门协调配合的良好机制。农发水保项目由水利部组织地方水利水保部门实施，地方农业综合开发机构（以下简称"农发机构"）参与管理。水利水保部门具体负责项目的组织实施，并与农发机构做好沟通协调工作；农发机构主要负责资金管理，并配合水利水保部门搞好项目管理。实施 20 多年来，依靠政府推动，形成了部门间密切配合、协商共事的良性互动机制。两部门深入调查研究、统筹谋划长远发展规划，共同组织开展项目前期工作和检查验收。各级政府成立了水利、财政等相关部门主管领导组成的项目领导小组，积极落实项目地方财政资金，推行项目建设目标责任制，确保了项目建设的综合效益。

（2）启动实施早，防治思路明确。农发水保项目是实施较早的生态治理项目之一。自 1989 年以来，项目连续实施，滚动发展，由最初涉及长江流域 6 省（直辖市）的 56 个县，扩展到长江、黄河、松辽、珠江四大流域 15 个省（自治区、直辖市）的 237 个县，累计开展水土流失综合治理面积 6.17 万 km²。防治思路上坚持治理水土流失与加强农业基础设施建设、改善民生相结合，围绕提高农业综合生产能力和促进农民增收，不断提高农业综合开发的水平和效益。农业综合开发充分体现"综合"二字，按照"整体、协调、循环、再生"原则，调整和优化开发结构，在治理水土流失的同时，又在山水田林路综合治理中保护和改善生态环境，充分体现综合性开发、示范性辐射、区域性带动作用。在项目布局上坚持突出重点、相对集中，主要面向水土流失严重、治理需求迫切、具有综合开发潜力的老少边穷地区和粮食主产区。在治理措施上以坡改梯、坡面水系工程、经果林和生产道路等措施为重点，有效保护和高效利用水土资源、增强农业综合发展能力，促进农业增产和农民增收。

（3）投入持续稳定。在资金投入方面，以国家持续稳定增加投入为保障，建立多元化投入机制，确保了工程连续治理、集中治理。1989—2012 年，中央财政资金由每年 2500 万元持续稳定增加到 4.6 亿元，为加快水土流失严重地区治理步伐、改善农业生产条件注入了源源不断的活力和动力。项目建设中以中央资金支持为带动，注重机制创新，通过政策拉动、政府推动、市场调动和典型带动，激活民资，激发民力，不断完善多渠道、多元化投入机制。2012 年，中央财政资金约 4.6 亿元，地方财政配套 1.92 亿元，项目区群众自筹资金 0.55 亿元，另外带动群众投工 305 万个工日。一些项目省出台了优惠政策，创新了机制，吸引了来自企业、大户等民间资本投入到农发水保项目中，有效弥补了中央投入的不足。

（4）管理规范，机制灵活。项目自 1989 年启动以来，结合"长治"工程建设，从项目立项、前期工作、实施管理、检查验收和成果管护等方面，建立了一系列完善的管理制度；尤其是 2005 年发布、2012 年修订的《国家农业综合开发水土保持项目管理实施细则》等一批管理制度，使项目制度建设日益完善，确保了工程建设的顺利实施。工程建设中，项目区全面推行项目责任主体负责制、县级报账制、工程建设监理制、群众投劳承诺制、工程建设公示制和产权确认制等一系列管理制度，初步形成了责任明确、群众参与、监督制约、管护到位的建管机制，保证了工程建设质量。坚持规划先行，国家农发办和水利部不定期制定和修订中长期规划，坚持前期工作项目储备制度，项目建设中坚持大干大支持的竞争激励机制，水利部和国家农发办通过项目前期、监督检查等工作环节，将各省年度检查和考核结果作为中央财政资金安排及项目县动态管理的重要依据。有力地起到了鼓励先进、激励后进的作用。

（5）效益显著，群众欢迎。农发水保项目建设坚持将治理水土流失与改善农业生产条件、发展特色产业、促进农民增收致富紧密结合，大力调整土地利用和产业结构，建设支柱产业、发展商品经济，形成了江西赣南的脐橙、湖南的茶叶、重庆的中药材、四川的石榴和花椒、陕西的红枣和苹果等各具特色的支柱产业，为调整农村产业结构，推进农业产业化、发展优质高效农业奠定了基础，极大地改善了项目区贫困落后的面貌，为水土保持事业发展注入了新的活力，得到了项目区群众的极大欢迎。

5.3.2.4　主要成效

28 年来，在各级党委政府的高度重视下，在各级财政、水利部门的共同努力下，农发水保项目实施取得显著成效，发挥了显著的生态、经济和社会效益。在长期实践中，项目区广大干部群众探索出了以小流域为单元，把水土流失治理同农业综合开发紧密结合，坚持山水田林路统一规划，工程、植物、农业耕作措施优化配置的防治技术路线，不仅有效地治理了水土流失，而且有效改善了当地面貌，促进了当地经济社会发展。截至 2016 年，项目累计安排中央财政补助资金 57 亿元，治理水土流失面积 7 万 km²，新增基本农田 912 万亩，建设小型水利水保工程 23.7 万处（座），在水土保持生态建设中发挥着重要的综合示范引领作用。

（1）水土流失得到有效控制，生态环境明显改善。项目实施后，项目区 70％以上的水土流失得到有效治理，年均减少土壤侵蚀量约 4500 万 t，提高林草覆盖率 8％左右，区域生态系统涵养水源、固持土壤、抵御水旱灾害能力显著增强。长江流域项目区减沙率均达到 70％以上，黄河上中游地区产流量减少 50％左右，产沙量减少约 60％。甘肃省项目区年可拦蓄径流 600 多万 m³，拦泥 50 多万 t。赣南修水县白沙岭项目区，治理前崩塌、滑坡、山洪、山坡型泥石流频发，治理后项目区林草覆盖率达到 73.8%，抗灾减灾能力明显增强。2003 年大旱之年无大灾；2005 年特大暴雨期间，相邻未治理的全丰镇形成较大洪灾，砂埋农田 130 多亩，冲毁河堤 1000 多 m，倒塌桥梁 2 座，毁坏塘坝 3 座，倒塌房屋 20 多间，直接经济损失近 200 万元，而白沙岭项目区下游的农田和村庄基本未有损失。

（2）农业生产条件显著改善，综合生产能力显著提高。农发水保项目实施以来，通过坡改梯、沟建坝，配套生产道路、小型水保水保工程，建设高产、稳产基本农田，生产条件得到有效改善，为发展优质高效农业和调整农村产业结构打下了坚实的基础，许多地区"靠天种庄稼、雨大冲良田、天旱难种地"的状况发生了根本性改变。据初步统计，农发项目区人均基本农田在北方增加 1～2 亩，南方增加 0.3～0.5 亩，年均增加粮食生产能力 12 多亿 kg。长江上中游治理区人均产粮由 383kg 提高到 495kg，增长 29.2%，基本解决当地群众口粮问题；2010 年陕甘宁地区水土流失综合治理项目启动后，过去跑水、跑土、跑肥的黄土高原坡耕地，改造成层层梯田，变为保水、保土、保肥的"三保地"，到 2011 年年底，仅甘肃省人均梯田面积增加了 0.54～3.83 亩，梯田化程度达到了 54.7%，粮食年均增产 600 多万 kg，是改造前坡耕地产粮的 6～10 倍。

（3）特色产业得到长足发展，农民增收致富步伐加快。项目以农业增产、农民增收、农村经济发展为目标，治理与开发相结合，充分发挥当地气候和资源优势，在粮食产量稳定增加的同时，大力发展经济果木和特色产业，各地初步形成了一批为群众带来稳定收入的名特优经济林果及中药材产业带，极大地改变了项目区贫困落后的面貌。截至 2014 年年底，农发水保项目共发展经果林近 1000 万亩，通过项目实施使 500 多万人实现了脱贫致富。江西赣南大力发展脐橙、油茶、茶叶等特色产业，脐橙亩均收入 5000～7000 元，高的达 12000 元，同时带动了加工、运输等行业的发展。陕西发展的红枣、苹果效益也十分可观，实施项目的小流域人均收入可达到 6000 元以上。甘肃探索出了"梯田＋地膜玉米、梯田＋马铃薯、梯田＋山地果园、梯田＋中药材"等各具特色的产业模式，农民收入因此翻了几番。

（4）农村人居环境明显改善，促进了当地新农村建设。伴随着粮食生产、农民增收、能源燃料及后续产业发展等民生问题的解决，项目区农民的衣、食、住、行等条件发生了巨大变化。经过多年连续治理，许多昔日的荒山秃岭、不毛之地，如今已是满目青山，花果满园。治理后的小流域"山青、水秀、景美"，农家乐休闲产业发展的如火如荼，原来封闭、落后、荒凉的项目区，现在呈现出山清水秀、林茂粮丰、安居乐业的繁荣景象。

5.3.3 坡耕地水土流失综合治理工程

5.3.3.1 实施背景

我国有坡耕地 3.59 亿亩，约占全国耕地总量的 1/5，广泛分布于 30 个省（自治区、直辖市）。坡耕地是山丘区群众赖以生存发展的生产用地，也是水土流失的主要策源地。据水利部、中国科学院和中国工程院联合开展的中国水土流失与生态安全综合科学考察成果，坡耕地面积仅占全国水土流失面积的 6.7%，但土壤侵蚀量却达 14.15 亿 t/a，占全国总量的 28.3%。个别坡耕地集中分布的地区，坡耕地土壤侵蚀量占当地侵蚀总量的

70％以上。坡耕地粮食产量低而不稳,加剧了当地的贫困程度,制约着经济社会的可持续发展。陡坡耕作不断剥蚀耕作层,降低土地生产力,甚至破坏耕地资源。20 世纪 50 年代以来,我国因水土流失损毁的耕地面积达 5000 万亩,平均每年 100 万亩,几乎全都是坡耕地。

我国坡耕地改造的历史非常悠久,建设水平梯田历来是坡耕地改造的主要措施。现存的三大片古梯田有广西龙脊梯田、云南元阳梯田和湖南新化紫鹊界梯田。其中,湖南新化紫鹊界梯田有 2300 年的历史。20 世纪 50 年代以来,国家把山丘区梯田建设作为治理坡耕地水土流失的重要措施来抓,既治理了水土流失,又推动了农业机械化发展。至 2008 年,全国累计有梯田 1.58 亿亩,其中 1.08 亿亩集中分布于南方山丘区,以稻作梯田为主;其余 0.5 亿亩主要分布于西北黄土高原、华北、东北及大别山区、秦巴山等山丘区。

2008 年 11 月,全国政协原副主席钱正英院士等向国务院递交了《关于实施全国坡耕地水土流失综合治理工程的建议》,时任总理温家宝和时任副总理回良玉分别作出了批示。2009 年 11 月,全国人大副委员长、民盟中央蒋树声主席提出了"关于加强坡耕地水土流失综合治理的建议",时任总书记胡锦涛、时任总理温家宝和时任副总理回良玉作出重要批示,要求水利部主动联合国家发改委等有关部门,将坡耕地水土流失综合治理作为重大农村基础设施进行规划和实施。

根据党中央和国务院领导批示和近年来中央一号文件精神,国家发改委、水利部从 2010 年开始,连续 3 年实施了坡耕地水土流失综合治理试点工程,在试点基础上,2013 年启动实施了坡耕地水土流失综合治理专项工程。

5.3.3.2　建设的必要性

坡耕地是我国耕地资源的重要组成部分,开展坡耕地水土流失综合治理,是有效治理水土流失,加强农业基础设施建设,改善山丘区群众生产生活条件,巩固退耕还林成果的需要,对保障国家粮食安全、生态安全、防洪安全,推进山丘区新农村建设,促进区域经济社会可持续发展和实现生态文明战略等都具有十分重要的意义。

开展坡耕地综合治理是控制水土流失、减少江河水患的需要。由于自然历史和人口众多的原因,目前我国仍在耕种的坡耕地面积较多。坡耕地既是山丘区群众赖以生存的基本生产用地,也是水土流失的重点区域。坡耕地严重的水土流失,不仅是制约流失区经济社会发展的突出瓶颈,而且会淤积下游江河湖库,降低水利设施调蓄功能和天然河道泄流能力,影响水利设施效益的发挥,加剧了洪涝灾害。实践证明,实施坡耕地水土流失综合治理,能够有效阻缓坡面径流,减轻水土流失,提高降雨拦蓄能力,涵养水源,变害为利,一举多得。

开展坡耕地综合治理是促进山区粮食生产、保障国家粮食安全的需要。我国人多地少,粮食安全问题始终是重大的战略问题。近 10 多年来,粮食生产连续丰收,但从总体情况来看,粮食安全形势仍不容乐观。坡耕地约占山丘区耕地总面积的 1/4,粮食产量低而不稳,如遇特大干旱年份或其他情况,由于交通不便等原因,山丘区的粮食安全难以保障。多年实践表明,坡耕地改梯田后,亩均可增产粮约 70～200kg,一些地方采取地膜覆盖种植玉米,亩产可达上千斤。如逐步对全国现有的坡耕地进行改造,多数省区的山丘区粮食需求可以实现自给。因此,为守住 18 亿亩耕地红线,确保国家粮食安全,对现有坡耕地分期分批地进行治理，巩固和提高山区粮食保障能力是非常必要的。

开展坡耕地综合治理是推进山区现代农业建设、实现全面小康的需要。随着我国社会主义新农村建设的深入推进，坡耕地治理已经成为解决山丘区"三农"问题的迫切需要和重要前提。坡耕地的土层普遍较薄，耕作层下面是没有养分、不能生长植被的成土母质，处于坡面上的耕作层一旦流失，生产、生态基础就会遭到破坏，不仅产出水平极低，更难以适应发展设施农业、现代农业的需求。实施坡耕地综合治理，小块并大块、坡地变平地，同时配合灌排设施和田间道路建设，有利于改善农业生产条件，大面积普及推广农业机械化生产，为发展特色产业、促进农业现代化和贫困群众脱贫致富创造更加有利的条件。

开展坡耕地综合治理是促进退耕还林还草、改善生态环境的需要。长期以来，坡耕地生产方式粗放，广种薄收。迫于粮食问题的压力，陡坡开荒、破坏植被的问题相当严重，造成土地沙化、退化。近年来，国家高度重视生态安全问题，大力实施了退耕还林还草等生态工程。要巩固好现有成果，必须不断提高耕地质量等级，实行集约生产经营，优化优势资源配置，促进陡坡耕地退耕还林还草，推动大面积生态修复和植被恢复，改善生态环境，确保退得下、还得上、稳得住、能致富。

开展坡耕地综合治理是践行国家生态文明战略的需要。党的十八大报告把生态文明战略建设放在突出位置，融入经济建设、政治建设、文化建设、社会建设各方面和全过程，列入五位一体进行总体布局。坡耕地水土流失治理作为整治国土、维护水土资源、改善生态环境的一项有效措施，亟须加快推进。2010年以来，国家已连续7年实施了坡耕地水土流失综合治理工程，完成了阶段性任务，为进一步巩固工程建设成果，发挥坡耕地水土流失综合治理在国家生态文明战略实践中应有的贡献，持续、稳步推进坡耕地水土流失综合治理工作是非常必要的。

5.3.3.3 工程开展情况

（1）建设总体情况。根据党中央、国务院领导同志批示精神，2010—2012年，国家发改委、水利部启动实施了全国坡耕地水土流失综合治理试点工程，在甘肃、陕西、四川等22个省（自治区、直辖市）实施，工程覆盖了西北黄土高原、西南岩溶、西南紫色土、北方土石山、南方红壤和东北黑土6个坡耕地集中分布的水土流失类型区。2013—2016年，在试点基础上，国家加大工程投入力度，在甘肃、陕西、山西、青海、宁夏、云南、贵州、四川、重庆、广西、湖南、湖北、江西、福建、安徽、河南、河北、山东、内蒙古、黑龙江、辽宁、吉林22个省区的205个项目县实施坡耕地水土流失综合治理专项工程。7年来，工程累计投入资金129.91亿元，其中中央投入93.83亿元（试点3年投入31亿元），地方投入36.08亿元。实施坡改梯建设任务728万亩，配套建设蓄水池、水窖等小型水利水保工程8.65万座（处）、排灌沟渠2.49万km，生产道路1.95万km。

为进一步加强坡耕地水土流失治理，2016年，国家发改委、水利部组织编制了《全国坡耕地水土流失综合治理"十三五"专项建设方案》，拟通过5年时间实施坡改梯工程491万亩。方案估算总投资112.39亿元，其中，中央预算内投资86.83亿元，地方建设资金25.56亿元。

（2）建设思路。按照党中央、国务院决策部署和《全国水土保持规划》的总体要求，以治理水土流失、改善生态环境和实现水土资源的可持续利用为目标，以梯田建设为主体，以灌排蓄引、田水林路等综合措施为配套，以保障和改善民生为根本，以体制机制创新和法制建设为保障，科学整合相关项目与资金，加快推进以小流域为单元的坡耕地水土流失综合治理，统筹改善农业生产基础条件和生态环境，促进经济社会又好又快发展。

（3）建设原则。主要包括以下7点。

1）统筹协调原则。做好与国土、林业、农业等部门以及土地整治、退耕还林还草、高标准农田建设等相关项目的衔接，避免重复建设，严禁在25°以上坡耕地实施坡改梯工程，严禁开荒和破坏生态。

2）统一规划原则。突出项目实施水土流失治理的目的和任务，以项目县、项目区为单位，以小流域为单元，山水田林路村统一规划，集中连片、规模整治，以村组为单位统一组织实施。

3）群众参与原则。统筹兼顾、服务民生，把坡耕地水土流失治理与促进当地群众脱贫致富、新农村建设、产业结构调整、特色产业发展、提高农业综合生产能力相结合，积极引导群众参与工程设计与建设，促进农民增收和农村经济社会发展。

4）突出重点原则。先易后难，梯次推进，优先治理"缓坡、近村、靠水源"，治理难度小的坡耕地。治理难度大、投资标准高，改造成本效益不合理的坡耕地暂不安排。

5）综合配套原则。实行梯田建设与蓄排引灌、田间生产道路、地埂利用和特色产业发展"四配套"，确保工程实施效益。

6）科学治理原则。因地制宜，就地取材，田坎宜土则土、宜石则石，田面宜宽则宽、宜窄则窄。

7）科技支撑原则。充分发挥科技支撑作用，积极推广机修梯田、预制件护埂、生物护埂等实用技术，提高工程建设质量和效率。

5.3.3.4　建设成效

通过国家坡耕地水土流失综合治理工程的实施，治理区面貌焕然一新，实现了基本农田数量、粮食产量和群众收入三增加，农业生产条件、群众生活水平、生态环境三改善，做到了生态、经济和社会效益多赢，深受治理区广大干部群众的欢迎。

（1）改善了农业生产条件，提高了农业综合生产能力。治理区坡耕地修成梯田，变跑水、跑土、跑肥的"三跑田"为保水、保土、保肥的"三保田"，土地利用率、产出率大大提高，改善了治理区农业生产条件，为调整农村种植和产业结构奠定了良好基础。同时，坡耕地修成梯田，方便了交通和灌溉设施的配置，为实现农业机械化和水利化创造了条件。多年实践表明，坡耕地改梯田后，治理区粮食亩均单产长江流域可提高70kg，黄河流域可提高70~200kg。据统计，工程建设的728万亩梯田，年可增加粮食生产能力8亿多kg，解决400多万山区人口的吃饭问题。内蒙古自治区赤峰市喀喇沁旗小牛群镇，实行改土与治水结合、治理与开发结合，人均增加水平梯田3.6亩，新增灌溉面积4050亩，带动特色产业发展面积3267亩，人均粮食由1784kg提高到2044kg。

（2）有效控制了水土流失，改善了区域生态环境。按照集中连片、规模治理的原则，坚持以梯田建设为骨架，配套必要的生产道路，修筑截排水沟、水窖、水池，营造水土保持林草，形成土、水、林综合治理的防护体系，有效地减少了泥沙进入江河湖库，将有限的水资源就地拦蓄利用，减轻了干旱、洪涝等自然灾害，提高了林草覆盖率，改善了生态环境。据统计，工程实施 7 年来修建的 728 万亩梯田，年可减少土壤流失量约 2000 万 t，增加田面拦蓄水能力约 4 亿 m³。广西壮族自治区通过对治理区水土保持效益监测分析，在坡耕地改梯田后，在耕作措施相同的情况下，蓄水效益高达 67.6%，保土效益达 85.0% 以上，治理区的土壤侵蚀模数可以降低到 $500t/(km^2 \cdot a)$ 以下。

（3）促进了产业结构调整，推动了农村经济发展。工程实施中，各地坚持把治理坡耕地水土流失与群众脱贫致富相结合，与产业结构调整相结合，与培育当地主导产业相结合，将水土保持融入农村经济发展和产业开发之中，促进了土地开发利用和产业结构调整，推动了高效农业产业和农村经济社会可持续发展，治理区广大干部群众的生态环境意识也明显增强。据调查统计，7 年来，治理区形成 1000 亩以上连片耕地 1500 多处，促进特色产业发展 166 万亩，年可增加粮食和经果林收入 30 多亿元，促进脱贫人口 108 万人。贵州省安顺市普定县城关镇陈家寨村，通过坡耕地改梯田后，大力种植梭筛桃，已成为当地的支柱产业，群众每户最低收入 5～7 万元，最高收入达 20 万元。湖南省新宁县通过坡耕地改梯田后，着力发展烟草种植业，为烟草的高产、稳产奠定了基础，每年可增加直接经济效益 903.47 万元。

本 章 参 考 文 献

［1］ 水利部，中国科学院，中国工程院. 中国水土流失与生态安全综合科学考察·总卷［M］. 北京：科学出版社，2011.

［2］ 唐克丽. 中国水土保持［M］. 北京：科学出版社，2004.

［3］ 毕小刚. 生态清洁小流域理论与实践［M］. 北京：中国水利水电出版社，2011.

［4］ 秦大河，张坤民，牛文元. 中国人口资源环境与可持续发展［M］. 北京：新华出版社，2002.

［5］ 刘宁. 凝心聚力真抓实干、奋力开创"十三五"水土保持工作新局面——在 2016 年水土保持工作视频会议上的讲话［J］. 中国水土保持，2016（4）.

［6］ 刘震. 中国水土保持小流域综合治理的回顾与展望［M］. 郑州：黄河水利出版社，2016.

第6章
水土保持监督

　　监督管理一般是指国家行政机关依据法律、法规或政府委托，代表国家对其职责管理范围内的活动进行监督、检查、控制、指导的活动。本章所指水土保持监督管理，是指水行政主管部门依据水土保持法等法律、法规，对生产建设项目的水土保持监督管理。

6.1　基本概念

6.1.1　涵义和目的

6.1.1.1　涵义

　　水土保持监督管理作为水土保持依法管理的一项重要工作，是指县级及以上人民政府水行政主管部门及其所属监督管理机构，根据法律、法规、规章、规范性文件或政府授权，对所辖区域内各类生产建设活动及其水土流失防治工作，进行监督检查、督促指导，以有效控制新增人为水土流失的各项工作的总称。

　　水土保持监督管理包含以下2个方面含义：一是水土保持监督管理属于政府行政管理的范畴，与社会监督管理、行业自律监督管理和社会公众监督管理不同，需要使用国家行政权力开展相关工作；二是职权法定，即各级水土保持监督管理部门的职权必须依法取得，水土保持监督管理工作必须严格按照授权约定的方式和程序行使规定的职权，同时违反有关法律法规规定须承担相应的法律责任。

　　水土保持监督管理包括监督主体、监督对象和监督机制3个要素。监督主体由法定授权，包括各流域机构、县级以上地方人民政府水行政主管部门及其所属的监督管理机构。监督对象是监督工作指向的客体，即从事各类生产建设的单位和个人。监督机制，是指国家法律、法规和规范性文件规定的，由主体监督客体，以达到规范其行为的制度。

6.1.1.2　目的

　　（1）推动水土保持法及其配套制度的贯彻落实。通过制定水土保持法及其配套制度、开展普法宣传、进行监督检查等方式，促进水土保持法确立的各项制度得到贯彻落实。特别是督促从事生产建设活动的单位和个人，积极贯彻落实水土保持"三同时"制度，切实减少生产建设活动中的人为水土流失，促进水土资源可持续利用和生态环境可持续维护，保障国民经济社会又好又快发展。

（2）提高人为水土流失预防和治理工作法制化水平。通过水土保持法规制度建设，全面提升依法行政水平和监督管理能力，有效增强监督管理人员的法制观念，切实做到有法可依、有法必依、执法必严、违法必究。

（3）提高水土流失防治工作质量和工作效率。通过水土保持监督管理，特别是跟踪检查工作，督促生产建设单位依法履行各项水土流失防治义务、全面落实水土保持方案要求、有效实施各项水土流失预防和治理措施，保障人为水土流失预防和治理行为的合法性、合理性和有效性，提高防治质量和效率。

（4）保障人为水土流失防治目标实现。按照水土保持生态文明建设要求，通过开展水土保持法规制度建设、宣传教育、监督检查、查处违法行为等，强化社会水土保持意识，减少人为破坏，促进人为新增水土流失预防和治理成效提高，保障人为水土流失防治目标的实现。

（5）倡导人们珍惜水土资源。通过明确水土保持相关法律责任、制定水土保持法配套制度，有效预防和控制新增水土流失，保护生态环境。

6.1.2 遵循原则

（1）公开公正原则。公开原则包括2个方面：一是向公众公布监督管理的有关信息资料，即水行政主管部门应及时、真实、充分和完整地向社会公开监督管理的职权范围、工作程序、联系方式等；二是监督标准公开，处罚结果向社会公布。公开原则的基础是信息公开制度。公正原则主要表现在2个方面：一是法律所确认的标准和规则公正，同一规则适用于所有的当事人，不得因人而异；二是管理行为公正，监督管理人员对任何当事人都要一视同仁，执行同一规则，禁止一切不公正行为的发生。公正原则的前提和基础是规则公正，没有规则公正，就无行为公正可言。

（2）职权法定原则。法定原则是指职权法定，所谓"职权法定"是指行政机关及其监督管理工作人员的职责权力均由法律、法规、规章所设定，行政机关及其监督管理工作人员行使权力都应当以法律、法规、规章为依据。非依法取得的权力都应当认定为无权限，非依法行使的权力都应当认定为无效。职权法定与公民权利是不同的。公民权利是其本身所固有的，从法律的角度讲，只有法律禁止的，公民和法人才不得为之；凡是法律没有禁止的，公民皆可为之。但是，公民要在社会公共道德范畴内正确行使自己的权利。职权法定是监督管理机关和监督管理人员行使权力的第一要义，意味着法律、法规、规章未授权的，监督管理主体不得为之。对于可能侵犯公民、法人和其他组织合法权益的权力，凡是法律、法规、规章未授予的，监督管理机关不得行使。

（3）程序正当原则。监督管理机构及其工作人员履行监督管理职责时，要做到实体监督与程序监督并重，事后监督与事前、事中监督相结合，惩治违纪违法行为与维护被监督对象的合法权利相协调。地方各级水行政主管部门不仅是水土保持监督管理的主体，还是河道管理、防洪和水资源管理的主体，在开展水土保持监督管理工作时，应坚持效能和便民原则，对涉及《水法》《防洪法》及河道管理条例等违法行为应进行记录，并向相关职能部门通报情况，做到内部管理的协调统一。

（4）高效便民原则。监督管理机构及其工作人员在行使监督管理权时，要坚持方便相对人的原则，不能妨碍或干扰被监督管理对象的正常工作，以达到最佳的监督效果。在做到文明监督的同时，做好服务工作，如在生产建设过程中，对水土流失防治措施进行检查，指导生产建设单位做好水土保持设施的自查初验工作。同时，监督管理机构应加强公益性的监测预报工作，提高水土保持监督管理的科学性和针对性。

6.1.3　基本要求

水土保持监督管理是一项法定的行政行为，依法合规是对水土保持监督管理的最基本要求，各级水行政主管部门开展水土保持监督管理，必须严格遵照法律法规的规定实施。实际工作中，应把握好以下 6 个方面。

（1）主体合法、履职合法。主要包括以下 3 个方面。

1）监督管理主体应合法。根据职权法定的精神，水土保持监督管理的主体必须是法律法规明确规定和授权的机构，即各级水行政主管部门、流域管理机构以及县级以上地方人民政府根据当地实际情况确定的负责水土保持工作的机构，未获得法律法规或有关部门授权的其他机构不能独立开展水土保持监督管理工作。

2）"法定职权必须为"。水土保持监督管理是水土保持法赋予的职责，各级水行政主管部门必须积极履职、主动作为、尽职尽责，对于发现或群众举报的水土保持违法行为应及时调查、取证、核实，依法查处，不能放弃、推诿，应当作为而不作为的，是失职、渎职行为，将会承担相应的法律责任。如在开展监督检查方面，各级水行政主管部门应强化责任意识，依法全面履行水土保持监督检查职责，切实做好对生产建设项目水土保持方案实施情况的跟踪检查，坚决纠正"只批不查""不批不查"等行政不作为和监管不到位行为。地方各级水行政主管部门要按照属地管理原则，充分运用书面检查、随机检查、现场检查等多种方式，实现监督检查全覆盖。

3）"法无授权不可为"。各级水行政主管部门必须牢固树立法制观念，严格在法律的授权内行使监督管理权，水土保持监督管理须严格遵照法定的职责和程序开展，监督管理职权的行使不得超越法律的授权。如不能向监督管理对象提出超出法律法规规定之外的要求，不能违反国务院简政放权、清理规范中介服务的决策部署精神，指定或强制要求建设单位委托相关水土保持中介服务，不得随意增加或减免水土保持补偿费。

（2）内容法定，不随意扩大或缩小监管范围。水土保持监督管理的内容具有法定性，对象具有特定性。水土保持监督管理的对象指从事可能造成水土流失活动的单位和个人。一般来说，轻微扰动地貌植被的人为活动造成的轻微水土流失，如农民自己修筑房屋等，都可通过生态系统的自修复能力修复。这类情况不在水土保持监督管理对象范围内。目前，主要对象开办生产建设项目的建设单位，以及从事生产建设活动会造成危害较大的水土流失的个人。

按照水土保持法律法规的规定，生产建设单位或个人是生产建设项目水土流失防治和监测的责任主体。因此，生产建设项目水土保持监督管理的对象是建设单位，而不是施工单位或技术服务单位。管理的内容也仅限于和水土保持相关的内容。水行政主管部门在开展水土保持监督管理工作时，不得随意扩大或缩小监管范围，或者滥用职权，如针对生产建设项目，水土保持监督管理的内容应是水土保持方案的实施情况、建设单位落实"三同时"制度情况，以及水行政主管部门贯彻执行水土保持法律法规的情况，法律法规未明确要求的不能作为水土保持监督管理的内容，不能向监管对象提出与水土保持工作无关的要求，也不得提提超出法定义务或者水土保持方案以外的要求。

（3）程序规范，严格按规定程序开展工作。程序合法是行政行为合法的重要内容和基本保障。水土保持监督管理工作都有规定的程序，应严格依照程序开展，不能随意简化、变更检查程序。如开展水土保持方案审批、水土保持设施验收工作，不能简化程序，也不能违规增加环节。开展水土保持监督检查时，监督检查人员应当出示执法证件，这既是执法程序的要求，表明代表国家开展监督检查工作，同时可以及时表明自己的合法身份，也是对被检查单位或者个人知情权的一种尊重。又如在对生产建设项目检查前，一般应发书面的检查通知，检查结束后应根据检查情况制发书面的检查意见，而不能仅仅口头提出要求。对水土保持违法行为进行查处时，必须按法定程序进行处理，如监督检查人员实施查封、扣押实施违法行为的工具及施工机械、设备等行政强制措施时，须在被检查单位和个人拒不停止违法行为时，报经水行政主管部门批准后方可实施，而不能违反程序直接给予查封、扣押。

各级水行政主管部门应加强监督管理程序化管理，推进水土保持监督管理工作的规范化、制度化和程序化进程。如开展水土保持监督检查工作，要制定年度监督检查工作计划，印发检查方案，明确监督检查项目清单、采取的检查方式和重点检查内容。严格规范水土保持监督检查程序和行为，做到检查前明确通知、现场检查时规范记录、检查后及时印发检查意见，确保有序监管、有据监督、有迹可循。

（4）手段先进，充分依托先进技术提升监管效率和效果。技术手段是监督管理工作的重要支撑，各级水行政主管部门应高度重视先进技术手段在水土保持监督管理中的应用。大力推进监督检查规范化和信息化建设，全面完成预防监督"天地一体化"监管示范，积极运用"无人机""云计算""大数据"等现代技术手段，利用先进的技术手段获取精准、量化的数据，实现监督管理无遗漏、全过程、"痕迹化"管理，为依法监督管理提供基础支撑，提升水土保持监督管理信息化、自动化、现代化水平，提升监督管理工作效率和效果。要依托水利在线审批平台建设，实现监督检查信息的纵横对接和共享利用，充分发挥信用记录在监管中的作用，建立健全生产建设单位水土保持信用评价机制。

各级主管部门还应注重优化工作方式方法，提升水土保持监督管理行政效率和实施效果。如统筹监督执法力量，对监督检查精心部署，上下联动，突出重点，集中推进，确保监督检查能取得实效；提升水土保持监督管理能力，尤其是快速反应能力。对于突发水土流失事件或群众举报的水土保持违法行为，水行政主管部门应当积极履行职责，迅速、及时地进行查处，最大限度减少人为水土流失；充分利用无人机等新技术、新手段，辅助开展检查工作，减少行程，缩短时间，降低行政成本、提高工作效率；委托有相应技术实力的单位协助开展监督性监测等，为水行政主管部门开展监督管理提供依据，提升监督管理的效果。

（5）过程公正，监督管理结果客观、公开。公正是现代行政法的基本原则，强调行政部门要做到无私和中立，维护正义，防止徇私舞弊，保障法律面前人人平等和机会均等，避免歧视对待。公正原则主要表现在以下 2 个方面：一是法律所确认的标准和规则公正，同一规则适用于所有的当事人，不得因人而异；二是管理行为公正，监督管理人员对任何当事人都要一视同仁，执行同一规则，禁止一切不公正行为的发生。

对于水土保持监督管理工作，要做到公正，必须实现监督管理的制度化、程序化，避免主观随意性。如开展生产建设项目水土保持监督检查时，要对检查对象要一视同仁，检查对象选取、检查程序、检查内容、检查结果处理等均应统一标准、统一尺度。为推进监督检查的公平公正，水行政主管部门可探索实行"双随机"（随机抽取被检查对象、随机选派检查人员）检查机制，克服"任性"检查，实行"阳光"检查、文明检查、公正执法。

客观是指水行政主管部门在水土保持监督管理中，要重事实，讲证据，注重实地调查研究，广泛收集有关资料，查清事实，把监督管理建立在确凿的事实和证据基础上。在处理水土保持违法行为时，要以事实为依据，不主观臆断，对违法违规行为不夸大、不缩小，客观反映真实情况。健全科学决策机制，充分发挥技术服务机构和专家作用，省级水土保持方案和验收审批全面推行委托开展技术评审评估工作，市县级推广实行专家评议制度。

公开原则包括 2 个方面：一是向公众披露监督管理的有关信息资料，即水行政主管部门应及时、真实、充分和完整地向社会公开监督管理的职权范围、工作程序、联系方式等。二是监督标准公开，处罚结果向社会公布。公开原则的基础是信息公开制度。对于水土保持监督管理的结果，除涉密内容外，一般都应向管理相对人或社会公众公开。水行政主管部门可依托相关信息平台，采取网络公开、发布公告公报、召开新闻发布会等形式，将监督管理结果公开。

（6）行为廉洁，增强廉政意识、服务意识和便民意识。廉洁从政是对水行政主管部门和水土保持监督管理人员的最基本要求。2014 年 12 月，水利部水土保持司颁发了《水土保持方案审批验收和监督检查廉政规定（试行）》（水保监便字〔2014〕第 171 号），从廉政方面对监督检查主体的行为作了具体规定。要求各级水行政主管部门及其工作人员不得利用职权和职务上的影响谋取不当利益，不得有向生产建设单位指定或者推荐技术服务单位、从事或者参与水土保持营利性活动、在水土保持技术服务单位兼职、在生产建设单位报销应由个人或者所属单位承担的费用、收取礼品礼金、参加用公款支付的营业性娱乐消费活动以及滥用职权、徇私舞弊等行为。各级水行政主管部门和水土保持监督管理人员应严格按照中央"八项规定"和廉政规定的要求，强化廉政意识，从严要求，做到廉洁自律、廉洁从政，让廉政贯穿于水土保持监督管理的全过程、各环节。

便民原则也是对行政行为的一个基本要求，水行政主管部门应当优化水土保持监督管理的方式方法，如针对水土保持监督检查，应推行联合检查，避免多层级、多部门的多头检查，尽量减少当事人的程序性负担，以便利当事人，节约当事人的办事成本。既要检查到位，又要防止检查过头、影响被检查单位的正常建设生产。另外，水土保持监督管理人员要增强服务意识，把服务贯穿于监督管理之中，如在监督的同时做好水土保持法律宣讲、技术服务等，指导建设单位更好地落实水土保持法、防治水土流失。全面强化水土保持方案和验收行政许可，优化审批流程、提高审批效率。编制公开审批服务指南和办事细则，依托政务大厅、政务服务中心和电子审批网络平台等，实行集中受理、并联审批、限时办结、结果公开。对于有时限要求的监督管理事项，水行政主管部门要加快进程、提高效率，严格在规定时限内办结，为管理相对人依法提供便捷服务。

6.1.4　主要任务

水土保持监督管理主要完成以下8项任务。

（1）制度建设。主要包括调查、研究和制定水土保持法律、法规、技术标准和政策，加强水土保持法规体系建设，形成依法防治、依法管理的制度环境。

（2）划定功能区。主要包括按照《水土保持法》规定，划定并公告水土流失重点预防区和重点治理区，水土流失易发区，水土流失严重和生态脆弱区，崩塌、滑坡和泥石流易发区，以及25°及以下禁止开垦坡度、植物保护带等。

（3）调查监测。主要是组织开展不同尺度的水土流失状况调查，及时了解和掌握水土流失状况和发展变化趋势，为水土保持生态文明建设和区域经济社会宏观管理提供技术支撑和决策依据。

（4）行政审批。主要是对各类生产建设项目水土保持方案的审批和生产建设项目水土保持设施的验收。根据《水土保持法》第二十五条规定："在山区、丘陵区、风沙区以及水土保持规划确定的容易发生水土流失的其他区域开办可能造成水土流失的生产建设项目，生产建设单位应当编制水土保持方案，报县级以上人民政府水行政主管部门审批，并按照经批准的水土保持方案，采取水土流失预防和治理措施"；第二十七条规定："依法应当编制水土保持方案的生产建设项目中的水土保持设施，应当与主体工程同时设计、同时施工、同时投产使用；生产建设项目竣工验收，应当验收水土保持设施；水土保持设施未经验收或者验收不合格的，生产建设项目不得投产使用。"

（5）跟踪检查。主要是指各级水土保持监督管理机关或法定授权的机构依法对各类生产建设项目及活动开展的遵守水土保持法律、法规规章和有关制度情况的督促检查。跟踪检查的对象主要是生产建设单位，监督检查的主要内容是是否落实水土保持方案编报、"三同时"、补偿费缴纳、监理监测、验收等制度。跟踪检查过程中发现问题时，应当及时处理。对严重违反水土保持法行为的，要严格查处，并采取行政处理和处罚措施。对破坏严重、危害明显、群众反映强烈又拒不履行法律义务、接受职能部门管理的重大典型违法案件，查处后还应督促执行或通过人民法院强制执行，以维护水土保持法的权威。对情况较轻的，可在征求当事人意见的基础上组织调解，处理水土流失纠纷。同时，应当根据行政复议法的规定，做好行政复议工作。

（6）行政处理。各级水土保持监督管理部门为了实现水土保持法律、法规和规章所确定的行政管理目标和任务，而依行政相对人申请或依职权处理涉及特定行政相对人某种权利义务事项的具体行政行为。其法定表现形式一般为"行政处理决定"或者"行政决定"。修订后的《水土保持法》进一步强化了水土保持监督执法处理力度，例如第四十四条第二款规定被检查单位或者个人拒不停止违法行为，造成严重水土流失的，报经水行政主管部门批准，可以查封、扣押实施违法行为的工具及施工机械、设备等。当公民、法人或者其他组织认为水土保持行政处理行为违法或不当侵犯其合法权益时，可依法向行政机关提出行政复议申请，行政机关受理行政复议申请并作出行政复议决定。

（7）行政处罚。县级以上地方水土保持监督管理部门或法定授权机构依照法定职权和程序对违反水土保持法但尚未构成犯罪的相对人，依法追究法律责任。

（8）行政征收。县级以上地方水土保持监督管理部门或法定授权的机构依照《水土保持法》第三十二条、《水土保持补偿费征收使用管理办法》、《水土保持补偿费征收标准》以及地方有关水土保持补偿费计征办法对生产建设单位或活动主体征收水土保持补偿费，并按规定使用。

6.1.5 发展现状

1991年6月29日，《中华人民共和国水土保持法》颁布施行，水土保持工作进入了依法防治、依法监督、依法管理的阶段。多年来，各级水行政主管部门认真履行法律赋予的职责，在水土保持法制建设、预防监督和执法检查等方面取得了显著进展，人为水土流失防治工作取得突出成效。

（1）建立健全了水土保持法律法规体系和执法体系。1993年8月，《水土保持法实施条例》颁布以来，全国30个省（自治区、直辖市）制定了水土保持法实施办法。水利部与国家发展改革、环保、国土、铁道、交通等部门联合发布行业贯彻落实《水土保持法》有关文件。全国县级以上水土保持配套法规有3000多件。31个省（自治区、直辖市）、200多个地（市）、2400多个县（市、旗、区）建立了水土保持监督管理机构。监督执法人员达7.4万人，专职人员达1.8万人。

（2）水土保持监督总体布局不断完善。贯彻预防为主、保护优先方针，全国27个省（自治区、直辖市）的136个地（市）和1200多个县（市、旗、区）实施了封山禁牧，国家水土保持重点工程区全面实现了封育保护，全国共实施生态修复面积72万km^2。全国大多数省、自治区、直辖市依法划分了水土保持重点预防保护区、重点监督区和重点治理区。

（3）人为水土流失加剧趋势得到有效控制。深入推进生产建设项目水土保持"三同时"，实行水土保持方案审批制度、检查制度、监测制度和验收制度。从1996—2015年，全国各级水行政主管部门共审批各类水土保持方案61.5万多个，其中水利部审批各类水土保持方案3875个，大型生产建设项目方案编报率接近100%；全国各级水行政主管部门共完成生产建设项目水土保持设施验收6.78万个，其中水利部完成各类水土保持验收1303个。同时加大了监督执法力度，开展了全国性的水土保持监督执法专项行动和经常性的联合执法检查，各级水行政主管部门开展执法检查6万多次，查处违法案件25万多项，有效遏制了人为水土流失。

（4）发展基础进一步夯实。加强技术创新工作，初步建起了水土保持规划体系、标准体系、科技支撑体系，出台了中华人民共和国成立以来第一部全国水土保持规划，相继颁布40多项国家或行业技术标准，开展了中国水土流失与生态安全综合科学考察，取得了一批水土保持重大科技攻关和国家科技创新项目的成果。建立了全国水土保持监测网络体系。初步建立了水土保持技术服务体系，全国现有水土保持方案编制单位1918家、监测单位259家、验收评估单位16家，从业人员达到2万多人。

（5）水土保持监督管理能力明显提升。加强水土保持监督管理规范化建设，开展了两次大的规范建设行动。第一次是为规范执法行为、提高执法效率，在全国 1100 多个县开展了监督执法规范化建设，全国有 60 个地（市）、1166 个县（市、区）通过国家规范化建设验收。第二次是开展了以水土保持配套法规体系"五完善"、水土保持监督管理机构履行职责能力"五到位"、水土保持监督管理工作"五规范"、水土保持监督管理制度"五健全"和提高水土保持"三率"等为主要内容的水土保持监督管理能力建设县活动。全国分两批进行，全国有 1200 多个县通过了验收，通过这一建设活动，各能力县全方位多层次开展了宣传培训，强化了水土保持监督管理体系建设，规范了水土保持监督管理，水土保持监督管理能力和水平得到全面提升。

　　（6）全民水土保持意识逐步增强。通过深入开展水土保持法专题宣传、水土保持国策宣传教育活动，面向各级领导、机关干部、管理对象、社区公众、中小学生深入开展水土保持"五进"宣传活动，宣传的覆盖面达到 80％以上，取得很好的效果，全面提升了全社会对水土保持的认同。尤其是建设单位水土保持意识明显增强，编报水土保持方案、实施水土保持方案已逐渐成为建设单位的自觉行动，涌现出了京沪高铁、西气东输、青藏铁路等一大批水土保持示范工程和生态文明工程。

6.2　监督法规体系

6.2.1　法规体系的构成

　　根据宪法、立法法及有关法律的规定，我国社会主义法的渊源主要有宪法、法律、行政法规、部门规章、地方性法规、地方性规章、民族自治地方的自治条例、单行条例、特别行政区的法、国际条约等。

　　1991 年水土保持法和 1993 年水土保持法实施条例出台后，30 个省（自治区、直辖市）出台了省级实施办法，水利部与相关部门联合发布了行业落实水土保持法的有关文件，制定了水土保持方案审批、验收、监测等制度，水土保持法律法规体系初步形成。2010 年水土保持法修订出台，推动了大批水土保持法律法规的修订更新，全国已有 28 个省（自治区、直辖市）修订实施水土保持法实施办法或条例。水利部联合财政、发改委等部门出台全国水土保持补偿费征收管理办法及标准，22 个省（自治区、直辖市）修订了省级水土保持补偿费征收管理办法及标准，各地制定修订的配套文件有近 4000 件，增强了法律实施的针对性、时效性、操作性，为依法行政提供了法律依据。

6.2.2　法规体系的重点内容

6.2.2.1　法律

　　水土保持领域的法律是《水土保持法》，这是指导水土保持工作的基本法律，体现了国家对水土保持的总体要求，其他水土保持法规、规章、规范性文件都应符合水土保持法的要求。

　　1991 年 6 月 29 日，第七届全国人民代表大会常务委员会第二十次会议通过《中华人民共和国水土保持法》。这部法律的颁布实施，标志着我国水土保持工作步入法制化轨道，对预防和治理水土流失，保护和合理利用水土资源，改善农业生产条件和生态环境，促进我国经济社会可持续发展发挥了重要作用。

2000年以来，随着我国经济社会不断发展，综合国力增强、人民生活水平提高，全社会对防治水土流失、改善生态环境的要求愈来愈高，特别是科学发展观的深入贯彻，依法治国进程的加快，全面建设小康社会和推进生态文明建设等一系列重大战略的实施，原《水土保持法》在很多方面已不适应新形势、新任务对水土保持工作提出的新要求，迫切需要修订。2005年，水利部启动了水土保持法修订工作，2010年12月25日，第十一届全国人大常委会第十八次会议以154票赞成、2票反对、3票弃权高票表决通过《水土保持法》修订草案，修订后的《水土保持法》以中华人民共和国主席令第39号颁布，自2011年3月1日起施行，这是我国水土保持事业发展的重要里程碑。

修订后的《水土保持法》认真贯彻落实科学发展观，以新理念为指导，以促进人与自然和谐为核心，将近年来党和国家关于生态建设的方针、政策以及各地的成功做法和经验以法律形式确定下来，在原法6章42条的基础上，修改、补充和完善为7章60条，增加了1章18条，内容极大丰富，操作性极大增强。

《水土保持法》的立法宗旨是：预防和治理水土流失，保护和合理利用水土资源，减轻水、旱、风沙灾害，改善生态环境，保障经济社会可持续发展；确立的水土保持工作的总体方针为：预防为主、保护优先、全面规划、综合治理、因地制宜、突出重点、科学管理、注重效益。

《水土保持法》确立了水土保持目标责任制和考核奖惩制度、水土流失调查制度、水土流失重点防治区划分、公告与管理制度、水土流失重点防治区保护和治理制度、水土保持规划制度、崩塌滑坡危险区和泥石流易发区公告制度、陡坡地禁垦制度、水土保持方案制度、水土保持"三同时"制度、生产建设项目水土保持设施验收制度、水土保持补偿费制度、水土保持重点工程建设和运行管护制度、水土保持监督检查制度、水土保持监测公告制度、生产建设项目水土保持监测制度等制度。

修订后的《水土保持法》在10个方面取得了重大突破。

（1）强化了政府的水土保持责任。搞好水土保持是各级政府的重要职责，新法要求政府加强对水土保持工作的统一领导；将水土保持工作纳入国民经济和社会发展规划、年度计划，安排专项资金，组织实施；在水土流失重点预防区和重点治理区实行地方政府水土保持目标责任制和考核评价制度；进一步明确水行政主管部门和其他有关部门的水土保持职责。

（2）强化了水土保持规划的法律地位。此次修订专门增加了"规划"一章，规定了水土保持规划是国民经济和社会发展规划体系的重要组成部分。水土保持规划应当与土地利用总体规划、水资源规划、城乡规划和环境保护规划等相协调。规定了水土保持规划的种类、编制主体、原则、内容、报批程序，以及相关规划衔接等；明确水土保持规划一经批准，应当严格执行。

（3）突出了预防为主、保护优先的原则，强化了对特殊区域人为活动的禁止性和限制性规定。明确了在崩塌、滑坡危险区和泥石流易发区的禁止性规定，确立了崩塌滑坡危险区和泥石流易发区公告制度。要求生产建设项目选址、选线应当避让水土保持重点预防区和重点治理区；规定在水土流失严重、生态脆弱的地区限制或禁止可能造成水土流失的生产建设活动，严格保护植物、沙壳、结皮、地衣等；禁止毁林、毁草和采集发菜等严重扰动和破坏地表的行为；规定在侵蚀沟的沟坡和沟岸、河流的两岸以及湖泊和水库的周边等生态敏感区建设植物保护带，禁止开垦、开发植物保护带；禁止在 25°以上陡坡地开垦种植农作物等。

（4）强化了水土保持方案制度。新法明确水保方案由水行政主管部门审批，水保方案审批是水行政主管部门的一项独立行政许可事项；合理界定了水保方案编报范围和对象范围；加强了对水土保持方案变更的管理；强化生产建设项目水土保持方案的效力，规定生产建设单位未编制水土保持方案或者水土保持方案未经水行政主管部门批准的，生产建设项目不得开工建设；加强了水土保持方案验收制度，规定水土保持设施未经验收或者验收不合格的，生产建设项目不得投产使用。

（5）完善了水土保持投入保障机制。明确国家加强对水土流失重点预防区和重点治理区的坡耕地改梯田、淤地坝等水土保持重点工程建设，加大生态修复力度。要求引导和鼓励国内外单位和个人以投资、捐资，以及承包治理"四荒"等方式参与水土流失治理。明确多渠道筹集资金，将水土保持生态效益补偿纳入国家建立的生态效益补偿制度。确立了水土保持补偿费制度，明确水土保持补偿费专项用于水土流失预防和治理。

（6）完善了水土保持技术路线。明确了水力侵蚀地区、风力侵蚀地区、重力侵蚀地区的水土流失预防和治理措施，以及在山区、丘陵区、风沙区以及容易发生水土流失的其他区域，应当采取的防治措施。规定了饮用水水源保护区应当采取预防保护、自然修复和综合治理措施，开展清洁小流域建设。规定了坡地种植农作物、从事生产建设活动的水土保持技术路线和要求。

（7）强化了水土保持监督管理。明确各级水行政主管部门、流域管理机构的监督检查职责。要求各级水行政主管部门、流域管理机构，要依法认真履行好水土保持监督管理的职责。规范了监督检查的程序、内容以及相应的处罚措施。

（8）强化了水土保持监测。要求建立和完善国家监测网络，加强水土保持监测工作，保障水土保持监测工作经费，发挥水土保持监测作用。规定应开展动态监测；建立生产建设项目水土保持监测制度，完善监测公告制度。规定了省级以上人民政府水行政主管部门应当定期公告水土流失状况、变化趋势及其危害、水土流失预防和治理等情况。

（9）强化了法律责任。针对法律责任的种类和手段较为单一，处罚力度不够，可操作性差，守法成本高、违法成本低等问题，新法进行了完善。增加了法律责任的种类，包括滞纳金制度、行政代履行制度、查扣违法机械设备制度，强化了对单位（法人）、直接主管人员和其他直接责任人员的违法责任追究制度等。增强了可操作性，加大了处罚力度，提高了违法成本。提高了罚款的标准，最高罚款限额由原法的 1 万元提高到了 50 万元。

（10）明确了单设水土保持机构的职责。新法明确在一些水土流失严重地区，地方人民政府从预防和治理水土流失的实际出发，可单设水土保持机构行使水土保持工作职责。

总结起来，新法的主要特点有 5 个。一是更加注重新理念的指导，贯彻了科学发展观、生态文明、人与自然和谐、资源节约与环境友好的新理念；二是更加尊重科学、自然规律，强调了水土流失调查、规划、保护优先、因地制宜自然修复等；三是更加注重政府、部门职责，明确了政府、各相关部门、各级水行政主管部门、流域管理机构的职责；四是更加注重机制和制度创新，提出了投融资机制、补偿机制、群众参与机制、考核奖惩制度、规划同意书制度、公告制度、设施验收制度等；五是更加注重法律的有效性和操作性，增加了法律责任种类，增加了处罚手段，加大了处罚力度。

6.2.2.2　行政法规及法规性文件

（1）《中华人民共和国水土保持暂行纲要》。1957 年 7 月 25 日，国务院发布了《中华人民共和国水土保持暂行纲要》（以下简称《暂行纲要》），是中华人民共和国成立以来第一部全国性的水土保持法规。《暂行纲要》首次系统、全面、清晰地界定了国家各个业务部门承担水土保持工作的职责范围，并指出山区应该在水土保持的原则下，使农、林、牧、水密切配合，全面控制水土流失，并规定了水土保持规划和防治水土流失的具体方法、要求以及奖惩办法等。

（2）《水土保持工作条例》。1982 年 6 月 30 日，国务院发布了《水土保持工作条例》（以下简称《工作条例》），共 33 条，分别对水土流失的预防、水土流失的治理、教育与科学研究等内容作了规定。《工作条例》是继《暂行纲要》之后又一部水土保持重要法规，提出了"防治并重、治管结合、因地制宜、全面规划、综合治理、除害兴利"的水土保持工作方针，明确了水利电力部为水土保持工作的主管部门，提出了"以小流域为单元，实行全面规划、综合治理"的水土流失综合防治思路，并增加有关水土流失预防的内容，对推动 20 世纪 80 年代的水土保持工作发挥了重要作用。

（3）《中华人民共和国水土保持法实施条例》。1993 年 8 月 1 日，国务院以 120 号令颁布了《水土保持法实施条例》（以下简称《条例》），共 6 章 35 条，分别就水土流失的预防、治理、监督和法律责任等作出了更为详细的规定。

需要特别说明的是，2011 年，我国《水土保持法》修订实施，但是《水土保持法实施条例》并没有废止，仍然有效。根据上位法优于下位法原则，当《条例》个别条款与《水土保持法》相冲突时，应当以《水土保持法》的规定为准。

（4）《开发建设晋陕蒙接壤地区水土保持规定》。1988 年 9 月 1 日，国务院以国函〔1998〕113 号文件批准并授权国家计委和水利部联合发布《开发建设晋陕蒙地区水土保持规定》，就晋陕蒙接壤地区（山西省河曲县、保德县、偏关县，陕西省神木县、府谷县、榆林县，内蒙古自治区准格尔旗、伊金霍洛旗、达拉特旗和东胜市）的开发建设活动进行了规范。这是一个专门针对特定地区开发建设行为而制定的水土保持法规，地域性明确，可操作性强，在促进合理开发和利用晋陕蒙接壤地区资源，防止水土流失，保护生态环境中发挥了重要作用。

（5）《国务院关于加强水土保持工作的通知》。1993 年 1 月 19 日，国务院颁布了《国务院关于加强水土保持工作的通知》（国发〔1993〕5 号）（以下简称《通知》）。《通知》明确提出："水土保持是山区发展的生命线，是国土整治、江河治理的根本，是国民经济和社会发展的基础，是我们必须长期坚持的一项基本国策。"《通知》充分肯定了水土保持的战略地位和作用，提出了进一步加强水土保持工作的措施和要求，对加快治理水土流失、加强水土保持监督管理工作具有十分重要的意义。

6.2.2.3 规章和规范性文件

（1）《水土保持补偿费征收使用管理办法》。2014年1月29日，财政部、国家发改委、水利部和中国人民银行联合发布了《关于印发〈水土保持补偿费征收使用管理办法〉的通知》（财综〔2014〕8号），共31条。该《办法》主要规定了7点内容，一是补偿性质为功能补偿，即对损害水土保持设施和地貌植被、不能恢复原有水土保持功能的补偿；二是补偿费征收范围和对象为"在山区、丘陵区、风沙区以及水土保持规划确定的容易发生水土流失的其他区域开办生产建设项目或者从事其他生产建设活动，损坏水土保持设施、地貌植被，不能恢复原有水土保持功能的单位和个人"；三是确定了分级征收的管理方式；四是建立了建设期按面积、生产期从量的计征体系；五是明确了中央与地方按照1∶9的比例分成的要求；六是强化了使用管理，明确规定了水土保持补偿费专项用于水土流失预防和治理；七是明确了补偿费使用管理的法律责任。

（2）《水土保持补偿费收费标准（试行）》。2014年5月7日，国家发改委、财政部和水利部联合发布了《关于水土保持补偿费收费标准（试行）的通知》（发改价格〔2014〕886号），对水土保持补偿费标准的制定原则和收费标准进行了规定。

（3）《开发建设项目水土保持方案编报审批管理规定》。1995年5月30日，水利部发布了《开发建设项目水土保持方案编报审批管理规定》（水利部令第5号）。2005年7月8日，为满足新形势下水土保持工作的要求，水利部发布了《关于修改部分水利行政许可规章的决定》（水利部令第24号），对《开发建设项目水土保持方案编报审批管理规定》部分条款做了修改。修改后的规定共16条，包括编报方案的范围、后续设计的要求、分类分级管理、审批条件、方案变更、罚责等内容。

（4）《水土保持生态环境监测网络管理办法》。2000年1月31日，水利部发布了《水土保持生态环境监测网络管理办法》（水利部令第12号）。该办法共23条，分五章。多个条款均提及了开发建设项目的水土保持监测问题。其中第十条要求开发建设项目的建设和管理单位应设立专项监测点，依据批准的水土保持方案，对水土流失状况进行监测，并定期向项目所在地监测管理机构报告监测成果。

（5）《开发建设项目水土保持设施验收管理办法》。2002年10月14日，水利部批准发布了《开发建设项目水土保持设施验收管理办法》（水利部令第16号），2005年7月8日，为满足新形势下水土保持工作的要求，水利部发布《关于修改部分水利行政许可规章的决定》（水利部令第24号），对《开发建设项目水土保持设施验收管理办法》做了修改。2017年9月，《国务院关于取消一批行政许可事项的决定》（国发〔2017〕46号）取消了各级水行政主管部门实施的生产建设项目水土保持设施验收审批行政许可事项，转为生产建设单位按照有关要求自主开展水土保持设施验收。

（6）《水利工程建设监理规定》。2006年12月18日，水利部发布了《水利工程建设监理规定》（水利部令第28号），其中第三条规定：铁路、公路、城镇建设、矿山、电力、石油天然气、建材等开发建设项目的配套的水土保持工程，总投资超过200万元的，应当开展水土保持工程施工监理。该项规定还明确了水利部及其流域机构和县级以上人民政府水行政主管部门对所辖区域内的建设监理工作实施监督管理。

（7）《水利工程建设监理单位资质管理办法》。2006年12月18日，水利部发布《水利工程建设监理单位资质管理办法》（水利部令第29号）。该办法将监理单位资质分为水利工程施工监理、水土保持工程施工监理、机电及金属结构设备制造监理和水利工程建设环境保护监理四个专业。其中，水利工程施工监理专业资质和水土保持工程施工监理专业资质分为甲级、乙级和丙级三个等级，机电及金属结构设备制造监理专业资质分为甲级、乙级两个等级，水利工程建设环境保护监理专业资质暂不分级。办法还规定了不同资质的条件、申请程序、工程等级划分等内容。

6.2.2.4 地方性法规

截至2016年6月30日，全国已有30个省（自治区、直辖市）人大常委会相继制定并发布了实施《中华人民共和国水土保持法》办法或条例，建立了水土保持规划、生产建设项目水土保持管理、水土保持监督管理、监测公告等制度，为各地有序、合法开展水土保持各项工作提供了重要法律制度依据（表6-1）。

表6-1　　　　　　　　各省（自治区、直辖市）《水土保持法》办法的实施

省（自治区、直辖市）	名　称	发布机关与发布时间	实施时间/年-月-日
北京	北京市水土保持条例	2015年5月29日，北京市第十四届人民代表大会常务委员会第十九次会议通过	2016-01-01
天津	天津市实施《中华人民共和国水土保持法》办法	2013年12月17日，天津市第十六届人民代表大会常务委员会第六次会议修订通过	2014-03-01
河北	河北省实施《中华人民共和国水土保持法》办法	河北省第十二届人民代表大会常务委员会第八次会议于2014年5月30日修订通过	2014-09-01
山西	山西省实施《中华人民共和国水土保持法》办法	1994年7月21日，山西省第八届人民代表大会常务委员会第十次会议通过；根据1997年12月4日山西省第八届人民代表大会常务委员会第三十一次会议通过的关于修改《山西省实施〈中华人民共和国水土保持法〉办法》的决定修正；2015年7月30日，山西省第十二届人民代表大会常务委员会第二十一次会议修订	2015-10-01
内蒙古	内蒙古自治区水土保持条例	2015年7月26日，内蒙古自治区第十二届人民代表大会常务委员会第十七次会议通过	2015-10-01
辽宁	辽宁省水土保持条例	2014年9月26日，辽宁省第十二届人民代表大会常务委员会第十二次会议通过	2014-12-01
吉林	吉林省水土保持条例	1992年9月14日，吉林省第七届人民代表大会常务委员会第三十次会议通过；2013年11月29日，吉林省第十二届人民代表大会常务委员会第五次会议修订	2014-03-01

省（自治区、直辖市）	名 称	发布机关与发布时间	实施时间/（年-月-日）
黑龙江	黑龙江省实施《中华人民共和国水土保持法》办法	1993年11月23日，黑龙江省第八届人民代表大会常务委员会第六次会议通过； 根据2010年8月13日黑龙江省第十一届人民代表大会常务委员会第十八次会议《黑龙江省人民代表大会常务委员会关于修改〈黑龙江省实施《中华人民共和国水土保持法》办法〉等11部地方性法规的决定》修正； 根据2016年12月16日黑龙江省第十二届人民代表大会常务委员会第三十次会议《黑龙江省第十二届人民代表大会常务委员会关于废止和修改〈黑龙江省特种设备安全检查条例〉等44部地方性法规的决定》第二次修正	
江苏	江苏省水土保持条例	2013年11月29日，江苏省第十二届人民代表大会常务委员会第六次会议通过	2014-03-01
浙江	浙江省水土保持条例	2014年9月26日，浙江省第十二届人民代表大会常务委员会第十三次会议通过	2015-03-01
安徽	安徽省实施《中华人民共和国水土保持法》办法	1995年11月18日，安徽省第八届人民代表大会常务委员会第二十次会议通过； 根据1997年11月2日安徽省第八届人民代表大会常务委员会第三十四次会议关于修订《安徽省实施〈中华人民共和国产品质量法〉办法》等地方性法规的决定第一次修正； 根据2004年6月26日安徽省第十届人民代表大会常务委员会第十次会议关于修改《安徽省实施〈中华人民共和国水土保持法〉办法》的决定第二次修正； 2014年11月20日，安徽省第十二届人民代表大会常务委员会第十五次会议修订	2015-01-01
福建	福建省水土保持条例	2014年5月22日，福建省第十二届人民代表大会常务委员会第九次会议通过	2014-07-01
江西	江西省实施《中华人民共和国水土保持法》办法	1994年4月16日，江西省第八届人民代表大会常务委员会第8次会议通过； 2012年7月26日，江西省第十一届人民代表大会常务委员会第三十二次会议修订	2012-09-01
山东	山东省水土保持条例	2014年5月30日，山东省第十二届人民代表大会常务委员会第八次会议通过	2014-10-01
河南	河南省实施《中华人民共和国水土保持法》办法	2014年9月26日，河南省第十二届人民代表大会常务委员会第十次会议审议通过	2014-12-01
湖北	湖北省实施《中华人民共和国水土保持法》办法	2015年11月26日，湖北省第十二届人民代表大会常务委员会第十八次会议通过	2016-02-01

续表

省 （自治区、 直辖市）	名　称	发布机关与发布时间	实施时间/ （年-月-日）
湖南	湖南省实施《中华人民共和国水土保持法》办法	1994年11月10日，湖南省第八届人民代表大会常务委员会第十一次会议通过； 根据1997年6月4日湖南省第八届人民代表大会常务委员会第二十八次会议《湖南省人民代表大会委员会关于修改〈湖南省实施《中华人民共和国水土保持法》办法〉的决定》修正； 根据2010年7月29日湖南省第十一届人民代表大会常务委员会第十七次会议《关于修改部分地方性法规的决定》修正； 2013年11月29日，湖南省第十二届人民代表大会常务委员会第五次会议修订	2014-01-01
广东	广东省水土保持条例	2016年9月29日，广东省第十二届人民代表大会常务委员会第二十八次会议通过	
广西	广西壮族自治区实施《中华人民共和国水土保持法》办法	2014年7月24日，广西壮族自治区第十二届人民代表大会常务委员会第十一次会议修订通过	2014-10-01
海南	海南省实施《中华人民共和国水土保持法》办法	2002年9月28日，海南省第二届人民代表大会常务委员会第二十九次会议通过； 2015年7月31日，海南省第五届人民代表大会常务委员会第十六次会议修订	2015-09-01
重庆	重庆市实施《中华人民共和国水土保持法》办法	2012年9月27日，重庆市第三届人民代表大会常务委员会第三十六次会议通过	2013-01-01
四川	四川省《中华人民共和国水土保持法》实施办法	2012年9月21日，四川省第十一届人民代表大会常务委员会第三十二次会议修订通过	2012-12-01
贵州	贵州省水土保持条例	2012年11月29日，贵州省第十一届人民代表大会常务委员会第三十一次会议通过	2013-03-01
云南	云南省水土保持条例	2014年7月27日，云南省第十二届人民代表大会常务委员会第十次会议通过	2014-10-01
西藏	西藏自治区实施《中华人民共和国水土保持法》办法	2013年7月25日，西藏自治区第十届人民代表大会常务委员会第五次会议修订通过	2013-10-01
陕西	陕西省水土保持条例	2013年7月26日，陕西省第十二届人民代表大会常务委员会第四次会议通过	2013-10-01
甘肃	甘肃省水土保持条例	2012年8月10日，甘肃省十一届人民代表大会常务委员会第二十八次会议通过	2012-10-01

续表

省 （自治区、 直辖市）	名　　称	发布机关与发布时间	实施时间/ （年-月-日）
青海	青海省实施《中华人民共和国水土保持法》办法	1994年11月23日，青海省第八届人民代表大会常务委员会第十三次会议通过； 根据1998年5月29日，青海省第九届人民代表大会常务委员会第二次会议关于修改《青海省实施〈中华人民共和国水土保持法〉办法》的决定修正； 2016年3月25日，青海省第十二届人民代表大会常务委员会第二十五次会议修订	2016-06-01
宁夏	宁夏回族自治区实施《中华人民共和国水土保持法》办法	2015年7月31日，宁夏回族自治区第十一届人民代表大会常务委员会第十八次会议修订通过	2015-09-01
新疆	新疆维吾尔自治区实施《中华人民共和国水土保持法》办法	2013年7月31日，新疆维吾尔自治区第十二届人民代表大会常务委员会第三次会议修订通过	2013-10-01

6.3　生产建设项目水土保持监督管理

6.3.1　主要内容

6.3.1.1　前期工作阶段

生产建设项目前期阶段的水土保持工作主要包括：规划征求意见、编报水土保持方案、开展水土保持初步设计和水土保持招投标。

（1）相关规划征求水土保持意见。区域规划、行业发展规划是生产建设项目规划建设的指导性和控制性文件，基础设施建设、矿产资源开发、城镇建设、公共服务设施建设等规划，是对各自领域发展方向和区域性开发、建设的总体安排和部署。列入这些规划的生产建设项目，实施时不可避免要扰动、破坏地貌植被，引起水土流失和生态环境的破坏。规划是否合理、得当，对保护水土资源、保护生态环境意义重大。因此，从源头上遏制和控制生产建设活动对水土保持和生态环境的影响，就需要前移控制关口，真正做到事先预防和保护，最大限度地把生态破坏和水土流失的隐患控制在规划决策层面，避免因选址不当、布局不当、立项不当造成的资源和环境损失，进而从决策源头规避生态风险。为此，水土保持法第十五条规定，有关基础设施建设、矿产资源开发、城镇建设、公共服务设施建设等方面的规划，在实施过程中可能造成水土流失的、规划的组织编制机关应当在规划中提出水土流失预防和治理的对策和措施，并在规划报请审批前征求本级人民政府水行政主管部门的意见。

根据《水土保持法》的规定，有关规划中应提出水土流失预防和治理的对策和措施，规划的组织编制机关应当在规划报请批准前征求同级人民政府水行政主管部门意见，并采取有效措施，落实水土保持的有关要求，确保这些规划与批准的水土保持规划相衔接；确保规划确定的发展部署和水土保持安排，符合本法规定的禁止、限制、避让的规定，符合预防和治理水土流失、保护水土资源和生态环境的要求。规划阶段的水土流失防治对策更多的是宏观性、指导性的对策，如防控目标、开发建设强度调控、时序调控等；防治措施也主要是防治水土流失的保障措施，如政策保障、体制机制、责任落实、监督监管、投资估算等，与常规的建设项目水土保持方案有很大不同，具体的措施要根据行业建设特点和水土流失特征，提出宏观的工程措施、植物措施和临时防护措施。

（2）生产建设项目编报水土保持方案。《水土保持法》第二十五条规定，在山区、丘陵区、风沙区以及水土保持规划确定的容易发生水土流失的其他区域开办可能造成水土流失的生产建设项目，生产建设单位应当编制水土保持方案，报县级以上人民政府水行政主管部门审批。确立了水行政主管部门对生产建设项目水土保持方案的行政许可制度，即生产建设单位在工程开工建设前依法向水行政主管部门申报许可。同时，水土保持法规定水土保持方案经批准后，生产建设项目的地点、规模发生重大变化时，应当补充或者修改水土保持方案并报原审批机关批准。水土保持方案实施过程中，水土保持措施需要作出重大变更的，应当经原审批机关批准。即确立了建设项目重大变化、水土保持措施重大变更的重新许可制度。

根据法律规定，依法应当编制水土保持方案的生产建设项目，生产建设单位未编制水土保持方案或者水土保持方案未经水行政主管部门批准的，生产建设项目不得开工建设。编报水土保持方案是法律规定的一项法定工作，生产建设项目是否报批了水土保持方案，是界定守法与违法的界限，不是可做也可不做的事。未报批水土保持方案就开工建设的项目，属于违法行为，将会根据法律的规定，依法进行处罚和问责，造成严重水土流失及危害的还会追究刑事责任。

水土保持方案要起到指导工程设计、施工和管理的作用，能够有效防止建设过程中的水土流失，就应在工程建设前完成水土保持方案的报批工作。根据水土保持法的规定及2015 年国务院行政审批改革文件，水土保持方案明确为工程开工前完成报批，即作为开工的前置条件。水土保持所说的"开工"是指生产建设项目开始动工建设，较为直观的判断标准就是工程是否有扰动地表、挖填土石方的活动，如果有此活动则属于开工行为，这与建筑工程通常所说的"开工"不是同一概念，许多建设项目的"三通一平""五通一平""局部试验段工程""控制性工程"等前期建设活动，对地表的扰动范围和扰动强度大、土石方挖填活动多，均应纳入开工前的水土保持管理范畴。工程开始建设前报批水土保持方案对防止水土流失意义重大，如果在项目前期准备阶段没有报批水土保持方案，而工程已开始扰动地表、挖填土石方，就会极易造成十分严重的水土流失，即便在主体工程正式开工前报批了水土保持方案，也会错失了防治水土流失的最佳时机，实际是"亡羊补牢"的方案。从工程建设的实践情况看，恰恰是前期施工准备阶段是生产建设项目造成水土流失的重点时段，也是水土保持方案需重点研究并解决问题的阶段，到后期在平整好的场地上建设，已过了造成水土流失的高峰期，因此，在工程土石方施工前应完成水土保持方案的报批。

国家标准《开发建设项目水土保持技术规范》（GB 50433—2008）做出了具体规定，即征占地面积在 0.01km² 以上或挖填土石方总量在 1 万 m³ 以上的生产建设项目，须编报水土保持方案报告书，其他生产建设项目编报水土保持方案报告表。《开发建设项目水土保持方案编报审批管理规定》（水利部令第 5 号）也做了同样的规定，水利部及地方各级水行政主管部门基本都是按此进行划分和执行。

根据水土流失防治法定义务承担主体的规定，生产建设单位是编报水土保持方案的主体，即项目法人应承担编报水土保持方案的责任。2015 年，《国务院关于第一批清理规范 89 项国务院部门行政审批中介服务事项的决定》（国发〔2015〕58 号），明确申请人可按要求自行编制水土保持方案，也可委托有关机构编制，审批部门不得以任何形式要求申请人必须委托特定中介机构提供服务。水土保持方案编制中介服务，不再作为行政审批的受理条件。

在审批前，需要开展水土保持方案技术评审。开展水土保持方案技术评审是国家水土保持行政管理职能的延伸，是国家实施水土保持管理的重要环节。水土保持方案技术评审单位须经水行政主管部门认定，对技术评审意见负责，并承担相应的法律责任。水土保持方案技术评审单位通过政府购买服务的方式确定。

水土保持方案实行分级审批制度。水土保持方案是国家机关依法作出的行政许可，因此审批机关应是各级水行政主管部门。根据水土保持法和水利部《开发建设项目水土保持方案编报审批管理规定》，水土保持方案实行分级审批制度，即按项目立项审批权限级别确定水土保持方案审批级别，中央立项的项目由水利部审批，省级立项的项目由省级水行政主管部门审批，地市级立项的项目由地市级水行政主管部门审批，县区级立项的由县区级水行政主管部门审批。关于中央立项项目是指由国家发展和改革委员会审批、核准、备案的项目，也包括国家其他部委（如工业与信息化部、交通运输部、中国铁路建设总公司等）立项的项目。具体项目及规模范围在《建设项目核准目录》等文件中有明确规定。2016 年，水利部《关于强化依法行政进一步规范生产建设项目水土保持监督管理工作的通知》，明确对中央管理企业自行决定的生产建设项目，由项目所在地相应省级水行政主管部门审批水土保持方案。同时，落实国务院关于简政放权文件精神，明确对中央下放立项审批权限的项目，其变更、监督检查和验收均协同下放至地方。

（3）水土保持初步设计。依照法律规定、国家技术标准编制，并依法审批的水土保持方案对指导工程后续设计、施工、管理、运行，都具有约束力，水土保持方案批复文件和方案报告中确定的防治目标、任务、措施等，均应在工程建设的后续阶段得到认真落实。水利部《开发建设项目水土保持方案编报审批管理规定》明确规定，经批准的水土保持方案应当纳入下阶段设计文件中，开发建设项目的初步设计，应当依据水土保持技术标准和经批准的水土保持方案，编制水土保持篇章，落实水土流失防治措施和投资概算。初步设计审查时应当有水土保持方案审批机关参加。经批准的水土保持方案是水行政主管部门监督管理、执法检查和水土保持设施验收的重要依据。

（4）纳入工程招投标。生产建设项目水土保持方案批复之后，项目建设业主就要把水土保持方案的主要内容，包括水土保持防治措施、水土保持监测监理、水土保持投资等纳入到项目的招投标文件的正式条款之中，与主体工程同时进行招投标。对参与项目投标的施工单位，进行严格的资质审查，确保施工队伍的技术素质。要求施工单位在投标文件中，对水土保持措施的落实做出承诺。要由相应中标的监测、监理单位在充分理解和吃透水土保持方案的基础上，编制水土保持监测、监理实施方案，向施工中标单位进行交底和水土保持实施前的宣传动员。施工单位与业主签订的施工合同中要明确承包商的水土流失防治责任，制定实施、检查、验收的具体方法和要求；在主体工程施工中，必须按照水土保持方案提出的要求实施水土保持措施，严格遵循水土保持设计的治理措施、技术标准、进度安排等要求，保质保量地完成水土保持各项措施，以保证水土保持工程效益的充分发挥。

6.3.1.2　生产建设阶段

生产建设阶段，生产建设项目的水土保持工作主要包括建设单位组织实施水土保持措施，开展水土保持监测、水土保持监理，水行政主管部门征收水土保持补偿费和开展水土保持专项监督检查。

（1）组织实施水土保持内容。根据水土保持"三同时"制度规定，同时施工就能确保水土保持措施及时、有效发挥作用，建设过程中的水土流失就能得到有效防治，水土流失危害即可得到有效控制。水土保持设施同时施工不是到工程投产使用前才采取措施，治理还存在的水土流失、恢复植被，更重要的是在建设过程中落实水土保持措施，最大限度地减轻因生产建设活动造成的水土流失和生态破坏。因此，水土保持法规定生产建设项目的水土保持设施必须与主体工程同时施工，也就是要求水土保持措施与主体工程建设同步建设实施。建设单位需要切实加强领导，真正做到责任、措施和投入"三到位"，成立相应的水土保持实施管理领导机构和具体办事机构，专人负责此项工作，认真组织方案的实施和管理，加强对监理、监测、施工等各参建单位的定期督导检查；要加强水土保持的宣传、教育工作，提高施工人员和各级管理人员以及工程附近群众的水土保持意识。水土保持措施施工的时效性强，生产项目在施工过程中，如果不及时采取措施，就可能导致严重水土流失，开挖面、弃渣场等还可能引发崩塌、滑坡、泥石流等灾害，危及人民生命财产安全。同时施工才能确保水土保持措施及时、有效发挥作用，建设过程中的水土流失才能得到有效防治，水土流失危害才能得到有效控制。

（2）开展水土保持监测。《水土保持法》第四十一条规定，对可能造成严重水土流失的大中型生产建设项目，生产建设单位应当自行或者委托具备水土保持监测技术能力和条件的机构，对生产建设活动造成的水土流失进行监测，并将监测情况定期上报当地水行政主管部门。从事水土保持监测活动应当遵守国家有关技术标准、规范和规程，保证监测质量。因此，开展水土保持监测是大中型生产建设项目生产建设单位的法定义务。根据谁造成水土流失、谁负责治理、谁负责监测的原则，造成水土流失的生产建设单位有责任和义务开展水土保持监测。

水土保持监测首先是为生产建设单位服务，主要是为监控水土流失状况、完善防治措施体系、防止水土流失危害事故，为水土保持设施检查与验收、开展水土保持设施管护等提供基础数据和依据。通过水土保持监测全面监测、监控和管理各个施工建设单位、各个施工地段、各个施工时段，对存在问题的施工单位、施工地段及时报告项目法人，提出建议，及时整改和处置，最大限度地避免可能发生的水土流失、环境破坏和潜在的危害，优化和落实水土流失防治措施，以全面履行水土保持法律法规规定的各项义务，达到国家标准规定的防治标准。实现工程建设顺利开展、工程安全运行，生态得到最大保护和恢复，达到水土保持与工程建设的双赢。其次，开展生产建设项目水土流失监测，及时掌握水土流失动态，将为国家制定水土保持与生态保护政策、措施提供依据。水利部2000年发布、2005年修订的《水土保持生态环境监测网络管理办法》规定："有水土流失防治任务的开发建设项目，建设和管理单位应设立专项监测点对水土流失状况进行监测，并定期向项目所在地县级监测管理机构报告监测成果"。

（3）开展水土保持监理。2000年国务院颁布《建设工程质量管理条例》，明确规定国家重点建设工程、大中型公用事业工程、成片开发建设的住宅小区工程、利用外国政府或者国际组织贷款、援助资金的工程，以及国家规定必须实行监理的其他工程必须实行监理。建设单位应当委托具有相应资质等级的工程监理单位进行监理，也可以委托具有工程监理相应资质等级并与被监理工程的施工承包单位没有隶属关系或者其他利害关系的该工程的设计单位进行监理。工程监理单位应当依照法律、法规以及有关技术标准、设计文件和建设工程承包合同，代表建设单位对施工质量实施监理，并对施工质量承担监理责任。建设工程竣工验收应具备的条件中明确规定，工程竣工验收时应当有勘察、设计、施工、工程监理等单位分别签署的质量合格文件。

水利部《水利工程建设监理规定》（2006年水利部令第28号）规定，水土保持工程总投资在200万元以上的项目，必须实行建设监理。铁路、公路、城镇建设、矿山、电力、石油天然气、建材等开发建设项目的配套水土保持工程，应当按照本规定开展水土保持工程施工监理。2003年水利部印发了《关于加强大中型开发建设项目水土保持监理工作的通知》（水利部〔2003〕89号），对开发建设项目水土保持工程监理工作提出了要求。根据规定，凡水利部批准的水土保持方案，在其实施过程中必须进行水土保持监理，其监理成果是开发建设项目水土保持设施验收的基础和验收报告必备的专项报告。同时对地方各级水行政主管部门审批的水土保持方案所涉及项目的水土保持监理工作提出了可参照执行的要求。

（4）水土保持设施补偿费征收。水土保持补偿费是国家建立的水土保持生态补偿机制的重要组成部分，其作为水土保持工作的一项重要制度，已经在水土保持法中明确规定，即《水土保持法》第三十二条规定："在山区、丘陵区、风沙区以及水土保持规划确定的容易发生水土流失的其他区域开办生产建设项目或者从事其他生产建设活动，损坏水土保持设施、地貌植被，不能恢复原有水土保持功能的，应当缴纳水土保持补偿费，专项用于水土流失预防和治理。"

水土保持补偿费既不同于税收，也不同于一般性赔偿费、水土流失防治费，它是属于一种行政性收费，纳入政府性基金，是为实施建设活动水土保持这一特定管理，按照国家法律法规规定而进行的收费，具有法定性、补偿性、特定性和强制性等特征。通过水土保持补偿的征收，提高人为破坏水土资源行为的成本，积极预防和治理人为造成的水土流失，恢复和维护水土保持功能，促进水土资源的有效保护与高效利用，保障社会公平，促进经济社会协调发展。

当前我国已经基本建立水土保持补偿费制度，现行水土保持补偿费制度由《中华人民共和国水土保持法》、各省（自治区、直辖市）人大颁布的水土保持法"实施办法"或"水土保持条例"、水利部联合各部门出台的《水土保持补偿费征收使用管理办法》和《水土保持补偿费收费标准》及各省（自治区、直辖市）出台的《水土保持补偿费征收使用管理办法（或《水土保持补偿费征收使用管理实施办法》)》和《水土保持补偿费收费标准》组成。

（5）监督检查。水土保持监督检查是水土保持监督管理的核心内容之一，也是各级水行政主管部门的法定职责，包括对生产建设项目水土保持方案实施情况的跟踪检查和对下级水行政主管部门水土保持监督管理情况的工作检查两个方面。通过开展水土保持监督检查，可以促使生产建设单位和个人履行法定义务，落实水土保持"三同时"制度，有效防治生产建设活动造成新的水土流失，督促下级水行政主管部门全面贯彻落实水土保持法，维护生态环境，保障经济社会又好又快发展。

水土保持监督检查是指县级以上人民政府水行政主管部门，依据法律、法规、规章及规范性文件或政府授权，对所辖区域内公民、法人和其他组织与水土保持有关的行为活动的合法性、有效性等的监察、督导、检查及处理的各项活动的总称。本节中所讲的水土保持监督检查，特指各级水行政主管部门及法律法规授权的水土保持机构，对管辖范围内水土保持监督管理相对人遵守水土保持法律、法规的情况所进行的监督检查活动。主要包括对生产建设项目水土保持方案实施情况的跟踪检查，及对下级水行政主管部门水土保持监督管理情况的工作检查。水土保持监督检查属行政管理范畴，是公共行政的有机组成部分，需要运用国家行政权力来保护生态环境和公众利益；同时，水土保持监督检查属于法定职权，各级水行政主管部门及其监督管理机构不能超越法律和国务院所规定的职权违法行事。

水土保持监督检查的主体是法定的。2011 年 3 月施行的修订后的《水土保持法》第五条规定，"国务院水行政主管部门主管全国的水土保持工作。国务院水行政主管部门在国家确定的重要江河、湖泊设立的流域管理机构，在所管辖范围内依法承担水土保持监督管理职责。县级以上地方人民政府水行政主管部门主管本行政区域的水土保持工作"；第二十九条规定，"县级以上人民政府水行政主管部门、流域管理机构，应当对生产建设项目水土保持方案的实施情况进行跟踪检查，发现问题及时处理"；第四十三条规定，"县级以上人民政府水行政主管部门负责对水土保持情况进行监督检查。流域管理机构在其管辖范围内可以行使国务院水行政主管部门的监督检查职权"；第五十九条规定，"县级以上地方人民政府根据当地实际情况确定的负责水土保持工作的机构，行使本法规定的水行政主管部门水土保持工作的职责"。另外，按照《水行政处罚实施办法》（水利部令第 8 号）第九条规定，可以以自己的名义独立行使水行政处罚权的包括五类：县级以上人民政府水行政主管部门；法律、法规授权的流域管理机构；地方性法规授权的水利管理单位；地方人民政府设立的水土保持机构；法律、法规授权的其他组织。

水土保持方案实施情况跟踪检查是落实水土保持方案的保障性措施。一些生产建设单位由于水土保持法律意识淡薄和利益驱动，往往把水土保持方案当作了立项的"敲门砖"，一旦通过了审批，就将水土保持方案束之高阁，不予落实，失去了编报、审批水土保持方案的意义和作用。《水土保持法》第二十九条规定："县级以上人民政府水行政主管部门、流域管理机构，应当对生产建设项目水土保持方案的实施情况进行跟踪检查，发现问题及时处理。"跟踪检查的主要内容是建设单位水土保持相关工作开展情况，一般应包括水土保持方案编报、后续设计、措施落实、设施验收等情况。通过水土保持方案审批后实施情况的跟踪检查，促使生产建设单位落实水土保持设计、防治资金、监测、监理、验收的责任，形成监督机制，保障水土保持方案的落实。开展生产建设项目检查的方式包括"现场检查""召开专题会议""生产建设单位提交书面报告"等。水行政主管部门在检查中发现水土保持设计不落实、施工不落实、专项验收不落实，以及水土保持措施进度、质量、效果不符合规定，甚至存在水土流失隐患时，应及时处理，防止发生严重水土流失及灾害性事件。

上级水行政主管部门对下级水行政主管部门水土保持监督管理工作开展情况进行工作检查是行政监督的一个重要手段。工作检查的主体和对象均是水行政主管部门，检查主体是检查对象的上级部门或从地域范围上来说有管辖权的部门。通过工作检查，可以促进各级水行政主管部门依法履职，增强水土保持监督管理能力，建立健全水土保持配套法规体系和监督管理体系，全面提高水土保持依法行政水平，进一步推进水土保持法的落实。工作检查的主要内容是下级水行政主管部门水土保持监督管理工作开展情况。水土保持配套法规体系"五完善"（水土保持法实施办法、方案审批、现场监督检查、设施验收、水土保持生态补偿），水土保持监督管理机构履行职责能力"五到位"（机构、人员、办公场所、工作经费、取证设备装备），水土保持监督管理工作"五规范"（水土保持方案审批、监督检查、设施验收、规费征收、案件查处工作），水土保持监督管理制度"五健全"（上级水行政主管部门对下级履行职责情况的督察制度、年度及重大水土流失案件事件报告制度、水土保持技术服务单位管理制度、廉政建设制度、社会监督制度）。这些是对地方水行政主管部门水土保持监督能力建设的要求，也是对其水土保持监督管理工作的要求，应作为工作检查的主要内容。

6.3.1.3 验收运行阶段

生产建设项目验收运行阶段的水土保持工作主要包括建设单位的自主验收和生产建设项目的水土保持运行管理。

（1）建设单位自主验收。生产建设项目水土保持设施验收是落实水土保持"三同时"制度的重要内容。《水土保持法》第二十七条规定，生产建设项目竣工验收，应当验收水土保持设施；水土保持设施未经验收或者验收不合格的，生产建设项目不得投产使用。因此，在申请开展生产建设项目竣工验收之前，建设单位要组织开展自主水土保持设施验收，以免出现验收不通过的情况发生。自主验收主要是自己检查项目水土保持措施是否全面完成、工程质量是否合格、水土保持专项监测成果是否达标、是否完成了水土保持监理成果。自主验收的时间为土建工程完成后，自主验收的主持单位是生产建设单位。在开展水土保持设施验收前，生产建设单位应委托第三方机构编制水土保持设施验收报告。

（2）运行管护。由验收机关将验收鉴定书送达水土保持设施验收申请单位之后，建设单位就需要对工程运行期的水土保持设施管理单位予以明确，并制定管护办法，加强监测，确保水土保持设施正常发挥效益。

6.3.2 基本程序

生产建设项目水土保持监督管理包括行政许可、监督检查、行政征收、行政执法等工作，每项工作都具有规定的程序，应严格按照程序开展。本节以水利部批准水土保持方案的生产建设项目为例，简要介绍其水土保持方案审批、监督检查、设施验收的程序。

6.3.2.1　水土保持方案审批程序

根据水土保持法和国务院行政审批改革的规定，水土保持方案审批是水行政主管部门的一项独立的行政许可事项，目前由水利部行政审批受理中心统一受理，水利部水土保持司具体承办。

水土保持方案审批的程序主要包括受理、技术评审、行政审批等，具体业务流程如图6-1所示。

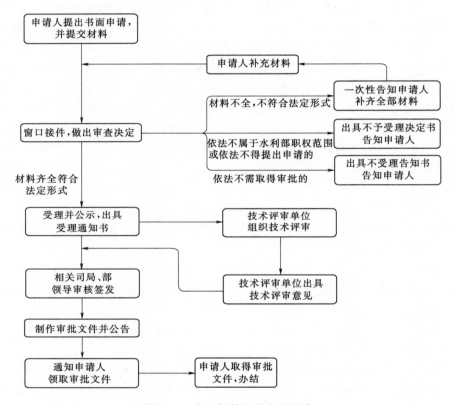

图 6-1　水土保持方案审批程序

（1）受理。主要包括以下 3 方面。

1）申请人提出书面申请，并提交申请材料。申请材料包括生产建设项目水土保持方案审批申请（纸质 1 份）、生产建设项目水土保持方案（纸质 1 份，并附 PDF 电子文件），申请和水土保持方案均须加盖生产建设单位公章，水土保持方案还需编写人员签字。申请材料不应涉及国家秘密、商业秘密、个人隐私，不应含有危害国家安全、公共安全、经济安全和社会稳定的内容，可在水利部网站进行公开公示。涉密项目按国家保密规定执行。

申请人可通过窗口报送、邮寄等方式提交材料。

2）接收材料并审查。通过水利部行政审批受理中心统一的窗口接收生产建设单位的申请材料。经审查，对材料齐全、符合法定形式的，予以受理，并出具受理通知书。

对于材料不齐全、不符合法定形式的，一次性告知申请人补齐全部材料，重新申请；对于依法不属于水利部职权范围或依法不得申请的，出具不予受理决定书告知申请人；对于依法不需取得审批的，出具不受理告知书告知申请人。

3）公示。对受理的水土保持方案审批事项予以公示公告。目前在水利部网站和中国水土保持生态建设网上进行公示公告。

（2）技术评审。水土保持方案审批申请受理后，委托相应的技术评审单位组织对生产建设单位提交的水土保持方案进行技术评审。

负责技术评审的单位组织开展技术评审工作，请相关专家、代表参加，实地查看项目现场，召开技术评审会议，提出技术审查意见，并上报负责审批的行政机关。

（3）行政审批。主要包括以下两方面：

1）制作审批文件。水利部水土保持司依据法律法规的规定、相关规划和政策精神、技术评审意见等情况，拟定审批文件，经相关司局、部领导审核签发，制作完成审批文件（水利部文件形式）。

2）审批结果公告及送达。作出审批决定，水土保持方案审批文件制作完成后，予以公告。同时，通过窗口通知申请人领取审批文件，通过现场领取、邮寄等方式将结果送达。

申请人取得审批文件后，本次水土保持方案审批事项办结。

关于水土保持方案审批的办理时限，一般自受理申请之日起 20 个工作日内作出审批决定。20 个工作日内不能作出决定的，经本行政机关负责人批准，可以延长 10 个工作日，并将延长期限的理由告知申请人。其中，技术评审时间除外。

6.3.2.2　水土保持监督检查程序

水土保持监督检查是一种行政监督检查行为，也要遵照一定的程序开展。生产建设项目水土保持监督检查方式主要包括现场检查、召开专题会议检查、书面检查等，不同检查方式的检查程序也有所不同。

（1）现场检查的程序。一般来说，现场检查程序包括前期准备、印发检查通知、现场检查、座谈交流、填写制式表格、制发检查意见、跟踪落实 7 个环节，具体流程如图 6-2 所示。

1）前期准备。首先对辖区各类生产建设项目进行摸底排查，初步掌握水土保持动态情况，建立数据库。其次，确定检查对象，根据摸底排查的情况，一般将正在施工建设、项目规模大、容易造成严重水土流失的项目，或以往检查发现存在较严重水土流失问题的项目，监督检查意见落实不力的项目，未按规定开展水土保持监测、监理的项目，已完工但验收滞后的项目等，作为重点检查的对象。最后，制定年度检查工作计划和方案，搜集检查所需要的相关资料。

2）印发检查通知。检查通知的内容包括检查依据、时间、内容、程序、参加单位和人员、被检查单位人员及其他要求。一般来说，检查通知应以正式文件或文书发送至被检查项目的建设单位，抄送上级主管部门、项目所在地的各级水行政主管部门，必要时还可以抄送被

图 6-2　水土保持监督的现场检查程序

检查单位的行业主管部门或其上级主管单位。

3）现场检查。查阅有关资料，并深入项目施工建设现场，实地查看项目水土保持工作情况，采集相关信息。现场检查包括内业检查和外业检查两个方面，一般情况下，应先开展内业检查，了解和掌握项目建设总体情况，再有针对地开展外业检查。

开展现场检查时，应注意做好相关记录，采取照相、摄像、录音、勘察、测量、询问等手段，做好现场信息的采集，发现疑似水土保持违法行为的，应注意采集和保留相关证据。

4）座谈交流。现场检查结束后，由检查组成员、建设单位代表、参建单位代表等，在项目建设所在地召开现场座谈会。座谈会的一般程序是：介绍参会人员，说明检查的目的、意义和主要内容；听取被检查单位关于项目建设水土保持方案实施情况的汇报，以及参建单位关于水土保持情况的补充说明；反馈和交流现场检查情况，检查组成员针对检查情况发表意见，被检查单位对检查组提出的问题作出解释说明；检查组根据现场检查、会议发言情况拟定现场监督检查意见，提出整改要求，并当场宣读。

5）填写制式表格。填写统一格式的监督检查表格，记录项目水土保持工作开展情况、监测工作开展情况等，填好的表格应由检查组和建设单位的代表签字确认。

6）制发检查意见。检查结束后，整理检查资料，根据现场检查和座谈会情况，形成书面检查意见，以正式文件形式印发给被检查单位，同时抄送上级水行政主管部门、参加监督检查的各级水行政主管部门、被检查单位的主管单位等。

根据需要，也可以制作现场检查意见书，经双方或多方签字后生效，并当场向建设单位出具。

7）跟踪落实。对存在较严重水土保持问题的生产建设项目，在检查意见中应提出限期整改要求，对跟踪落实工作作出安排，明确跟踪检查责任单位（一般由当地县级水行政主管部门负责跟踪落实）。相关水行政主管部门应对整改意见的落实情况及时进行跟踪检查，对限期治理或整改的，及时进行复查。

以上7个环节是现场检查的常规程序，一般情况下，水行政主管部门应依照上述程序开展检查工作。当然，上述程序也不都是检查的必须步骤，在实践中，可以根据生产建设项目的实际情况，简化程序，提高效率。如对于群众举报的或突发人为水土流失事件，可以不用印发书面通知而直接检查；对于生产建设项目情况较为简单、水土保持方面没有重大问题的，可不召开会议进行座谈交流；水土保持方案实施较好的、没有水土流失问题和隐患的，也可以不印发检查整改意见等。

（2）召开专题会议检查的程序。一般来说，召开专题会议检查的程序包括前期准备、印发会议通知、召开专题会议、制发检查意见并跟踪落实4个环节，具体流程如图6-3所示。

1）前期准备。首先，根据生产建设项目的具体情况，确定召开专题会议检查的项目名单；其次，搜集计划检查项目的相关资料，包括方案批复资料、水土保持监测资料、历次检查资料等；最后，确定专题会议的时间、地点、参加人员、具体安排等事项。

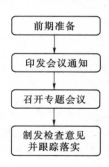

图6-3 水土保持
监督召开专题会
议检查的程序

2）印发会议通知。由组织专题会议的水行政主管部门负责，向参会单位印发会议通知，明确检查的相关要求。参会单位一般包括项目所在地各级水行政主管部门、建设单位、水土保持监理、水土保持监测单位等，也可根据需要，请相关行业主管部门、建设单位的上级主管单位或投资主体、水土保持方案编制单位、项目参建单位、新闻媒体等参加。

3）召开专题会议。会议一般由组织检查的水行政主管部门主持，主要议程包括：听取建设单位关于水土保持方案实施情况的汇报；查阅相关资料；就有关问题进行质询、交流，要求建设单位作出解释和说明；根据检查情况，向建设单位反馈或通报发现的问题，并提出整改意见和要求。

4）制发检查意见并跟踪落实。根据召开专题会议检查的情况，对存在水土保持问题的生产建设项目，由组织检查的水行政主管部门制发检查意见，送达建设单位，并抄送有关水行政主管部门，必要时还可抄送相关行业主管部门、建设单位的上级主管单位等。同时，对于有整改时限要求的，水行政主管部门应及时对检查意见的落实情况进行跟踪复查。

（3）书面检查的程序。一般来说，书面检查的程序包括前期准备、要求被检查单位提交书面报告、查阅资料、现场复核及跟踪落实4个环节，具体流程如图6-4所示。

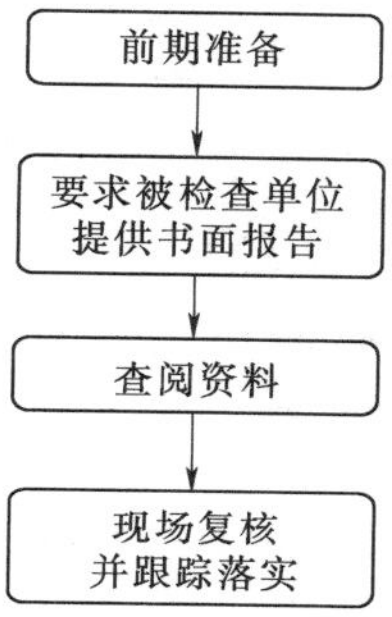

```
┌─────────────────┐
│    前期准备      │
└─────────────────┘
        ↓
┌─────────────────┐
│ 要求被检查单位   │
│ 提供书面报告     │
└─────────────────┘
        ↓
┌─────────────────┐
│    查阅资料      │
└─────────────────┘
        ↓
┌─────────────────┐
│   现场复核       │
│  并跟踪落实      │
└─────────────────┘
```

图6-4　水土保持
监督书面检查
的程序

1）前期准备。确定召开书面检查的项目名单，初步掌握项目相关情况，也可列出需要了解的问题清单，以增强检查的针对性。

2）要求被检查单位提交书面报告。一般由组织检查的水行政主管部门印发书面通知，要求建设单位提交生产建设项目水土保持方案实施情况的相关资料，包括书面报告、照片、视频。一般情况下，应要求建设单位提供重点部位水土流失防治情况的多媒体资料。在要求提供资料的通知中，尽量列出需要建设单位提供的资料目录或问题清单。

3）查阅资料。收到建设单位报送的材料后，水行政主管部门应及时进行查阅，对照水土保持方案、批复文件以及历次检查材料，就有关问题进行研究。必要时还可要求建设单位继续补充报送材料。

4）现场复核及跟踪落实。对于建设单位报送来的材料，相关水行政主管部门可视具体情况，组织现场复核、抽查等，对报送材料不实、隐瞒问题不报的，应对建设单位进行批评教育，并按现场检查的程序组织开展现场检查，提出检查意见并跟踪落实。对于未开展现场复核的，如能从建设单位报送的材料中发现存在水土保持问题，也可直接发检查意见，要求建设单位整改落实。

6.3.2.3　水土保持设施自主验收程序

水土保持设施验收制度的目的是保证水土保持法律责任落实到位，水土保持方案落实到位，水土保持防治效果落实到位，与水土保持方案审批首尾呼应，构成一个完整的管理体系。

水土保持设施自主验收程序主要包括第三方编制水土保持设施验收报告、召开验收会议、明确验收结论、验收信息公开、报送报备 5 个环节，具体业务流程如图 6-5 所示。

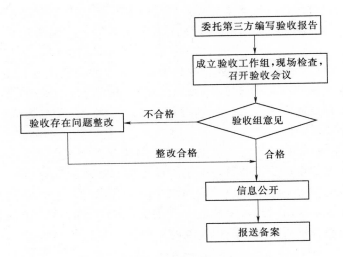

图 6-5 水土保持设施自主验收程序

（1）第三方编制水土保持设施验收报告。依法编制水土保持方案报告书的生产建设项目投产使用前，生产建设单位应当根据水土保持方案及其审批决定等，组织第三方机构编制水土保持设施验收报告。第三方机构是指具有独立承担民事责任能力且具有相应水土保持技术条件的企业法人、事业单位法人或其他组织。各级水行政主管部门和流域管理机构不得以任何形式推荐、建议和要求生产建设单位委托特定第三方机构提供水土保持设施验收报告编制服务。

（2）召开验收会议。水土保持设施验收报告编制完成后，生产建设单位应当按照水土保持法律法规、标准规范、水土保持方案及其审批决定、水土保持后续设计等，组织召开水土保持设施验收会议。

验收会议应当由建设单位组织成立验收工作组。验收工作组由建设单位、设计单位、方案编制单位、监理单位、水土保持监测单位、施工单位、水保设施验收报告编制单位等单位代表和专业技术专家组成。验收会议需要现场检查、报告审查、听取汇报、资料查阅等，形成验收意见。

（3）明确验收结论。验收会议形成水土保持设施验收鉴定书，明确水土保持设施验收合格的结论。水土保持设施验收合格后，生产建设项目方可通过竣工验收和投产使用。

生产建设单位自主验收水土保持设施，要严格执行水土保持标准、规范、规程确定的验收标准和条件，对存在下列情形之一的，不得通过水土保持设施验收：

未依法依规履行水土保持方案及重大变更的编报审批程序的。

未依法依规开展水土保持监测的。

废弃土石渣未堆放在经批准的水土保持方案确定的专门存放地的。

水土保持措施体系、等级和标准未按经批准的水土保持方案要求落实的。

水土流失防治指标未达到经批准的水土保持方案要求的。

水土保持分部工程和单位工程未经验收或验收不合格的。

水土保持设施验收报告、水土保持监测总结报告等材料弄虚作假或存在重大技术问题的。

未依法依规缴纳水土保持补偿费的。

存在其他不符合相关法律法规规定情形的。

（4）验收信息公开。除按照国家规定需要保密的情形外，生产建设单位应当在水土保持设施验收合格后 5 个工作日之内，通过其建设单位官方网站或者其他便于公众知悉的方式向社会公开水土保持设施验收鉴定书、水土保持设施验收报告和水土保持监测总结报告。对于公众反映的主要问题和意见，生产建设单位应当及时给予处理或者回应。公示期限不得少于 1 个月。

（5）报送备案。生产建设单位应在向社会公开水土保持设施验收材料后、生产建设项目投产使用前，向水土保持方案审批机关报备水土保持设施验收材料。报备材料包括水土保持设施验收鉴定书、水土保持设施验收报告和水土保持监测总结报告。生产建设单位、第三方机构和水土保持监测机构分别对水土保持设施验收鉴定书、水土保持设施验收报告和水土保持监测总结报告等材料的真实性负责。

对编制水土保持方案报告表的生产建设项目，其水土保持设施验收及报备的程序和要求，各省级水行政主管部门可根据当地实际适当简化。

做好报备管理。对生产建设单位报备的水土保持设施验收材料完整、符合格式要求且已向社会公开的，各级水行政主管部门应当在 5 个工作日内出具水土保持设施验收报备证明，并在门户网站进行公告。对报备材料不完整或者不符合相应格式要求的，应当在 5 个工作日内一次性告知生产建设单位予以补充。水利部审批水土保持方案的生产建设项目（水利部水保〔2016〕310 号文件已下放审批权限的除外），生产建设单位应向水利部进行报备。

6.4 典 型 案 例

京 沪 高 速 铁 路 工 程

京沪高速铁路工程是世界上一次建成、线路最长、标准最高的高速铁路。线路连接了环渤海和长三角两大经济圈，途径北京、天津、河北、山东、安徽、江苏和上海七省市，正线全长 1318km，其中桥梁 1060km，路基 242km，隧道 16km，新建车站 23 座。全线土石方总量为 5228 万 m^3，其中填方 3392 万 m^3，挖方 1836 万 m^3，共布设取土场 25 个、弃土（渣）场 124 个。工程永久占地 42.7 km^2，临时占地 19.2 km^2。

京沪高速铁路工程依次跨越海河、黄河、淮河和长江四大水系。沿线江河纵横、湖泊众多，地质条件复杂，人口密集，耕地资源稀缺。加之工程规模大，占地多，施工期间扰动地表强度大，如不做好水土保持工作，必将会造成严重水土流失。因此，做好京沪高铁水土保持，有效控制人为水土流失，及时恢复受损的生态环境，最大限度减少输入江河湖库泥沙，对保障防洪和铁路运行安全，保护沿线弥足珍贵的水土资源，建设生态文明、构建资源节约型和环境友好型社会，都具有重大而深远的意义。

该工程于 2008 年 4 月开工建设，2011 年 6 月全线开通运营。项目建设期间，建设单位京沪高速铁路股份有限公司高度重视水土保持工作，依法编报了水土保持方案，组织开展了水土保持后续设计，委托了水土保持监理、监测，项目完工后，及时开展了水土保持设施验收相关工作，履行了水土保持法定义务，水土保持防治效果较好，工程水土保持设施顺利通过了水利部组织的竣工验收。2015 年，京沪高速铁路工程被评为"国家水土保持生态文明工程"。

本案例重点从建设单位履行水土保持法定义务、落实水土保持方案情况进行简要评析。

6.4.1　水土保持方案编报

在京沪高速铁路工程项目前期工作阶段，建设单位就积极做好水土保持方案编报工作，委托铁道第三勘察设计院集团有限公司、中铁第四勘察设计院集团有限公司分别承担了《新建京沪高速铁路北京至徐州段水土保持方案报告书》《新建京沪高速铁路徐州至上海段水土保持方案报告书》的编制工作。2006 年 4 月，受原铁道部委托，原铁道部工程设计鉴定中心在北京主持召开了《京沪高速铁路水土保持方案报告书》预审会，形成了报告书专家评审意见。2006 年 5 月，完成了新建京沪高速铁路北京至上海段水土保持方案报告书（报批稿）。2006 年 8 月，水利部以水保函〔2006〕372 号对京沪高速铁路水土保持方案进行了批复，水土保持方案编报工作在项目开工前全部完成。

水土保持法明确水土保持方案是生产建设项目开工建设的前置条件，编报水土保持方案是建设单位的首要法定义务，也是生产建设项目一切水土保持工作的依据和基础。目前，绝大多数建设单位能够依法编报水土保持方案，但也存在个别项目水土保持方案未批主体工程先建的情况，这是一种严重的水土保持违法行为。京沪高速铁路工程在项目开工前，完成水土保持方案的编报并或批准，符合水土保持法的要求。

6.4.2　水土保持方案实施

6.4.2.1　后续设计

京沪高速铁路工程获批立项后，建设单位委托铁道第三勘察设计院集团有限公司、中铁第四勘察设计院集团有限公司、中铁大桥勘测设计院有限公司等开展了工程设计工作，并将水土保持方案中的防治措施纳入主体工程设计中，在初步设计和施工图设计中落实了水土保持方案的各项措施和要求。

在工程设计中，始终贯穿了节约用地、水土保持、环境保护的理念，充分考虑沿线低山丘陵区和平原区水土流失治理区和防护区的不同特点和要求，进一步优化线路方案，增加桥梁占比，桥梁占线路的全长达 80.4％，减少工程占地避免高填深挖，尽可能减少填方、挖方以及弃土弃渣数量，减少对地表植被的破坏。同时，还根据工程建设实际，组织开展了专项植被恢复的补充设计，对全线的路基坡脚外侧至用地界、路堑堑顶至用地界之间范围，以及旱桥桥下用地界范围内的水土保持植物措施进行了补充变更。通过开展后续设计，提出了工程措施与植物措施相结合，点、线、面相结合，全面防治与重点防治相结合，布局合理、措施得当、功能齐全的水土保持措施体系。

"同时设计"是水土保持"三同时"制度的重要内容，做好水土保持后续设计是落实水土保持方案中各项防治措施的关键。在实践中，工程设计过程是分阶段的、逐步深化细化的，水土保持方案的设计深度一般只是达到可行性研究的深度，这就要求建设单位在初步设计和施工图设计阶段，必须按照批准的水土保持方案和有关技术标准，组织开展水土保持设计，编制水土保持设计篇章，并成为工程设计的重要组织部分，为施工单位下一步实施水土保持措施提供技术依据。目前，不少建设单位对水土保持后续设计不重视，对批准的水土保持方案不予落实，没有将方案中的水土保持措施纳入到后续设计中，导致水土保持措施无法得到落实。本案例中，京沪高速铁路工程在设计阶段，将水土保持方案的各项措施和要求纳入到后续设计中，作为主体工程设计的重要组成部分，并进一步优化工程建设方案、优化水土保持措施布局，为建设期有效防治水土流失提供了重要的支撑。

6.4.2.2　措施实施

工程建设期间，建设单位依据批复的水土保持方案和批复文件要求，落实了水土保持各项防治措施。主体工程区实施了路堤边坡防护、路堑坡面防护、路基排水工程、路基边坡及两侧绿化等措施；弃土（渣）场防治区采用工程弃土（碴）场采用挡渣墙防护弃土，周边设置截、排水沟槽，灌草结合或者撒播草籽实施植物措施，或进行复耕；取土场防治区采取在取土场周边设置截、排水沟，灌草结合、撒播草籽或复耕；临时设施防治区在施工结束后及时进行土地整治、撒播草籽恢复植被。同时做好了表土剥离利用、弃渣拦挡防护、临时防护等工作。

全线的水土保持措施与主体工程同步展开，根据建设单位、监理单位、监测单位、技术评估单位提供的资料，项目实际完成工程措施浆砌石 168.13 万 m^3、干砌石 4.75 万 m^3、混凝土 35.35 万 m^3，固土网垫 73.62 万 m^2，土工格栅 702.73 万 m^2；实施植物措施面积约 20.9km²，其中乔木 45.40 万株，灌木 4196.07 万株，植草约 20.3km²；临时防护措施共完成浆砌石 11.08 万 m^3，临时苫盖约 2km²，沉砂池 1434 个，泥浆池 12006 个，表土剥离 579.47 万 m^3。

水土保持方案是否得到落实，根本在于方案中设计的水土保持措施是否得到落实。落实水土保持措施，是防治生产建设活动所造成水土流失的关键。水土保持防治措施主要包括工程措施、植物措施、临时措施，不仅要措施标准和工程量要达到水土保持方案和设计的要求，并且水土保持措施的进度也要符合"三同时"的要求。本案例中，京沪高速铁路工程通过各项水土保持措施的实施，有效防治了工程建设期间的水土流失，较好地落实了水利部批准的水土保持方案。

6.4.3　水土保持法定义务落实情况

6.4.3.1　水土保持监理

京沪高速铁路建设中，全线共划分了 9 个土建施工标段，并分别对应进行了监理标段的划分。建设单位除了各监理单位开展工程建设监理外，还委托中国铁道科学研究院承担了"施工期环保监控（含水土保持）"工作。本项目中水土保持监理纳入了主体工程监理，并作为其重要内容。在各监理单位编制的监理规划、监理实施细则中，均包含了水土保持监理的工作内容。

京沪高速铁路建设扁平化管理模式，各监理标段设置了监理项目部、监理组两级监理机构。监理项目部安排一名副总监主管环保水保监理管理工作，并设环保水保监理室，由环保水保专业监理工程师负责全标段环保水保监理的管理控制、业务指导及与上级建设管理单位的联系、协调工作，各监理组组长或副组长主管环保水保监理管理工作。同时还推行全员环保水保监理监督制度，现场监理人员发现水保工程施工方面的问题立即报告，使水土保持问题得到及时控制。监理组每周向监理项目部环保水保监理室作书面的工作情况报告。

在水保监理工作实施过程中，监理单位从质量、进度、投资控制等方面认真履行监理职责，取得了显著成效，实现了水保工程与主体工程同步建成、同步验收、同时投入运营的目标。

建设监理制是基本建设"三项制度"的重要内容之一，对于生产建设项目中的水土保持工程，达到一定规模的，按照《水利工程建设监理规定》（水利部令第 28 号）规定，也应开展水土保持监理工作。水土保持监理往往是建设单位容易忽视的一项工作。实际上，开展水土保持监理，对于帮助建设单位落实水土保持方案，保障水土保持措施治理、进度具有重要的作用。本案例中，京沪高速铁路工程建设单位将水土保持工程监理纳入主体工程监理的重要内容，建立健全了水土保持监理工作机构，积极做好"三控制、两管理、一协调"工作，促进了水土保持各项措施的落实。

6.4.3.2　水土保持监测

2010 年 12 月，委托北京交通大学承担了"京沪高速铁路施工期水土保持监测"工作；项目建设中，建设单位委托北京交通大学开展了项目施工期水土保持监测工作，并完成了监测报告。

开展水土保持监测是大中型生产建设项目水土保持工作的重要内容，也是建设单位的法定义务。开展水土保持监测可以有力促进水土保持方案的实施，对于建设单位做好水土保持工作意义重大。在实践中，大多数建设单位都能组织开展水土保持监测工作，充分利用监测单位的专业技术优势，全面监控和管理施工现场，对存在的问题及时整改和处置，最大限度避免可能发生的水土流失和潜在危害，并调整和优化水土流失防治措施，为建设单位实施水土保持方案提供支撑。本案例中，京沪高速铁路工程建设单位在开工后委托开展了水土保持监测工作，水土保持监测介入相对较晚。

6.4.3.3　土保持补偿费缴纳

按照水保相关要求，缴纳水土保持设施补偿费 802.65 万元。

缴纳水土保持补偿费是建设单位的法定义务。关于水土保持补偿费的征收范围、收费标准、征缴方式、使用管理等，在财政部、国家发改委、水利部、中国人民银行联合发布的《水土保持补偿费征收使用管理办法》（财综〔2014〕8 号）和国家发改委发布的《水土保持补偿费收费标准（试行）》（发改价格〔2014〕886 号）中，都有明确的规定，各地也相继出台了征收使用管理细则和收费标准。因此，水土保持补偿费应依照以上规定征缴，任何单位和部门不得随意减免。本案例中，京沪高速铁路工程建设单位缴纳了水土保持补偿费，履行了水土保持法定义务。

6.4.3.4 水土保持检查意见落实

工程建设过程中，项目涉及的各级水行政主管部门、流域管理机构等先后 5 次对项目水土保持方案实施情况进行了监督检查，针对发现的水土保持问题，提出了整改要求。每次检查后，建设单位京沪高速铁路股份有限公司对检查整改工作高度重视，按照检查意见，及时组织完成了整改。其中，2010 年 10 月，水利部组织有关部门开展了一次大规模的联合执法检查，建设单位按照水利部检查意见要求，积极做好了整改落实工作：一是 2010 年 12 月组织环保水保监控单位和水土保持监测单位联合对全线水土保持工作进行了一次认真、细致的全面排查，消除水土流失隐患；二是加大力度推进了防洪工程的实施进度；三是提前启动了水土保持验收工作；四是把京沪高速铁路水土保持工作纳入京沪高速铁路建设工作总结范畴。整改工作及时、成效明显。在项目建设和运营期间，没有发生水土保持违法案件，没有产生较严重的水土流失现象。

水土保持监督检查意见是水行政主管部门根据生产建设项目水土保持工作存在问题而提出的，具有很强的针对性、指导性，也具有强制性、约束性，建设单位对历次水土保持监督检查意见的落实情况，直接反映了生产建设项目水土保持工作水平，还直接反映了建设单位对水土保持工作的重视程度。本案例中，京沪高速铁路工程建设单位能够积极配合各级水行政主管部门的监督检查，能够按照检查意见的要求认真整改，较少和消除了水土流失隐患，提高了水土流失防治效果，提升了水土保持工作水平。

6.4.4 水土保持工作组织管理

从项目建设一开始，建设单位京沪高速铁路股份有限公司就成立了水土保持工作领导小组，由公司总经理任组长，分管环保水保工作的副总经理、总工程师、总会计师担任副组长。成员由工程部（设备部）、安质部（安监部）、计财部组成，下设办公室，日常管理工作由工程部牵头负责。

在工程建设期间，构建了由京沪高速铁路股份有限公司统一组织、各指挥部分段管理、监理单位日常监理、设计单位技术支持、施工单位具体落实、监控单位定期跟踪监控的施工期水土保持工作管理组织体系。京沪公司作为项目的建设主体，负责全线水土保持工作的组织管理，由下设的各指挥部负责管理所辖管段的水土保持工作。设计单位根据《水土保持方案》及批复意见要求，负责落实工程建设中各项水土保持措施的方案设计。施工单位负责项目建设中水土保持措施（设施）的实施。监理单位负责项目建设中的水保监理工作，在工程监理单位内部设置环保水保监理部门，将水保监理工作纳入主体工程监理的工作范畴，配备专（兼）职水保监理人员，负责标段内的主体工程和临时工程施工中的日常水土保持监理工作。环保监控单位对沿线桥梁、路基、隧道等主体工程施工现场，以及取弃土场、施工便道、制梁场、轨道板场等临时工程的水土保持工作进行定期监控，对存在的问题进行跟踪检查，直至整改到位并销号。

工程开通运营后，沿线水土保持设施运行和维护工作由京沪高速铁路股份有限公司分别委托北京铁路局（北京至德州段）、济南铁路局（德州至徐州段）和上海铁路局（徐州至上海虹桥段）负责。各铁路局依据运输设备管理分类，由工务部门负责水土保持设施运行的日常检查和定期维护。京沪高速铁路股份有限公司负责对铁路局的水土保持设施维护效果进行检查考核。

为做好项目水土保持方案的实施工作，确保各项水土保持措施能够及时落实到位，项目建设单位依据国家有关法律法规，原铁道部、水利部规章制度，以及《水土保持方案》及批复意见的要求等，建立了一套完整的、系统的管理制度，规范和优化了环保水保管理流程、施工组织设计流程、变更设计管理流程等 13 个管理流程，出台了 5 大类共 68 项建设管理办法。在环境保护与水土保持等方面，建立了目标控制体系、激励与约束相结合的考核奖励机制，制订了 13 大类 592 项管理细则。针对环保和水保工作的特点，建设单位专门研究制订了《建设期环境保护与水土保持管理办法》，明确了水土保持的工作内容、重点和目标以及管理机制；编制了详细的"施工期环境保护水土保持措施"；制定了工程不同施工阶段的水保工作制度，对施工准备阶段的人员培训、施工组织设计方案的报审、作业指导书编制以及技术交底等作了明确规定。规定施工组织设计方案的审核要有明确的环保水保方面的批复意见，不符合要求的不得批准开工。实行环保水保监理月报制度、例会制度、专题会议制度等。针对临时工程环保水保的管理特点，制定了相应的环保水保监理用表。同时，将施工单位的环保水保工作成效纳入信用、激励约束等考核范畴。

建设单位是防治水土流失的责任主体，其水土保持组织管理情况是生产建设项目水土保持工作的基础。建设单位水土保持组织管理情况直接决定了生产建设项目水土保持方案实施的效果。大多数水土保持方案实施情况较好的项目，其建设单位基本上都能高度重视水土保持工作，水土保持组织管理到位。本案例中，项目建设单位成立了水土保持领导机构，设立有专门的机构负责水土保持工作，配置了专职的水土保持管理人员，水土保持内控制度完善，并开展经常性的水土保持培训等，强化落实了各参建单位的水土保持责任。在施工过程中，强化对各参建单位的管理，严格按照水土保持方案及其后续设计组织施工，确保各项防治措施落到了实处。

6.4.5　水土保持设施验收

工程完工后，建设单位委托北京水保生态工程咨询有限公司开展了京沪高速铁路工程水土保持设施验收技术评估工作。2011 年 6 月，水利部在北京主持召开了京沪高速铁路工程水土保持设施验收会议，验收组认为：建设单位重视水土保持工作，按照水土保持"三同时"制度的要求，依法编报了水土保持方案。工程建设期间，强化标准化管理，组织开展了水土保持植被恢复专项设计和水土保持监理、监测工作，优化了施工工艺，最大限度减少扰动，较好地控制和减少了工程建设中的水土流失。建成的水土保持设施质量总体合格，运行期间的管理维护责任落实到位，符合水土保持设施竣工验收的条件，同意该工程水土保持设施通过竣工验收。

2011 年 6 月 30 日，该工程正式开通运营。

水土保持设施验收是水土保持"三同时"制度的重要内容，也是检验水土保持方案实施效果的最后一道关口。根据水土保持法的规定，水土保持设施未经验收或验收不合格的，主体工程不得投产使用。现实中，水土保持设施验收是生产建设项目水土保持的一个薄弱环节，一些建设单位对水土保持设施验收的重视程度不够，有的项目已投入运行多年还未通过水土保持设施验收。京沪高速铁路工程在投产使用前，就积极履行水土保持验收程序，做好验收准备工作，并顺利通过了水利部组织的验收，符合水土保持法的规定。

6.4.6　生态文明工程创建

按照水利部批复的水土保持方案，京沪高速铁路工程建设单位建立了较为完善的水土保持措施体系，工程质量达到了设计标准，各项水土流失防治指标达到了方案确定的目标值，其中扰动土地整治率98.35%，水土流失总治理度97.91%，土壤流失控制比1.43，拦渣率98.72%，林草植被恢复率99.03%，林草覆盖率31.70%。各项水土保持设施运行正常，发挥了较好的水土保持功能。

在京沪高速铁路工程建设全过程中，建设单位按照水土保持"三同时"要求，积极履行了法律法规赋予企业的责任和义务，认真落实了水土保持方案确定的防治任务，实现了铁路建设和生态文明建设双赢。水土保持工作中，强化组织领导，建立标准化质量管理体系，突出了预防为主、保护优先、强化综合治理、注重生态效果，在设计理念、措施配置、防治标准、施工管理、工艺改进、质量控制、标准化管理等方面树立了样板，为我国大型生产建设项目水土流失防治工作积累了宝贵的经验，起到了重要的示范和带动作用。

2015年，京沪高速铁路工程被评为"国家水土保持生态文明工程"。

党的十八大作出了加强生态文明建设的战略部署，提出了建设美丽中国的宏伟目标。水土资源是人类赖以生存和发展的根本物质基础，水土保持是生态文明建设的重要内容和组成部分，是建设生态文明的基础。为落实中央关于加强生态文明建设的新要求，积极探索具有水土保持特色的生态建设新路子，更好地推进水土保持生态建设工作，充分发挥水土保持在生态文明建设中的重要作用，推动水土保持事业又好又快地发展，水利部于2011年9月决定开展国家水土保持生态文明工程创建活动，并提出了国家水土保持生态文明工程的创建要求、评定标准、申报与管理程序，出台了《水土保持生态文明工程考评办法（试行）》。国家水土保持生态文明工程的申报条件要求很高，只有"三同时"制度落实到位、水土保持法定义务全面履行、水土流失防治效果非常突出的生产建设项目才能入选，因此，获得"国家水土保持生态文明工程"称号是对生产建设项目水土保持的较高评价，也是对建设单位水土保持工作的充分肯定。本案例中，京沪高速铁路工程建设单位在全面落实水土保持方案的基础上，积极开展了国家水土保持生态文明工程创建活动，对照水利部的标准，精心做好申报及各项准备工作，并顺利通过水利部组织的评审，将京沪高速铁路工程建成了国家水土保持生态文明工程，这也是铁路行业首个国家水土保持生态文明工程，为同类项目水土保持工作探索了经验，起到了较好的示范带动作用。

本 章 参 考 文 献

[1]　李飞，郜风涛，周英，等. 中华人民共和国水土保持法释义 [M]. 北京：法律出版社，2011.

［2］　韩雪琴，冯莉. 法学概论［M］. 北京：清华大学出版社，2014.

［3］　水利部水土保持司. 水土保持法律法规汇编，2009.

［4］　刘震. 水土保持法修订的过程和重点内容［J］. 中国水土保，2011（2）：1-4.

［5］　牛崇桓. 新时期水土保持监督管理的重点任务和措施［J］. 中国水土保持，2016（4）：5-8.

第 7 章
水土保持监测

根据《辞海》，"监"有监视、督察之意；"测"有测量、估计或者猜想、推想之意；"监测"则为"监视测量"之意。通俗地说，监测就是指对某种现象（监测对象）变化过程进行长期地、持续地观测和分析的过程。因此，水土保持监测就是运用多种技术手段对水土流失成因、数量、强度、影响范围、危害及其防治效果进行的长期、持续调查、观测和分析工作。

水土保持监测是我国水土保持事业的重要组成部分，也是法律赋予水行政主管部门的一项重要的基础性工作，水土保持行政管理人员和技术人员必须熟悉水土保持监测相关基本知识。因此，本章主要对水土保持监测的重要作用和意义、国内外水土保持监测现状、我国水土保持监测历史沿革和网络现状、水土保持监测的基本内容和主要方法、水土保持监测成果应用等基本知识进行简要介绍。

7.1 监测的作用和意义

7.1.1 监测的主要作用

水土保持监测是一项重要的基础性工作，具有十分重要的作用和意义。第一，水土保持监测是开展水土保持工作的重要基础和手段。通过水土保持监测，可以摸清水土流失的分布、面积、程度、危害等状况以及水土流失的发生发展规律，准确掌握水土流失预防和治理情况，分析和评价水土保持效果，为水土流失防治总体部署、规划布局、防治措施、科学配置等提供科学依据；可以掌握生产建设项目造成水土流失情况、防治成效，为各级水行政主管部门有针对性地开展监督检查、案件查处等提供重要依据；可以积累长期的监测数据和成果，为水土保持科学研究、标准规范制定等提供可靠数据资料。第二，水土保持监测是国家生态保护与建设的重要基础。可以及时、准确掌握全国水土保持生态环境现状、变化和动态趋势，分析和评价重大生态工程成效，为国家制定生态建设宏观战略、调整总体部署、实施重大工程提供重要依据。第三，水土保持监测是国家保护水土资源、促进可持续发展的重要基础。可以不断掌握水土资源状况、消长变化，为国家制定经济社会发展规划、调整经济发展格局与产业布局、保障经济社会的可持续发展提供重要技术支撑。第四，水土保持监测是社会公众了解、参与水土保持的重要基础。可以使公众及时了解水土流失、水土保持对生活环境的影响，满足社会和公众的知情权、参与权和监督权，促进全社会水土保持意识的提高。

新修订实施的水土保持法在全面总结多年来水土保持监测工作所取得的成绩、深入分析当前和今后监测工作面临的形势和任务的基础上，明确提出了"县级以上人民政府水行政主管部门应当加强水土保持监测工作，发挥水土保持监测工作在政府决策、经济社会发展和社会公众服务中的作用"的新要求，为水土保持监测工作的全面、深入和可持续发展指明了方向。因此，概括而言，水土保持监测的主要作用体现在 3 个方面。

（1）水土保持监测可以在政府决策中发挥重要作用。政府决策是政府在管理活动中为了达到一定的目标对各种发展目标和规划以及政策和行动方案等作出评价和选择，是政府公共管理的核心和关键环节，它直接关系到政府的行政效能和权威，乃至国家的稳定与经济繁荣。及时、准确、有效的监测数据是政府决策的科学依据和重要基础。从历史、现实和未来的发展趋势看，水土流失状况是衡量水土资源、生态环境优劣程度、经济社会可持续发展能力的重要指标。水土流失直接导致水土资源的破坏，降低土地人口承载力，加速资源短缺，恶化生态环境，引发生态危机，进而危及人类生存和发展，因此必须要采取切实有效的措施，在资源与环境问题上作出慎重而科学的选择。扎实开展水土保持监测，及时、准确掌握水土流失动态变化及治理成效，定量分析和评价水土流失与资源、环境和经济社会发展的关系，水土流失与粮食安全、生态安全、国土安全、防洪安全、饮水安全的关系，水土流失与"三农"问题和新农村建设的关系，水土流失与贫困的关系，有利于各级政府科学制定各项经济社会战略发展规划，协调推进经济社会健康持续发展；有利于深入实施水土保持政府目标责任制，全面加强政府绩效管理与考核；有利于全面提高水土流失防灾减灾等国家应急管理能力，切实保障人民群众生命财产安全。

（2）水土保持监测可以在经济社会发展中发挥重要作用。促进经济平稳较快发展和社会和谐稳定，是当前我国国民经济和社会发展的首要目标。长期以来，受经济发展所处的历史阶段及整体技术水平的限制，我国经济增长主要通过增加生产物质和忽视生态环境的粗放型增长方式来实现。为提高经济增长的质量和效益，推进生态文明建设水平，主要途径就是要积极探索走出一条生态环境代价小、经济效益好、可持续发展的道路。实践证明，水土保持是保护水土资源可持续利用、维护生态协调发展的最有效手段，是衡量资源环境和经济社会可持续发展的重要指标，是全面建设社会主义小康社会的重要基础，在国民经济和社会发展中占有非常重要的地位。水土保持监测是开展水土保持工作的重要基础和手段。通过开展水土保持监测，科学测算绿色 GDP，科学分析评估各项经济社会建设对水土流失及水土保持生态环境建设的影响，必将有助于处理好经济增长与生态环境保护之间的关系，促进经济结构调整和增长方式转变，增加经济增长方式本身的可持续性，推动资源节约型、环境友好型社会建设，实现人与自然的和谐发展。同时，通过开展水土保持监测，研发和生产监测设施设备，推广监测咨询与服务，必将有助于带动相关产业发展，培育新的经济增长点，增加人员就业，促进经济与社会和谐发展。

（3）水土保持监测可以在社会公众服务中发挥重要作用。随着经济社会的发展进步，社会公众了解和参与公共事务管理的意识不断增强。同时，为适应社会发展，有效提高政府的执行力和公信力，各级政府也在不断调整行政管理体制机制，加大信息的公开和透明度，切实增强政府的社会公众服务能力和依法行政水平。水土保持监测作为一项政府公益事业，为社会公众了解、参与水土保持生态环境建设提供了一条重要途径。通过水土保持监测，定期获取国家、省、地、县等不同层次的水土流失动态变化及其治理情况信息，建立信息发布服务体系，并予以定期公告，可以极大地满足社会公众对水土保持生态环境发展状况的知情权，有效增强社会公众的生态环境保护意识；可以极大地深化社会公众对水土保持生态环境建设的参与权，有效加强水土保持工作和发展机制的创新；可以极大地提高社会公众对水土流失预防保护和综合治理的监督权，不断健全水土保持监督机制，有效推动水土保持事业健康、持续发展。

7.1.2 监测的重要意义

水土保持监测数据和成果是服务于政府、服务于社会、服务于公众的，是一项重要的社会公益事业，其重要意义主要体现在 3 个方面。

（1）水土保持监测工作是全面贯彻落实水土保持法律法规的客观需要。水土流失成因复杂、面广量大、危害严重，对经济社会的发展和国家的生态安全以及群众的生命、生产、生活构成了极大的威胁。因此，国家通过立法的形式，确立了水土保持监测预报工作是各级水行政主管部门的一项重要职能。建立水土保持监测网络，开展水土保持监测工作，掌握水土流失发生、发展、变化趋势以及水土保持防治成效，满足政府、社会公众对水土流失和水土保持相关信息的需求，实现水土保持监测数据和成果的社会共享，可以为水土流失重点预防区和重点治理区实行政府水土保持目标责任制和考核奖惩制度提供重要依据，是落实水土保持法律法规的客观需要。

（2）水土保持监测工作是国家生态文明建设的迫切需要。水土流失的区域分布，造成水土流失的原因，水土流失的危害，水土流失对经济社会发展的影响，水土流失的防治效果，科学测算国民经济和社会发展的绿色 GDP 指标，分析环境资源成本等，所有这些只有通过科学的监测才能被掌握，才能作出正确的判断和决策。因此，在国家加快改善生态环境、推进生态文明建设的宏观背景下，水土保持监测工作对于强化水土保持事中事后监管，确保水土流失面积不扩大、强度不加剧、水土保持功能不降低，实施党政领导干部生态环境损害责任追究办法，切实维护国家生态安全，落实国家"绿色"发展理念，建设美丽中国均具有重要支撑作用，是国家生态文明建设的迫切需要。

（3）水土保持监测工作是水土保持事业自身发展的需要。监测可以为水土保持工作提供"四据"：一是为水土流失预防监督工作提供证据。开展预防监督，查处违法案件，反映人为造成的水土流失是多少、危害有多大，损坏水土保持设施面积和应征收的水土保持补偿费有多少，需要监测提供定量的数据。二是为水土保持综合治理规划提供依据。水土流失的区域在哪里，水土流失的特点和规律是什么，应采取什么样的防治措施，怎样进行规划和设计，需要监测提供支持。三是为水土保持防治效果提供凭据。依托水土保持监测网络并充分应用以"3S"为核心的新技术，能从根本上保证防治面积、效果信息的真实性和准确性，从而对防治效果作出科学的评价。四是为水土保持科研信息化、现代化提供数据。提高水土保持的投资效益、管理水平，水土保持走向信息化、现代化，达到水土流失及其防治规律的模拟再现和可视化分析与评价，建设"数字水土保持"，监测工作任重道远。没有长期的动态监测、大量的数据积累和全面科学的数据分析，水土保持就成为"无源之水""无本之木"。

7.2　国内外水土保持监测发展状况

现代水土保持监测起始于 18 世纪末到 19 世纪初，历经百余年来的发展至今，已经形成了地面监测和遥感监测两大体系。随着科学技术进步、经济社会发展和生态文明建设的需求上升，水土保持监测正在向更广阔的领域和更深入的层次迈进。

7.2.1　国外水土保持监测发展现状

1877—1895 年，德国土壤学家沃伦（Ewald Wollny）建立第一个坡面径流小区（径流场），研究地形、土壤和植被对土壤侵蚀的影响，是现代水土保持监测工作的最早报导。之后的几十年间，基于径流小区的土壤侵蚀监测在土壤侵蚀严重的国家和地区被迅速推广应用。美国在 20 世纪 50、60 年代总结了几十万个径流小区的土壤侵蚀观测成果，推出了通用土壤流失方程（USLE）及其修正方程（RUSLE）和风蚀方程等模型。

由于全球气候变化和土地利用、植被覆盖变化导致区域性土壤侵蚀加剧，土壤侵蚀研究逐步从坡面观测向流域和区域监测转变，除了基于径流小区、小流域等小尺度的监测方法外，还出现了区域监测方法，主要有抽样调查法、网格估算法和遥感（RS）与 GIS 集成监测法等。

7.2.1.1　抽样调查法

抽样调查法是基于统计学原理，按照一定的原则在区域范围内抽取典型样区，采用定位监测的方法获取抽样单元内的土壤侵蚀状况，然后通过信息汇总和尺度转换的方式获取区域尺度土壤侵蚀的整体信息。该法在美国获得成功。美国农业部自然资源保护局（NRCS）将全国划分为 6 个工作区，布设由监测点组成的监测系统，并派驻专职联络员，定期采集各项土壤侵蚀参数信息，然后利用通用土壤流失方程对土壤侵蚀强度进行定量计算，通过汇总统计分析，从而掌握全国土壤侵蚀及其治理信息。全美国监测点数量由 1975 年的 41000 个发展到 1997 年的 800000 个，每五年汇总统计并公告一次，2001 年后成为一个逐年调查的业务化运行系统，调查样点大约 200000 个。

7.2.1.2　网格估算法

网格估算法是将区域划分成一定大小的网格，采用土壤侵蚀模型计算网格内土壤流失量并进行汇总，该方法充分利用了 RS 和 GIS 技术，结合微观尺度模型和地面观测数据，实现区域尺度土壤侵蚀模拟与评价。欧洲环境保护局（EEA）自 1992 年起先后采用的多种方法均属此类。陆华（Hua Lu）等基于 RUSLE 和 GIS，集成时间序列的遥感影像、降水、土壤、地形等数据，完成了澳大利亚片蚀、细沟侵蚀的定量评价，编制了全澳逐月和年平均土壤侵蚀强度图。巴特杰斯（Batjes）、赖希（Reich）和杨大文等，利用 0.5 经度×0.5 纬度网格的全球数据和 USLE 或 RUSLE 对全球尺度土壤侵蚀进行定量分析。范·德·克奈夫（Van der Knijm）等 2000 年首次采用这个方法对全球大陆的坡面侵蚀进行了定量的土壤侵蚀制图。

7.2.1.3 遥感与 GIS 集成监测法

遥感技术为区域性、大范围的环境调查和监测提供了时间和空间上连续覆盖的信息源，GIS 技术为空间数据的管理和分析提供了强有力的工具。基于土壤侵蚀过程机理，结合遥感和 GIS 技术，构建机理性的区域土壤侵蚀模型，逐渐发展成为土壤侵蚀定量研究的主要方向。有代表性的是荷兰学者德容（De Jong）构建的地中海区域土壤侵蚀模型（EMMED），布雷热（Brazier）等提出的坡面土壤侵蚀速率定量评估与制图模型（MIRSED）等。模型与 GIS 完全集成并直接以遥感数据为数据源，基于土壤侵蚀物理过程，将土壤侵蚀过程概化为径流侵蚀和输沙过程，各个模块分别运算，进行区域土壤侵蚀定量评价。此外，欧洲、澳大利亚、加拿大、新西兰、日本等国家，为了保护有限的水土资源，也利用卫星开展了多次土壤侵蚀监测，取得了显著的成效。遥感与 GIS 集成监测法逐渐成为全球的主流监测方法。

7.2.2 我国水土保持监测历程

我国水土保持监测工作始于 20 世纪 20—30 年代，最早是土壤科学工作者结合土壤调查，对全国的土壤侵蚀现象进行了调查研究。随后，陆续建立了首批径流小区和水土保持实验区，开始进行水土流失定位观测，对水土流失规律、水土保持措施及其效益进行了试验观测，取得了一些成果。中华人民共和国成立后，在全国范围内陆续建立了 100 多个科学试验站，其中天水、绥德、西峰站为"三大支柱站"，通过水土流失监测和科研试验，研究水土流失规律，探索治理模式，取得了一系列成果，为水土流失防治提供了基本依据。

除了开展试验观测外，我国还先后开展了区域水土流失调查工作。早在 20 世纪 40 年代，就先后在黄河上游和西南一些省进行水土保持考察。20 世纪 50—60 年代，我国组织开展了多次大规模水土保持综合调查。20 世纪 80 年代，我国首次开展了全国土壤侵蚀遥感调查，随后陆续于 1999 年、2001 年和 2011 年开展了第二次、第三次和第四次（即第一次全国水利普查水土保持情况普查）土壤侵蚀普查工作，查清了相应时期全国的土壤侵蚀状况。1991 年颁布了《中华人民共和国水土保持法》，2011 年 3 月 1 日新修订的《中华人民共和国水土保持法》正式施行，明确了水土保持监测工作的重要地位和作用，标志着我国水土保持监测工作进入了新的发展阶段。概括起来，我国的水土保持监测经历了 4 个阶段。

7.2.2.1 早期启蒙阶段

20 世纪 20—40 年代，即中华人民共和国成立以前。最早在 1922—1927 年，我国首次在山西沁源、宁武和山东青岛建立了首批径流小区，观测森林植被对水土流失的影响。之后，又在重庆北碚（1938 年）、四川内江（1939 年）、甘肃兰州（1941 年）等地设置径流小区，观测坡度、坡长和耕作管理对水土流失的影响。1941—1942 年，黄河水利委员会针对治理黄河工作的需要，在甘肃天水、陕西长安荆峪沟、福建长汀河田等地建立了水土保持实验区，有的农林科研单位还设置了水土保持站，对水土流失规律、水土保持措施及其效益进行了试验研究。1943 年、1945 年先后在黄河上游和西南一些省进行了水土保持考察调查。该阶段的水土保持监测工作以零星的径流小区和水土保持实验区定位观测以及局部区域水土保持考察调查为主，水土保持监测缺乏系统规划，处于启蒙阶段。

7.2.2.2 初期实验调查阶段

20世纪50—70年代，即中华人民共和国成立至改革开放前的阶段。中华人民共和国成立后，政府十分重视水土保持监测工作，1951—1952年，黄河水利委员会又在甘肃西峰和陕西绥德建立了水土保持科学试验站，与早期建站的天水站一起组成闻名全国的水土保持科学研究"三大支柱站"。在此期间，陕西、山西、甘肃、宁夏、青海、四川、云南、广东等省也建立了一批试验站，开始开展坡面水土流失规律观测和小流域径流、泥沙观测研究。同时，为开展全国水土保持工作，20世纪50年代，采用人工调查的办法，开展了第一次全国范围大规模的水土流失普查工作，初步查清了我国水土流失的主要形态——水蚀的面积、强度及分布，为后来将黄河中游、长江中上游等确定为重点治理区提供了基本依据，有力地指导了建国初期我国的水土保持工作。另外，20世纪50—60年代由黄河水利委员会、中国科学院组织开展了多次大规模水土保持综合调查，查清了黄河中游多沙粗沙区域。基于这些普查和调查成果，提出了我国土壤侵蚀类型、形式、强度及区划的基本理论和方法，划分了全国水土流失类型区及水土保持区划，为指导开展水土保持工作奠定初步基础。该阶段已经基本掌握了全国土壤侵蚀状况，但水土保持监测工作仍以观测实验和综合调查为主，且绝大多数均为地面观测和调查，处于初期实验调查阶段。

7.2.2.3 中期技术探索发展阶段

指20世纪80—90年代。1982年，国务院批准发布了《中华人民共和国水土保持工作条例》；1991年6月，《中华人民共和国水土保持法》颁布实施；1993年，《中华人民共和国水土保持法实施条例》由国务院发布实施。这些法律法规的出台，基本明确了水土保持监测机构及任务。为适应水土保持事业发展的需要，长江、黄河等流域先后设立水土保持研究所；1988年开始，中国科学院组建成立中国生态系统研究网络，目前共建成40个生态系统实验站，每个实验站的观测和研究内容都与水、土、气、生等主要影响水土流失的因素有关，而且除1个城市生态站外都直接开展水土流失监测工作。其中水土保持研究所在陕西省安塞县沿河湾镇茶坊村建立的农田生态系统站——安塞水土保持综合试验站，以纸坊沟小流域为主要试验区，建成了完整的水土流失监测和山地综合实验场，建设各种径流小区160多个，规模大、设施全，开展不同坡长、坡度、坡型水土流失规律，乔、灌、草、不同作物、耕作措施、工程措施等不同措施水土保持效益，农、林、草地生物量、水分及养分平衡等项目的监测与实验，基于上述系统的水土流失定位监测成果，研究了不同地形、植被、措施情况下的水土流失规律。此外，还建立了宁夏中卫风沙实验站、云南泥石流监测站、长江上游滑坡监测站、中游崩岗监测站等，水土保持实验观测全面发展。

20世纪末，随着计算机技术的发展，遥感技术、地理信息系统、数据库等先进技术开始在我国水土保持监测工作中得到初步的探索应用。水利部分别于1985年和1999年组织开展了两期全国土壤侵蚀普查，均利用了较高分辨率的MSS和TM卫星遥感影像为主要信息源，对水蚀、风蚀和冻融侵蚀开展了全面的遥感详查，查清了全国水土流失现状，划分出水蚀风蚀交错区，为国家"生态建设规划"和"生态保护规划"，以及明确黄河中游、长江上中游、珠江上游、东北黑土区为重点治理区域决策起了重要作用。此外，基于

GIS 和数据库的水土保持管理信息系统开始出现，如中科院水保所开发出基于 DOS 系统的水土保持信息系统，北京林业大学在北京门头沟区建立了水土保持数据库，北京大学开发出北京市水土流失信息系统，并将 GIS 软件应用到水土保持制图工作中。

概括而言，该阶段在建立一批水土保持实验站的基础上，系统开展了水土流失定位观测，较好地掌握了水土流失发生发展规律，但仍缺乏覆盖全国的水土保持监测网络和地面观测；虽然开始探索利用计算机、遥感、GIS、数据库等先进技术开展全国性土壤侵蚀遥感普查等水土保持监测工作，但仍以中、低分辨率的卫星遥感数据和人工目视解译方法为主，缺乏全国性水土保持管理信息系统，仍属中期技术探索发展阶段。

7.2.2.4 近期技术快速发展阶段

指 21 世纪以来的近十多年时间，特别是 2011 年 3 月 1 日起施行修订后的《中华人民共和国水土保持法》，进一步明确了水土保持监测工作的重要地位和作用，即"发挥水土保持监测工作在政府决策、经济社会发展和社会公众服务中的作用"，为水土保持监测工作确立了明确的法律地位，指明了发展方向。为适应新水土保持法的要求，水土保持监测工作步入快速发展阶段，主要体现在 4 个方面。

（1）全国水土保持监测网络基本建成，全国水土流失动态监测与公告工作步入常态。

水利部组织实施了全国水土保持监测网络与信息系统建设一期、二期工程，建成了 1 个中央级水土保持监测中心、7 个流域机构监测中心站、31 个省级监测总站、175 个监测分站、738 个水土保持监测点，其中观测场 40 个、小流域控制站 338 个、坡面径流场 316 个、风蚀监测点 31 个、重力侵蚀监测点 4 个、混合侵蚀监测点 5 个、冻融侵蚀监测点 4 个。覆盖全国的水土保持监测网络基本建成，水土保持监测点也涵盖了水力、风力、重力、冻融、混合等各种侵蚀类型。同时，水利部从 2007 年开始启动了全国水土流失动态监测与公告项目，采用遥感监测与地面观测相结合的方法，对国家级水土流失重点治理区和重点预防区的水土流失动态情况进行监测，并每年公告监测结果，较好地掌握了全国重点防治区的水土流失现状及其动态变化情况，全国水土流失动态监测与公告工作步入常态。

（2）水土保持监测技术规范正式出台，水土保持监测新技术新方法新设备不断涌现，从技术上推进了水土保持监测工作的快速发展。2002 年，水利部发布了《水土保持监测技术规程》（SL 277—2002），标志着水土保持监测工作正式步入规范化时代。而随着遥感（RS）、地理信息系统（GIS）、全球定位系统（GPS）和数据库以及智能移动终端设备、移动互联网、物联网、云计算、大数据等先进技术的不断发展，水土保持监测新技术、新方法、新设备也不断涌现。在监测点和小流域定位观测方面，降雨、径流指标的观测已经实现了自动化，泥沙观测也开始出现相关自动观测仪器设备，观测数据也可以通过微波、GPRS 等实现远程自动传输；在流域和区域监测方面，已经完成了由传统的人工地面调查向遥感监测的转变，且遥感数据的空间分辨率、光谱分辨率和时间分辨率越来越高，遥感监测方法也由人工目视解译逐步转变为自动/半自动遥感分类方法，出现了基于面向对象分类技术的水土流失遥感自动/半自动监测方法、基于高分辨率卫星遥感影像的水土保持遥感监测方法、基于无人机的水土保持遥感监测方法等。另外，基于智能移动终端（PDA、智能手机等）的水土保持信息移动采集系统和基于三维激光扫描仪的水土流失监测技术也已得到了应用，可以极大提高地面调查的工作效率。技术规范和先进的技术方法有力推进了水土保持监测工作的快速发展。

（3）生产建设项目水土保持监测工作得到了推进。我国对生产建设造成的水土流失以及引发的危害认识较早，但将生产建设项目人为水土流失纳入水土保持监测则是近十几年的事情。1996 年 3 月 1 日，水利部批复了全国首个生产建设项目水土保持方案——平朔煤炭工业公司安太堡露天煤矿水土保持方案，但开展生产建设项目水土保持监测则是2000 年左右的事情，广东省的东深供水改造工程是最早开展水土保持监测的项目，随后，2002 年广东飞来峡水利枢纽工程也开始开展水土保持监测工作。2002 年，水利部发布了《水土保持监测技术规程》，对生产建设项目水土保持监测的原则、内容、时限等作了原则性规定；同年，水利部颁布实施了 16 号令《开发建设项目水土保持设施竣工验收办法》，规定了生产建设项目水土保持监测报告制度。此后，一部分水利部批复的大中型生产建设项目陆续开始开展水土保持监测工作。2009 年，水利部发布了《关于规范生产建设项目水土保持监测工作的意见》（水保〔2009〕187 号），对生产建设项目水土保持监测的目的、分类、内容和重点、方式和手段、频率、报告、成果公告、管理等方面进行了规定，生产建设项目水土保持监测开始走上正轨。为规范生产建设项目水土保持监测工作，进一步明确监测工作程序，保证监测工作质量，提高生产建设项目水土保持监测水平，2015年 6 月，水利部办公厅印发了《生产建设项目水土保持监测规程（试行）》，生产建设项目水土保持监测工作逐渐步入规范化和常态化阶段。

（4）全国水土保持监测管理系统正在得到应用。2002 年，水利部水土保持监测中心组织实施国家 863 项目——"十五信息技术领域空间信息应用与产业化促进专题项目：重大 3S 应用示范——水土保持"，对监测信息采集、管理与共享服务进行了全面研究，并初步研究开发了系统软件。另外，长江上游滑坡泥石流预警管理信息系统、黄土高原淤地坝信息管理系统、水土保持定点监测信息采集系统、小流域管理信息系统等相继开发并投入使用。2004 年，在"全国水土保持监测网络和信息系统建设"项目实施中，全面设计、开发并初步完成了"全国水土保持监测管理信息系统"。该系统由动态监测、项目管理、预防监督、辅助规划决策、信息发布等五大子系统组成，主要功能包括数据在线上报与审核、空间数据在线编辑和格式转换、数据增量管理、多媒体数据管理、数据查询及报表生成、专题图制作等。系统自投入运行以来，访问量已突破 5 万次，为有关行业部门和社会公众及时提供了水土流失最新信息，满足了社会对水土流失信息的知情权，水土保持监测工作逐步迈入信息化阶段。

7.2.3 我国水土保持监测网络建设情况

7.2.3.1 监测网络建设现状

经过全国水土保持监测网络与信息系统建设一期、二期工程的实施，全国水土保持监测网络已经基本建成。目前，我国的水土保持监测机构按照四级设置，具体设置如下。

第一级：水利部水土保持监测中心。

第二级：大江大河流域水土保持监测中心站。包括长江、黄河、海河、淮河、珠江、松花江及辽河、太湖等 7 个流域机构委员会的水土保持监测中心站。

第三级：省（自治区、直辖市）水土保持监测总站。包括北京市、天津市、河北省、山西省、内蒙古自治区、辽宁省、吉林省、黑龙江省、江苏省、浙江省、安徽省、福建省、江西省、山东省、河南省、湖北省、湖南省、广东省、广西壮族自治区、海南省、重庆市、四川省、贵州省、云南省、西藏自治区、陕西省、甘肃省、青海省、宁夏回族自治区、新疆维吾尔自治区和新疆生产建设兵团31个监测总站。

第四级：省（自治区、直辖市）重点防治区监测分站。目前，各省（自治区、直辖市）水土保持监测分站共175个。

此外，还建成738个水土保持监测点，其中观测场40个、小流域控制站338个、坡面径流场316个、风蚀监测点31个、重力侵蚀监测点4个、混合侵蚀监测点5个、冻融侵蚀监测点4个。

全国水土保持监测网络的各级监测机构以及监测点之间的业务关系与数据流、各级站点与其主管部门和相关单位的关系等。监测网络的总体结构如图7-1所示。

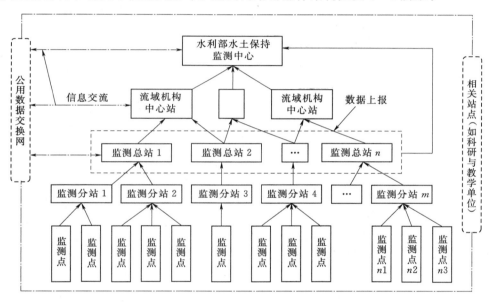

图7-1 全国水土保持监测网络的层次式网络结构示意图

7.2.3.2 监测网络主要职责

根据水利部12号令《水土保持生态环境监测网络管理办法》，水土保持监测网络的主要职责包括2个方面。

（1）省级以上水土保持生态环境监测机构的主要职责。编制水土保持生态环境监测规划和实施计划，建立水土保持生态环境监测信息网，承担并完成水土保持生态环境监测任务，负责对监测工作的技术指导、技术培训和质量保证，开展监测技术、监测方法的研究及国内外科技合作和交流，负责汇总和管理监测数据，对下级监测成果进行鉴定和质量认证，及时掌握和预报水土流失动态，编制水土保持生态环境监测报告。

（2）各级监测机构的职责。主要包括以下5个方面：

1）水利部水土保持监测中心对全国水土保持生态环境监测工作实施具体管理。负责拟定水土保持生态环境监测技术规范、标准，组织对全国性、重点区域、重大开发建设项目的水土保持监测，负责对监测仪器、设备的质量和技术认证，承担对申报水土保持生态环境监测资质单位的考核、验证工作。

2）大江大河流域水土保持监测中心站参与国家水土保持生态环境监测、管理和协调工作，负责组织和开展跨省区域、对生态环境有较大影响的开发建设项目的监测工作。

3）省级水土保持监测总站负责对重点防治区监测分站的管理，承担国家及省级开发建设项目水土保持设施的验收监测工作。

4）省级重点防治区监测分站的主要职责是按国家、流域及省级水土保持生态环境监测规划和计划，对列入国家或省级水土流失重点预防保护区、重点治理区、重点监督区的水土流失动态变化进行监测，汇总和管理监测数据，编制监测报告。

5）监测点的主要职责是按有关技术规程对监测区域进行长期定位观测，整编监测数据，编报监测报告。

7.2.4　我国水土流失模型研究及遥感动态监测

区域水土流失研究从早期的调查研究到利用水文资料结合区域调查，走过了数十年，但水土流失预报模型的研究，才是区域水土保持监测与水土流失环境危害和防治效益评价的核心。近十年来，我国在黄土高原、长江中上游等地区开展了水土流失预测预报模型研究，并积累了丰富的经验，在区域水土流失制图、区域侵蚀因子研究和区域土壤侵蚀定量评价方面取得较大进展。以下将其研究方法归类加以概述。

（1）地学综合统计法（Geostatistics），主要是通过地理综合的方法对区域进行分区或网格化，然后分析全部单元区或单元格的专题信息的区域统计规律，建立区域宏观统计模型，作为评价和获取区域宏观信息的依据。

周佩华等较早地应用区域宏观分区的方法，按自然和社会经济条件，将中国划分为东北漫岗丘陵区、黄土高原区、北方山地丘陵区、江南丘陵区、云贵高原及四川盆地区、华南丘陵区和青藏高原 7 个区，结合区域内有代表性的测站及其所控制流域内的相关资料，确定各类型区内主要的水土流失影响因子，分别建立河流年输沙量与各主要影响因子的统计模型，完成了各区域的水土流失趋势预测。模型的基本形式为

$$Y = a1 M^{a2} Q^{a3} P^{a4} \tag{7-1}$$

式中　　　　　Y——河流年输沙量；

M——一日最大洪水量；

Q——年径流量；

P——水保治理面积占流失面积百分数；

a1、a2、a3、a4——地区系数。

中国科学院水利部水土保持研究所自 1997 年来，着眼于国家水土保持宏观决策对于区域性水土流失数据的连续需求，对区域水土流失定量评价进行了系统研究。研究表明，区域范围内水土流失的宏观评价因子可用径流、地貌、植被、土壤、水保措施 5 个因子表达。

胡良军将黄土高原划分为 3380 个基本评价单元，选择沟壑密度、汛期降雨量、大于

0.25mm 土壤水稳性团粒含量、植被盖度、坡耕地面积比 5 项指标，集成 GIS 技术提取指标信息，通过回归分析获得了适合黄土高原水土流失评价的宏观定量数学模型，并完成了黄土高原土壤侵蚀的定量评价，评价模型为

$$L=3.521P^{0.7887}S^{-0.09616}G^{1.9945}M^{0.01898}e^{-0.00144C} \tag{7-2}$$

式中　L——侵蚀模数；

　　　P——汛期降雨量；

　　　S——大于 0.25mm 风干土水稳性团粒含量；

　　　C——植被盖度；

　　　G——沟壑密度；

　　　M——坡耕地面积比。

（2）USLE 模型估算法。随着以 GIS 和 RS 技术为代表的现代空间信息技术的发展，USLE 的应用从坡面尺度扩展到流域尺度，甚至是区域尺度。USLE 在区域尺度土壤侵蚀定量研究中应用的实质是以 GIS 为支撑，将区域划分成规则的栅格单元，每个栅格单元对应于 USLE 的标准小区，通过 USLE 对各栅格单元的土壤侵蚀进行定量计算，通过统计汇总实现区域土壤侵蚀状况的定量评价。

卜兆宏等根据 USLE 的基本形式，开发了水土流失遥感定量快速检测方法，该方法应用遥感数据提取 C 因子和 P 因子，并基于 GIS 技术以遥感图像像元计算单元建立了统计模型。在福建、江西、山东、太湖流域苏皖区等地推广应用。

杨艳生利用 USLE 的建模思想，将 USLE 中的坡面尺度指标引申为区域宏观指标，应用于我国南方花岗岩侵蚀红壤区的径流小区资料和野外调查资料，确定各项基本流失因子，推导出花岗岩母质的赣南侵蚀红壤区和长江三峡区的土壤流失预测方程。

赣南山丘区　　　　　　　　$A=4YKLS$ 　　　　　　　　　（7-3）

$$Y=5.459-0.472x_1+0.128x_2+1.715x_3-14.041x_4 \tag{7-4}$$

长江三峡区　　　　　　　$A=0.8351RKLSC^{-2.3}$ 　　　　　　　（7-5）

$$LS=0.0023 \times 1.1^a h(1-\cos\alpha)/\sin\alpha \tag{7-6}$$

式中　　　　　　Y——观测样区的坡面流失量；

x_1、x_2、x_3、x_4——分别为降雨量、降雨强度、径流深度和径流系数；

　　　　　　　A——区域坡面流失量，$t/(km^2 \cdot a)$；

　　　　　　　R——降雨因子；

　　　　　　　K——土壤可蚀性因子；

　　　　　　LS——地形因子；

　　　　　　　C——植被盖度；

　　　　　　　α——地面坡度；

　　　　　　　h——相对高差。

傅伯杰将 RUSLE 与 GIS 集成，完成了中等流域（延河）的土壤侵蚀定量评价。近年来，考虑降水和径流过程时空变化，以 DEM 为基础，与 GIS 紧密结合的分布式水文模型得到迅速发展，并在黄河流域探索将坡面、小流域、区域、流域层次模型整合成一个完整的流域整体模型。

（3）遥感定量调查法是近年来随着遥感、GIS技术的迅速发展而出现的土壤侵蚀定量调查方法，多是以坡面、小流域等微观尺度的土壤侵蚀定量估算模型（如USLE及其修正版的RUSLE、MUSLE的经验模型和物理模型）为基础，以遥感为基础信息源，以GIS技术为基本技术手段，获取区域尺度上的地形、土壤、植被、土地利用等土壤侵蚀影响因子等模型参数，逐个像元进行土壤侵蚀的定量估算，从而实现小尺度模型在大区域内的应用。刘宝元等利用抽样调查方法，取得抽样单元，用GIS技术获得每一单元影响水土流失因子值，计算出流失量。

考虑全球环境变化，基于土壤侵蚀过程和遥感，开发分布式区域土壤侵蚀模型，成为区域土壤侵蚀定量评价研究的基本趋势。通过对区域尺度土壤侵蚀的主要环境，包括降雨、地表径流产生、侵蚀产沙和沉积、径流泥沙汇集和运移等的定量描述，考虑并合理处理计算单元的不均性，即可开发区域水土流失模型。

7.2.5 发展趋势

三次全国水土流失遥感监测基本形成科学、实用的技术方法，积累了丰富经验，通过全面的卫星遥感手段，以地面监测为补充，形成智能化、准自动化水土流失监测技术体系，继而推进省、市、县各级水土流失快速监测，是我国未来的发展趋势。纵观国内外发展，水土保持监测应是一项集自动化、信息传输、网络通信、RS、GPS、GIS、管理信息系统等于一体的综合应用技术。我国由于条件限制，很难像发达国家那样在全国布置大量的地面观测站点，也难以直接应用微观监测数据来对宏观的水土流失态势进行评价和分析，因为宏观尺度上土壤侵蚀和水土流失的规律或特点的表现将可能与微观尺度存在明显区别。这就需要将地面监测成果与遥感快速监测成果结合起来。值得庆幸的是，2008年，多源多尺度遥感水土流失监测与数据中心建设项目方案已获国家发改委批准，该项目的核心任务就是联合国内外相关专家和基层单位，将遥感监测和地面监测的成果相互补充和结合，按不同侵蚀类型区建立天地一体化水土流失监测模型，建立遥感监测时空数据库并持续更新，并开发水土流失自动化分析软件，实现水土流失监测信息全面共享，其成果将推动水土保持动态监测预报成为日常工作。

7.2.5.1 监测上趋于自动数字化采集

（1）自动监测逐步推广应用。自动监测在20世纪90年代多利用监测设备自动存储模块记录数据，人工定期将存储的数据下载到计算机中，利用配套软件进行存储和处理；进入21世纪，随着网络技术和移动通信的发展，多采用有线或无限传输的方式直接将设备数据传输到事先设计好的数据库中保存。自动监测的优点是数据获取速度快，节省人力，在发达地区或重点监测地区逐步成为主流。

（2）高精度激光扫描法在快速定量监测中逐步得到应用。高精度激光扫描法，对同一区域按不同时段进行扫描获得地形相对高程点云数据（DEM），利用DEM体积计算原理分别计算不同时段地形的体积，利用体积差计算土壤侵蚀量；也可以通过数字地形模型（DTM）方法，提取坡面细毛沟，对不同时段细沟侵蚀进行分析。由于扫描范围较小，这种方法对开发建设项目水土流失监测比较有效，但无法对风蚀量、水蚀量进行分离。目前由于设备成本高而尚未普及应用，随着激光测量技术快速发展，将会逐步得到推广。

（3）近地摄影测量法在快速定量监测中逐步被应用。近地摄影测量法，利用普通相机通过控制焦距，近距离垂直拍摄地面相对高程，利用数字摄影测量原理提取 DEM，通过 DEM 分析坡面侵蚀沟。这种方法对开发建设项目水土流失、沙丘位移、滑坡体、崩塌体监测比较有效。该方法目前处于试验阶段，由于设备技术含量低，与高精度激光扫描相比，不能监测短期内土壤侵蚀量；由于人工摄影范围有限，不宜用于大范围的土壤侵蚀监测。

7.2.5.2 遥感与 GIS 集成监测法成为快速监测的核心手段

该方法集成了遥感和 GIS 的各自功能。利用遥感快速获得区域土壤侵蚀中的土地利用、植被覆盖度、工程措施 3 个因子。其中，植被覆盖度大多采用高光谱方式植被指数（NDVI），再通过植被指数与植被盖度关系曲线对植被盖度定标，利用不同遥感影像的定标值自动生成植被盖度图及其属性；工程措施一般通过高分辨率遥感进行解译得到工程措施的分布、数量，或者通过中等分辨率遥感解译的土地利用图间接获得工程措施因子；利用 GIS 的 DTM 模型在 DEM 计算坡度、坡长因子，利用气象站点数据经 GIS 空间差值得到降雨因子，再利用土壤类型图经实验分析生成土壤抗蚀性因子。综合利用上述因子，建立区域土壤侵蚀模型，通过 GIS 分析方法或开发相应软件快速生成土壤侵蚀量格网图，根据土壤侵蚀国家标准对土壤侵蚀量格网数据进行分级得到土壤侵蚀强度图。另外，还可利用地面监测站点数据及江河水文泥沙数据与各种监测结果进行结合，实现地面监测与遥感监测一体化。该方法充分发挥了遥感和 GIS 各自的优势，将成为未来土壤侵蚀监测的主导方法。

7.3　监测内容和方法

7.3.1　水土保持监测内容

《水土保持法》第二条规定："本法所称水土保持，是指对自然因素和人为活动造成水土流失所采取的预防和治理措施。"《水土保持法实施条例》第二十三条规定："国务院水行政主管部门和省（自治区、直辖市）人民政府水行政主管部门应当定期分别公告水土保持监测情况。公告应当包括下列事项：（一）水土流失面积、分布状况和流失程度；（二）水土流失造成的危害及其发展趋势；（三）水土流失防治情况及其效益。"

由此可知，水土保持监测就是运用多种手段和方法，对水土流失的成因、数量、强度、影响范围、危害及其防治成效进行动态监测和评估，为水土流失预防监督、综合治理、生态修复和科学研究提供基础信息，为国家生态建设决策提供科学依据。水土保持监测内容应该全面反映水土流失影响因子、水土流失状况、水土流失灾害和水土保持措施及其效益等。

在实践中，水土保持监测内容也是不断演变、不断发展和不断丰富的，而且监测内容的区域性也随着监测尺度的变化而变化。比如，坡面径流场和小流域的监测内容存在区别，即使同一内容甚至同一指标的含义、范围、测试方法以及测试设施、设备等都存在差异。随着水土保持及其监测技术的发展和社会的进步，水土保持监测的内容不断更新。因此，在实际工作中，确定水土保持监测内容时，既要考虑学科研究状况及其发展的全面性，又必须依据相关的法律法规、技术标准，也要从实际出发，确定学科上合理、技术上可靠、经济上可行的监测内容及其指标。

水土保持监测应包含 6 个方面的内容。

（1）水土流失影响因子是水土流失发生、发展的内在原因。水土流失的动态变化与其影响因子密切相关，掌握影响因子的变化能够揭示水土流失发生、发展的内因、外因及其相互作用，为水土流失预测预报奠定基础。

水土流失影响因子包括自然因子和社会经济因子两类，这两类因子是通过若干个指标反映得出。

（2）水土流失状况是表达水土流失类型和特征的指标，表达水土流失发生历史和发展现状，提供水土流失动态变化数据，为水土保持决策和治理措施的设计提供重要理论依据。

反映水土流失状况时，通常总是按照分类分级的方式来表达。其中，类型主要是指水蚀、风蚀、冻融侵蚀、重力混合侵蚀等，以及这些类型的各种表现形式，如水蚀引起的面蚀、沟蚀，重力混合侵蚀的滑坡、崩塌、泥石流等；分级主要是指水土流失强度、流失土壤程度等。

（3）水土流失危害是指水土流失带来的生态、经济和社会灾难，既反映水土流失灾害地域分布和危害特征，又可检验水土保持治理效果，为发展水土保持理论和改进水土流失治理提供实践指导。

一般地，水土流失危害包括对流失地区的危害，对下游河道泥沙、洪涝灾害、植被及生态环境的影响，对周边地区经济、社会发展的影响等。

（4）水土保持措施是指治理水土流失，控制流失灾害，改善生态环境的工程措施、植物措施和农业耕作措施等。监测水土保持措施的数量和质量，既能反映水土保持治理进度和地区差异，又体现出治理质量和水平，为宏观调控水土保持指出方向。

（5）水土保持效益是经过分析和计算，表达水土保持带来的水土流失减少、生态恢复、经济发展和社会进步的标志，反映出水土保持的重要性和必要性，突显出水土保持对社会发展的贡献和地位。

按照《水土保持综合治理·效益计算方法》（GB/T 15774—2008），水土保持效益包括基础效益、生态效益、经济效益和社会效益 4 部分。

（6）其他内容。随着水土保持事业拓展，生态修复、开发建设、城市水土保持已成为水土保持监测的内容，随之也就出现了反映这些内容的一系列新的监测指标，共同构成监测内容。

7.3.2　监测方法

监测方法是实现水土保持监测的有效手段，监测方法的合理选择是保证监测结果准确、可靠的前提。根据水土保持监测的空间尺度，可以将水土保持监测方法划分为坡面水土保持监测方法、流域水土保持监测方法和区域水土保持监测方法三大类。

7.3.2.1 坡面水土保持监测

坡面（特别是坡耕地）是侵蚀泥沙的主要来源，对坡面水土流失的准确监测，是认识水土流失规律、建立坡面土壤侵蚀预报模型、坡面水土保持措施优化配置、坡面水土保持措施效益分析的基础。

（1）径流小区。主要包括以下3个方面内容。

1）径流小区监测简史：坡面径流小区是坡面水土保持监测的传统方法，也是奠定土壤侵蚀作为独立学科的基础。早在1882—1883年，被誉为"水土保持研究先驱"的德国土壤学家沃伦首次建立了微型坡面径流小区，主要研究土壤物理特性、坡度、坡向和植被覆盖对土壤侵蚀的定量影响，同时也分析了上述因素对土壤入渗、土壤蒸发的潜在影响。20世纪上半叶，为了系统研究土壤侵蚀规律、防治日趋严重的水土流失，美国建立了大量的径流小区，并进行了多年的连续监测，监测结果为USLE的建立奠定了数据基础。20世纪40—50年代以后，径流小区已成为坡面水土流失发生、发展规律、土壤侵蚀机理及过程、土壤侵蚀预报模型等诸多科学研究及水土保持效益定量评价的主要技术手段，在全球范围内得到了广泛的应用。

1922—1927年，我国首次在山西沁源、宁武、山东青岛林场建立了径流小区，观测不同森林植被和植被破坏对水土流失的影响，开创了我国径流小区观测和水土流失定量化研究之先河。1940年，在四川、福建等地设立了水土保持工作站，建立了坡面径流小区，开展相应的监测工作。1941年，隶属于黄河水利委员会的林垦设计委员会在甘肃天水建立了陇南水土保持实验区；在陕西长安县终南山的荆峪沟高桥建立了关中水土保持实验区。1942年，农林部在天水建立了水土保持实验区，归黄河水利委员会管理。同年建立了兰州水土保持实验区，实验区面积3.75km²，主要研究造林等水土保持措施。

中华人民共和国成立以后，国家对水土保持工作十分重视，分别于1951年和1952年建立了黄河水利委员会西峰和绥德水土保持科学实验站，与早期建站的天水站一起组成闻名全国的水土保持科学研究"三大支柱站"。各站先后建立了大量的坡面径流小区，开展坡面水土保持监测工作。

1958年，黄河水利委员会组织了黄委会水文处、水土保持处、黄河水利科学研究所等20多个单位的科技人员，对黄河中游无定河流域的水系结构、地质、地貌、土壤、植被、沟道特性、侵蚀形态、水土保持现状、水文地质、历史洪水等11个项目，进行了深入细致的调查研究。经过多方比较和论证，选定了子洲县的岔巴沟为重点实验流域，建立了子洲径流实验站。该实验站于1959年在新庄建立了7个坡面径流小区，并开始了相关观测。在随后的几年里，又分别在团山沟和段川建立了12和2个坡面径流小区。小区内土壤有黄绵土、黄沙壤土和红土，小区的处理有农地、林地、草地、撂荒地、陡坡非生产用地、荒坡陡崖等。观测项目包括降水、径流和泥沙。虽然该实验站连续观测了仅11年，但实验站收集资料全面、相互配套，在降雨特性、土壤水分、降雨径流关系、流域侵蚀与汇流特性及水土保持措施的拦水拦沙效益等诸多领域取得了大量的翔实可靠的数据，在治黄建设、科学研究工作中，发挥了重要作用。

1973年，中国科学院西北水土保持研究所在陕西省安塞县沿河湾镇茶坊村建立了水土保持综合治理实验基地，该基地以8.27km²的纸坊沟小流域为试验区，开展了较为系统的水土流失长期定位监测。到 1990 年该基地已建成 4 套较为完整的水土流失监测体系，建立坡面径流小区 150 多个，主要研究坡面水土流失规律，乔、灌、草，不同作物、耕作，工程措施的水土保持效益等。依托中国科学院生态网络建设项目，该站建立了完整的山地综合实验场，建设了各种径流小区 160 多个，开展不同坡长、坡度、坡型水土流失规律，不同措施水土保持效益，农、林、草地生物量、水分及养分平衡等项目的监测与实验。

近年来，全国多个省、自治区、科研院所先后建立了坡面径流小区，如黑龙江克山、宾县、北京密云、延庆、门头沟、甘肃定西、山西离石、陕西米脂、宜川、长武、宁夏西吉、固原、四川绥宁、盐厅、福建安溪等。随着科学技术的进步，水土保持坡面监测在设备、技术和方法等方面有了飞速的发展，监测结果更为及时、可靠，为水土保持及其他相关行业提供科学的监测结果。

2）径流小区的类型、组成与布设：径流小区的类型多种多样，根据不同标准可以将径流小区划分为多种类型。根据小区的大小划分为微型小区、中型小区和大型小区。微型小区的面积通常在 $1\sim2m^2$ 之间，当简单地比较两种措施的差异，而其差异又不受监测面积大小影响时，可以优先使用微型小区。中型小区的面积一般在 $100m^2$ 左右，通常用于作物管理措施、植被覆盖措施、轮作措施和一些可以布设在小区内，且与大田里没有差异的其他措施的水土保持效益监测。大型小区的面积在 $1hm^2$ 左右，适合于不能在小型和中型小区内布设的水土保持措施效益的评价或在微型和中型小区内无法监测的项目，如坡面细沟发育。

根据不同地区小区间的可比性的高低，可以将小区划分为标准小区和非标准小区。由于在不同地区建立的观测小区，不论在小区大小，还是在管理方式上都存在较大差异，为了有效地利用各地区径流小区的观测资料，增强数据的可比性，需要建立标准小区。所谓标准小区指对实测资料进行分析对比时所规定的基准平台，规定了标准小区以后，在进行资料分析时，就可以把所有资料首先订正到标准小区上来，然后再统一分析其规律性。在我国，标准小区的定义是选取垂直投影长 20m、宽 5m、坡度为 5°或 15°的坡面，经耕耙整理后，纵横向平整，至少撂荒 1 年，无植被覆盖的小区。与标准小区相比，其他不同规格、不同管理方式下的小区都为非标准小区。水土流失是众多自然和社会因素综合影响的结果，要分析水土流失发生、发展的机理和过程，并达到预报的目的，则需要研究单个因素对水土流失的定量影响。非标准小区的布设与其研究、监测目的密切相关。

按小区的可移动性可以将径流小区划分为固定小区和移动小区。常见的坡面径流小区均属于固定小区，建设有固定的小区边墙、径流和泥沙收集设施。这类小区一旦建成以后，就要长期监测，因而需要不停的维护和精心的管理。根据水土保持监测的需要，有时需要建立移动性很高的临时性径流小区。这类小区的边墙、径流和泥沙收集设施可根据实验地点的变化随时移走。

径流小区一般由边墙、边墙围成的小区、集流槽、集蓄径流和泥沙的设施、保护带以及排水系统组成。小区边墙是由水泥板、砖或金属板等材料围成矩形，边墙高出地面 10～20cm，埋入地下 30cm 左右。为了防止边墙上产生的径流直接流入小区，破坏小区内土壤与边墙的紧密接触，当采用水泥板和砖作为小区边墙的材料时，水泥板和砖墙的上缘应向小区外倾斜 60°。当用金属板作为小区边墙的材料时，一般多用 1.2～1.5mm 的镀锌铁皮。

由边墙围成的小区，它是小区径流和泥沙的来源地，也是布设水土保持措施之所在，因此，应严格控制小区内土壤的管理措施或水土保持措施，使小区更具代表性。如标准小区内应为清耕休闲地，小区每年按传统方法准备成苗床，并按当地习惯适时中耕，保证没有明显的杂草生长（覆盖度以不超过 5％为宜）。小区底端应为水泥等材料做成的集流槽。集流槽表面光滑，上缘与地面同高，槽底向下和中间同时倾斜，以利于径流和泥沙汇集，不容易发生泥沙的沉积。紧接着集流槽由镀锌铁皮、金属管等做成的导流管或导流槽将小区和集流设施连接起来。

集蓄径流和泥沙的设施主要包括分流箱和径流桶（或蓄水池）。分流箱常用厚度为 1.2mm 的镀锌铁皮或厚度为 2mm 或 3mm 的铁板制作而成。我国采用的分流箱主要为圆形，直径在 0.6～0.8m 之间，高度在 0.8～1.0m 左右。对于大部分的降水而言，其产流量很小，为了监测小降雨产生的径流，需要分流孔保持一定的高度，从而使分流箱也具有一定容纳径流和泥沙的功能。分流孔离分流箱底部的高度多为 0.5m。分流孔多为直径3～5cm 的圆孔，间距在 10～15cm 左右，为保证分流均匀，分流孔间的距离应该相等。分流孔的数目应根据小区面积大小、设计径流深及集流桶的体积来综合确定，以保证设计径流深条件下分流桶不溢流为基本原则。分流孔多分布于分流箱靠近集流桶的一侧，中间一个分流孔与集流桶连接，从该孔中流出的径流被集流桶收集，供进一步取样分析。为保证分流箱均匀分流，常见的分流孔数目都为单数（如 3、5、7、9、11 等）。为防止径流中携带的杂草、树根等杂物阻塞导流管，在分流箱内应安装纱网或其他过滤设施，纱网的网眼不能太细，以大于 1cm^2 为宜，如果过细则会容易引起水流不畅，导致分流箱溢流等不良结果。

集流桶是收集径流泥沙的基本设施，常用厚度为 1.2mm 的镀锌铁皮或厚度为 2～3mm 的铁板制作而成，为了便于搅动径流和泥沙取样，集流桶全为圆柱形，尺寸与分流箱相当或略大于分流箱。为防止降水和沙尘直接进入分流箱或集流桶，一般要给分流箱和集流桶安装盖子。与分流箱一样，集流桶的安装也应保持水平。当集流桶由镀锌铁皮制作时，由于重量比较轻，为了稳固一般要在集流桶两侧用铁丝拉住，以防集流桶翻倒。当径流和泥沙样取完以后，应及时清理集流桶里的径流和泥沙。为了便于排放径流，集流桶的底部应开直径为 12cm 左右的圆形孔，收集径流时用阀将圆形孔堵住，观测完毕后打开圆孔将径流和泥沙排掉。对于用铁板制作的集流桶，由于其强度比较大，所以可以直接在集流桶底部安装阀门，用阀门直接排放径流和泥沙。在小区下建设大型蓄水池收集径流，是另一种收集径流和泥沙的方法。此时一般收集小区内产生的全部径流和泥沙，所以蓄水池的容积一般较大。在取样时很难将径流和泥沙搅拌均匀，因此，在取样时应在不同部位分别取样，最后取其平均值。和集流桶一样，取样完毕以后，应及时将蓄水池内的水和泥沙放掉，以免和下次降雨产生的径流、泥沙混合，导致不必要的监测误差。所以，当监测目的与次降雨的水土流失有关时，建议一般不要使用蓄水池收集径流。

在布设径流小区时，小区与小区之间以及小区上缘应留有 2～3m 的保护带。在小区观测时保护带也可以作为观测人员的行走通道。当径流小区在坡面上集中布设时，设计合理的排水系统是十分必要的，为防止径流集中可能引起的坡面冲刷，小区设计和布设时必须要在集流设施的下部规划、建设排水系统。

布设小区时应考虑小区的代表性、已有径流小区、监测结果的可比性、小区建设的规范性、小区面积、交通条件等的基本原则。在小区规划和设计过程中，应根据监测目的和需求，充分考虑需要建设小区的数量与规模、小区内拟布设的措施、分流箱的类型及大小、分流级别、排水系统等因素，尽量做到小区布设要科学、合理，既能满足监测需要，又能做到经济合理。

3）坡面小区监测的内容：径流小区监测的项目可以分为基本监测项目和选择性监测项目 2 大类。径流小区基本监测项目包括降雨量、降雨强度、降雨历时、径流量、侵蚀量、降雨前后土壤水分状况。监测结果应按次降雨、日降雨、汛期及全年进行小区产流、产沙量的汇总和分析。同时应定期监测下垫面土壤性质及土地利用状况的变化，包括土壤入渗性能、抗冲性、作物或林草植被覆盖度、冠层截留量及根系的固土效益等。随着人们对环境质量重视程度的日益增长，水土流失引起的面源污染也应成为水土流失监测的重要内容，因此在有条件的地区应定期监测径流和侵蚀泥沙中的 N、P、K 及有机质的含量，收集侵蚀泥沙样品，以供其他相关物理和化学测定；同时应对降雨后细沟和浅沟的侵蚀量进行测量和推算。

（2）核素示踪技术是通过比较没有发生侵蚀地块土壤中核素含量与侵蚀地块土壤核素含量的差异，进而利用核素流失量与侵蚀量间的定量关系，推求坡面水土流失量的技术方法。根据核素来源，可以将常用示踪核素分为人为放射性核素、天然放射性核素和宇宙射线产生的放射性核素 3 种。稳定性稀土元素经中子活化后也可以产生放射性。

人为放射性核素主要来源于核武器试验时释放的核尘埃，经过干、湿沉降进入环境。主要包括 90Sr、137Cs、14C、238Pu 等，其中 137Cs 常被用于坡面水土保持监测。137Cs 是核爆炸过程中产生的在全球范围内广泛分布的人工放射性核素，半衰期为 37a。137Cs 主要随降水沉降到地表，进而与土壤中粘粒及有机质颗粒紧密结合，并在土壤耕作层聚集，难于被雨水淋溶，也很少被植物吸收利用，但 137Cs 可随侵蚀泥沙的移动而产生再分布，因而成为坡面水土保持监测示踪技术中最好的示踪元素。利用 137Cs 监测坡面水土流失时，背景值的选择十分重要，背景值测定点应具有土壤未发生侵蚀、土壤未扰动超过 30 年、土壤中各层次 137Cs 的比活度没有因为土壤的物理过程而发生改变、与待测定土壤位于同一流域等特征，在测定了 137Cs 背景值的基础上，测定其他坡面不同部位土壤中的 137Cs 浓度，进一步与背景值进行比较，基于已经建立的土壤流失量与 137Cs 流失量间的定量模型，推求出监测坡面多年平均的侵蚀速率。

天然放射性核素包括 3 大系列，其中 210Pb 常被用于坡面水土保持监测。210Pb 的来源包括通过大气沉降而被土壤吸附的外源性 210Pb 和由土壤中 222Rn 衰变得到的补偿性 210Pb。210Pb 沉降量与海拔有关，同时与降水量密切相关，因此，大区域内外源性 210Pb 的空间分布与降水量的空间分布密切相关，而局部地区外源性 210Pb 的含量与本区的地形及气候特征相关。与 137Cs 相比，210Pb 示踪技术尚处于初期阶段，存在的关键问题是土壤中 210Pb 流失量与土壤流失量间的定量模型有待进一步完善。

宇宙射线产生的放射性核素是由宇宙射线与大气中原子核相互作用产生的，经过输送沉降到地表，并与地表物质结合。宇宙射线产生的放射性核素主要有 7Be、14C 等，其中 7Be 被常用于坡面水土保持监测。7Be 是宇宙射线作用与对流层和同温层中的氧，并使其分离而产生的，经过连续的干湿沉降到达地表，其化学行为与 137Cs 比较相似。由于 7Be 的半衰期只有 53d，因而可以示踪一定土地利用方式下一定时期内（如次降雨）的侵蚀强度、空间分布及其季节变化特征。

稳定稀土元素（REE）经中子活化分析后，具有与土壤紧密结合、对动植物无害、与水迁移能力弱及背景值低等示踪元素的基本特征，是十分理想的示踪元素。REE 示踪技术是 90 年代初期在我国黄土高原开始使用，采用断面法、条带法和点状法在黄土高原 100m 长的坡面上布设了 7 种不同的稀土元素，系统监测了黄土坡面土壤侵蚀垂直分带特征及侵蚀泥沙的来源。经过十多年的发展，REE 示踪技术已经日渐成熟，可以用于坡面及小流域侵蚀规律、侵蚀泥沙来源的监测。

（3）插钎法是坡面水土保持监测的传统方法，具有悠久的历时。它的基本原理是在选定的具有代表性的监测坡面上，按照一定的间距将直径为 5mm 的不锈钢钎子布设在整个坡面上，钎子上刻有刻度，一般以 0 为中心上下标出 5cm 的刻度，最小刻度为 1mm。监测时将测钎垂直插入地表，保持零刻度与地面齐平，在监测期内监测测钎的读数，将本次读数与上次读数相减，差值为负则表明在监测期内发生了侵蚀，侵蚀强度可以用平均差值计算得到。当差值为正值时，说明监测坡面发生了泥沙沉积，沉积量的大小也可以通过平均差异计算得到。

虽然插钎法在很多水土保持监测中应用很广泛，但受其监测原理的限制，插钎法测定的误差很大，因为在很多地区由每次降雨或一段时间内的降雨侵蚀导致坡面高低的变化幅度比较小，所以很难用插钎法精确测定地面高低的变化过程，进而计算得到精确的侵蚀量。但由于该方法简单易行、操作方便，所以在生产实践中应用较为广泛，特别是在侵蚀比较强烈的工程建设项目的快速监测中应用更广。

（4）全球定位系统（GPS）可以用于坡面水土保持的监测，特别是对坡面切沟的长期定位监测。利用高精度 GPS 在坡面上进行水土保持监测，作业速度快，精度高，测量不受恶劣天气的影响。目前使用比较多的是 Trimble 4700 双频差分 GPS，它的动态水平测量精度为 10mm（误差不超过 1ppm），垂直精度为 20mm（误差不超过 1ppm），主要设备包括基准站、移动站、基准站电台和手薄及 2 台双频 GPS 接收机（1 台安装在基准站，另 1 台则安装在流动站）。

在实际监测中通常采用实时差分技术来监测坡面切沟的变化过程，它是实时处理两个测站载波相位观测量的差分方法，它可保证实时三维定位精度达到厘米级。实时差分技术的基本原理是将一台 GPS 接收机安装在基准站上，确保基准站接收机和流动站接收机保持对 5 颗以上卫星的同时跟踪。基准站接收机对所有可见卫星进行连续观测，并将观测数据通过无线电实时地传送给流动站接收机。流动站接收机根据自己采集的卫星观测数据和从基准站接收到的数据，以相对定位的原理实时确定出流动站所在位置的三维坐标和高程。根据监测频率的大小，可以将实时差分技术分为静态技术、准动态技术和动态技术，在坡面切沟监测中应用比较多的是准动态技术。该技术要求流动的接收机首先在起始点上静止地进行观测，实现流动接收机的初始化，经初始化后的流动接收机只需在流动点做短暂的静止观测，即可结合基准站的连续观测资料，进行观测点三维坐标及高程的确定。

对测量数据在 GIS 中进行相关处理，从而生成监测切沟的规则格网 DEM。GPS 测量数据为离散的点数据，在数据处理时需要根据切沟的形态特征，将所测量的切沟沟沿线及沟底特征线连接起来形成隔断线，对隔断线和实测点进行带约束的三角网剖分，得到不规则的三角网 TIN，进一步对不规则的三角网 TIN 进行线性采样，得到规则网格 DEM。通过对比分析不同时期切沟的 DEM，即可判断一定时期内切沟的变化动态，当两期 DEM 相减为负值时，则说明在观测期内，该地段发生了侵蚀，侵蚀量可以通过 DEM 高程的变化计算得到。当两期 DEM 相减为正值时，说明在监测期内该地段出现了沉积。当两期 DEM 相减为 0 时，说明在监测期内该地段处于平衡状态，既没发生侵蚀也没发生沉积。

（5）三维激光扫描仪法是目前国际上先进的地面空间数据测量技术，它将传统的点测量扩展到面测量，可对复杂的地面特征进行扫描，形成地表的三维坐标数据，而每一个数据（点）都带有相应的 X、Y、Z 坐标数值，这些数据（点）集合起来形成的点云，就能构成物体表面的特征。经后续的计算机处理，可以进行多种分析和计算。

激光扫描仪产品大致可分为三代，第一代的主要功能是可以进行点测量，每次测量只能获得测量点的表面特征，其优点是精度高，但速度慢。第二代产品的主要特点是可以进行线测量，通过一段（一般为几公分，激光线过长会发散）有效的激光线照射物体表面，再通过传感器得到物体表面数据信息。尽管其测量速度比第一代产品有了很大的提高，但测量速度仍然较小，测量面积不大。第三代产品的主要特点是可以进行面扫描，其最具代表性的产品即为三维扫描仪，该设备可通过一组（一面光）光栅的位移，再同时经过传感器而采集到物体表面的数据信息，具有测量速度快，测量面积大等优点。

地面型三维激光扫描仪是目前应用最多的激光扫描仪，它包括三维激光扫描仪、数码相机、扫描仪旋转平台、软件控制平台、电源及其他附件。其测定原理是发射器发出激光脉冲信号，经地面反射后，几乎沿相同的路线返回到接收器，根据激光脉冲信号所用时间进一步计算得到测量点与扫描仪间的距离，同时利用精密时钟控制编码器同步监测每个激光脉冲横向和纵向扫描角度，根据扫描仪自定义的坐标系统，即可确定扫描点的空间坐标，获得后续处理需要的点云数据。

数据处理包括噪声去除、多视对齐、数据精简、曲面重构和三维建模等过程。噪声去除是指除去点云数据中错误数据的过程，由于在扫描过程中，可能会受到环境因素的影响，使点云数据中包含了多余的没有用的数据，因而在数据处理前需要删除这些点云数据。多视对齐是指由于扫描对象过大或者形状复杂，导致无法一次完成所有扫描，经常需要多次或者多角度扫描，因此对测量的点云数据需要对齐和拼接。点云数据的精简是指在不影响曲面重构和计算精度的情况下，对测量的点云数据进行精简的过程。用精简后的点云数据重构曲面称为曲面构建。在构建曲面的基础上，即可通过三维建模，获得扫描对象的三维图像。

与 GPS 监测坡面水土保持类似，用三维激光扫描仪监测坡面水土流失，也需要监测不同时期的坡面三维图像，通过比较不同时期坡面三维图像的差异，获得监测时间段内水土流失的平均状况。由于扫描空间尺度相对较小，所以目前多用于坡面径流小区尺度的监测。可用于次降雨的水土保持监测，也可用于水土保持季节变化及年际变化的动态监测。

发射口的浊度仪。当选定浊度仪后可以和自记水位计仪器配合使用。浊度仪和水位计监测的数据，均需要数据采集器来储存，整个系统的运作需要微型计算机控制，动力可以由太阳能板提供。

控制站是小流域径流泥沙监测的主要设施，需要一定的维护。径流里携带的泥沙可能会在流量堰前沉积，引起径流测定误差，因此，在洪水过后应及时处理沉积的泥沙。径流中携带的树枝、枯枝落叶等杂物，可能会缠绕在流量堰前水位计的支撑架上，随着受力面积的增加，可能会冲毁水位计支撑架。当洪水较大时，洪水对流量堰护底工程的冲击力很大，可能会冲毁流量堰护底工程，从而对流量堰的安全构成威胁，因此，在大洪水过后，应仔细检查流量堰的护底工程，如果出现问题应及时处理，排除安全隐患。

（2）小流域侵蚀量调查。小流域土壤侵蚀调查与径流泥沙监测，可以相互补充和验证，特别是对于没有径流泥沙监测的流域，调查成果对于小流域水土流失评价、水土保持措施的优化配置，具有重要的意义。在我国很多地区都修建有各种大大小小的水库和小塘坝，这些水库和塘坝的修建，为小流域土壤侵蚀调查提供了有利条件。

当有流域内水库或塘坝库区大比例尺地形图、库坝断面设计图、库容特征曲线、建库及拦蓄时间、库坝运行记录等设计资料时，小流域土壤侵蚀的调查就可以根据水沙平衡进行，即某时段库坝来水来沙量等于该时段下游出库水量、沙量及库坝内泥沙淤积量。通过调查一定时段内各项的定量值，即可获得该时段内流域侵蚀泥沙的总量，进而获得该时段内的平均侵蚀状况。

当没有流域内库坝的设计资料时，可用断面测量法确定流域侵蚀量。按照库区地形图，设置观测断面并埋桩；用经纬仪对断面做控制测量，确定各基点位置和高程，绘制平面图；将经纬仪架在断面一端固定桩上，对准另一端固定桩定出观测断面，库内用测船沿着断面行进，每隔10m左右用经纬仪测定一次距离，同时用测绳或测杆测定水深，直到断面终点。移动仪器到另一断面，重复测定，直至整个库区全部测完；根据测定结果计算各测点的高程；根据各测点高程绘制出蓄水淤积断面，结合库区地形图，完善断面图；计算各断面淤积面积；分别求出相邻断面平均面积，乘以断面间距，得到部分淤积泥沙的体积；将部分淤积泥沙体积累加得到总的泥沙淤积量，除以淤积年限及流域面积，即可得到该流域年均侵蚀量和侵蚀模数。

7.3.2.3 区域水土保持监测

区域水土保持监测是分析区域水土流失规律、评价区域水土保持效益、制定区域水土保持战略的基础，在水土保持监测体系中占有重要的地位。目前，国内外对于区域水土保持的监测，主要有遥感调查和抽样调查两种方法。

（1）遥感调查。借用现代航天、航空遥感技术，按照统一的方法和规范，在国家或区域水平上，对影响水土流失的主要因子、水土流失和水土保持及其效益进行的连续或定期监测，并对所取得的数据进行综合分析，以掌握国家或地区的水土流失及其防治动态和发展趋势，为国家和区域防治水土流失，保护、改良和合理利用水土资源，优化产业结构，改善生态环境条件，实现可持续发展提供决策依据。

遥感监测是以监测区的遥感影像为基础资料源，借助计算机图像处理和光谱分析技术，通过各种形式的人机对话，解译不同时相遥感影像的土地利用现状，土壤类型变化，土壤侵蚀的类型、特征及其危害，地貌及地形坡度分布，河道、水体和水系调查，牧草地类型及分布，林地类型及森林分布，农田水利工程调查及其效益，水利技术措施及效益调查，水土保持工程和生物防治设施及其效益，居民区分布及道路交通网的状况等基础数据。它具有适时性强、地面光谱资料丰富并可获得多时相资料、覆盖范围大、准确度高、成本低、更适合大范围监测需要等优点。

在国外特别是澳大利亚和欧洲，区域水土流失监测主要依靠遥感手段。澳大利亚从1997 年开始进行国家土地与水资源清查。土壤侵蚀清查主要包括面蚀、细沟沟蚀、切沟侵蚀、河岸侵蚀等，坡面侵蚀的清查主要基于美国 RUSLE 模型，调查时首先将区域划分为 $1km^2$ 的网格，对于每个网格，利用气候资料、土壤资料、DEM、遥感植被指数，分别计算降雨侵蚀力、土壤可蚀性、坡长坡度、植被覆盖，由于资料不足，所以没有考虑水土保持对网格水土流失的影响，将上述各因子相乘即可得到该网格的土壤侵蚀量，再利用GIS 技术生成全国土壤侵蚀图。为了进行国家水土流失风险评价，欧洲多个国家也采用类似的方法，对相应各国的水土流失做了清查。

中华人民共和国成立以来我国先后于 1984 年、1999 年和 2001 年进行过 3 次土壤侵蚀遥感调查。1984 年，全国开展了第一次土壤侵蚀遥感调查，调查应用了 MSS 和 TM 影像，参考彩红外航片，建立模糊判断模型，生成了全国 1：50 万土壤侵蚀图及相关数据库。1999 年，水利部应用 1995 年、1996 年陆地卫星 TM 影像，在 GIS 技术支持下，通过人机交互判读及专家的综合评判，生成了不同侵蚀强度的数据集。以同样的方法，水利部于 2001 年开始了第三次全国土壤侵蚀遥感调查。

我国土壤侵蚀遥感调查是在利用遥感影像判读土地利用的基础上，基于 GIS 生成的坡度图和遥感影像生成的植被覆盖度图，根据面蚀强度分级指标及水蚀和风蚀强度分级指标，确定出不同强度侵蚀的分布面积，再利用其平均侵蚀模数，计算得到侵蚀量。尽管遥感调查方法可以快速地获取地形地貌、植被等信息，但目前的调查主要基于坡度和植被覆盖两个因子，调查成果是建立在定性或半定量判读的基础之上，尚无法对区域土壤侵蚀进行定量评价。但随着相关资料的积累及区域土壤侵蚀模型研究的不断进步，土壤侵蚀遥感调查势必会成为区域土壤侵蚀调查的主导方法。

（2）抽样调查。区域水土流失抽样调查方法主要在美国使用。1977 年，美国开始了第一次国家层面的水土流失抽样调查。在全国范围内采集了 7 万个单元的相关数据，利用通用土壤流失方程和风蚀预报方程计算了每个单元的侵蚀量，并进行了区域汇总。1982年，美国将调查单元扩大到了 32.1 万个，1987 年又将调查单元调整到 10.8 万个，1992年的调查单元为 30 万个，1997 年也沿用了这些调查单元，基本包括了美国 3300 个县，共 84.4 万个调查点，每个单元面积在 $0.16\sim2.59km^2$，从 2000 年开始，调查周期由原来的 5 年一次变成每年一次。

美国水土流失抽样调查采用分层采样的思路，调查时将县区作为标准的正方形，边长约为 24 英里，进一步将县区划分为 16 个边长约为 6 英里的正方形镇区，每个镇区再继续划分为 36 个边长约为 1 英里的调查单元，每个单元中随机地选择 3 个监测样点进行相关调查。

在国家"十一五"科技支撑计划的支持下，北京师范大学在区域水土流失抽样调查方面做了大量的探索，在借助美国相关经验的基础上，逐步建立了适合于我国具体情况的抽样调查法。

区域水土流失分层抽样调查按照四层来进行，第一级为县级抽样区，是空间分辨率最低的网格系统。根据我国县域面积的主体特征，将该级区的网格大小确定为 50km×50km；第二级为乡级抽样区，是将县级抽样区进一步划分为 25 个 10km×10km 的网格。它基本反映了我国乡域面积的主体特征；第三级为抽样控制区，是将乡级抽样区进一步划分为 4 个 5km×5km 的网格。所谓控制区是指在每一个 5km×5km 的网格内都要保证有一个调查点，从而能对水土流失基本状况进行空间上的控制；第四级为抽样单元，是将抽样控制区进一步划分为 25 个 1km×1km 的网格。基本抽样单元就是这 25 个网格的中心网格，也就是要进行野外调查的对象。

调查大体上包括了室内准备阶段、野外调查阶段和室内数据处理分析三个阶段。室内准备阶段主要包括根据抽样单元中心点的公里网坐标和地理坐标勾绘抽样单元边界、扫描 1∶1 万地形图进行抽样单元等值线及边界数字化、打印底图、制作调查信息表等过程，同时准备野外调查需要的相关设备（如 GPS、数码相机等）。野外调查是以抽样单元内的地块为单位，调查土地利用、覆盖度、水土保持措施等信息，同时进行景观拍照和土壤样品采集。室内数据处理分析包括输入照片、输入 GPS 数据、输入信息表、制作地块文件。

在上述调查的基础上，结合气象资料和流域 DEM，分别计算小流域的降雨侵蚀力、土壤可蚀性、坡长坡度、植被覆盖、水土保持农业措施、水土保持工程措施和水土保持生物措施，以 CSLE 土壤侵蚀模型为基础，计算小流域土壤侵蚀量。以小流域土壤侵蚀量计算结果为基础，根据小流域的空间分布状况，分别计算乡级、县级及区域水土流失量。

与区域水土流失遥感调查方法相比，抽样调查法野外调查工作量大，费时费力，但它可以提供比较详细的区域水土流失计算的基础资料，有些资料只要收集一次，后续监测中不需要继续更新，同时计算精度优于遥感调查方法。

7.4 成果应用与典型案例

7.4.1 水土保持监测成果应用

概括而言，水土保持监测数据资料和成果主要可以应用于 6 个方面。

7.4.1.1 水土保持规划和相关规划编制

水土保持监测成果数据可以应用于水土保持规划编制，是开展水土保持规划编制的基础数据。第一，水土保持区划以及重点预防区、重点治理区的划分需要水土流失普查或者遥感调查数据，只有基于全国、全省或者区域水土流失普查或者遥感调查数据成果，才能科学合理的开展全国、全省或者区域的水土保持区划工作，才能准确划分全国、全省或者区域的重点预防区和重点治理区；第二，水土流失防治布局也需要水土流失普查或者遥感调查数据的支持，只有通过水土保持监测获得全国、全省或者区域的水土流失分布状况，才能因地制宜、科学合理地布局水土保持综合防治措施，合理确定各地的水土流失治理项目和治理规模；第三，水土保持监测点布局也需要水土流失监测数据的支持，只有通过对水土流失监测数据的系统分析，掌握水土流失类型、强度和空间分布，才能合理地确定水土保持监测点的数量及其空间布局。此外，水土保持监测数据还可以应用于生态环境建设相关规划的编制。

7.4.1.2　水土保持建设工程验收、绩效评价和后评估

水土保持监测成果数据可以应用于水土保持建设工程验收、绩效评价和后评估。根据《水土保持工程建设管理办法》（发改农经〔2011〕1703号）和《国家水土保持重点建设工程管理办法》（水保〔2013〕442号）的有关规定，水土保持建设工程在实施过程中应开展工程效益监测工作，在工程竣工验收时要提交水土保持监测报告，国家水土保持重点建设工程还实行绩效评价制度。此外，在水土保持建设工程竣工验收后，还应对其治理效果效益进行后评估。水土保持建设工程的竣工验收、绩效评价和后评估都离不开水土保持监测成果数据的支持，没有水土保持监测成果数据和监测报告，就不能开展竣工验收，绩效评价和后评估就成了"无源之水""无本之木"，无法对水土保持建设工程的经济效益、生态效益和社会效益做出科学、准确的评价，也就无法评估水土保持建设工程的各项绩效指标是否完成，是否达到了规划设计的预期防治目标。

7.4.1.3　生产建设项目水土保持监督执法和竣工验收

水土保持监测成果数据可以应用于生产建设项目水土保持监督执法和竣工验收。根据《中华人民共和国水土保持法》和《水利部流域管理机构生产建设项目水土保持监督检查办法（试行）》（办水保〔2015〕32号）等的有关规定，水土保持监测情况是监督检查的主要内容之一；根据《开发建设项目水土保持设施验收管理办法》（水利部令第16号）和《开发建设项目水土保持设施验收技术规程》（GB/T 22490—2008）的有关规定，生产建设项目水土保持设施验收时必须提交水土保持监测报告。而且，生产建设项目水土保持监测成果数据可以为违法违规项目的行政执法提供数据支撑，也往往是生产建设项目水土保持设施竣工验收技术评估的基础数据。因此，生产建设项目水土保持监测成果数据可以应用于生产建设项目的日常监督检查、行政执法和竣工验收中，为生产建设项目水土流失预防监督和管理提供基础数据支撑。

7.4.1.4　水土保持科学研究

水土保持监测起源于科学实验观测，广义的水土保持监测还包括水土保持实验研究，水土保持监测成果数据也可以应用于水土保持相关科学研究中，为相关科学研究提供基础数据支撑。第一，水土保持监测点和径流小区长时间序列监测数据可以用来分析、研究和发现水土流失发生发展和变化规律，有助于建立不同水土流失类型区或者区域的土壤流失或者土壤侵蚀定量模型，例如著名的通用土壤流失方程即 USLE，就是基于美国东部地区30个州1万多个径流小区近30年的观测资料，进行系统分析后建立的；第二，小流域、中等流域、大流域或者区域水土保持遥感动态监测，可以获得这些流域或者区域的水土流失现状及其动态变化情况，从而可以为开展流域或者区域水土流失变化及驱动力分析、水土保持生态建设效益评价等科学研究提供基础数据；第三，通过对大量生产建设项目长期、连续的水土保持监测数据的系统、深入分析，可以研究获得生产建设项目人为水土流失发生发展和变化规律以及各种措施的防治效果，从而为生产建设项目水土保持工作提供

科技支撑。此外，水土保持监测成果数据还可以为生态环境保护和建设相关科学研究提供数据支撑。

7.4.1.5 国家生态文明建设宏观决策

党的十八大作出了"大力推进生态文明建设"的重大战略决策，2015 年党中央、国务院发布了《中共中央　国务院关于加快推进生态文明建设的意见》，要求把生态文明建设放在突出地位，融入经济建设、政治建设、文化建设、社会建设各方面和全过程，努力建设美丽中国，实现中华民族永续发展。水土保持监测成果数据可以应用于国家生态文明建设宏观决策，具体可以应用于 3 个方面：一是在优化国土空间开发格局方面，水土保持监测提供的水土流失空间分布数据，有助于更好、更合理地调整优化空间结构，构建更加科学合理的生态安全格局；二是在全面促进资源节约方面，水土保持监测成果数据对于降低水、土地消耗强度，加强水源地保护，严守耕地保护红线，保护和合理开发矿产资源等均有很大助益；三是在加大自然生态系统和环境保护力度方面，水土保持监测成果数据可以支撑规划设计和实施重大生态修复工程，推进荒漠化、石漠化、水土流失综合治理，还可以为重大生态修复工程效益分析评价提供基础数据。

7.4.1.6 政府目标责任考核

《中华人民共和国水土保持法》第四条规定："国家在水土流失重点预防区和重点治理区，实行地方各级人民政府水土保持目标责任制和考核奖惩制度。"地方各级人民政府确定的年度水土保持目标是否达到，年度任务是否完成，水土流失治理面积和治理达标率、治理工程质量和进度是否符合设计要求、生产建设项目水土保持方案编报和实施率等各项考核指标是否达标，都需要水土保持监测提供客观、准确、可靠的数据。因此，水土保持监测成果数据可以应用于政府水土保持目标责任考核。

7.4.2 典型案例：第一次全国水利普查水土保持情况普查

根据水土保持法规定，在 2010 年第一次全国水利普查中，同步开展了我国水土保持情况普查，这也是全国第四次土壤侵蚀普查。第一次全国水利普查水土保持情况普查从 2010 年开始至 2012 年结束，历时 3 年。主要任务包括：全面查清全国土壤侵蚀现状，掌握土壤侵蚀的分布、面积和强度；全面调查西北黄土高原和东北黑土区侵蚀沟道现状，掌握侵蚀沟道的分布、面积和几何特征；全面查清全国水土保持措施现状，掌握各类水土保持措施的数量和分布；建立健全全国水土保持基础数据库。通过开展第一次全国水利普查水土保持情况普查，取得了一系列普查成果，进一步摸清了全国水土流失状况和水土保持措施保存等情况，为国家生态建设宏观决策和水土流失防治提供了科学依据。

7.4.2.1 组织实施

水土保持情况普查工作按照实施方案规定的 4 个阶段来进行组织实施，即前期准备、清查登记、填表上报和成果发布。为保证普查工作的顺利进行，各级普查机构进行了明确分工。

（1）组织与分工。按照《国务院关于开展第一次全国水利普查的通知》（国发〔2010〕4 号）要求，水利部成立了由水土保持司领导、水土保持监测中心领导和技术骨干组成的国家级水土保持情况普查专项工作组，并落实了办公环境和办公设备，还根据工作需要，成立了由各大院校和科研单位的专家组成的专家技术顾问组。之后，7 大流域机构和省级水利普查机构相继组建了水土保持情况普查工作组。国家级水土保持普查专项工作组组织技术支撑单位、有关流域机构及专家编制了《第一次全国水利普查水土保持情况普查实施方案》，经过多次论证和完善并通过国家水利普查机构的审定。各级机构责任分工如下。

1）国务院水利普查办公室水土保持专项普查工作组，其主要职责包括组织编制水土保持情况普查实施方案和相关技术规定；组织制订水土保持情况普查数据处理方案，开发相关软件；编制和落实中央承担的水土保持情况普查任务的经费预算；组织全国水土保持情况普查试点，开展全国水土保持情况普查专业培训工作；协助开展水土保持情况普查资料的收集、处理；组织指导各地水土保持情况普查工作，协调解决普查实施过程中存在的重大问题；负责全国水土保持情况普查数据汇总、协调，检查并验收各省、自治区、直辖市及流域普查成果，编制全国水土保持情况普查成果报告；建立全国水土保持情况普查信息系统及数据库。

2）流域普查机构，其主要职责包括协助国务院水利普查办公室开展水土保持情况普查培训工作，参加全国水土保持情况普查培训；指导流域内各省（自治区、直辖市）水土保持情况普查工作；负责流域内各省（自治区、直辖市）侵蚀沟道普查数据的省际接边工作；协助国务院水利普查办公室对流域内各省（自治区、直辖市）水土保持情况普查工作进行质量检查、抽查和验收；协助国务院水利普查办公室进行水土保持情况普查成果的审核、协调与平衡；负责流域水土保持情况普查成果的整理、上报和分析研究工作；协助国务院水利普查办公室进行水土保持情况普查成果的整理、上报及分析研究工作。

3）省与地（市）普查机构，主要负责编制省（自治区、直辖市）的水土保持情况普查经费预算，省与地（市）级普查机构分别落实普查经费；制订辖区水土保持情况普查实施工作方案，组织实施水土保持情况普查工作；省级普查机构组织开展地（市）级、县级的水土保持情况普查技术培训；负责水土保持情况普查物资设备的准备工作；水土保持情况普查试点省（自治区、直辖市）、地（市）组织并指导辖区的普查试点工作，汇总试点成果，总结试点经验；指导、检查、协调下级水土保持情况普查机构工作；负责落实土壤侵蚀普查所需地形图，负责实施野外调查单元的确定、地形图等高线数字化以及县级野外调查数据的处理；按照日降水量收集范围完成日降水量登记表填写与上报；负责侵蚀沟道数据提取，组织县级普查机构开展侵蚀沟道数据野外验证与复核；负责下级上报数据的汇总、审核和分析工作。地（市）级普查机构负责县级水土保持措施普查数据的核查；省级普查机构负责县级水土保持措施普查数据的审核论证，对辖区内水土保持情况普查工作进行质量检查、成果复核、抽查和验收，负责水土保持情况普查成果的整理、保管、上报及分析研究工作。

4）县级普查机构，其主要职责包括编制本级水土保持情况普查经费预算，落实水土保持情况普查经费；制订县级水土保持情况普查实施计划，组织实施水土保持情况普查工作；负责水土保持情况普查指导员和普查员的选聘工作，落实普查人员；组织人员参加全国水土保持情况普查培训，负责基层普查人员的培训工作；负责各种物资设备的准备工作；试点县组织水土保持情况普查试点工作，总结试点经验；负责按照数据收集范围完成风速风向登记表填写与上报；组织实施土壤侵蚀野外调查单元的外业调查与数据采集工作，填写并上报野外调查表。野外调查表包括水力侵蚀野外调查表、风力侵蚀野外调查表、冻融侵蚀野外调查表；组织实施侵蚀沟道野外复核，并上报数据和野外复核表；组织实施水土保持措施数据采集与上报；负责基层普查工作的检查、指导，并对基层普查数据质量进行抽查、验收；负责辖区水土保持情况普查数据的录入、复核和上报；协助上级水土保持情况普查机构进行检查、抽查和验收；负责辖区水土保持情况普查资料的整理、保管与分析工作。

（2）各阶段实施情况。具体工作任务分别如下。

1）前期准备阶段：2010年为普查工作的准备阶段，主要任务包括试点培训、普查试点、资料收集与处理。

a. 精心组织技术培训。为保证普查试点工作的顺利开展，对长江、黄河2个流域机构以及辽宁、江苏、河南、湖北、重庆、广西、陕西7个省（自治区、直辖市）的500余名普查办负责人进行了综合技术培训。对参与试点的100余名各级技术骨干、普查指导员，分水土保持情况普查概述、土壤侵蚀普查（包括水力侵蚀、风力侵蚀）、侵蚀沟道普查（东北黑土区和西北土高原区侵蚀沟道）、水土保持措施普查等专题开展了专业技术培训。通过普查试点培训，试点地区普查机构明确了水土保持情况普查的任务、工作流程、技术方法和质量控制方法等，初步培养了一批合格的普查负责人和技术人员。

b. 通过普查试点积累经验。为检验普查实施方案设计的工作流程、技术方法的科学性和可行性，在辽宁、江苏、河南、广西、陕西、湖北、重庆7个省（自治区、直辖市）的57个县（市、区）进行了水土保持情况普查试点工作。水土保持专项普查工作组组织了19名专家组成了7个蹲点技术指导工作小组，分别赴试点省（自治区、直辖市）的13个试点县进行现场技术指导。另外，在西藏自治区日喀则地区的南木林县开展了冻融侵蚀普查试点工作。通过试点，进一步完善了技术方案和普查相关的教材手册等。

c. 收集整理基础数据。购买覆盖全国的环境星遥感影像3期及第二次土壤调查的土壤剖面数据。经调研和咨询论证，购置了全国1：10万土地利用现状图，取得了全国1：5万地形数字线划图。期间又购置了典型区SPOT、ASTER、ALOS遥感数据及风力侵蚀区、冻融侵蚀区AMSR-E遥感数据。县级普查机构全面收集2010年的水利及林业、农业等部门的年鉴，2011年水利工作（水土保持工作）及林业、农业等部门的统计资料、专题调查资料、水土保持工程及相关行业工程的设计、建设和验收资料。

2）清查登记阶段：2011年是国务院第一次全国水利普查的清查登记年，也是普查工作的关键年，主要任务是完成各省级气象数据收集、普查技术培训和普查工作的开展。

a. 全面展开普查技术培训，提升普查技术人员能力。全年分5个阶段举办了19个班次，配备师资80余人，为各省（自治区、直辖市）共培训技术骨干2143人次。培训内容包括水蚀野外调查单元底图制作、水蚀数据汇总、风蚀野外调查技术、水土保持普查质量控制、侵蚀沟道普查技术、侵蚀沟道普查质量控制及成果上报等。各地根据国家级培训的方式，分别开展了省、地（市）、县级培训工作，全国累计培训水土保持情况普查技术骨干4万余人。

b. 深入现场开展技术指导和检查。各省（自治区、直辖市）在土壤侵蚀普查中，国家级工作组技术人员分阶段深入现场进行了指导和检查。由全国水土保持情况普查工作组组织，由流域机构水土保持普查工作组成员、特邀专家和全国水土保持情况普查工作组成员组成了 7 个工作小组，赴各省（自治区、直辖市）进行了年度工作检查，检查了各项工作进展、数据质量，并解决了出现的技术难题，加快了普查工作的进度。流域机构在水土保持情况普查的过程中，充分发挥职能，协助国家级工作组对辖区内各省进行督导检查，从行政、技术等方面给予了全力配合和指导帮助，对于进度滞后的省份深入一线帮扶并承担任务，为加快普查进度和保证普查质量做出了积极努力，取得了显著效果。

c. 抓好管理与服务，为各级普查营造良好环境。在清查与登记阶段，国家级专项工作组的工作重点是主抓普查工作的进度和质量，随时掌握地方各级普查机构工作状态，及时解决工作中出现的难点问题，推动工作有效开展。如完成图形数据的收集与下发、外委任务的分解安排、土壤侵蚀因子的计算分析、数据库研发与测试等；在管理方面，验收外委任务，印发工作通报，编写普查手册，编制技术服务资料，发布问答题目等，对全国水土保持情况普查工作起到了组织、协调、管理、推动的作用。

3）填表上报阶段：2012 年上半年是填表上报阶段，主要的工作是组织各县填写普查表并经省级机构审核汇总后上报。同时，国家级工作组和流域机构对重点省份进行督导检查。

a. 质量控制的组织方式。对于土壤侵蚀普查，国家级审核安排在各阶段工作量完成 20% 左右时进行。在资料准备阶段各省随机抽取 30 个野外调查单元进行审核；在野外调查阶段，每省抽取 3 个县，每个县抽取 3 个野外调查单元现场进行复核；在数据汇总上报阶段，各省随机抽取 30 个野外调查单元进行审核；在成果接收阶段对调查单元数据逐一进行审核。

侵蚀沟道普查质量控制贯穿于资料收集、沟道提取和汇总分析等工作全过程。在资料收集阶段由省级普查机构逐幅检查数据资料的时相、精度，进行坐标参数检查。在沟道提取阶段，普查员逐幅影像（地形图）进行自查，普查指导员逐幅影像（地形图）进行核查，省级普查机构进行审查。同时，流域机构抽取了沟道总数量的 5% 进行抽查，每县抽取 10 条沟道由县级普查机构进行野外核查。

水土保持措施普查质量控制分资料收集、数据分析、数据汇总等阶段。在资料收集阶段，普查员自查后，普查指导员和普查机构对资料的来源和可靠性进行审查。在数据分析阶段，县、地（市）、省普查机构邀请林业、农业、国土等相关部门的专家进行论证分析平衡后上报国务院水利普查办公室，国家级数据审核汇总工作组集中开展了水土保持措施普查数据的审核与汇总分析工作。

b. 对东北黑土区侵蚀沟道普查进行专题调研。专项普查工作组对东北黑土区侵蚀沟道普查工作进行了专题调研。通过听取工作汇报、查看内业技术资料、现场调查和对比分析，了解和掌握了普查工作进度、数据质量等，针对存在问题，提出了明确要求。专项普查工作组先后在西安和长春组织召开了西北黄土高原区和东北黑土区侵蚀沟道普查工作讨论会，重点对侵蚀沟道信息提取的情况和数据接边等进行了技术研讨，明确了技术要求和审核方法。

c. 开展水土保持情况普查重点督导检查。由水保司和工作组成员组成的 3 个督导检查工作组对河北、辽宁、黑龙江、河南、广西、贵州、陕西、青海和新疆等重点省份进行了水土保持情况普查清查登记阶段的督导检查工作。通过召开省级水土保持情况普查工作座谈会、赴野外调查单元实地验证等形式，了解和掌握影响普查工作质量和进度的原因，讨论了解决方案，提出了具体要求，达到了督导检查的目的。

4）成果发布阶段：2012年下半年是成果发布阶段，主要任务是对上报的普查数据进行审核汇总，进行普查成果的审核评审。

a. 流域机构上报侵蚀沟道普查成果。通过普查，完成了西北黄土高原区和东北黑土区10个省份354个县的侵蚀沟道普查的信息提取，编制完成了"第一次全国水利普查水土保持情况普查侵蚀沟道普查数据综合说明""西北黄土高原区侵蚀沟道普查工作报告""西北黄土高原区侵蚀沟道普查汇总分析报告""东北黑土区侵蚀沟道普查汇总分析报告"。

b. 水土保持措施普查国家级数据审核汇总。完成国家级、省级、地（市）级和县级普查成果数据约5.7万个，省级普查工作报告32份，县级普查表（包括治沟骨干工程）8524张，省市级汇总表（包括治沟骨干工程）453张。编写完成了"水土保持情况普查水土保持措施普查国家级数据审核汇总工作报告"和"水土保持情况普查水土保持措施普查数据汇总分析报告"，制作了四大类水土保持措施普查图。

c. 按普查运作程序组织开展事后质量抽查。事后质量抽查工作人员培训后，分成20个组深入被抽查的省份，经过现场抽样查看和翻阅技术档案，共完成填写抽查表格231份，其中土壤侵蚀事后质量抽查表72份，侵蚀沟道事后质量抽查表9份，侵蚀沟道漏报对象补填表8份，水土保持措施抽查表72份，治沟骨干工程抽查表70份。编制完成了"全国水土保持情况普查事后质量抽查数据分析报告"，为从统计学的角度对普查成果进行科学评价提供了支撑。

d. 审查普查成果。2012年年底，水利部水土保持司在北京组织召开了第一次全国水利普查水土保持情况普查成果初审会。与会专家对全国土壤侵蚀分析与计算、侵蚀沟道普查和水土保持措施普查的初步成果进行了审查。12月中下旬，工作组按照审查意见，对土壤侵蚀普查、侵蚀沟道普查和水土保持措施普查的计算数据与汇总数据重新进行了检查和完善，集中人员编制完成了"第一次全国水利普查水土保持情况普查成果报告"，呈交国务院第一次全国水利普查领导小组办公室征求意见。

7.4.2.2 普查技术方法

全国水土保持情况普查包括土壤侵蚀、侵蚀沟道和水土保持措施等三个方面的普查任务，采用了不同的普查技术路线和方法。

（1）土壤侵蚀普查。主要包括以下3个方面。

1）普查对象和范围：土壤侵蚀的普查对象包括水力侵蚀、风力侵蚀和冻融侵蚀等三种类型的土壤侵蚀，不包括其他类型的侵蚀。土壤侵蚀的成图最小图斑不小于2mm×2mm（根据影像空间分辨率、工作底图比例尺确定工作下限，包括象元个数、图斑大小等）。

土壤侵蚀普查范围为中华人民共和国境内（未含香港、澳门特别行政区和台湾省）。按照《土壤侵蚀分类分级标准》（SL 190—2007）规定的土壤侵蚀区划，水力侵蚀普查范围包括东北黑土区、北方土石山区、西北黄土高原区、南方红壤丘陵区、西南土石山区等，风力侵蚀普查范围包括"三北"戈壁沙漠及沙地风沙区，冻融侵蚀普查范围包括北方冻融土侵蚀区、青藏高原冰川冻土侵蚀区。

2) 普查内容及指标：土壤侵蚀的普查内容包括调查土壤侵蚀影响因素（包括气象要素、地形、植被、土壤、土地利用等）的基本状况，评价土壤侵蚀的分布、面积与强度，分析土壤侵蚀的动态变化和发展趋势。普查指标如下。

a. 水蚀普查指标。包括水力侵蚀区县级行政区划单位辖区内的典型水文站点的日降水量、坡长坡度、土壤、土地利用、生物措施、工程措施、耕作措施。

b. 风蚀普查指标。包括风力侵蚀区典型气象站的风向与风速、土地利用、地表湿度、地表粗糙度、地表覆被状况（包括植被高度、郁闭度或盖度，地表表土平整状况、紧实状况和有无砾石）。

c. 冻融侵蚀普查指标。包括冻融侵蚀区县级行政区划单位辖区内的典型水文站点的日降水量、日均冻融相变水量、年冻融日循环天数、土地利用、植被高度与郁闭度（或盖度）、地貌类型与部位、微地形状况（坡度、坡向）、冻融侵蚀方式。

3) 普查技术路线与流程：土壤侵蚀普查综合应用野外分层抽样调查、遥感解译、统计报送、模型计算等多种技术方法和手段进行。工作环节包括资料准备、野外调查、数据处理上报和土壤侵蚀现状评价。普查技术路线如图 7-2 所示，工作流程如图 7-3 所示。

a. 资料准备。主要包括土地利用图、遥感影像、土壤图、1∶5 万数字线划图（DLG）、1∶1 万地形图、气象数据、全国土壤侵蚀普查野外调查单元分布地形图图幅号和野外调查单元工作底图等普查资料的准备。

b. 野外调查。野外调查工作由县级普查机构负责。主要包括：实地到达野外调查单元，在省级普查机构下发的调查单元工作底图上勾绘地块边界、填写野外调查表、拍摄景观照片、回室内整理野外调查成果等。

c. 数据处理上报。数据处理与上报是对野外调查单元调查数据进行处理与上报，由省县两级普查机构完成。县级普查机构负责整理上报水蚀、风蚀或冻融侵蚀野外调查表、水蚀或冻融侵蚀野外调查清绘图、景观照片等。省级普查机构负责审核县级普查机构上报的数据、汇总野外调查单元水土保持措施、数字化野外调查成果图、建立地块属性表，并按照规定格式上报国务院水利普查办公室。

d. 土壤侵蚀现状评价。土壤侵蚀现状评价由国务院水利普查办公室负责完成。通过国务院水利普查办公室收集到的土地利用图、遥感影像、土壤图、1∶5 万数字线划图（DLG）和省县两级普查机构获得的气象数据、水蚀、风蚀和冻融侵蚀野外调查指标，分别计算水力、风力和冻融土壤侵蚀模型因子，根据模型计算土壤侵蚀量，并对侵蚀量汇总，进行土壤侵蚀现状评价。

水力侵蚀和风力侵蚀根据模型计算的土壤侵蚀模数，依据《土壤侵蚀分类分级标准》（SL 190—2007）判断侵蚀强度。按照县（区、市、旗）、地区（市、州、盟）、省（自治区、直辖市）、流域、全国汇总侵蚀强度分级面积和流失量。冻融侵蚀根据模型计算的综合评价指数，依据相关判别标准判断冻融侵蚀强度，按照县（区、市、旗）、地区（市、州、盟）、省（自治区、直辖市）、流域、全国汇总冻融侵蚀强度分级面积。

(2) 侵蚀沟道普查。主要包括以下 3 个方面。

1) 普查对象和范围：侵蚀沟道的普查对象是指因水土流失尤其是沟蚀而形成的沟道，不包括其他类型的沟道。普查对象上下限为：西北黄土高原区侵蚀沟道长度不小于 500m，

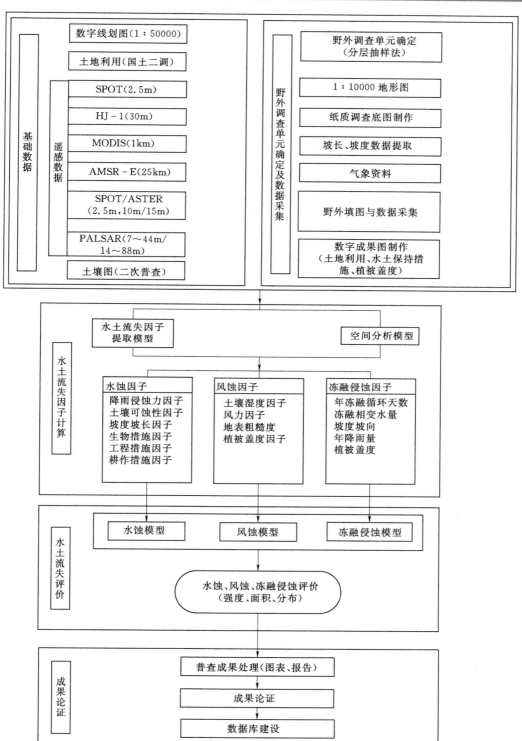

图 7-2　土壤侵蚀普查技术路线

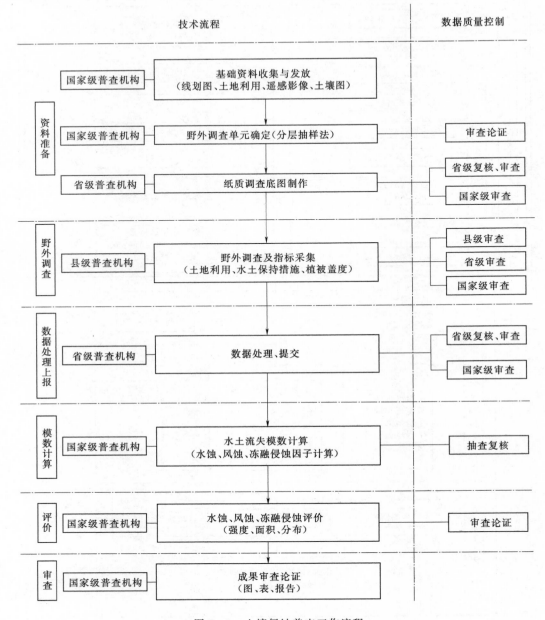

图 7-3 土壤侵蚀普查工作流程

东北黑土区侵蚀沟道长度不小于100m、不大于5000m；若沟道跨过50km² 小流域，则不作为侵蚀沟道。

按照《土壤侵蚀分类分级标准》（SL 190—2007）规定的土壤侵蚀区划，侵蚀沟道普查范围为西北黄土高原区的高塬沟壑区、丘陵沟壑区和东北黑土区，涉及山西、河南、陕西、甘肃、青海、宁夏、内蒙古、辽宁、吉林和黑龙江 10 个省（自治区）的 70 个市（地、盟、州）354 个县（市、区、旗）。

2）普查内容及指标：侵蚀沟道的普查内容包括沟道的位置、几何特征等。普查指标包括侵蚀沟道的起讫经度、起讫纬度、沟道面积、沟道长度、沟道纵比。

3）普查技术路线与流程：侵蚀沟道普查以国务院水利普查办公室下发的 2.5m 分辨率遥感影像和 1∶50000 数字线划图（DLG）为主要信息源。省级普查机构负责完成侵蚀沟道提取任务，县级普查机构承担野外核查工作，流域普查机构负责组织完成流域内各省普查成果的接边、汇总工作。工作流程包括基础资料收集、沟道提取、野外核查、普查表填写和数据汇总 5 个阶段（图 7-4）。

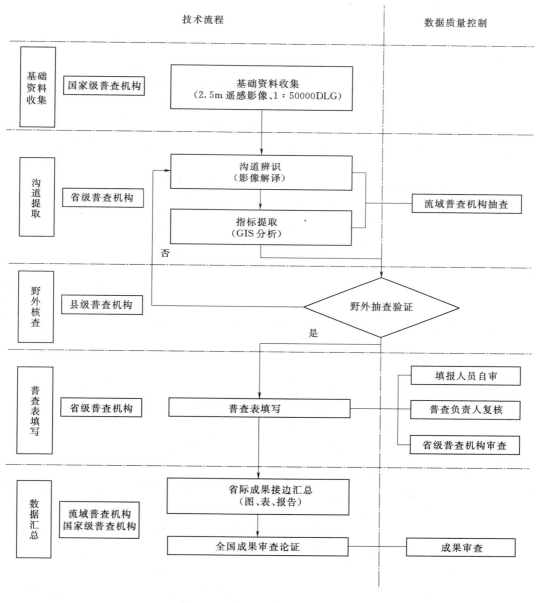

图 7-4 侵蚀沟道普查技术流程

a. 基础资料收集。国务院水利普查办公室负责收集 2.5m 分辨率遥感影像和 1：50000 数字线划图（DLG）并下发各侵蚀沟道调查省份。

b. 沟道提取。省级普查机构以 2.5m 分辨率遥感影像和 1：50000 数字线划图（DLG）为数据源，在完成沟道辨识的基础上严格按照提取要求进行沟道面积、沟道长度、沟道纵比、起讫经纬度、沟道类型等指标的提取工作，生成侵蚀沟道解译矢量图，建立侵蚀沟道 GIS 空间信息数据库。流域普查机构负责完成对省级普查机构侵蚀沟道解译矢量图的抽查工作。

c. 野外核查。省级普查机构打印套有侵蚀沟道解译矢量图的纸质影像图，并标注相应野外核查指标数值，交由县级普查机构进行现场验证。根据实际情况，县级普查机构对侵蚀沟道的真实性、长度或起讫经纬度指标进行验证，东北黑土区还应对侵蚀沟道类型进行验证。

d. 普查表填写。侵蚀沟道提取结果经流域普查机构抽查和县级普查机构野外核查验证合格后，省级普查机构严格按照侵蚀沟道普查表 P505 填表要求填写普查成果。

e. 数据汇总。省级普查机构将普查成果上报流域普查机构，提交成果包括省级侵蚀沟道普查报告、侵蚀沟道解译矢量图和侵蚀沟道普查汇总表。流域普查机构在完成省际解译矢量图接边的基础上对流域内各省普查成果进行汇总，向国务院水利普查办公室提交流域普查成果，包括侵蚀沟道普查报告、侵蚀沟道解译矢量图和侵蚀沟道普查汇总表。国务院水利普查办公室组织相关专家对普查成果进行审查。普查数据经论证后，方可发布。

（3）水土保持措施普查。主要包括以下 3 个方面。

1）普查对象和范围：水土保持措施的普查对象是指为防治水土流失，保护、改良与合理利用水土资源，改善生态环境所采取的工程措施和植物措施，不包括耕作技术措施。水土保持工程措施主要包括基本农田（包括梯田、坝地和其他基本农田）、淤地坝、坡面水系工程和小型蓄水保土工程等；水土保持植物措施主要包括水土保持林、经济林和种草等。普查对象上下限为：基本农田、水土保持林、经济林和种草的面积不小于 0.1hm^2，封禁治理面积不小于 10hm^2，其他面积不小于 0.5hm^2；淤地坝库容不小于 1 万 m^3、不大于 500 万 m^3；线状水土保持措施（坡面水系工程）长度不小于 10m。

水土保持措施的普查范围为中华人民共和国境内（未含香港、澳门特别行政区和台湾省）。在普查中，将对水土保持工程措施中的治沟骨干工程进行重点详查，水土保持治沟骨干工程的普查范围为黄河流域黄土高原，涉及青海、甘肃、宁夏、内蒙古、陕西、山西、河南 7 省（自治区）的 50 个市（地、盟、州）314 个县（市、区、旗）。

2）普查内容及指标：①全国水土保持措施普查指标。包括基本农田（包括梯田、坝地、其他基本农田）、水土保持林、经济林、种草、封禁治理及其他治理措施的面积，淤地坝的数量与已淤地面积，坡面水系工程的控制面积和长度，以及小型蓄水保土工程的数量和长度。②水土保持治沟骨干工程普查指标。包括治沟骨干工程名称、控制面积、总库容、已淤库容、坝顶长度、坝高和所属项目。

3）普查技术路线与流程：水土保持措施（不含水土保持治沟骨干工程）普查工作，以县级行政区划单位为单元（即将分布在一个县级行政区划单位范围内的各类水土保持措施分别打捆汇总得到整个县级行政单位的各类水土保持措施数据），由县级普查机构组织实施各个指标数据的采集，经地市级、省级普查机构对数据的合理性进行复核论证后上报国家水利普查机构。整个工作分为资料收集、数据分析、数据审核和数据汇总4个环节，其技术路线和工作流程如图7-5所示。

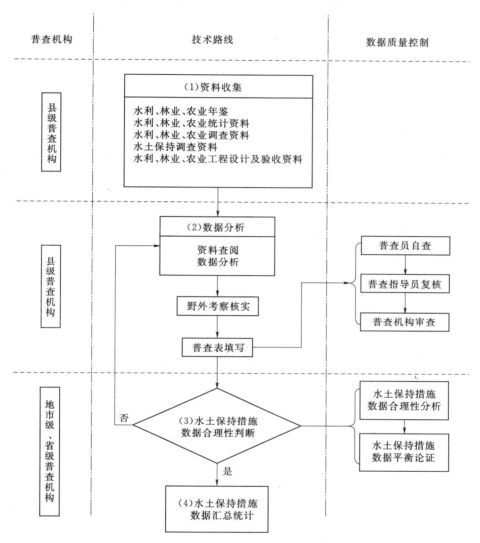

图7-5 水土保持措施普查技术路线与工作流程

水土保持治沟骨干工程普查工作，由县级行政区划单位组织开展，采取资料查阅和现场调查的方法获取各项普查指标的数据，经地市级、省级普查机构对数据的合理性进行复核论证后上报国家水利普查机构。

a. 资料收集。县级普查机构要全面收集2010年的水利及林业、农业等部门的年鉴，2011年水利工作（水土保持工作）及林业、农业等部门的统计资料、专题调查资料，水土保持工程及相关行业工程的设计、建设和验收资料。

b. 数据分析。水土保持措施以查阅水利年鉴水土保持资料为主，参考林业、农业等部门的年鉴以及统计资料、专题调查资料、工程设计与验收资料对水利年鉴中水土保持措施的数量、分布进行分析，并结合野外实际考察等方式核实水土保持措施数据，即，县级普查机构通过对水利、林业、农业的年鉴、年度统计报表、工程设计与验收资料等综合分析，获取各项水土保持措施普查指标的数量、分布。其中，水土保持工程措施（包括梯田、坝地、其他基本农田、淤地坝、坡面水系工程和小型蓄水保土工程）数据主要来自水利（水土保持）、农业部门的资料，植物措施（包括水土保持林、经济林和种草）数据主要来自水利、林业、农业等部门的资料。

水土保持治沟骨干工程采取查阅资料和现场调查的方法获取水土保持治沟骨干工程各项普查指标的数据。其中，治沟骨干工程名称、所属项目名称 2 项指标，通过查阅工程的设计审批文件和工程所属项目立项审批文件获取（如项目可行性研究报告批文）；控制面积、总库容、坝高、坝顶长度 4 项指标，通过查阅工程设计和验收资料获取；已淤库容通过实测治沟骨干工程坝前淤泥厚度，并结合工程设计时的"水位-库容关系曲线"获得；地理位置（经度、纬度）采用手持 GPS 现场测定（或通过大比例尺地形图、高分辨率遥感影像查找得到）；照片采用数码照相机现场拍摄。对于建设较早、没有设计审批文件和验收文件的治沟骨干工程，主要通过实地测量得到坝高、坝顶长度和控制面积 3 项指标，通过实地调查获得工程名称指标，通过同类地区典型治沟骨干工程类比推算得到总库容，所属项目名称可以填写"其他"。

数据复核主要是由县级机构完成，包括普查员自查、普查指导员复核和普查机构审查等 3 个环节。县级普查机构要采取会审的方式对水土保持普查数据进行审查。会审由县级普查机构组织，成立由水利、林业、农业等相关行业的管理人员和专家组成的专家组，对各类水土保持措施的数量与分布的真实性、合理性进行论证。会审可以采用将普查数据与已经掌握的相关数据进行比较核对，或根据已有的实测数据进行分析，或通过野外考察验证等方式来论证水土保持措施普查数据的合理性。水土保持措施普查数据经论证通过后，方可上报。

c. 数据审核。数据审核分为地市级审核和省级审核，分别由地市级普查机构和省级普查机构负责完成。地市级普查机构采取会审的方式对县级普查机构复核后上报的普查数据进行全面论证。会审由地市级普查机构组织，成立由水利、林业、农业等相关行业的管理人员和专家组成的专家组，对各类水土保持措施的数量与分布的真实性、合理性进行审查。会审可以采用将普查数据与已经掌握的相关数据进行比较核对，或根据已有的实测数据进行分析，或通过野外考察验证等方式来论证等方式来论证水土保持措施普查数据的合理性。水土保持措施普查数据经论证通过后，方可进行数据汇总。

省级普查机构采取会审的方式对地市级普查机构核查后上报的普查数据进行全面论证审核。会审由省级普查机构组织，成立由水利、林业、农业等相关行业的管理人员和专家组成的专家组，对各类水土保持措施的数量与分布的真实性、合理性进行审查。会审可以采用将普查数据与已经掌握的相关数据进行比较核对，或根据已有的实测数据进行分析，或通过野外考察验证等方式来论证等方式来论证水土保持措施普查数据的合理性。水土保持措施普查数据经论证通过后，方可进行数据汇总。

d. 成果汇总。水土保持普查数据汇总包括省级汇总和全国汇总，分别由省级普查机构和国务院水利普查办公室负责完成。省级普查机构负责汇总本辖区各县级行政单位的普查数据，编制省级水土保持措施普查汇总表，上报国务院水利普查办公室，同时按照普查要求录入数据库进行上报；国务院水利普查办公室汇总全国水土保持措施普查数据，建立全国水土保持措施普查数据库。为反映各类水土保持措施在行政区划单位和大江大河流域的分布与数量，在数据汇总时，省级和全国都应从行政区划和大江大河流域两个方面分别进行。

7.4.2.3 普查成果

（1）全面查清了土壤侵蚀分布、面积与强度。本次普查得到全国土壤侵蚀总面积为294.91 万 km^2，占普查范围总面积的 31.12%，其中水力侵蚀面积 129.32 万 km^2、风力侵蚀面积 165.59 万 km^2。

1）在水力侵蚀中，轻度、中度、强烈、极强烈和剧烈侵蚀的面积分别为 66.76 万 km^2、35.14 万 km^2、16.87 万 km^2、7.63 万 km^2 和 2.92 万 km^2，所占比例分别为 51.62%、27.18%、13.04%、5.90% 和 2.26%。山西、重庆、陕西、贵州、辽宁、云南和宁夏 7 省（自治区、直辖市）的侵蚀面积超过辖区面积的 25%。

2）在风力侵蚀中，轻度、中度、强烈、极强烈和剧烈侵蚀的面积分别为 71.60 万 km^2、21.74 万 km^2、21.82 万 km^2、22.04 万 km^2、28.9 万 km^2，所占比例分别为 43.24%、13.13%、13.17%、13.31% 和 17.15%。新疆、内蒙古、青海和甘肃 4 省（自治区）的风力侵蚀面积较大，占风力侵蚀总面积的比例分别为 48.18%、31.80%、7.60% 和 7.55%。

（2）全面查清了侵蚀沟道的数量、面积与分布。西北黄土高原的高塬沟壑区、丘陵沟壑区，共有侵蚀沟道 666719 条，总长度为 563278km，总面积为 18.72 万 km^2。其中，甘肃省侵蚀沟道数量最多，占区域侵蚀沟道总数量的 40.26%；陕西省次之，占 21.13%。侵蚀沟道面积分布与数量基本一致，甘肃省和陕西省的侵蚀沟道面积较大，占区域侵蚀沟道总面积的比例分别达到 28.90% 和 23.95%。东北黑土区共有侵蚀沟道 295663 条，总长度为 195512.5km，总面积 3648.42km^2。其中，发展沟道 262178 条 3036.06km^2，分别占总沟道数和总面积的 88.7% 和 83.2%；稳定沟道 33485 条 612.36km^2，分别占 11.3% 和 16.8%。黑龙江省侵蚀沟道的数量最多，占区域侵蚀沟道总数的 39.08%；内蒙古侵蚀沟道的面积最大，占区域侵蚀沟道总面积的 58.85%。

（3）首次查清了水土保持措施面积、数量和分布。具体情况如下。

1）水土保持措施面积。全国水土保持措施总面积为 9916 万 hm^2，其中工程措施 2003 万 hm^2（梯田 1701 万 hm^2），植物措施 7785 万 hm^2，其他措施 128 万 hm^2。水土保持措施主要分布在河北、山西、内蒙古、辽宁、江西、湖北、四川、贵州、云南、陕西、甘肃 11 个省（自治区），占全国水土保持措施总面积的 67.91%，每个省（自治区）的水土保持措施面积均大于 400 万 hm^2，其中内蒙古、四川、云南、陕西和甘肃 5 个省（自治区）均大于 600 万 hm^2。

2）淤地坝数量。全国共有淤地坝 58446 座，淤地面积 92757hm^2，其中库容 50 万～500 万 m^3 的治沟骨干工程 5655 座、总库容 57.01 亿 m^3。陕西省和山西省的淤地坝、治沟骨干工程最多，分别占淤地坝、治沟骨干工程总数量的 87.70% 和 64.62%。

本 章 参 考 文 献

［1］ 李飞，郜风涛，周英，刘宁．中华人民共和国水土保持法释义．北京：法律出版社，2011.

［2］ 杨勤科，刘咏梅，李锐．关于水土保持监测概念的讨论［J］．水土保持通报，2009，29（2）：97-99，124.

［3］ 杨勤科，等．区域水土流失监测与评价［M］．郑州：黄河水利出版社，2015.

［4］ 曾大林．关于水土保持监测体系建设的思考［J］．中国水土保持，2008（2）：1-2.

［5］ 郭索彦，李智广，赵辉．我国水土保持监测制度体系建设现状与任务［J］．中国水土保持科学，2011，9（6）：22-26.

［6］ 许峰．近年我国水土保持监测的主要理论与技术问题［J］．水土保持研究，2004，11（2）：19-21.

［7］ 水利部．水土保持监测技术规程（SL 277—2002）［S］．北京：中国水利水电出版社，2002.

［8］ 郭索彦，李智广．我国水土保持监测的发展历程与成就［J］．中国水土保持科学，2009，7（5）：19-24.

［9］ 李智广，张光辉，刘秉正，等．水土流失测验与调查［J］．北京：中国水利水电出版社，2005.

［10］ 郭索彦．水土保持监测理论与方法［M］．北京：中国水利水电出版社，2010.

［11］ 李智广．开发建设项目水土保持监测［M］．北京：中国水利水电出版社，2008.

［12］ 郭索彦．深入贯彻新水土保持法　扎实推进水土保持监测与信息化工作［J］．中国水利，2011（12）：67-69.

［13］ 王敬贵，杨德生，余顺超，等．珠江上游喀斯特地区土地石漠化现状遥感分析［J］．中国水土保持科学，2007，5（3）：1-6.

［14］ 王敬贵，亢庆，杨德生．珠江上游水土流失与石漠化现状及其成因和防治对策［J］．亚热带水土保持，2014（3）：38-41.

［15］ 冯明汉，廖纯燕，李双喜，等．我国南方崩岗侵蚀现状调查［J］．人民长江，2009，40（8）：66-68，75.

［16］ 牛德奎，郭晓敏，左长清，等．我国南方红壤丘陵区崩岗侵蚀的分布及其环境背景分析［J］．江西农业大学学报，2000，22（2）：204-206.

［17］ 李智广，王爱娟，刘宪春，等．水土保持措施普查技术方法［J］．中国水土保持，2013（10）：14-17.

［18］ 马勇，王宏，赵俊侠．渭河流域水土保持措施保存率及质量状况调查［J］．人民黄河，2002，24（8）：21-22.

［19］ 陈燕，齐清文．达拉特旗土地利用及水土保持措施现状遥感调查与制图［J］．水土保持学报，2003，17（6）：137-139.

［20］ 牛崇桓，钟云飞．生产建设项目水土保持监测的政府职能与法人义务［J］．中国水土保持，2016（2）：8-11.

［21］ 郭索彦．生产建设项目水土保持监测实务［M］．北京：中国水利水电出版社，2014.

［22］ 姜德文．开发建设项目水土保持监测与监控探讨［J］．中国水土保持，2010（5）：10-12.

［23］ 李智广，王敬贵．生产建设项目"天地一体化"监管示范总体实施方案［J］．中国水土保持，2016（2）：14-17.

［24］ 孙厚才，袁普金．开发建设项目水土保持监测现状及发展方向［J］．中国水土保持，2010（1）：36-38.

［25］ 赵辉．试论我国水土保持监测的类型与方法［J］．中国水土保持科学，2013，11（1）：46-50.

［26］ 李智广，姜学兵，刘二佳，等．我国水土保持监测技术和方法的现状与发展方向［D］．中国水土

保持科学，2015，13（4）：144-148.

[27] 周佩华，李银锄，黄义端，等. 2000 年中国水土流失趋势预测及其防治对策 [D]. 中国科学院西北水土保持研究所集刊，1988.

[28] 胡良军，李锐，杨勤科. 基于 GIS 的区域水土流失评价研究 [J]. 土壤学报，2001，38（2）：167-175.

[29] 卜兆宏，唐万龙，杨林章，等. 水土流失定量遥感方法新进展及其在太湖流域的应用 [J]. 土壤学报，2003，40（1）：1-9.

[30] 杨艳生. 区域性土壤流失预测方程的初步研究 [J]. 土壤学报，1990，27（1）：73-79.

[31] Fu B J，Zhao W W，Chen L D，et al. Assessment of soil erosion a large watershed scale using RUSLE and GIS：A case study in the Loess Plateau of China. Land Degradation & Development，2005（16）：73-85.

[32] 刘宝元，郭索彦，李智广，等. 中国水力侵蚀抽样调查 [J]. 中国水土保持，2013（10）：26-34.

[33] 王敬贵，范建友，陈丹. 基于面向对象分类技术的小流域土壤侵蚀遥感监测方法研究 [J]. 人民珠江，2012（5）：1-7.

[34] 王志良，付贵增，韦立伟，等. 无人机低空遥感技术在线状工程水土保持监测中的应用探讨—以新建重庆至万州铁路为例 [J]. 中国水土保持科学，2015，13（4）：109-113.

[35] 松辽水利委员会松辽流域水土保持监测中心站. 无人机遥测技术在水土保持监管中的应用 [J]. 中国水土保持，2015（9）：73-76.

[36] 李万能，金平伟，向家平，等. 三维激光扫描技术在水土保持监测中的应用 [J]. 山西水土保持科技，2012（3）：14-17.

[37] 李子轩，齐建怀，陈周云，等. 三维激光扫描技术在生产建设项目水土保持监测中的应用 [J]. 中国水土保持学会监测专业委员会学术研讨会，2012.

[38] 张新玉，鲁胜力，王莹，等. 我国水土保持监测工作现状及探讨——从长江、松辽流域监测调研谈起 [J]. 中国水土保持，2014（4）：6-9.

[39] 陈本兵，穆兴民. 我国水土保持监测与发展研究的思考 [J]. 水土保持通报，2009，29（2）：83-85.

[40] 郭索彦. 土壤侵蚀调查与评价 [M]. 北京：中国水利水电出版社，2014.

[41] 水利部水土保持监测中心. 水土保持监测技术指标体系 [M]. 北京：中国水利水电出版社，2006.

[42] 中华人民共和国水利部，中华人民共和国国家统计局. 第一次全国水利普查公报 [M]. 北京：中国水利水电出版社，2013.

第 8 章
水土保持信息化建设

8.1 重 要 意 义

当前，全球已处于信息化加速发展的时代，信息技术正演变为影响国家综合实力和国际竞争力的关键因素，信息化水平已经成为衡量一个国家和地区现代化水平的重要标志。党中央、国务院把大力推进信息化作为我国在 21 世纪前 20 年经济建设和改革的一项主要任务，以全面提升我国信息化和现代化水平。水利部党组高度重视水利信息化工作，明确提出当前和今后一个时期，加快水利信息化步伐，以水利信息化带动水利现代化，是一项事关水利发展全局的重大战略任务。水土保持作为水利工作的重要组成部分，需要站在经济社会可持续发展的战略高度，紧跟世界信息化发展潮流，推进水土保持信息化、现代化，实现水土保持事业新的突破和历史性跨越。

8.1.1 全面提升国家生态建设宏观决策水平

信息是科学分析、科学决策的基础。从历史、现实和未来的发展趋势看，水土流失及其防治状况是衡量水土资源、生态环境优劣程度、经济社会可持续发展能力的基本国情信息。水土流失直接导致水土资源的破坏，降低人口承载力，加速资源短缺，恶化生态环境，引发生态危机，进而危及人类生存和发展。当前，我们必须采取切实有效的措施，以水土资源的可持续利用和生态环境的可持续维护，保障和促进经济社会的可持续发展。依托水土保持监测网络和信息系统，及时、准确掌握水土流失动态变化，是贯彻落实科学发展观对水土保持信息化工作提出的新的更高的要求，也是新形势下水土保持工作义不容辞的责任和义务。只有加快水土保持信息化，才能将全国水土流失、水土保持等基础数据落实到山头地块，才能切实了解水土流失分布状况、产生的危害以及对经济社会发展的影响，才能准确掌握水土流失防治效果，才能正确判断和决策今后水土保持发展方向和战略布局，才能定量分析和评价水土流失与资源、环境和经济社会发展的关系，水土流失与粮食安全、生态安全、国土安全、防洪安全、饮水安全的关系、水土流失与"三农"问题和新农村建设的关系、水土流失与贫困的关系，形成对水土资源全面有效监管，维护国家生态安全，促进经济社会又好又快发展。近年来经过坚持不懈地推动水土保持信息化建设，极大地提高了水土保持信息服务能力。在"5·12"汶川大地震诱发的滑坡、泥石流，淤塞河道、埋压村庄和农田，给灾区人民生命和财产带来了重大损失之时，水利部利用信息化技术，在很短的时间内，完成了四川、甘肃和陕西3省9市59县，总面积20万km²的灾区水土流失、山体崩塌、滑坡和水土保持设施损毁情况的快速监测与评估，为减少次生灾害的发生、抗震救灾和灾后重建提供了决策依据。

8.1.2　促进水土保持事业又好又快发展

信息化是当今世界发展的大趋势，是推动经济社会变革的重要力量。谁能在信息化上先人一步、快人一拍、高人一等，谁就掌握了发展的先机，赢得了发展的主动权。加快信息化发展，已经成为各行各业的共同选择。近年来，我们努力适应信息化的这一发展趋势，在"金水工程"中，率先立项、优先实施了水土保持监测网络和信息系统建设工程。各级水利部门必须抓住机遇，依托水土保持监测网络系统，提高水土保持信息化水平，以水土保持信息化带动水土保持现代化。在当前经济社会迅速发展、科学技术日新月异的形势下，水土保持事业要实现又好又快发展的战略目标，必须充分利用现代信息技术，推动水土保持科学研究，建立我国水土流失预测预报模型，厘清水土流失规律、分析水土流失危害，确定水土流失防治重点；必须充分利用现代信息技术，深入开展预防监督，查处重大违法案件，推动科学执法，遏制人为水土流失；必须充分利用现代信息技术，优化水土保持生态建设工程布局，促进人与自然和谐。

8.1.3　有效提升水土保持管理水平

信息化建设不仅是一场新技术革命，更是一场深刻的管理革命。我国是世界上水土流失最严重的国家之一，水土流失成因复杂、面广量大、危害严重。解决我国的水土流失问题，既要加大水土流失防治力度，又要采取严格的水土保持管理措施。目前，我国水土保持信息化手段严重不足，大量的工作还是采用传统的人工方式来完成，数字化、标准化、流程化程度低，远远满足不了现代水利发展的需要。而美国、澳大利亚、日本等一些国家利用遥感、地理信息系统、全球定位系统和计算机网络等信息技术，建立的空间数据库和信息系统，可以定位、定量地反映水土流失的面积、分布、程度及其动态变化，甚至精细到田间地块，且与实践紧密结合，有效地提高了水土保持措施配置的科学性、针对性。我们必须看到存在的差距，从我国实际出发，追赶世界先进水平。大力推进水土保持信息化，广泛采用现代信息技术，有助于促进水土保持相关学科的交叉融合，提高对水土流失变化及其规律的认识和把握，及时采取相应的对策，使得水土流失防治思路、方略和决策更加科学、更加合理；大力推进水土保持信息化，开发利用信息资源，有助于实现对水土资源开发利用和节约保护的精准控制，减少资源消耗和弃土弃渣排放，促进水土资源的可持续利用；大力推进水土保持信息化，建立现代化的预测预报体系，有助于及时应对、化解水土流失灾害，提升水土资源保护和管理的能力与水平；大力推进水土保持信息化，推动管理职能和业务流程的优化组合，有助于深化水土保持行政审批制度改革，推进审批项目、流程和规则的公开化、制度化和规范化。

8.2　建　设　现　状

推进信息化建设是党和国家的一项战略举措。近年来，各级水利部门坚持以水利信息化带动水利现代化，在水土保持方面，抓住全国水土保持监测网络和信息系统建设的机遇，建立水土保持监测体系，推动水土保持信息化工作，促进了水土保持工作又好又快发展。

8.2.1　基础设施建设稳步推进

（1）监测网络建设取得初步成效。依托全国水土保持监测网络和信息系统建设一期工程、"数字黄河"和 21 世纪首都水资源可持续利用等项目，已建成了水利部水土保持监测中心，长江、黄河、海河流域机构监测中心站，西部地区 13 个省（自治区、直辖市）监测总站及 100 个监测分站，配备了数据采集与处理、数据管理与传输等设备，基本实现了网络的宽带互联，初步形成了覆盖我国西部地区、布局较为合理、功能比较完备的，以"3S"技术和计算机网络等现代信息技术为支撑的水土保持监测网络系统，并开始运行发挥作用，为水土保持信息化发展奠定了坚实的基础，逐步实现了对水土流失及其防治效果的动态监测与预报，为水土流失综合防治和国家生态建设决策提供科学依据。初步建成的水土保持监测系统，为中国水土流失与生态安全综合科学考察，提供了数据采集、分析、处理和传输等技术支撑，保障了科考顺利进行。

（2）水土保持数据库不断丰富。经过多年的努力，目前，省级以上水利部门建成的水土保持数据库数据总量已超过 1 万 GB，数据内容涉及基础地理、水土流失、生态建设、监督管理等方面。水利部利用全国水土流失遥感调查成果，建立了以县为单位的 1∶10 万水土流失空间数据库，并通过发布系统向社会提供信息服务，促进了数据共享。通过对重点区域的监测，长江三峡库区、黄土高原、环京津风沙源区、东北黑土区、珠江上游、新疆塔里木河下游等水土流失重点防治区数据库相继建成。水利部黄河水利委员会天水、西峰、绥德三个试验站和北京、山西、江西、湖北、福建等省、直辖市，运用信息系统整汇编了一批时间序列长、观测指标完整的历史观测数据，初步建立了试验观测数据库，丰富了水土保持数据库的内容。不断充实的数据资源，为国家生态建设提供了重要的数据支撑。

（3）水土保持监测点初具规模。随着全国水土保持监测网络和信息系统建设工程、全国水土流失动态监测与公告、滑坡泥石流预警等项目的开展，水土保持监测数据采集能力明显提高。北京、贵州等省、市在监测点数据自动观测、实时上报方面，进行了大量的探索和实践，提升了监测的自动化水平。长江滑坡泥石流预警系统成功预报滑坡、泥石流灾害险情 10 多处，群测群防预报灾害险情和防治处理灾害险情 230 多处，共撤离和转移群众 3.38 万人，避免直接经济损失 2.43 亿元。

8.2.2　业务系统开发不断深入

（1）水土保持应用系统平台初步建成。全国水土保持监测网络和信息系统建设工程，初步建成了水土保持应用系统平台，包含了生态建设、预防监督、监测评价、规划设计、数据发布等业务系统，并在水利部水土保持监测中心、7 个流域机构监测中心站和 32 个省（自治区、直辖市）监测总站安装运行。水利部依托该应用系统平台，实现了开发建设项目水土保持方案的信息化管理，开发的全国水土保持空间数据发布系统，为各行各业、社会公众提供土壤侵蚀、生态建设、预防监督、定位观测和土壤侵蚀因子等信息，有效地支撑了水土保持各项业务，显著提升了水土保持行业管理和科学决策水平。

（2）专业化的应用管理系统相继投入使用。长江水利委员会开发的长江上游滑坡、泥石流预警管理信息系统，实现了监测数据的远程上报、快速查询和分类统计，提高了长江上游滑坡、泥石流预警系统管理水平。黄河水利委员会建成的黄土高原淤地坝信息管理系统，采用人机对话的方式，实现了淤地坝布局、建设规模、建坝时序和工程进度的科学规划与决策，改进了传统的小流域坝系建设前期工作方法。松辽水利委员会开发的松辽流域水土保持监测与管理信息系统，实现了遥感、地理信息系统和水土流失预测预报的有机结合。北京市、湖北省、贵州省开发的水土保持定点监测信息采集系统，实现了水土保持实时监测和预测预报。辽宁省建成的小流域管理信息系统，实现了水土保持基本单元的综合管理。

（3）水土保持公务管理系统得到广泛应用。开发建设项目水土保持方案报批、资质管理、培训报名、工作情况统计等系统投入使用，促进了水土保持行政职能、办公方式和服务手段的转变，大大提高了工作效率。

8.2.3 社会服务能力日益增强

（1）水土保持网站建设成效显著。在"宣传水利、促进发展、增加透明、提高效率、增进沟通、服务社会"的总体要求下，全国各级水土保持部门积极开展门户网站建设工作，形成了以中国水土保持生态建设网站为龙头，7 个流域机构、20 多个省、市水土保持网站为支撑的全国水土保持门户网站体系。水土保持门户网站已经成为水土保持部门发布信息的主平台，为社会各界提供了大量及时、翔实、可靠的水土保持信息，保障了人民群众的知情权、参与权和监督权。中国水土保持监测网站开通的水土保持方案在线上报系统，大大降低了申报单位的工作成本，提高了办事效率。不少流域机构、省级的水土保持网站开辟了信箱、论坛、调查、投诉、建议等互动栏目，服务内容不断充实，服务形式日益多样，建立起了公众反映情况、解决问题、表达意愿的畅通渠道。

（2）水土保持公报持续发布。水利部从 2003 年起，连续发布年度《中国水土保持公报》，社会反响强烈。长江水利委员会 2007 年首次发布了《长江流域水土保持公报》，引起了社会各界的高度关注。各省（自治区、直辖市）也积极编制和发布水土保持公报，目前，已有 23 个省（自治区、直辖市）发布年度水土保持公报。北京市从 2001 年开始，每年发布水土保持公报。山西省的市、县也已陆续发布。水土保持公报全面系统地反映了年度水土流失及其防治情况，为政府决策、经济社会发展和公众信息服务等发挥了积极作用。

8.2.4　保障能力逐步提高

（1）水土保持监测纲要和信息化纲要发布实施。水利部先后发布了《全国水土保持监测纲要》和《全国水土保持信息化规划》，明确了当前和今后一个时期工作的指导思想、原则、目标任务和保障措施。规划的发布，对水土保持信息化工作的开展起到了积极的推动作用。全国水土保持信息化工作进入了一个全面快速发展的新阶段。

（2）水土保持信息化标准逐步建立。水利部先后颁布了《水土保持术语》《水土保持信息管理技术规程》《水土保持监测技术规程》《水土保持监测设施通用技术条件》等一系列技术标准。黄河水利委员会印发了黄河流域水土保持信息代码编制规定、数据库结构及数据字典。山西省制定了水土保持监测数据信息管理暂行规定。北京市定义了北京山区水土流失的防治单元——小流域单元。这些标准规范的制定，指导和促进了水土保持信息化工作的规范化开展。

（3）规章制度逐步出台。水利部印发了水土保持生态环境监测网络管理办法、全国水土保持监测网络和信息系统运行管理办法，明确了各级监测机构职责、监测站网建设、资质管理、监测报告制度和成果发布等要求。长江水利委员会制定了长江上游水土保持重点防治区滑坡、泥石流预警系统管理办法。重庆、四川、福建、贵州、山西、陕西和宁夏等省、自治区、直辖市也先后制定了相关规定。水土保持信息化制度建设不断推进。

（4）水土保持信息化队伍初步建成。在水土保持监测网络建设的推动下，全国有了2500多人的水土保持监测专业技术人员，专业涉及水土保持、水利、农业、遥感和计算机等，初步形成了一支专业配套、结构合理的技术队伍。这支队伍是水土保持信息化工作的主力军。

总结近几年的水土保持信息化工作，概括起来，主要经验有3点：一是紧密围绕水土保持主要任务开展工作。水土保持信息化工作必须紧密结合水土保持工作实际，适应水土保持事业发展要求，满足业务工作需要。水土保持信息化发展的过程，实际上也是以信息化手段为预防监督、综合治理、生态修复、监测评价等水土保持主要任务提供支撑的过程。二是坚持以业务需求为导向，注重实用效果。以满足水土保持的实际工作需求为导向，充分开展需求调研分析，有针对性的开发先进实用的业务系统，着力突破关键环节，确保需要一个建设一个，建成一个用好一个。这样，水土保持信息化工作才能真正得以推进，信息系统才富有生命力。三是坚持以公用平台建设为手段，促进资源共享。全国水土保持监测网络和信息系统建设工程，在项目立项时，按照全国"一盘棋"的思路，进行统一规划、统一建设，构建了公用平台，制定了标准规范。各流域机构，各省（自治区、直辖市）在一个平台下，按照统一的标准规范开展工作。这不仅节省了资金，避免了重复建设，还为系统互联互通和信息共享创造了有利条件。

同时，水土保持信息化工作仍然存在着一些亟待解决的问题：一是资源整合与共享程度低。一些地区开发的许多系统是为单一部门、单一应用服务，存在应用孤岛、信息孤岛现象，导致信息资源分散，低水平重复，造成资源浪费。二是信息采集设施设备差，观测手段和方法仍然落后，自动化程度低，难以满足水土保持信息化的需要。三是重建设、轻管理，应用水平不高。一些地方信息系统建设的积极性非常高，但竣工验收后，不及时进行信息资源的收集整理，导致系统成为"演示系统"，不能发挥预期作用。这些问题严重制约了水土保持信息化工作的深入开展，务必要引起各级水利部门的高度重视，并采取有力措施切实加以解决。

8.3　建设目标与总体框架

8.3.1　主要目标

到 2020 年，全面推进水土保持信息化发展，基本实现信息技术在县级以上水土保持部门的全面应用，水土保持行政许可项目基本实现在线处理。建立覆盖国家、流域、省、地市、县 5 级和监测点的水土保持数据采集、传输、交换和发布体系，初步搭建上下贯通、完善高效的全国水土保持信息化基础平台。全面完成省级以上水土保持业务数据的标准化整合改造，基本建成国家、流域和省 3 级水土保持数据中心，建立健全数据更新维护机制，实现信息资源的充分共享和有效开发利用。信息技术在水土保持核心业务领域得到充分应用和融合，全面提升水土保持决策、管理和服务水平。

8.3.2　总体构架

根据《全国水利信息化发展"十三五"规划》和《全国水土保持信息化规划》，结合全国水土保持生态建设实际，全国水土保持信息化建设的总体框架基本构成主要包括应用系统、应用支撑体系、数据库、信息基础设施、门户网站 5 项重点建设任务，标准规范体系和系统安全与维护体系 2 大基础保障建设内容如图 8-1 所示。

信息基础设施是应用系统和数据库持续运行的搭载平台，是实现资源共享、辅助决策和公共服务的重要基础。必须在统一的标准规范体系和安全体系框架下，有序地建设和管理基础设施，才能充分发挥其作用。应用系统和数据库建设要与基础设施建设密切结合。

数据库是实现应用系统功能的重要支撑，是实现各种应用和服务的数据依据和来源。通过水土保持信息资源整合改造和开发利用，建立各种类型的数据库，为各种水土保持业务应用系统、水土保持信息资源共享和水土保持信息服务提供必要的数据支撑。

应用系统是水土保持信息化建设的核心内容，是实现支撑水土保持业务应用和服务的主要体现形式和关键所在。通过应用系统建设，开发部署各类业务应用和应用服务系统，为领导决策、部门间业务协同、社会公共服务、信息资源共享等提供支持。

应用支撑体系是建设应用系统的核心工具，是实现应用系统各种服务功能的技术关键。通过水土保持应用支撑体系建设，为应用系统之间无缝集成提供信息交换服务和业务协同支持，解决应用系统开发过程中可能出现的低水平重复开发和信息资源不能共享等问题，规范支撑跨部门、跨地区的业务系统之间协同作业。

标准制度体系建设是水土保持信息化基础性工作。建立完善的水土保持信息化标准制度体系，制定水土保持信息分类、采集、存储、处理、交换和服务等一系列标准与规范，为应用系统、应用支撑、数据库和基础设施建设的规划、设计、实施和运行提供技术准则。

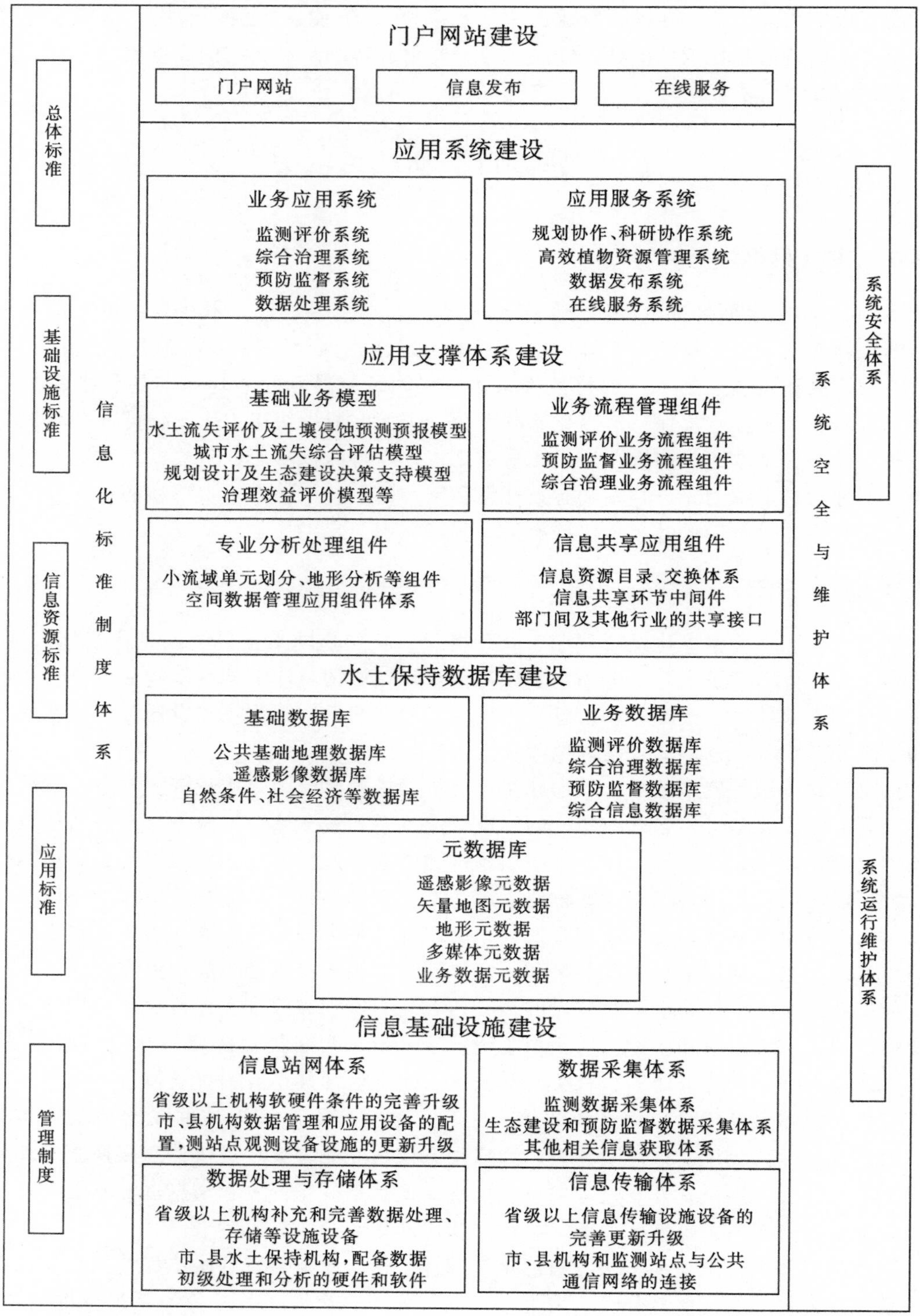

		门户网站建设			
		门户网站	信息发布	在线服务	

应用系统建设

业务应用系统	应用服务系统
监测评价系统 综合治理系统 预防监督系统 数据处理系统	规划协作、科研协作系统 高效植物资源管理系统 数据发布系统 在线服务系统

应用支撑体系建设

基础业务模型	业务流程管理组件
水土流失评价及土壤侵蚀预测预报模型 城市水土流失综合评估模型 规划设计及生态建设决策支持模型 治理效益评价模型等	监测评价业务流程组件 预防监督业务流程组件 综合治理业务流程组件

专业分析处理组件	信息共享应用组件
小流域单元划分、地形分析等组件 空间数据管理应用组件体系	信息资源目录、交换体系 信息共享环节中间件 部门间及其他行业的共享接口

水土保持数据库建设

基础数据库	业务数据库
公共基础地理数据库 遥感影像数据库 自然条件、社会经济等数据库	监测评价数据库 综合治理数据库 预防监督数据库 综合信息数据库

元数据库

遥感影像元数据
矢量地图元数据
地形元数据
多媒体元数据
业务数据元数据

信息基础设施建设

信息站网体系	数据采集体系
省级以上机构软硬件条件的完善升级 市、县机构数据管理和应用设备的配 置,测站点观测设备设施的更新升级	监测数据采集体系 生态建设和预防监督数据采集体系 其他相关信息获取体系

数据处理与存储体系	信息传输体系
省级以上机构补充和完善数据处理、 存储等设施设备 市、县水土保持机构,配备数据 初级处理和分析的硬件和软件	省级以上信息传输设施设备的 完善更新升级 市、县机构和监测站点与公共 通信网络的连接

左侧纵向栏:总体标准 / 基础设施标准 / 信息资源标准 / 应用标准 / 管理制度 — 信息化标准制度体系

右侧纵向栏:系统安全体系 / 系统空全与维护体系 / 系统运行维护体系

图 8-1 总体框架图

信息安全与维护体系是水土保持信息化持续发展的重要保障。通过配置安全设施、制定安全规章和策略，健全安全管理机制，逐步形成水土保持信息安全体系，为应用系统和数据库的推广应用提供安全保障。通过制定和落实信息化组织机构、人才队伍、资金、运行管理机制等建设，为水土保持信息化工作健康、持续推进提供保障。

门户网站是水土保持工作的窗口。基于水土保持门户网站，提供水土保持应用系统统一的发布窗口，提供信息公开、网上办事、互动交流等服务。

8.4 建设重点任务与工程

8.4.1 国家水土保持基础信息平台建设

国家水土保持信息基础平台是全国水土保持信息化的基础。在全国水土保持监测网络和信息系统建设的基础上，按照"统筹规划、需求驱动、整合资源、促进共享"的原则，积极推动水土保持信息采集设备的升级改造，主推智能化观测设备，提高水土保持信息采集的自动化水平和效率；进行国家、流域和省级水土保持信息资源的整合，完成3级数据中心建设，初步建成全国水土保持数据库体系；充分利用国家水利骨干网、公共网络通信资源等，实现水土保持信息网络的互联互通；优先建设监测站点的传输网络，提高监测站点数据自动化传输水平。构建科学、高效、安全的国家级水土保持决策支撑体系，为国家生态建设提供决策依据。

（1）数据采集设施设备。完善各级水土保持机构综合治理和预防监督数据采集处理设备，研制预防监督、综合治理、监测评价等信息采集移动终端系统，形成水土保持信息现代化采集体系，提升水土保持信息采集效率和质量。积极开展物联网和北斗卫星导航系统在水土保持领域实时动态数据采集中的应用研究示范；基于国家高分辨率对地观测系统工程建设，积极推广国产高分辨率卫星遥感数据在水土保持行业的应用。探索建立水土保持智能化、实时动态监测和数据采集网络系统。

（2）水土保持数据存储。完善国家、流域和省3级水土保持数据中心基础环境建设，加强存储备份、服务器、基础系统软件等资源整合和设施集群，提高3级数据中心基础环境的集约化水平和服务能力；加强数据同城备份和异地备份场地与环境建设，形成"两地三中心"的水土保持数据安全存储与灾备模式。进一步推动地市、县级水土保持数据存储环境建设，特别是中西部不发达的县级地区，配置计算机、数据存储介质等设备，满足基层采集数据存储条件。

（3）水土保持信息传输网络系统。加强水土保持网络建设，全面实现水土保持业务网络的互联互通。进一步明确和建立水利骨干网应用机制，形成国家、流域和省级水土保持信息传输网络。加强省级以下的信息传输网络连接，依托公共网络通信资源和地方水利网，形成国家、流域、省、地市、县级5级水土保持信息的互联互通，实现各级业务系统的无缝对接和信息无障碍交换。优先建立监测站点与水土保持部门网络的连接，对于公网没有覆盖或覆盖不全的地区，可考虑卫星和新一代网络技术实现数据的自动传输，保证信息安全、快捷传输。

（4）水土保持数据库。根据水土保持应用系统对数据库的新需求，重点完成3个方面建设内容。

1）整合建立3级基础数据库。以业务协同、信息共享、合理配置资源为目标，在全国水土保持数据库"一盘棋"的总体框架下，根据国家、流域、省水土保持业务对数据精度、尺度的需求，结合各级水土保持管理部门的业务范围、管理层次的特点，建立统一标准、分级运行管护的涵盖基础地理、综合治理、预防监督、监测评价、元数据等方面的3级数据库，逐步实现信息资源分散使用向共享利用的转变。

2）监测点基础空间数据库建设。开展监测点基础空间数据库建设。利用遥感和地理信息系统技术，在全国水土保持监测网络建设的监测点及相关区域范围内，开展水土保持遥感监测工作，获取地形地貌、水土保持措施、植被覆盖度等土壤侵蚀因子的本底值，建立监测点基础空间数据库，并定期进行更新，形成常态化遥感监测体系。长时间的遥感监测成果，结合地面水土保持观测成果，可更好地为小流域水土流失规律研究提供数据支撑。

3）水土保持遥感解译标志库。随着国产遥感卫星的不断发展，可供水土保持业务使用的不同时相、不同空间分辨率的遥感影像不断丰富，为水土保持不同业务应用提供了有利条件。为了规范基于遥感影像快速准确提取土地利用、水土保持措施等专题信息，根据不同地域分布、不同业务的需求，建立不同分辨率、不同时相的遥感影像解译标志库，为基于遥感影像快速、准确提取水土保持专题信息奠定良好的基础。

8.4.2　水土流失预防监督管理系统

在全国水土保持监测网络和信息系统建设的基础上，继续完善水土流失预防监督管理系统，进一步梳理生产建设项目水土保持方案审批、监理监测、监督检查、设施验收、规费征收等业务，加强各项业务间的衔接和统一，实施一体化管理思路，实现水土保持监督管理业务的网络化和信息化，进一步提高生产建设项目水土保持行政管理效率、动态监管能力和社会服务水平。加强对重点防治区、生态文明城市等信息化管理，进一步提升水土保持监督执法效率和能力。

（1）生产建设项目水土保持管理。继续完善生产建设项目水土保持管理系统，加强水土保持方案受理、技术审查、行政审批、监督执法、规费征收、监理监测、验收评估等各项业务工作的信息化整合，基于地理空间技术和网络技术，实现各项业务一体化、网络化、动态化管理，使生产建设项目水土保持各类信息实现一致、互通和共享，使各项业务受理、审批和日常管理实现网络化、实时化操作。开发、推广和应用流域级、省级、地市和县级生产建设项目水土保持管理系统，实现各级生产建设项目水土保持管理的互联互通。

（2）水土保持监督执法管理。利用现代通信、卫星定位与导航、地理信息系统等技术，建立水土保持监督执法移动采集系统，支撑水土保持执法人员现场对监督执法信息进行快速、准确地获取、存储和处理等。完善预防监督管理系统，以区域和项目为管理单位，实现对项目开工前、建设中、验收前等阶段执法检查信息管理，以及联合执法检查、专项执法检查、违法案件查处等综合信息管理。加强水土保持规费征收的信息化管理，提高规费征收管理的水平和透明度。

（3）水土保持重点防治区管理。基于地理空间技术，建立全国水土保持重点防治区管理系统，对水土流失重点预防保护区和重点治理区划分成果，以及崩塌、滑坡危险区和泥石流易发区，水土流失严重、生态脆弱的地区，水土保持规划确定的容易发生水土流失的其他区域，实行图形数据和属性数据一体化综合管理，实现重点防治区划类型、面积、分布等信息的快速查询检索、浏览显示和成果打印输出，实现重点防治区信息的实时更新和维护，同时根据各级政府管理的需要，支撑完成重点防治区变更管理工作，深入推进水土保持重点防治区管理政策和制度的落实。

（4）水土保持生态文明建设管理。以水土保持生态文明城市、生态文明县和生态文明工程等建设管理为核心，建设水土保持生态文明建设管理系统平台。加强对水土保持生态文明建设单位申报管理，实现水土保持生态文明城市、生态文明县和生态文明工程申报、受理、审核、批复等工作的网络化操作管理。建立水土保持生态文明建设管理的基础数据库，健全示范工程生态治理、保护措施数据以及管理机构、设施、人员等信息。按照水土保持生态文明建设的要求，对生态文明城市、生态文明县和生态文明工程的检查考核、日常管理和变更等信息进行动态管理，提高水土保持生态文明建设管理水平。

8.4.3 国家重点治理工程项目管理系统

继续完善国家重点治理工程项目管理系统，以小流域为单元，按流域和行政两种空间逻辑进行一体化协同管理，以项目、项目区、小流域3级空间分布，将小流域现状和治理措施落实到图斑，实现小流域综合治理的精细化管理，满足不同层次水土保持部门对项目规划设计、实施管理、检查验收、效益评价等信息进行上报、管理与分析的需要，规范水土保持生态工程建设管理行为，提高管理效率和水平。

（1）综合治理项目规划设计。采用地理信息系统技术，按照批准的水土保持综合治理实施方案和下达的年度任务，以小流域为基础，以图斑为作业设计单元，将水土保持治理措施落实到1∶1万电子图斑上，完成绘制以地形图为底图的小流域水土保持措施布局图、典型水土保持措施模式图和设计图等，实现综合治理项目水土保持措施类型、数量和分布的统计和报表输出，提升综合治理项目规划设计的信息化水平，提高规划设计的质量和效率。

（2）综合治理项目实施管理。按照综合治理项目实施管理过程要求，主要实现项目前期工作、进度执行、检查验收等信息化管理。项目前期工作管理主要实现对项目规划、项目建议书、可行性研究报告、小流域初步设计（实施方案）等信息的全面管理，并实现以小流域为单元，按流域和行政两种管理逻辑对综合治理项目进行系统化查询、检索。项目进度管理主要实现各类水土保持措施完成情况、监理内容、设计变更情况、建设质量等进行监控和统计，确保项目按期完成。项目检查验收管理主要通过与项目设计情况的自动化对比，完成项目检查、验收等环节工作。

（3）综合治理项目监测效益评价。以1∶1万水土保持治理图斑数据为基础，利用高分辨率的遥感卫星、地理信息系统等高新技术手段，结合现场调查工作，对水土保持治理项目实施前后的水土保持措施数量和质量进行监测，全面评估项目治理效果。根据水土保持效益定额，通过利用水土保持效益分析模型，对小流域治理生态效益、经济效益和社会效益进行科学、快速、准确评价，输出效益评价成果图和评价表，实现对效益评价定额和效益评价成果的综合管理。

（4）综合治理情况数据统计与上报。按照综合治理项目逐级管理的需要，建设综合治理数据统计与上报系统，实现对项目设计阶段数据和资料的逐级上报、审核和备案，对项目实施后水土保持治理措施数据进行逐级审核、汇总和上报，形成逐级的项目设计和实施汇总数据库。对各级项目管理部门，实现基于地理信息系统技术的全域范围内水土保持综合治理项目全面显示，不同行政区域、不同流域实现按项目、项目类型、实施年度、治理措施等进行查询和统计，自动生成统计图表。数据统计既能反映一个项目的治理情况，也能打破项目界限按不同措施或年度进行统计，统计信息能自动交换到上级部门数据库。

8.4.4　水土保持监测评价系统

水土保持监测评价系统是围绕区域水土保持监测、水土流失定点观测和生产建设项目水土保持监测等监测业务，为了完善水土保持监测预报系统，加强各项监测业务系统的整合和贯通衔接，提高监测数据快速获取、处理、传输、分析评价和有序管理能力，提升各项监测业务的数字化、网络化和智能化水平而生成的一种系统。

（1）水土保持遥感监测评价。建设基于卫星遥感数据的水土保持监测评价系统，进一步深化卫星遥感数据，特别是国产卫星遥感数据在水土保持监测业务中的应用，形成覆盖国家、区域的快速、规范、精确的遥感监测体系，全面提升科学决策水平。实现卫星遥感数据批量化、规范化的集中处理，快速精确的分析提取土地利用、植被覆盖、水土保持措施等数据，结合降雨、地形等数据，应用土壤侵蚀模型，快速评价分析土壤侵蚀状况。通过不同时期土壤侵蚀对比分析和统计，实现对区域水土流失的空间分布、变化趋势及其防治效果的动态监控。

（2）区域水土流失监测数据管理。以地理信息系统技术、网络与数据库技术为核心，构建区域水土流失监测数据管理系统，搭建地理空间基础管理框架，实现对全国、流域、省区以及重点防治区、重点支流等不同空间尺度、不同调查时期区域监测数据的统一、有机管理，实现各类区域监测数据快速查询、检索和统计分析，并与其他水土保持系统相衔接，全面分析水土流失及治理现状。系统按照国家、流域和省级三级分级设计和布设，并实现 3 级互联互通和数据交换共享。

（3）水土流失定点监测数据上报与管理。完善国家级水土流失定点监测系统，建立健全国家级水土保持监测站点基础数据库，对国家级监测站点实现网络化、实时化管理，并逐步实现可视化管理。通过网络系统实现水土流失监测点数据的适时采集、及时存储、分类汇总、数据归档和本地封存，并通过网络逐级上报，有效地管理所获得的数据，为其他应用系统提供数据支持。对配备自动监测设施的监测点的数据传输，可以通过远程控制或遥控手段实现。

（4）生产建设项目水土保持监测管理。与水土流失预防监督系统相协调衔接，建设生产建设项目水土保持监测管理系统，通过制定水土保持监测数据上报和汇交制度机制，对区域生产建设范围内的工程建设扰动土地面积、水土流失灾害隐患、水土流失及其造成的危害、水土保持工程建设情况、水土流失防治效果等数据进行网络化采集、存储、处理和分析，评价生产建设项目的水土保持情况，为生产建设项目水土保持、设施验收提供快捷数据支持，为水土保持部门监督执法提供翔实可靠依据。充分结合地理信息系统技术，实现生产建设项目监测数据网络化管理。

8.4.5 水土流失野外调查单元管理系统

在第一次全国水利普查水土保持专项普查成果的基础上，充分利用地面调查技术、3S技术、数据库技术以及物联网技术，构建基于公里网抽样的全国水土流失野外调查与评价系统，实现抽样单元水土流失野外调查数据的自动化采集和高效管理；研究基于抽样调查体系的区域土壤侵蚀预测预报模型及参数，实现区域土壤侵蚀强度的预测预报，为水土流失防治宏观决策提供支持。

（1）野外调查数据采集。探索GPS技术、高分遥感影像、航空摄影数据以及物联网技术在快速采集土地利用、植被覆盖、水土保持措施等水土流失野外调查数据中的应用方法，开发PDA野外调查数据采集工具，提高数据采集效率和精度；研究降雨、土壤等属性和空间数据快速导入、转化的技术方法，开发地形图数字化、遥感图像处理及信息提取模块，提供数据处理、加工、分析的有效支撑，实现土壤侵蚀因子的快速、自动计算。

（2）野外调查数据管理。基于时空数据库技术，开发水土流失野外调查数据管理系统，实现土地利用、植被覆盖、水土保持措施、降雨、地形、土壤等基础数据，降雨侵蚀力因子、土壤可蚀性因子、地形因子、植被因子、水土保持措施因子等过程分析数据，土壤侵蚀强度分析结果数据的统一管理，提供野外调查数据的动态更新与维护工具，形成数据积累机制，记录调查单元降雨、土地利用、植被覆盖、水土保持措施及土壤侵蚀强度的动态变化。

（3）土壤侵蚀强度评价。构建土壤侵蚀模型库及参数库，实现土壤侵蚀因子数据库与模型及参数的耦合，开发水土流失野外调查单元土壤侵蚀强度分析工具，实现土壤侵蚀强度分析计算。

（4）土壤侵蚀预测预报。在连续、动态积累数据的基础上，开展基于水土流失抽样调查体系的不同区域土壤侵蚀预测预报模型及参数研究，实现气候条件、地面覆被状况、水土保持措施布局等单因素或多因素变化条件下区域土壤侵蚀强度状况及其变化趋势的分析预测，为水土流失防治宏观决策提供支持。

8.4.6 水土保持小流域数据资源建设

分期分批开展以小流域为单元的全国水土保持数据资源建设，推动水土保持重点工程的精细化管理。

（1）小流域划分。小流域是水土流失治理的基本单元，划分小流域是水土流失综合治理的一项主要基础工作。按照小流域划分与编码规范，基于1:1万国家基础地理信息数据划定小流域单元，并对小流域进行命名和编码。

（2）基础图斑调查。利用1:1万比例尺的地形图、遥感影像等数据源，开展野外现场调查，按照土地利用、植被覆盖、坡度分级等水土流失特征，对划定的小流域单元进行水土流失治理基础图斑划分，建立图斑属性。

（3）小流域基础数据管理。在地理信息系统软件的支撑下，建立小流域图斑的拓扑关系，形成基于汇流关系和行政区划的小流域管理单元，完成小流域图斑的数据入库。建立小流域基础地理信息、社会经济信息、土地利用、植被覆盖、水土流失治理信息的综合数据库。实现"图斑-小流域-县-省-流域-国家"的水土保持工程建设及效益分析的精细化管理。

8.4.7　水土保持信息共享与服务平台

基于各级水土保持机构的门户网站，开发信息发布系统、在线服务系统、资源目录服务系统，构建集信息发布、网上办事、互动交流、资源共享于一体的水土保持信息共享与服务平台。

（1）信息发布。基于各级水土保持机构门户网站，畅通信息渠道，及时、准确地对社会公众进行水土保持信息公开、重要新闻事件发布、水土保持政策宣传、水土保持科普知识介绍、水土保持成果展示，满足社会公众的知情权和监督权。加强基于 WebGIS 的各级水土保持空间数据发布系统建设，面向行业用户和社会公众进行水土流失预防监督、综合治理、监测评价等业务的空间数据和属性数据的发布展示，拓展数据发布内容和格式，完善信息服务方式，促进全国水土保持分布式空间数据的集成共享。

（2）在线服务。按照建设服务型政府的理念，省级以上水土保持机构建立和完善生产建设项目水土保持方案审批、水土保持设施验收、水土保持规费征收、水土保持资质管理等业务和行政许可的网上办理和在线审批模块，并根据业务需求加快扩大服务模块，逐渐形成责任清晰、过程可控、协调联动的网上审批和办理流程，实现规则标准化、行为规范化、结果透明化，提高办事效率和服务质量，强化办事监督管理。推进各级水土保持机构网站的互动服务发展，推行网上信访和在线访谈，建立网上领导信箱，搭建透明、便捷、高效的互动平台，为广大公众提供公共参与和监督水土保持工作的网络渠道，提升水土保持管理部门的政府公信力和公众满意度。

（3）资源目录服务。资源目录体系是为发现和定位分散的信息资源而建立的信息服务体系。紧密围绕水土保持业务，采取自上而下、由粗到细、由深到浅的模式，开展国家、流域、省 3 级水土保持机构数据资源调查，明确各部门数据分级分类、资源的名称、来源和流向、覆盖范围、类型、更新责任与周期、使用范围、共享方式等。按照统一的资源分类和编码规范，以核心元数据为主要描述方式，按照信息资源分类体系或其他方式对水土保持信息资源核心元数据进行有序排列，通过编目、注册、发布和维护资源目录内容，包括维护资源目录和交换服务目录。资源目录信息管理者负责资源目录的建立和管理，保证目录信息的安全和维护，并通过门户网站发布资源目录；信息使用者通过查询资源目录和交换服务目录，了解所需资源的详细信息，实现信息资源的发现和定位服务。通过资源目录建设和服务，逐渐实现全国水土保持数据物理上分散、逻辑上集中的统一管理，促进数据交换与信息共享。

8.4.8 水土保持规划协作平台

构建集水土保持规划信息采集、海量数据管理、数据共享、信息服务、知识积累、规划管理、成果应用一体化的水土保持规划协作系统，以三维、互动、直观的方式为水土保持规划资料分析、成果编制、规划决策提供专业、全面、实时、准确、高效的信息资源支撑和决策环境，创新水土保持规划技术手段和工作机制，提高规划效率、规划成果利用效率和规划管理效能。

（1）水土保持协同规划辅助支持。实现为国家、流域、省等水土保持部门上下交互确定规划成果提供数据在线编辑，为规划人员在线完成规划所需的专题图的绘制、修饰和输出提供在线制图工具；基于同一规划基础资料信息进行统筹协商，为各级管理人员确定项目布局提供依据。根据规划的需要，对规划数据分类型、分指标，按行政、流域等多种形式进行数据固定、组合，实现数据动态查询、对比分析、指标提取、分类统计和空间分析，以直观的图形、表格、报表作为分析参考或数据输出结果。按照水土流失重点防治区划分技术导则及水土保持规划编制规程，开发辅助规划模型，以定性指标和定量指标为控制基础，判定区域规划的导则符合性。

（2）水土保持规划工作管理。系统为水土保持规划工作提供宏观工作部署计划、阶段完成情况、提供工作管理手段，为重要会议资料、重要情况通报提供发布渠道，使各级水土保持机构动态、快速、准确、直观、系统地了解规划工作的进展情况，确保项目有节奏、均衡的持续开展。提供交流平台，促进规划知识、经验的共享，为高质量、高标准、高效益的完成总体规划与专项规划有着重要的借鉴、指导，将个体规划知识提升为整个组织的资源，实现规划知识的共享。

（3）水土保持规划成果管理。主要实现对基础地理数据、水土保持区划、水土保持"两区"划分及水土保持规划成果的专题地图、报告、附表、附图、附件等成果内容，按流域、省区、项目、时间等进行图文一体化、关系化管理。在地理空间基础上查询规划范围边界、规划内容及投资计划，为水土保持生态项目的立项提供管理依据，为项目的科研提供支撑，实现规划和实施的一体化管理。

8.4.9 水土保持高效植物资源管理系统

系统围绕水土保持行业独具特色、长期积累的植物资源，建立不同行政区域、不同流域水土保持高效植物资源目录索引，提供水土保持高效植物类型和特点信息，为水土保持综合治理、生产建设项目水土保持方案中植物措施优化配置提供分行政区域、分流域信息支撑，为社会公众了解不同区域水土保持高效植物资源，促进农民增收，改善生态环境提供信息服务。

（1）水土保持高效植物资源管理。建立基于GIS空间管理的水土保持高效植物资源系统框架，在国家1∶25万基础空间数据的支持下，实现我国主要水土流失区的水土保持高效植物资源空间分布检索和优化配置等。

（2）水土保持高效植物资源目录索引。完成水土保持高效植物资源目录，包括不同植物资源的类型和特点，适宜生长范围和栽植时间等。同时对水土保持植物新资源的研究和育种工作进行管理，扩大水土保持高效植物资源的种类和质量。

（3）水土保持高效植物措施配置。基于建立的水土保持高效植物资源数据库，系统能够自动、快捷地为用户提供对不同地域分布、不同工程类型的水土保持项目植物措施配置方案，提高水土保持综合治理中植物措施配置的优化性、规范性和科学性，保证水土保持高效植物措施的质量，改善生态环境，减少水土流失。

（4）水土保持高效植物资源公众服务。水土保持高效植物资源管理系统不仅服务于从事水土保持行业的人员，同时还支持网上公众查询和检索，方便用户了解不同地区适宜的水土保持高效植物资源，同时满足水土保持高效植物资源的生产、经销渠道，为区域生态环境改善和经济收入增加提供信息支持。

8.4.10　水土保持科研协作支撑系统

利用先进的项目管理和网络技术，构建集科研资源管理、科技协作于一体的水土保持科研协作和信息共享平台，提高科研协作的管理效率，实现水土保持科研信息的高效共享，促进水土保持科研工作者的交流与协作，推动科研成果的推广和应用。

（1）科研项目信息管理。面向科研团队，提供科研项目全过程管理工具，实现项目文档、科研数据、项目意见、科研成果等信息的集中管理，完成项目信息监控，形成文档、数据和成果的积累储备，便于团队成员的交流协作、成果考核；也可将团队的研究动态和信息，开放给其他相关学科人员。用户可通过系统实现按学科、团队、区域等检索、查看相关科研项目信息，及时了解水土保持科学研究的最新进展，还可订阅关注的学科、团队或项目的科研动态信息。

（2）科技信息管理。实现水土保持科技信息的有效整合，提供水土保持科研站所、科技文献、科技报告讲座、视频课件等信息的管理工具，包括信息的创建和获取、存储和维护、访问和查询，并预留数字图书馆等数字资源的接入。通过身份认证，用户可创建、维护、发布、管理自有资源，设置其公开程度，也可检索、查看、下载他人发布的信息资源，实现科技信息的共享。实现文献管理工具和数字出版工具的嵌入，协助科研人员开展编辑、出版等工作。

（3）科研会议管理。面向科研团队和社会公众，提供国际国内学术会议、行业会议、论坛峰会等会议信息发布、会议组织管理、会议信息查询和资料共享的统一平台。会务组织者可进行会议信息发布、会议组织管理、会议资料共享；社会公众可查询会议信息、共享会议资料，也可根据自己感兴趣的学科和方向，定制关注的会议信息。

（4）专家信息管理。利用数据库技术和网络技术，构建开放式的全国水土保持专家信息网络化管理平台，实现专家基本信息、科研方向、承担基金、计划项目情况、代表论文集著作等信息的集中管理和及时更新。系统面向专家提供信息录入和维护功能，面向行业用户和社会公众提供专家信息查询、统计、浏览、打印输出功能。

（5）科研互动平台。面向科研工作者和社会公众，开发了水土保持科研交流和互动平台，包括科研动态、科研杂谈、科研人生、科研经验等内容，促进科研工作者共享学科或领域发展动态与前沿、科研方法与经验、科研心得与体会。

8.5 典 型 案 例

8.5.1 生产建设项目监督检查

8.5.1.1 案例综述

近年来，随着改革开放的不断深入，各类生产建设项目应运而生，这些项目在推动经济发展的同时，不可避免的对周边环境带来一定的生态环境影响。自新水土保持法颁布实施以来，国家愈加重视水土流失的综合治理和水土流失灾害的控制。水土保持监测作为水土保持工作的组成部分，其重要性亦得到广泛认可。在生产建设项目的申报、审批、建设及验收等环节的全过程监督管理，加强生产建设项目的水土保持监测工作、控制水土流失，保障水土保持措施的落实，不仅贯彻落实了水土保持法，同时也是政府转变职能，提高监管能力的一个重要内容。开展生产建设项目水土保持监督检查是落实水土保持法律法规的基础保障，是贯彻落实修订后的水土保持法和水土保持条例的重要措施。

信息技术是开展生产建设项目监管的重要途径。以北京市生产建设项目监督管理为例，北京市利用遥感监测技术手段，对北京市全市范围开展每个季度1期，全年4期的生产建设项目遥感调查，掌握未按规定申报水土保持方案及未按照水土保持方案的内容实施的生产建设项目的空间分布状况，有效核实水土保持方案的申报情况。通过空间技术掌握申报水保方案的生产建设项目地表覆盖变化状况，辅助核实水土保持方案的落实情况，通过具有说服力和威慑力的管理手段提高执法服务的水平，改进监管的方式和方法，规范执法行为，强化执法成效。实现生产建设项目动土信息的遥感动态监测、违法信息的移动执法巡查、水土保持业务信息化综合管理，形成"天上看、地上查、网络管"的管理模式，为市、区两级水行政主管部门水土保持管理人员、业务人员的日常监督、监管工作提供全面的辅助和信息化支持。总体技术路线如图8-2所示。

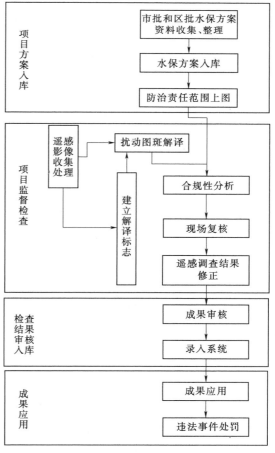

图 8-2 总体技术路线图

8.5.1.2　主要方法与流程

（1）生产建设项目方案入库。主要包括以下两方面。

1）水土保持方案入库。收集北京市生产建设项目相关资料，包括生产建设项目水土保持方案报告、生产建设项目防治责任范围图、生产建设项目批复文件、生产建设项目水土保持方案工程特性表等资料，对资料进行整理，对项目进行编号，将项目名称、项目类型、建设单位、批复机构、批复文号、批复时间、防治责任面积等基本情况信息整理入库，建立生产建设项目数据库，实现生产建设项目水土保持方案信息化。

2）水土流失防治责任范围上图。扫描生产建设项目水土流失防治责任范围图，对扫描图进行几何校正，数字化项目防治责任范围形成矢量图层，将矢量图属性表与已整理入库的生产建设项目基本情况信息挂接，实现生产建设项目水土流失防治责任范围空间化。防治责任范围上图技术路线如图 8-3 所示。

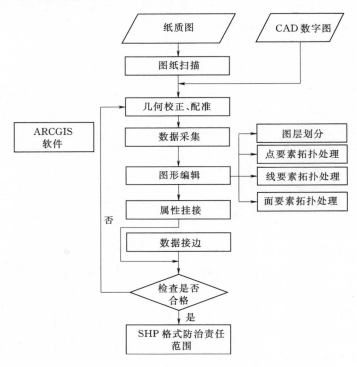

图 8-3　防治责任范围上图技术路线图

（2）生产建设项目监督检查。采集每年 4 个季度的北京市高分辨率卫星遥感影像，解译全市范围内 4 个时相的生产建设项目扰动图斑，与生产建设项目水土保持方案叠加比较，判断扰动图斑合规性，及时发现生产建设项目中的违法行为，为生产建设项目监督管理提供依据，实现生产建设项目的动态监管。

1）遥感影像收集处理。为保证识别精度，遥感影像以国产高分二号卫星 0.8m 分辨率多光谱影像数据为主，在不满足覆盖要求的情况下，可采用资源 3 号或高分 1 号补充。影像采集中在保证图像清晰、地物层次分明，色调均匀的情况下，同期影像应尽量保证时相一致或相近。

原始遥感影像必须进行影像预处理，遥感数据处理的主要目的是消除各种辐射畸变和几何畸变，使经过处理的图像能更真实地表现原景物真实面貌。

遥感影像数据处理主要包括几何校正、正射校正、坐标投影转换、数据格式转换、图像增强、影像融合、影像镶嵌和裁切等处理。

2）生产建设项目扰动解译标志建立。分析北京市各类生产建设项目生产建设活动特点，从影像纹理、影像色彩等方面，并结合居民点矢量图层、道路矢量图层、水系矢量图层、县界矢量图层、乡镇界矢量图层等背景信息，分析各类生产建设活动对地表影响的影像特征。生产建设项目扰动土地是指生产建设项目在生产建设活动中形成的各类挖损、占压、堆弃等用地，在遥感影像上表现为前后两期影像地物的颜色、纹理等发生变化。通过建立地物变化特征，建立各类生产建设项目扰动解译标志。

3）扰动图斑解译。依据生产建设项目扰动解译标志，通过自动提取与人工目视解译相结合的方式，提取生产建设项目扰动图斑。

4）扰动合规性判别。将各季度扰动图斑与生产建设项目防治责任范围图层叠加分析，分析扰动图斑合规性，从而发现生产建设项目建设中存在的违法行为。

a. 有扰动图斑，但没有防治责任范围图，表明当前有生产建设活动正在扰动地表，但疑似没有批复的防治责任范围，初步判定为疑似未批先建。

b. 有扰动图斑，也有防治责任范围图，需要根据扰动图斑和防治责任范围图的空间关系判定其合规性。

首先，扰动图斑完全包含于防治责任范围图内，或者完全与防治责任范围图重合，表明生产建设扰动未超出批复的防治责任范围，判定为合规。

其次，扰动图斑完全包含防治责任范围图且扰动图斑面积超出防治责任范围面积10％以上，或者扰动图斑与防治责任范围图空间相交，表明生产建设扰动超出防治责任范围，初步判定为疑似超出防治责任范围。

最后，扰动图斑与防治责任范围空间相离，表明生产建设扰动发生在防治责任范围之外的区域，应属于建设地点发生变更，初步判定为疑似建设地点变更。

扰动图斑合规性判别为"疑似未批先建""疑似超出防治责任范围"和"疑似建设地点变更"时，表明此动土存在疑似违法情况，需现场核实取证。

5）现场复核修正。在完成扰动图斑遥感解译、防治责任范围上图和合规性分析等工作的基础上，开展生产建设项目扰动状况现场复核工作，现场复核一是对室内解译成果进行复核验证；二是通过现场复核最终确定扰动图斑的合规性。

现场复核采用纸质作业法和移动采集设备作业法。纸质作业法制作纸质复核合工作图表，现场调查采集相关信息，并填写相关表格，录入计算机系统。移动采集设备作业法采用移动采集终端，直接在现场调查并采集相关数字信息，在线或者离线传至电脑后台管理系统中。

根据现场复核结果对扰动图斑进行修正。现场复核工作图表如图8-4和图8-5所示。

6）违法结果输出。将经现场复核确认的"未批先建""超出防治责任范围"和"建设地点变更"违法图斑，以图表形式提交行政执法部门。

2015年第4季度动土图斑信息

图斑编号：2015040921-2015040955

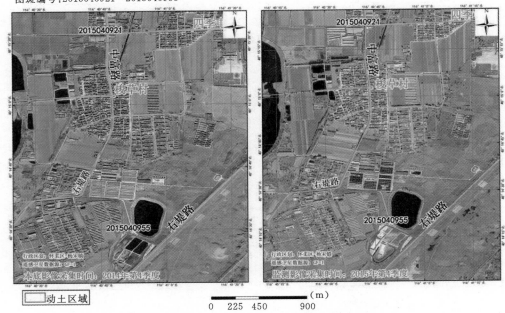

图 8-4 现场复核工作图

编号：2015040921（现场核查表）

项目立项名称			
项目立项 批准部门			
建设单位			
建设单位 联系人及 联系方式			
开工时间	年　　月	完工时间	年　　月
水土保持方案 （水评）批复文号及时间			
影像标绘 扰动范围 是否与实际相符		影像标绘 扰动范围与实际 扰动情况误差	％
扰动合规性	扰动类型	施工现状	扰动变化类型
□ 合规 □ 未批先建 □ 超出防治责任范围 □ 建设地点变化	□ 工程现场 □ 弃渣场	□ 施工 □ 停工 □ 竣工	□ 新增 □ 续建 □ 停工
现场核查单位			
现场核查人员 及时间			月　　日

图 8-5 现场复核工作表式图

（3）生产建设项目监督检查结果审核入库。对生产建设项目监督检查的过程及最终成果进行审核，并录入北京市生产建设项目卫星遥感监察系统，为信息化管理提供支撑。空间化成果入库如图 8－6 所示，扰动土成果入库如图 8－7 所示。

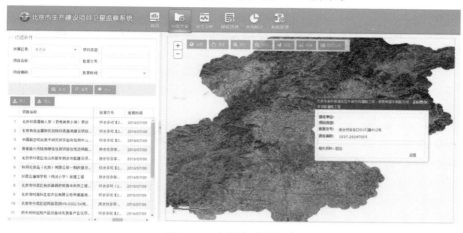

图 8－6　空间化成果入库

图 8－7　扰动土成果入库

（4）成果应用。基于北京市生产建设项目卫星遥感监察系统，可以按照行政区、合规性、扰动面积、项目类型等指标进行成果数据查询和统计分析，掌握生产建设项目及其扰动状况，并应用于各级水土保持监督管理工作。疑似违建查询如图 8－8 所示。

8.5.2　小流域规划设计

8.5.2.1　案例综述

北京是世界上严重缺水的大城市之一，人均水资源量不足 $300m^3$，属重度缺水地区。一直以来都存在水资源短缺、水污染严重的问题。2003 年北京在传统水土保持"山、水、林、田、路"综合治理的基础上，提出以水源保护为中心，构筑"生态修复、生态治理、生态保护"三道防线，建设生态清洁小流域的水土保持新理念即以小流域为单元，突出统

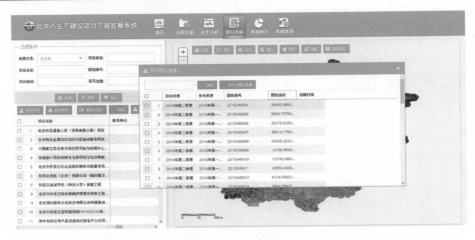

图 8-8　疑似违建查询

一规划，综合治理，各项措施遵循自然规律和生态法则，与当地景观相协调，基本实现资源的合理利用和优化配置、人与自然的和谐共处、经济社会的可持续发展、生态环境的良性循环。生态清洁小流域是指流域内水土资源得到有效保护、合理配置和高效利用，沟道基本保持自然生态状态，行洪安全，人类活动对自然的扰动在生态系统承载能力之内，生态系统良性循环、人与自然和谐，人口、资源、环境协调发展的小流域。生态清洁小流域综合治理工程就是为达成这一目标而开展的综合治理工程。

以北京市生态清洁小流域规划设计工作为例，为保障北京市生态清洁小流域科学、合理的建设与实施，北京市水保部门运用设计方案入库、设计方案遥感辅助审查、最终设计方案入库备查等手段，开启了全新的生态清洁小流域信息化管理模式。通过提升数据空间可视化程度，以直观、形象、易查的表达形式将治理措施的空间信息和属性信息展示给管理者和使用者，更好地把数据资源"管好、用好"，形成档案信息的管理模式，使档案信息保持规范管理，方便追溯调用、传输共享，使工程管理者直观地掌握和跟踪工程的进展情况，并有效的管理和查询。

遥感作为一种远距离、大范围的探测技术，近年来有了快速的发展，特别是最近几年来，米级空间分辨率的卫星遥感数据越来越丰富，通过将工程措施位置落实到高分辨率卫星数据上，使措施及其周边的基础信息直观、全面地展示，能够及时发现设计中不符合相关规范的现象，为规划审批与管理提供技术支撑，从而创造出一种全新高效的工作模式，扎实推进水土保持生态清洁小流域建设。

通过项目开展，2015 年在生态清洁小流域设计遥感辅助审查中，发现 70％的小流域治理措施存在问题，问题及时提交设计部门，得到了整改，提升了小流域设计质量。技术路线如图 8-9 所示。

8.5.2.2　主要方法与流程

（1）小流域基础数据入库。收集小流域基础数据包括基础地理数据、DEM、区县界、土地利用、沟道信息、基本农田信息、植被覆盖度信息、道路信息、水体信息、居民点分布信息，对数据进行整理。利用 DEM 数据根据"生态修复区、生态治理区、生态保护

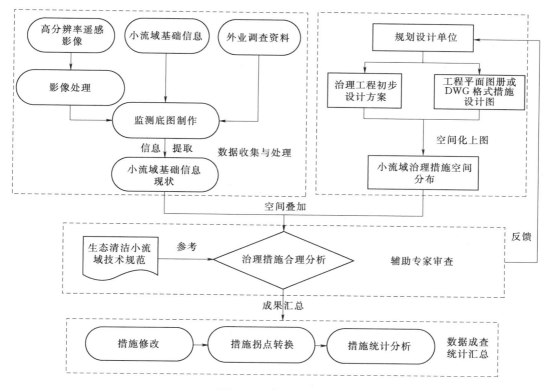

图 8-9 技术路线图

区"三道防线定义制作三道防线矢量图。利用 DEM 数据制作小流域坡度图、小流域水系图，将相关数据规范化入库。

（2）小流域遥感数据采集与处理。小流域治理措施包括梯田改造、护坡、生产道路整修、节水灌溉设施布设等目标相对较小，因此用于反映小流域地表地貌的遥感数据，宜采用 0.8m 分辨率的高分二号多光谱遥感影像。遥感数据应图像清晰，地物层次分明，色调均一，无云、雪或云层覆盖较少。由于卫星数据在成像中受传感器畸变、大气辐射等影响，存在辐射畸变和几何畸变，因此需对原始影像进行预处理，遥感影像数据预处理主要包括几何校正、正射校正、坐标投影转换、数据格式转换、图像增强、影像融合、影像镶嵌和裁切等处理。

（3）小流域治理工程图件空间化上图入库。从工程设计部门收集小流域的设计方案、项目平面布置图等相关信息，将以 PDF、JPG 或 CAD 格式存储的项目平面布置图，经格式转换、几何校正、统一坐标系，转换为 SHPFILE 格式，使其与小流域基础数据、遥感影像具有相同的坐标系。按照点、线、面图层形式提取小流域治理措施，挂接相应的属性信息，实现小流域治理措施空间化。

（4）小流域治理工程措施合理性分析。在小流域治理工程设计评审阶段，通过将小流域治理措施位置矢量数据、小流域现状数据、遥感影像数据进行空间叠加，对照小流域治理措施设计方案，并以北京市《生态清洁小流域技术规范》为依据，结合小流域具体措施位置及周边影像，对各项治理措施进行合理性判断，编写审查报告，并以 GIS 工程文件

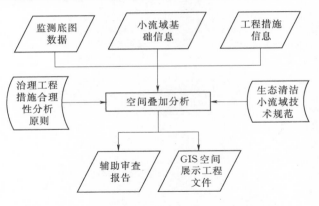

图 8-10 治理工程措施合理性分析流程图

的形式展现小流域基础信息、遥感影像、治理措施空间分布，为专家设计评审提供技术支撑。治理工程措施合理性分析流程如图8-10所示。

遥感辅助审查结果中发现的主要问题类型为措施超出小流域界、措施设计与现有地块不相符、措施落图数量与方案文本不一致、治理措施占用基本农田、措施空间位置不符合《生态清洁小流域技术规范》等，其中措施落图数量与方案文本不一致类问题占总问题的 56%，措施空间位置不符合《生态清洁小流域技术规范》占总问题的 21%，措施设计与现有地块不相符占 13%，措施超出小流域界占 8%。

1) 存在措施超出小流域界的情况。北京市小流域有明确的边界范围，将小流域治理措施与"生态修复区、生态治理区、生态保护区"三道防线图层及小流域界叠加分析，发现部分治理措施超出小流域的边界（图 8-11），不符合技术规范要求。

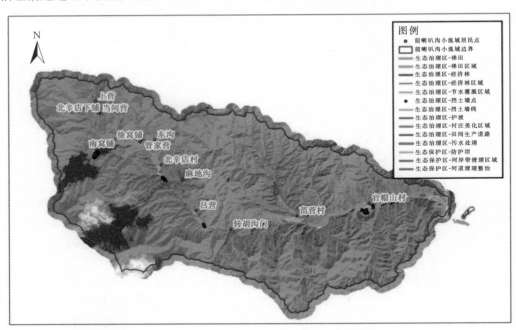

图 8-11 部分治理措施超出小流域的边界

2) 存在措施落图数量与方案不一致的情况。利用地理信息系统工具对上图的治理措施量化数据进行空间量算，并与设计文本中的措施设计信息进行核对，存在措施落图数量与方案不一致情况，如图 8-12 小流域治理步道措施上图长度小于设计长度，工程措施监测见表 8-1。

图 8-12 措施落图数量与方案不一致示意图

表 8-1 工 程 措 施 监 测 表

区域	措施	内容	单位	数量	监测结果
生态修复区	封育		个	1	未落图
	护栏		m	1205	1205
生态治理区	梯田		hm²	0.27	0.27
	经济林		亩	3.17	6.32
	节水灌溉		亩	3.17	6.32
	田间生产道路	步道	m	1089	855

3）措施设计占用基本农田的情况也存在。通过对治理措施与基本农田空间数据进行叠加分析，发现治理措施占用基本农田的现象。

图 8-13 经济林设计区目前为耕地，不符合生态清洁小流域设计技术规范。

图 8-13 措施设计占用基本农田示意图

231

4）监测出措施空间位置不符合《生态清洁小流域技术规范》的要求。治理措施与小流域坡度图叠加分析，梯田措施局部坡度大于15°，不符合技术规范要求，设计措施生产道路穿越小水库示意图如图8-14所示。

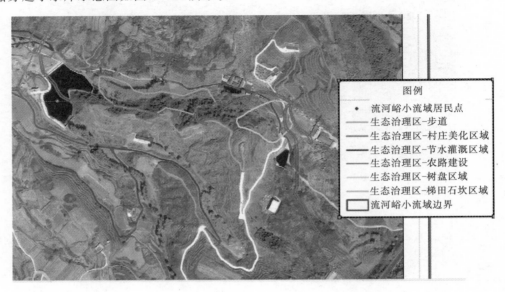

图8-14 设计措施生产道路穿越小水库示意图

（5）将小流域治理工程数据统计汇总成果入库。在完成设计评审工作后，设计单位根据审查专家的意见对初步设计进行修改，形成最终设计方案，根据最终版设计资料对已有空间数据进行修改，形成小流域治理措施最终成果。按项目类型、区、流域、措施类型等进行数据汇总，纳入生态清洁小流域治理管理系统，以备管理部门查询使用。小流域治理工程数据统计汇总成果入库示意图如图8-15所示。

图8-15 小流域治理工程数据统计汇总成果入库示意图

8.5.3 水土保持综合治理工程验收

8.5.3.1 案例概述

水土保持综合治理工程管理的主要任务是对治理项目设计、计划、施工、检查、竣工等信息进行有效统一的管理，通过地块设计与竣工图对比掌握项目执行状况；结合移动信息采集设备，利用高分辨率遥感影像、无人机航摄影像辅助治理项目的验收工作，实现对项目的"天地一体化"管理；在管理过程中以国家水土保持重点工程建设管理信息系统（简称"重点工程管理系统"）为数据管理平台进行数据管理、分析，结合水土保持重点工程建设项目移动检查验收系统（简称"移动检查验收系统"）实现项目检查、整改落实、验收等情况信息的上传和交换。

重点工程管理系统实现了全国水土保持综合治理项目数据标准化、业务统一化、管理一体化、"项目省-项目县-项目区-项目片区-图斑"的精细化管理，能够全面了解与监控治理进度、治理质量、投资进度等。

移动检查验收系统实现待检查验收项目信息从国家水土保持重点工程项目管理信息系统下载导入移动终端，通过对项目区及措施图斑的定位及轨迹导航功能实现现场检查验收信息的采集、本机保存，并能够在移动网络下实时回传或在无线网络上进行上传，为水土保持重点工程建设项目现场检查验收提供技术支撑。实现现场检查/验收数据本地存储，方便现场检查/验收信息查阅。

通过移动检查验收系统能够方便现场查阅项目管理环节中所有信息、进行项目实施范围的精准定位、查询措施图斑位置与图斑属性、能够进行现场拍照、录音、录像，记录并与项目片区、图斑或地理坐标关联，实现移动检查验收系统与重点工程管理系统的数据共享与互联互通。

无人机配合移动检查验收系统能够对典型图斑进行抽查，对图斑的施工数量、质量进行复核。移动检查验收系统与现场操作、无人机与现场飞行如图 8-16 和图 8-17 所示。

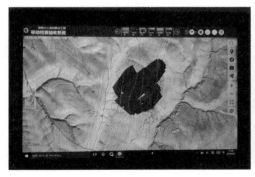

图 8-16 移动检查验收系统与现场操作

主要目的是形成利用移动检查验收系统，基于高分辨率遥感影像调查与现场复核相结合的水土保持项目验收技术流程，建立技术规范统一、各级分工协作、验收工作信息化的

图 8-17 无人机与现场飞行

水土保持治理项目验收工作模式。通过重点工程管理系统、移动检查验收系统、无人机的有机结合，实现水土保持综合治理项目的前期管理、计划管理、施工管理、检查验收各环节的实时性、完整性、精细化的管理达到数据的即时交换与共享。水土保持综合治理工程验收应用技术路线如图 8-18 所示。

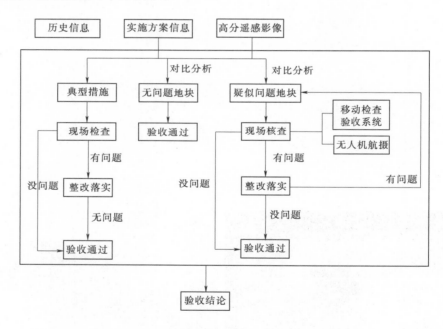

图 8-18 水土保持综合治理工程验收应用技术路线图

8.5.3.2 主要方法与流程

（1）项目信息入库与上图。全国各项目省、项目县将水土保持综合治理工程项目前期管理、计划管理、施工管理、检查验收各环节信息整理、录入重点工程管理系统，并将项目区、项目片区以及图斑设计图、竣工图上图。项目信息入库与上图示意图如图 8-19所示。

图 8-19 项目信息入库与上图示意图

（2）外业准备。准备外业工作所需软硬件，包括平板电脑、无人机、手机以及移动检查验收系统等；下载待验收项目信息、高分遥感影像数据并进行数据检查。

1）项目区信息准备。现场工作前确定本次待验收项目，从重点治理工程项目管理系统下载待验收的项目信息至移动终端。项目的信息包括该项目的规划、方案、计划、施工、检查及县级验收准备信息。

移动检查验收系统分为国家用户、省级用户、县级用户；验收前用本级账号登录系统，选择要验收的项目片区，进行项目数据下载，数据包括以下几项。

a. 规划信息。

b. 实施方案，包括项目实施方案基本信息、措施配置、图斑措施、资金筹措、效益等信息。

c. 计划信息，包括项目年度计划下达的资金与任务量。

d. 施工准备，包括项目的招投标、委托、村民自建信息。

e. 施工进度，包括工程进度与资金进度。

f. 检查信息，包括国家、流域、省、市、县各级检查信息。

g. 验收准备，包括验收申请报告、年度总结报告、监理报告、审计信息、财务结算、资金使用情况、项目效益等。

2）项目区高分遥感数据准备。获取符合时相、质量要求的待验收项目区高分遥感数据，进行大气校正、正射纠正、图像融合和图像镶嵌、格式转换、检查等处理后，导入到移动检查验收系统。

3）数据检查。检查下载的项目区数据是否完整，逐一检查项目的规划、方案、计划、施工、检查及验收准备相关资料。

检查导入的高分遥感影像数据与项目区的位置匹配情况，是否有比较大的错位等情况。

（3）现场验收。主要包括以下 6 个步骤。

1）通过高分遥感影像、竣工图初步复核。将项目实施方案设计图斑与验收时高分遥

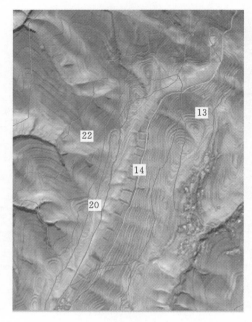

图 8-20　高分遥感影像疑似问题图斑筛查

感影像、竣工图对照检查，重点检查项目图斑的措施类型、建设位置、范围、长度是否与设计一致，筛选差异较大的图斑或地物作为现场重点检查对象。高分遥感影像疑似问题图斑筛查如图 8-20 所示，13 号图斑位置、范围差异大，需对其进行验收复核，并以此为例介绍验收复核。

2）结合移动终端现场复核。在现场验收工作中，利用移动终端重点对检查对象进行复核。通过现场 GPS 定位、数据量算以及现场工作判断检查对象的属性、位置、面积、长度等完成情况是否与实施方案吻合。图斑属性及量算如图 8-21 所示。

3）无人机图斑抽验。对疑似问题图斑或典型措施进行抽验，通过现场定位待复核的图斑，利用无人机航线规划、航摄、数据拼接及后处理，确定抽验图斑实际的数量、质量及完成情况。图斑措施-高分影像不吻合与图斑措施-无人机航摄影像复核如图 8-22 所示。

图 8-21　图斑属性及量算

4）无人机对典型措施抽验。对典型措施进行抽验，通过现场定位点、线和面状措施，利用无人机进行航摄，确定抽验措施的数量、质量及完成情况。典型工程措施实施情况如图 8-23 所示。

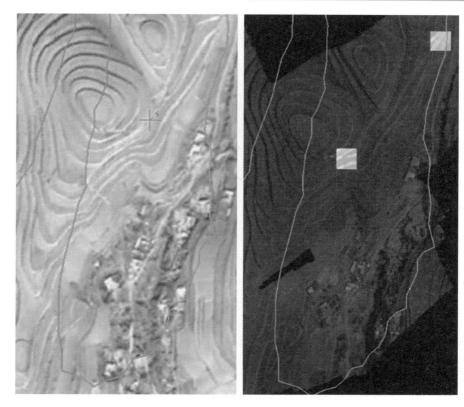

图 8 - 22　图斑措施-高分影像不吻合与图斑措施-无人机航摄影像复核图

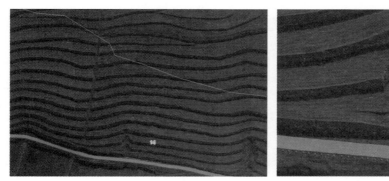

图 8 - 23　典型工程措施实施情况

（4）数据整理、分析。整理移动终端现场验收采集到的记录、照片、录音、录像数据以及无人机航摄获取的照片、录像。对重点验收区域的无人机航摄照片进行拼接、校正等后处理，形成区域正射影像等数据。基于现场工作采集信息，分析项目实施方案落实情况，重点核查资金、任务量的完成及质量情况。移动终端现场采集信息如图 8 - 24 所示。

（5）验收结论。数据整理完成后，形成验收结论；对复核有问题图斑予以整改，并再次复核；无问题的项目验收通过。

（6）数据上传。将验收结论、验收记录信息上传至重点工程管理系统。

图 8 - 24　移动终端现场采集信息

本 章 参 考 文 献

［1］　水利部. 全国水土保持信息化规划（2013—2020 年）［J］. 数码世界，2013（5）：156.

［2］　水利部水土保持监测中心. 高分遥感水土保持应用研究［M］. 北京：中国水利水电出版社，2016.

［3］　卢敬德，伍容容，罗志东，等. 生产建设项目动态监管信息移动采集和管理技术与应用. 中国水土保持，2016.

［4］　姜德文，亢庆，赵永军，等. 生产建设项目水土保持"天地一体化"监管技术研究［J］. 中国水土保持，2016.

第 9 章
水土保持科技

科学技术是第一生产力，科学技术进步是一切事业不断创新发展的力量源泉，水土保持科学技术是水土保持事业发展的必要支撑。中国的水土保持事业之所以取得如此引人瞩目的成就，是因为它与水土保持科学技术进步密不可分。

9.1 科研发展

9.1.1 发展历程

作为历史悠久的农业文明古国，水土资源的保护与利用始终同我国社会与经济的发展紧密相连，水土保持的朴素理念与原始技术自古有之。由几千年前古代农业生产所采用梯田和坝地开始，水土保持科技从萌生到确立、从经验到理论，尤其是中华人民共和国成立至今，取得了长足发展，大致经历了 5 个阶段。

9.1.1.1 围绕传统农耕生产的治山治水理念孕育阶段

水土保持的核心即合理利用和持续保护水土资源。在几千年的农业耕作实践中，为获得更有利的生产条件，古人创造了许多合理利用和保护水土资源的方法，逐渐孕育初始的水土保持理念，尤以古梯田的修筑最具代表性。主要有湖南的紫鹊界梯田、云南的哈尼梯田和广西的龙脊梯田等三大梯田是农耕文明的典型代表。其中紫鹊界梯田距今已近 3000年，是当今世界开垦最早的梯田之一。古梯田不仅是重要的坡地水土保持工程措施，通常还与周围的森林、村落、河流形成有序、和谐的生态体系，集中映射了古人质朴的水土资源管理理念和治山治水智慧。除此以外，商周时期始有开挖农田沟洫的记载，宋代即有学者就风沙防治提出"森林抑流固沙"，而明代即有人开始在黄土高原打坝淤地。总体上，伴随古代至近代的数千年历史发展，治山治水的理念随着传统的农耕文明应运而生。

9.1.1.2 源于简单观测调查的科研雏形基本形成阶段

20 世纪 20 年代初期至 40 年代后期，在国外土壤侵蚀定量研究成果的影响下，国内相继出现针对不同地区和类型的水土流失观测，开始尝试将现代数学、地学、统计学等理论用于分析水土流失现象，并提出我国的"水土保持"概念，初步形成中国水土保持科学研究的雏形。这一阶段具有典型的代表事件有：1923 年，南京金陵大学罗德明教授在晋、鲁两地开展水土流失调查和试验；黄河水利委员会林垦设计委员会同金陵大学农学院、四川大学农学院，于 1940 年召开防治土壤侵蚀科学研究会，提出"水土保持"一词，并于同年 8 月将林垦设计委员会更名为水土保持委员会；1945 年，重庆成立中国水土保持协会，开始统筹策划水土保持工作。同时，甘肃天水、四川内江、福建长汀、广西柳州等地先后设立水土保持试验站，开始了水土流失影响因子的定位观测和水土流失规律的定量研究，基本形成了我国水土保持科学研究的雏形。

9.1.1.3　基于系统试验推广的科学体系总体建立阶段

20 世纪 50 年代初期至 80 年代初期，中华人民共和国成立后，水土保持工作得到前所未有的重视，我国开展了统一协调的区域性水土流失防治工作，编制了全国水土保持科学技术发展规划，各地先后建立了一大批水土保持试验站和工作站，开展了水土保持科学研究，出版了水土保持专著，基本建立了中国水土保持科学体系。这一时期，以 1950 年政务院在治理淮河的决定中要求普遍推行水土保持工作为起点。此后，水利部、中国科学院和黄河水利委员会于 50 年代期间，围绕黄河中游地区组织开展了 3 次大规模水土流失考察，总体摸清了黄河流域水土流失概况，提出了较为系统的流域水土保持区划。同时，在前苏联专家的帮助下，黄河流域的天水、绥德、西峰等水土保持试验站相继建立，全国其他流域和省区先后兴建了一大批试验站点。1956—1963 年，国家两次修订全国水土保持科学技术发展规划。以此为依据，有关高等院校、科研机构和试验站点围绕水土流失成因、规律和防治技术在不同类型区全面开展了观测研究，并试验推广了机修梯田、水坠筑坝、飞播造林等防治技术。北京林学院于 1958 年成立水土保持专业，后来成为水土保持系，开启了水土保持高级技术人才培养；1982 年，《中国水土保持概论》作为最早的水土保持科学专著之一，正式出版。在此阶段，我国水土保持科学研究体系总体形成。

9.1.1.4　面向流域综合治理的应用技术迅速发展阶段

20 世纪 80 年代初期至 21 世纪初期，伴随改革开放和经济社会发展，这为水土保持科技发展提供了有利环境。在此阶段，中国科学院成立了成都山地灾害与环境研究所开展了以泥石流防治为主的东川野外观测基地和室内动力模拟的山地灾害研究。1985—1988 年开展了黄土高原地区综合考察，结合遥感和调查，摸清了黄土高原的水土流失和资源状况，制定了区域环境治理和资源开发总体方案。提出了以小流域为单元、统一规划、综合治理的防治思路。启动了无定河、三川河、皇甫川、甘肃定西、永定河上游、柳河上游、葛洲坝库区、江西兴国等"八大片"水土流失重点区的治理工程。此后，相继实施了针对黄河中上游、长江上游、京津风沙源区、首都水资源保护区、晋陕蒙砒砂岩区、东北黑土区、珠江上游南北盘江石灰岩区等不同水土流失重点地区或重要生态保护区域的水土保持重点防治工程。以此为平台，有关科研单位和高等院校开展了一系列理论与技术的试验研究，逐步构建了农耕、植物和工程等 3 大水土保持措施体系，初步建立了综合防治、监测预报和效益评价等 3 大水土保持技术体系。与此同时，《水土保持工作条例》《中华人民共和国水土保持法》相继于 1982 年和 1991 年出台，为水土保持科技发展提供了法律保障。自 1996 年全国开始生产建设项目水土保持方案编制，由此引发了生产建设项目水土流失监测与防治技术研究；1990 年和 2002 年水利部开展了第一、二次全国水土流失遥感调查；90 年代中后期，基于核元素示踪的侵蚀强度评估与泥沙来源识别技术被引进应用于我国西部地区的水蚀和风蚀研究中。总体上，这一时期，面向流域综合治理的科技支撑需求，水土保持科技迅速发展，形成符合我国自然、社会特点的水土保持科技体系。

9.1.1.5 立足生态文明建设的交叉学科创新发展阶段

21世纪初期以来，资源与环境对社会、经济发展的制约性日趋突出，保障可持续发展成为国家的重要任务。水土保持科技不再只限于关注水土流失防治，更多地从生态系统恢复、自然环境改善和社会经济协调等综合方面来促进水土资源保育与合理利用。2007年，党的十七大将加快科技发展，建设创新型国家以及资源节约型和环境友好型社会，作为国家战略目标。2012年，党的十八大又将生态文明建设纳入中国特色社会主义事业"五位一体"的总体布局，明确要求推进荒漠化、石漠化、水土流失综合治理，扩大森林、湖泊、湿地面积，保护生物多样性，加强防灾减灾体系建设，强化大气、水、土壤等污染防治，水土保持科技发展迎来新的机遇和挑战。2005—2008年期间，水利部联合中国科学院、中国工程院开展了全国水土流失与生态安全综合科学考察，全面摸清了我国不同区域的水土流失现状、防治技术及工程实效，系统总结了我国水土保持生态建设的经验与教训，提出不同类型区的水土流失防治目标、标准、技术方法和规范标准，明确了需要解决的重大科学与技术问题；2008年，水利部发布了《全国水土保持科技发展纲要（2008—2020年）》，重点分析了新时期我国水土保持科技的发展趋势，提出应重点研究的10项重大理论和10项关键技术，并分析了不同类型区的研究重点和保障措施；2009年，水利部开展第三次全国水土流失遥感普查；2013年，水利部完成第一次全国水土保持普查，首次将模型计算与遥感监测结合评价水土流失变化，并对侵蚀沟道等特殊水土流失灾害进行专项普查；2010年，全国人大审议修订《水土保持法》，水土保持工作的法律基础进一步强化。"十一五"以来，国家相继立项启动了国家重点基础研究发展计划项目"中国主要水蚀区土壤侵蚀过程与调控研究"，以及针对西北黄土高原、西南紫色土区和南方红壤丘陵区等不同地区水土流失防治的一批国家科技支撑计划项目和国家重点研发计划，使水土保持的科技水平和学术影响明显提升。总体上，这一时期，随着社会发展和科技进步，水土保持科技更趋于多学科交叉和多技术融合，研究更多地涉及地理、生态、水利、环境等众多学科领域，更快地结合计算机网络技术、核元素示踪技术、遥感对地观测技术、遥测技术、信息技术、生物技术等新兴技术手段，更广地联系生态修复、地质灾害、河流健康、全球气候变化等热点环境问题，实现了创新发展。

9.1.2 主要成就

伴随60余年水土流失防治实践，尤其通过相继开展全国水土流失与生态安全综合科学考察、水土保持监测网络建设工程、水土流失遥感普查、国家水土保持重点防治工程、水土保持科技示范园区建设和水土保持区划，以及实施一系列水土保持领域重大科研项目，制定了《全国水土保持科技发展规划纲要（2008—2020年）》和《全国水土保持科技支撑规划（2013—2030年）》，我国水土保持科学技术主要取得5个方面成就。

9.1.2.1 形成了水土保持科学技术的理论体系

通过水土流失观测、试验和研究，提出"水土流失"和"水土保持"等具有中国特色的基础概念，形成"生态修复"和"流域治理"等符合中国国情的防治对策，建立了土壤侵蚀类型划分体系，测定了不同类型区的容许土壤流失量，摸清了全国水土流失的强度、分布及其动态变化,确定了包含 8 个一级区、41 个二级区和 117 个三级区的全国水土保持类型区划以及针对不同水土流失现状和治理目标的重点治理和重点监督二级防治分区,开辟了工程水土保持、城市水土保持等新兴研究内容,确立了土壤侵蚀原理、流域综合治理、林业生态工程、复合农林业、荒漠化防治、工程绿化和山地灾害等特色研究方向,初步形成具有中国特色的水土保持科学技术理论体系。

9.1.2.2 总结出我国水土流失综合治理的技术体系

通过水土流失重点工程建设和防治技术研究,建立了一批分布于不同水土流失类型区的小流域综合治理模式,研发形成由旱作保墒、少耕免耕、等高耕作、垄作轮作等单项技术组成的水土保持农业技术体系;由梯田修筑、梯壁整治、地埂利用、地力恢复等单项技术构成的坡耕地综合整治技术体系;由淤地坝快速施工、淤地坝放水建筑结构优化、淤地坝合理规划与布局、生物与工程谷坊修筑等单项技术在内的沟壑综合整治技术体系;由坡面雨水集蓄、坡面径流排引、坡面水系优化布局等单项技术在内的坡面径流调控技术体系;由集雨抗旱造林、坡-沟系统植被对位配置、植物优化组合、立陡边坡植被绿化、退化植被封禁恢复、残次纯林更新改造等单项技术构成的植被恢复营造技术体系;由农林复合经营、草-畜-沼-果经营、粮-饲兼用作物培育与种植等单项技术构成的生态农业技术体系;总体构建了包含农耕、植物和工程三大类型的水土保持措施体系,初步建立针对不同侵蚀类型和灾害特点的综合防治、监测预报和效益评价三大方面的水土保持技术体系,基本形成满足不同水土流失类型区防治需求的技术体系。

9.1.2.3 搭建起我国水土流失动态监测的网络体系

通过长期、分散定位观测和定期、系统的全国统一监测,在不同水土流失类型区建立了坡面径流小区、小流域量水堰及大中流域水文站等针对不同空间尺度的监测站点数万个,并基于统一标准和内容,建立了由 1 个全国水土保持监测中心、7 个流域中心站、30 个省区监测总站和 236 个监测分站组成的全国水土保持监测网络。同时,完成 3 次基于遥感解译的水土流失普查、1 次遥感解译和模型预报结合的水土流失普查,确立了全国和区域水土保持定期公告制度,构建了全国 1:10 万水土流失数据库和重点地区水土保持数据库,建成了 127 个集防治示范、科技推广、宣传教育和休闲观光为一体的国家水土保持科技示范园区,组建了一批水土保持试验观测基地。总体上,我国已形成较为完整的动态监测网络体系,基本覆盖针对水力、风力、重力和冻融等不同侵蚀外营力,坡面、集水区、小流域和区域等不同空间尺度的水土流失过程监测。

9.1.2.4 建立了较为完善的水土保持技术标准体系

通过将科学研究与工程建设的防治实践相结合,相继制定颁布覆盖水土保持规划设计、综合治理、生态修复、效益评价、动态监测、工程管理等全过程的标准。涉及基本概念、类型划分、治理技术、防治标准、材料选配、试验观测、调查勘测、信息处理等内容的技术标准,水利部制定了 2014 年版《水利技术标准体系表》,对水土保持技术标准进行了系统的梳理研究,共包含水土保持技术标准 53 项。总体上,我国已建立比较完整的水土保持技术标准规范体系,基本满足水土流失防治与管理的科学化、规范化和精准化要求。

9.1.2.5 组建了包含多层次科技力量的人才队伍体系

通过将产、学、研有效结合，并依托不同平台培养、组建科技人才队伍，全国建立了中国科学院系统专业院所、教育部系统大专院校、水利部及流域机构或省市所属的区域技术单位等各类水土保持科研机构200余个，各级技术推广和试验站、试验所600余家。设立水土保持本科专业的大专院校近20所，开展水土保持及相关专业研究生培养的教育、科研机构40余家，水土保持研究生学位授予点40余个，形成了针对专科、本科、科学硕士、专业硕士和博士的完整人才培养体系。中国水土保持学会及28个地方水土保持学会形成了针对技术咨询的培训体系。全国从事水土保持科研的科研技术人员3万余人。总体上，我国已初步形成一支覆盖科研、教育、技术推广和生产实践等多领域，包含国家、流域、省、地、县多层次的水土保持科技人才队伍，为国家水土保持科技发展和水土流失防治实践提供了有力的技术支撑。

9.1.3 存在问题

中华人民共和国成立近70年以来，我国水土保持科技成果所包含的种类不断增加、涉及的领域不断拓宽、发挥的效益不断扩大，有力推动了水土流失防治。然而，一方面，我国自然条件复杂，生产力总体水平不高，生态环境脆弱，水土流失严重，水土保持科技仍滞后于水土保持生态建设实践，致使水土流失防治进程距国家生态建设总体目标、全社会水土保持意识与建设生态文明总体要求还有较大差距；另一方面，我国人均资源不足，人地矛盾突出，水土保持既要解决防治水土流失的生态问题，还需为保障生态安全、粮食安全、饮水安全和促进农村经济社会发展提供支撑，水土保持科技面临的挑战严峻。在此背景下，我国水土保持科技目前主要存在4个方面亟待解决的问题。

9.1.3.1 数据标准不统一，集成整编不足

我国水土保持定量研究始于20世纪20年代初期，尤其是中华人民共和国成立以来，相继布设了大量野外观测站点，修建了大批试验小区。然而，所建小区的规格尺寸、地表覆盖、观测设施、采样要求等存在较大差别，大多未遵照统一规范有序开展试验观测和数据采集。尽管目前已确定径流小区修建技术规范，但有关我国水土流失野外观测小区的标准仍存在学术分歧。试验设施和观测方法的差异，造成大量基础数据缺乏统一制式，无法有效集成、整编。另有部分站点因各种因素没有持续观测，致使前期资料缺失，数据不连续。同时，我国水土流失防治涉及农、林、水等多个行业，相关研究单位还包括中国科学院和教育部系统。由于涉及单位多，有效的统管协调机制还较缺乏，造成不同区域、单位所获取的数据无法充分共享。美国利用上万个径流小区30余年的观测数据，建立了通用土壤流失方程。虽然我国修建的小区和积累的数据在数量已远远超过美国，但至今未能建立学界公认、且适用于全国的土壤侵蚀预报模型。究其原因，基础数据标准不统一、缺乏有效整编无疑是限制全国性基础问题研究和分析的重要瓶颈。

9.1.3.2 技术手段待更新，过程资料缺失

我国水土保持试验主要包括野外原位观测和室内人工模拟，以观测水土流失过程及其影响因子为主。其中，产流、产沙是水土流失过程观测的重点。现有水沙量测方法主要依靠人工定时取样分析，自动化程度低，难以全面获取野外自然状态下的水力、风力和冻融

侵蚀的过程资料，尤其缺乏滑坡、崩塌等重力侵蚀过程以及泥沙流等二相流的监测技术手段。同时，水土流失是动态地表过程，具有显著空间异质性。目前，对汇流、输沙等物质能量的运移过程及其空间变化缺乏有效监测，具体表现为坡面薄层流速、流量等难以准确测定，水分入渗、蒸散等难以适时获取。除此以外，区域尺度的植被、地形等信息解析效率和精度也有待进一步提高，工程建设扰动地表水土流失监测方法也亟待创新。总体上，限于传统的试验与监测技术手段，常难以获得丰富、准确的数据资料，成为水土保持理论与技术创新的重要制约因素。

9.1.3.3　动力机制不明晰，学科理论薄弱

水土流失是多因素耦合作用的地表过程，由于下垫面复杂多变，很难进行理想概化、确定清晰边界，极大限制了其动力机制的研究。因此，基础研究领域目前多套用邻近学科的理论方法。如水力侵蚀实际发生在植被与土壤共同组成的起伏地表，具有特殊的"水-土"力学界面，且坡面径流为薄层流，流态和流速不稳，但目前有关动力过程的解析仍主要沿用河流泥沙运动学和明渠水力学等邻近学科的理论方法；风力侵蚀包括"风-沙"力学界面的启动、搬运，以及风沙两相流的传输，目前依赖经典力学和流体力学在模拟环境下虽能较好揭示风蚀动力过程，但限于湍流的不确定性，对野外实际风蚀过程预报模型还多属经验范畴。又如植被作为主要水土保持措施直接影响土壤侵蚀，但目前针对水蚀的水沙汇集、搬运和沉积过程以及风蚀的风沙启动、传输和磨蚀过程的物理描述，尚未完整、准确地考虑植被的功能与效应。再如重力侵蚀和冻融侵蚀的动力过程，森林植被对生态水文、水土保持对土壤演变的影响机制等方面的基础理论均亟待进一步深化。除此以外，随着水土保持涉及领域的扩展，加强工程建设扰动地表水土流失动力机制、水土保持与江河水沙变化响应、森林植被对碳氮循环影响过程等交叉性学科理论研究也日趋迫切。总体上，由于水土流失过程及其发生界面的复杂性、水土保持影响及其作用的多元性，导致有关动力过程与机制尚未全面、清晰地揭示，许多方向的基础研究还比较薄弱，学科整体理论体系亟待进一步完善。

9.1.3.4　成果转化需加强，实用技术有限

水土保持属应用科学，理论与技术研究成果最终要指导水土流失防治实践，才能发挥科技支撑实效。目前，科学研究与工程建设结合还不够紧密，导致科技成果转化率不高、推广应用速度不快。一方面，部分科研项目的立项和执行未能深入了解工程建设的技术需求，存在为了研究而研究的现象，以及部分成果低效、重复、实用价值不高等问题；另一方面，从原始科研成果到示范推广应用通常要经过小试、中试等过程，并需相应配套机制和经费保障，而现行水土保持科技推广的相关制度还不够完善，专项经费投入还相对不足，出现部分成果长期闲置和缺乏应用的现象。同时，水土保持治理工程具有典型公益性，主要由政府作为实施主体，与其他水利工程以及传统农林工程相比，技术型企业的参与不足，也成为限制科技成果转化和实用技术研发的重要原因。由于在研发和实践之间缺乏企业的纽带，致使一方面相关行业的高新技术与材料难以及时引进与应用于工程建设；另一方面工程建设的具体技术需求难以快速被研发解决。总体上，目前水土保持理论研究、技术开发、试验示范和推广应用等环节的有效联动还不够紧密，科研成果转化和推广不足，能够直接应用于生态工程的实用技术仍较缺乏。

9.2 研 究 现 状

当前，我国已进入全面建设小康社会、大力推动美丽中国和生态文明建设的关键时期。积极开展水土保持重大基础理论研究和关键共性技术研发，加快科技成果创新，提高水土保持科技贡献率是水土保持科技工作者面临的新任务和目标。针对当前的研究状况上述存在的技术问题，主要开展了4个方面的研究。

9.2.1 基础理论

在基础理论方面，主要开展了水土流失规律研究：包括水力侵蚀、风力侵蚀、重力侵蚀和冻融侵蚀的分级分类标准；水土流失量化调查与观测；降雨侵蚀力对下垫面土壤侵蚀的影响；径流泥沙搬运沉积规律等。

（1）土壤侵蚀发生演变过程及其机制：包括水力侵蚀发生演变过程，坡面降雨、径流的侵蚀与输沙的过程和机制；坡-沟系统水沙汇集与输移过程；小流域水蚀过程及水沙汇集传递关系；土壤剥蚀-搬运-沉积过程；风沙流运动过程及其侵蚀动力特征；沙粒启动、运移和沉积过程；崩岗、滑坡、泥石流等重力侵蚀发生临界条件与动力学机制等。

（2）多尺度土壤侵蚀预测预报及评价模型：包括土壤侵蚀影响因子及水土保持措施因子量化模型；坡面-流域-区域多尺度水蚀预报模型；坡面水沙运移预报模型；区域土壤侵蚀预测和评价模型；坡面-沟道-流域多尺度泥沙输移规律与定量模型；水土流失面源污染模型；工程扰动地表水土流失预报模型；生产建设项目水土流失量测算模型。风力侵蚀预测预报模型，冻融侵蚀预报模型，崩岗、滑坡、泥石流等重力侵蚀预警预报模型等。

（3）水土流失区退化生态系统植被恢复机制：包括水土流失区植被退化、土壤退化和生态系统退化的机制与过程；水土流失区退化植被恢复过程、调控机理和驱动机制；不同类型区植被区系与生态环境因子耦合关系；抗逆性植物耐性反应；不同类型区植被恢复的潜力及其稳定性维持机制；不同类型区生态修复的自然演变过程与人工干预机制和效应评价方法等。

（4）水土流失与水土保持环境综合效应：包括水土流失与水土保持对环境要素和过程的影响；水土流失与水土保持对水文水资源、水环境和面源污染、土壤发育演变、气候要素与过程、植被生态系统演替等影响机制；水土流失与水土保持的生态效应评价理论；水土流失与水土保持生态效应评价指标体系及其量化模型；水土流失与水土保持经济与社会效应技术指标与评价方法等。

（5）水土保持与社会经济发展的互动关系：包括气候变化对区域水土流失的影响机制及其适应对策；水土流失和水土保持对土壤碳-氮和大气二氧化碳的影响过程；水土保持的小气候调节机制；不同社会经济阶段的水土保持经济、法律、文化和体制；水土流失经济损益理论与计量方法；水土保持生态价值评估及其纳入国民经济核算体系的方法；水土保持生态效益补偿标准与机制；水土保持与区域可持续发展关系等。

9.2.2　关键技术

针对国家水土保持重点工程和大型生产建设项目水土流失治理中急需解决的关键技术问题，重点开展了8个方面的关键技术研发。

（1）降雨径流调控与高效利用技术：包括区域坡面径流资源收集利用技术；降雨—地表径流资源利用工程设计、布局与计算方法；降雨径流安全集蓄共性技术；降雨径流网络化利用技术与集成模式；降雨径流高效配套设施与实用方法；降雨径流集蓄利用工程措施建设规范等。

（2）水土流失区植被快速恢复与生态修复技术：包括不同类型区植被退化自然恢复的适度促进技术；侵蚀劣地林草植被立体配置模式与持续经营技术；经济、高效、抗逆性速生林草种选育快速繁殖技术；林草植被抗旱营造与合理开发利用技术；特殊类型区植被的营造及更新改造技术；生物能源物种的筛选与水土保持栽培管理技术；经济与生态兼营型林、灌、草种选育、栽培与复合经营技术等。

（3）坡耕地与侵蚀沟水土流失综合整治和高效利用技术：包括坡耕地整治工程与优质材料配置技术；梯田地埂梯壁整治与高效利用技术；坡耕地整治效应评估技术；农田水土流失治理与田间工程综合配套技术；高标准农田防护与水资源高效利用技术；贫瘠干旱中低产田改良技术；工程与耕作措施防护关键技术；淤地坝系高效建造与配置技术；沟壑综合防治与开发利用技术；淤地培育与提高利用率技术；泥石流、滑坡综合防治技术；稳定型崩岗植被对位配置和快速恢复技术；活动型崩岗综合整治工程技术；经济开发型崩岗治理与利用范式等。

（4）生态清洁型流域高效构建技术：包括不同类型生态清洁型小流域高效构建模式；水源地面源污染综合防治技术；农业养分流失高效防治措施及优化配置技术；农村饮用水源生态保护与生活污水处理技术；农村生活垃圾分类处理技术；小型水利工程径流调蓄排导技术；土壤侵蚀区农村生态家园规划方法及景观设计技术；土壤侵蚀区农村环境整治与山水林田路立体绿化技术等。

（5）工程建设水土流失高效防治技术：工程建设扰动对土壤、植被与水文过程的影响评价技术；开挖面与堆积体等不同工程扰动地表的水土流失高效防治技术及配套新材料、新工艺；高陡边坡植被快速恢复技术；岩质边坡柔性生态防护技术；工矿废弃地植被恢复技术；城市河湖生态护岸技术；城市雨洪水土保持集蓄利用技术；长距离线性工程建设区阻蚀固沙技术等。

（6）水土流失试验方法与动态监测技术：包括不同下垫面水土流失室内试验标准比尺模型；水土流失测验数据整编与数据库；坡面薄层水流及股流水力学参数的观测与仪器布设技术；高含沙水流含沙量监测与设备安置技术；水沙采集技术方法与率定；风蚀过程监测方法与设备；滑坡和泥石流监测方法与设备；冻融侵蚀监测方法与设备；多尺度产流产沙监测技术与设备；大空间尺度土壤侵蚀因子信息采集和提取技术；区域土壤侵蚀快速调查技术；水沙汇集传递过程的演算方法；工程建设新增水土流失监测技术等。

（7）水土保持数字化技术：包括水土保持数字化技术标准；水土保持信息采集与信息化；水土保持信息基础设施构建；数据采集与整理规范体系构建；水土保持数据库设计与

开发；业务应用服务和信息共享平台建设技术；水土保持预测、效益评价、规划设计和决策支持等信息系统应用与开发。

（8）水土保持新设备、新材料、新工艺、新技术：包括土壤侵蚀预报模拟中的核元素和稀土元素示踪、磁性示踪、复合指纹示踪等示踪技术的研发与应用；土壤侵蚀动态监测中的"3S"技术研发与应用；三维高精度激光扫描、数字高程模型、便携式风洞野外观测系统在生产建设项目水土流失测算中的研发与应用；摄影测量、差分雷达干涉测量、低空无人机遥测、光电侵蚀针系统在现代地形测量的研发与应用；陡峭崖壁喷混合挂网植生技术；坡地植生工程运用与高效配置技术；坡面植被恢复过程中土壤保湿剂使用技术；风沙区阻沙固沙新材料新技术；保水增肥方法和材料研制；水土保持在线监测设备、专用试验仪器设备等。

9.2.3　科技推广

针对我国水土保持科技成果推广不足，水土流失防治工程应用效果不佳，科技成果转化率低的问题，主要开展了6个方面的科技推广。

（1）水土保持农业技术：包括贫瘠干旱低产土地改良与地力提升技术；免耕、少耕、等高耕作和轮作、轮牧、轮封技术；旱作保墒、保土耕作栽培技术；经济林果、生物能源选择与栽培技术；坡地高产作物品种选育与栽培技术；坡耕地土壤改良与培肥技术；农林复合种植与高效经营技术；草-畜-沼-果循环利用配置与经营模式；粮-饲兼用作物培育与种植技术等。

（2）坡耕地综合整治技术：包括坡耕地梯田改造技术；机修梯田快速整治技术；坡耕地径流集蓄与调控技术；梯田地埂利用与地力恢复技术；梯壁整治优质材料选择与配置技术；水土保持生物篱配置与维护技术；坡耕地微地形改造技术；坡地农业机械化道路配套技术等。

（3）沟壑与崩岗综合整治技术：包括淤地坝蓄排水工程结构优化技术；淤地坝卧管和涵洞新型设计技术；淤地坝建设破土面及坝体绿化技术；淤地坝"随淤即用"技术；稳定型崩岗植被对位配置和快速恢复技术；活动型崩岗综合整治工程技术；经济开发型崩岗治理与利用范式等崩岗治理技术；滑坡和泥石流等山地灾害防治技术等。

（4）面源污染防治与环境综合整治技术：包括水源涵养地植被封禁修复技术；重要水源地面源污染防控技术；生态清洁型小流域构建技术；湿地水质生物净化技术；农村社区废弃物处置与利用技术；农村环境整治与山水林田路立体绿化技术；农村饮用水源地生态保护与生活污水处理技术等。

（5）林草植被恢复与营造技术：包括林下水土流失防治技术；干旱半干旱区集雨抗旱造林；退化植被封育及人工促进恢复技术、残次纯林更新改造技术、牧区草地退化修复及水资源高效利用技术、高陡边坡植被绿化、高速公路柔性边坡生态防护技术、岩质边坡工程绿化技术、生态护坡护岸技术等。

（6）水土流失动态监测技术：包括"3S"、元素示踪、激光测距扫描、摄影测量以及计算机模拟等在水土保持中的应用技术；原生坡面与小流域水土流失自动测报技术；区域水土流失快速调查测算技术；工程弃渣量遥感与遥测技术；工程堆弃体水土流失摄影测量监测技术；开挖坡面水土流失激光扫描测算技术；滑坡、泥石流监测预警技术等。

9.2.4　科普教育

水土保持科学普及是提高社会公众生态文明意识，强化水土保持执法监督的重要手段，水土保持科学教育是促进水土保持事业发展的有效途径和有力保障。我国目前在水土保持科普教育方面正积极开展以下几方面工作。

9.2.4.1　继续完善水土保持学科体系

（1）加强学科建设。积极与教育和科研等相关部门合作，争取将水土保持提升为一级学科，并形成5～8个各具有特色和优势的二级学科，为水土保持领域高层次人才培养奠定基础。

（2）加强专业教材建设。加强高校教材内涵建设，注重基础，突出特色，增强实用性，及时吸收国内外最新研究成果，准确反映学科发展趋势，制定适合不同方向、不同层次培养目标的教材纲要。

（3）培养科技人才队伍。推动科技人才队伍结构调整，通过科技计划支持、派出进修培训、参与国际学术活动，鼓励科研院所与高等院校联合培养、研究生参与或承担科研项目、本科生投入科研工作等形式，造就一批由初、中、高各层次组成的，比例适合、数量适中、专业配套的水土保持科技人才队伍。

9.2.4.2　强化水土保持科教基地平台

（1）建设水土保持科技示范园区。继续加强国家水土保持科技示范园区的监督检查，加大园区建设力度，提高园区建设水平。

（2）完善水土保持专题网站建设。加强全国、流域和省级水土保持网站建设，各级网站建立水土保持科普教育专栏，构建包括全国、流域、省级和市县的水土保持科普教育网络的平台。

9.2.4.3　壮大水土保持科普宣传队伍

（1）以国家水土保持科技示范园区和全国中小学水土保持教育社会实践基地依托，逐步建立园区和基地讲解员队伍，加强讲解词设计和讲解培训。

（2）以大学生、中小学老师和热爱水土保持工作的义工为主力，建立水土保持志愿者队伍，在社会各领域宣传水土保持科学知识，使社会公众了解水保、支持水保，提升水土保持社会认知水平和影响力。

（3）面向基层科研和业务单位，定期开展技术骨干科技培训，提高基层一线技术人员的业务水平和宣传意识。

9.2.4.4　推创一批水土保持科教宣传力作

（1）推出一批电视和新闻作品。针对全国和不同水土流失类型区的水土流失基本情况和防治成效，以水土保持科技进展和重大研究成果为重点，选择不同专题制作水土保持科普教育系列电视片，以报纸、电视、杂志、广播等主流媒体和网络为载体，普及水土保持知识，增强水土保持生态文明意识。

（2）编制水土保持科普读物。编制全国和省级水土保持科普读物，形成一套全面覆盖幼儿园、中小学和社会公众的水土保持科普读物，推进党校和中小学水土保持教育，提供图文并茂、形象生动的水保科普知识宣传教育材料。

9.2.4.5 加强水土保持户外科普教育

（1）开展中小学水土保持科普教育。依托现有水土保持科技园区和中小学教育基地，向所在区域的中小学生和社会公众开放，开展户外参观、宣传和实践活动，提高其水土保持认知水平。

（2）开展广泛的社会公众科普教育。针对社会公众知识背景的特殊性，编撰图文并茂的宣传材料，采用简洁明了的宣传形式，向社会公众宣传水土保持知识和法律法规常识，提高其水土保持生态文明意识。

9.3　科　研　平　台

9.3.1　科研体系

我国水土保持科研体系大致由行业管理系统、科研院所、高等院校和社会团体组成。全国现有各类水土保持科研机构 200 余个，各级技术推广和试验站、所 600 余家；设立水土保持本科专业的大专院校近 21 所，开展水土保持及相关专业研究生培养的教育、科研机构 48 家，水土保持研究生学位授予点 48 个，形成了针对专科、本科、科学硕士、专业硕士和博士的完整人才培养体系和科学研究体系；另外，中国水土保持学会及 29 个地方水土保持学会形成了针对技术咨询的培训体系；全国从事水土保持科研的科研技术人员 3 万余人。总体上，我国已初步形成一支覆盖科研、教育、技术推广和生产实践等各方面，多层次的水土保持科技人才队伍，为国家水土保持科学研究和生产实践提供了有力的技术支撑。

9.3.1.1　组织机构

（1）科研机构。主要包括以下 4 类。

1）国家级水土保持科研机构主要有：中国水利水电科学研究院，包括联合国教科文组织在我国设立的国际泥沙研究培训中心和水利部水土保持生态工程技术研究中心、中国科学院水利部水土保持研究所、水利部水土保持监测中心、水利部水土保持植物开发管理中心。

另外，还有中国科学院系统的成都山地灾害与环境研究所、兰州寒区旱区环境与工程研究所、地理科学与资源研究所和南京土壤研究所等相关院所；教育系统中有北京林业大学等相关高等院校，部分承担国家与社会需求的水土保持科学研究工作。

2）流域水土保持科研机构主要有：水利部黄河水利委员会黄河水利科学研究院水土保持研究所、水利部长江水利委员会长江科学院水土保持研究所，以及黄河中上游管理局所属的绥德、西峰、天水 3 个水土保持试验站和各流域水土保持监测中心站。

3）省级水土保持科研机构：省级水行政主管部门下设的水土保持科研院所，或在水利厅设立的水科院（所）内设立水土保持研究所（室），主要承担本辖区与行业需求的水土保持科研工作。2017 年已设立的省级水土保持科研机构近 20 个，主要有：江西省水土保持科学研究院、黑龙江省水土保持科学研究院、吉林省水土保持科学研究院、甘肃省水土保持科学研究所、山西省水土保持科学研究所、陕西省水土保持勘测规划研究所、陕西省治沙研究所、陕西省黄土高原研究所、河南省水土保持科学研究所、辽宁省水土保持科学研究所、福建省水土保持试验站、青海省水土保持试验站等。还有内蒙古水科院、山东省水科院、湖北水科院、四川省水科院和宁夏水科所等院所下设的水土保持研究所室等。承担本辖区与行业需求的水土保持科研工作。

4）地市县水土保持科研机构。截至 2017 年，我国部分水土流失防治任务繁重的地（市）、县（市）级水行政主管部门，也相应设立了相应的水土保持研究所（站），主要承担本辖区的水土保持试验观测与技术推广工作。目前已设立的有 30 多个，主要有：陕西省延安市和榆林市甘肃省定西地区和平凉地区、山西省大同市和太原市、内蒙古自治区鄂尔多斯市、青海省海东地区北京市门头沟区和怀柔县、河北省承德市和保定市、吉林省长春市和吉林市、黑龙江省牡丹江和齐齐哈尔、河南省济源市、湖北省黄冈地区、湖南省邵阳市和岳阳县、四川省遂宁市、云南省东川市、广西岑溪县和福建省南安市等水土保持试验站所。

（2）教育体系。我国主要由教育部门的高等院校负责培养水土保持初、中、高级专业技术人才，相关高等院校还要承担科学研究工作。另外，还有部分科研院所负责培养水土保持中、高级专业技术人才。主要有北京林业大学首次设置了水土保持专业。此后，相继有西北农林科技大学、内蒙古农业大学、福建农林大学、山东农业大学、山西农业大学、西北大学、沈阳农业大学、南京林业大学、中南林业科技大学、甘肃农业大学、西南大学、吉林农业大学、四川农业大学、辽宁工程技术大学、云南农业大学、新疆农业大学、西南林学院、南昌工程学院、黄河水利职工大学、内蒙古水利职工大学、山西水利职业技术学院等 20 余所大专院校成立了水土保持系或水土保持专业，还有部分高等院校开设了水土保持课程，为我国的水土保持事业培养了一大批专业技术人才。

据统计，自 20 世纪 80 年代以来，全国设立水土保持与荒漠化防治博士学位授予点的大学共有 11 所，设立水土保持与荒漠化防治硕士学位授予点的大学和研究所共有 48 所，共有专职教学人员 500 余人。

9.3.1.2　交流协作平台

学术交流与科技协作是以中国水土保持学会和世界水土保持学会为依托，相关科研院所、高等院校和生产管理的单位参加的群众团体而开展。

（1）中国水土保持学会，成立于 1985 年，现有会员 4200 多人，134 个团体会员单位，领导机构由水利部、国家林业局和农业部等组成，挂靠在北京林业大学。学会设有水土保持科技协作工作委员会和小流域综合治理、预防监督、防护林、监测、规划设计、黄河、沙棘、崩岗防治、泥石流滑坡防治、城市水土保持等 14 个专业委员会及水土保持学生科技协会；有 29 个省（自治区、直辖市）成立了省水土保持学会。学会的会刊是《中国水土保持科学》（双月刊），编辑部设在北京林业大学内。

学会成立以来，先后接待过来自美国、英国、法国、德国、尼泊尔、日本、俄罗斯、朝鲜、泰国等多个国家的学术团体及专家的来访，组织了多次专业性的国际学术活动，开展了水土保持及相关研究领域的学术交流，普及和推广水土保持科学技术，为广大水土保持工作者服务。

学会还致力于加强海峡两岸水土保持领域的交流与合作，与中国台湾相关的学术组织及专家学者有着密切的协作关系，共同开展了海峡两岸水土资源与生态保育，山地灾害与防治等方面的大型学术交流活动，促进了海峡两岸水土保持方面的互动交流及学科的发展与创新。

（2）世界水土保持学会（WASWAC）是1983年2月国际土壤保持组织（ISCO）在美国夏威夷召开第三届会议之际成立的，秘书处于2003年由美国迁到北京。

成立之初，学会的基本任务主要是出版季度性的简报，向成员通报世界不同区域水土保持、可持续土地利用、土地管理等方面的动态进展。包括介绍学会召开的重要会议成果和近期会议信息，推介水土保持技术和书籍，发布成员新闻及其他有意义的消息，为会员提供交流平台和服务；另外一个重要任务是支持相关机构举办不同的技术会议，并为会议资金来源、学会发言人等提供建议。截至目前，世界水土保持学会已协助举行了30多次会议，包括2002年在中国进行的第12届ISCO大会。学会还出版了很多的教材或专著，为不同领域的技术或研究人员提供了参考。

在多年的工作中，学会与联合国粮农组织、世界银行和国际土壤保持等国际组织以及区域性组织，如美国水土保持协会、法国侵蚀研究项目、欧洲土壤保持协会和土壤学国际联盟等建立了广泛的合作关系。学会的正式会员在参加合作伙伴的有关会议或购买有关资料时，可以享受一定程度的优惠条件。

世界水土保持学会的领导机构是理事会。该理事会由学会主席、副主席、执行秘书、财务主管和学会前主席组成，学会设秘书处，协助理事会开展日常工作。

多年来，中国积极参与世界水土保持学会组织的相关活动，为推动我国水土保持事业在理论上和实践上不断创新，促进世界水土保持事业的发展作出了不懈努力，并得到了世界同行的广泛认可。2002年，我国成功举办了第12届国际水土保持大会，进一步确立了我国在国际水土保持领域的领导地位。世界水土保持学会主席及理事会成员，对近年来中国在水土保持方面取得的巨大成就高度赞赏，并提议将世界水土保持协会秘书处从美国迁到北京。经过充分交流、协商，2002年12月，水利部与世界水土保持学会签订了备忘录，同意从2003年4月1日起，在北京设立协会秘书处，日常工作由国际泥沙研究培训中心负责。学会主席由李锐研究员担任。此后，学会还创办了《国际水土保持研究》（季刊），编辑部设在国际泥沙研究培训中心。

秘书处迁至中国10余年来，在水利部的指导和支持下，按照理事会章程，开展了富有成效的工作。2010年10月，在西安成功举办了第一次世界水土保持学会理事会会议，协助理事会进行了会员管理体制改革。学会会员从2002年的600多名（60多个国家和地区）发展到2015年的1125名（82个国家和地区），有效地促进了国际水土保持的交流与合作，也为国内水土保持行业单位和个人提供了大量相关的国际会议信息和技术交流服务。

（3）其他学术团体：中国南方水土保持研究会于1982年成立，属国家一级研究会，挂靠在江西南昌工程学院。为我国南方地区水土保持科技工作者提供了学术交流合作平台。中国土壤学会、中国农学会、中国水利学会、中国林学会和中国土壤肥料研究会等也成立了与水土保持有关的专业委员会，为这些学科发展提供学术交流与合作平台。截至

2015 年年底，全国已经成立省级水土保持学会的省份有 29 个，一些水土保持重点地区，如山西吕梁市和福建南安市等地市也成立了地级市水土保持学会。

9.3.1.3　学术刊物

我国目前公开出版发行的水土保持学术刊物约有 10 余种，《国际水土保持研究》为季刊，《水土保持学报》为双月刊，创刊于 1987 年，由中国科学院、水利部水土保持研究所主办；《中国水土保持科学》为双月刊，创刊于 2003 年，由中国水土保持学会主办；《中国水土保持》为月刊，创刊于 1980 年，由黄河水利委员会主办；《水土保持通报》为双月刊，创刊于 1981 年，由中国科学院、水利部水土保持研究所主办；《水土保持研究》为双月刊，创刊于 1985 年，由中国科学院、水利部水土保持研究所主办；《亚热带水土保持》为季刊，创刊于 1989 年，由福建省水土保持委员会、福建省水土保持学会主办；《水土保持应用技术》为双月刊，创刊于 1984 年，由辽宁省水土保持科学研究所主办；《山西水土保持科技》为季刊，创刊于 1974 年，由山西省水土保持科学研究所、山西省水土保持学会主办；《中华水土保持学报》为半年刊，由中国台湾中华水土保持学会主办。

内部出版发行的水土保持刊物有 3 家：《陕西水土保持》为双月刊，创刊于 1979 年，由陕西省水土保持局和陕西省水土保持学会主办；《长江水土保持》为季刊，创刊于 1996 年，由长江水利委员会水土保持局主办；《湖北水土保持》为季刊，由湖北省水利厅农水处主办。

上述这些刊物，有的是宣传国家的水土保持方针政策和工作动态，有的是交流水土保持研究成果、进展和学术方向，有的是普及水土保持基础知识与实用技术，有的是介绍水土保持新成绩和新经验，都为水土保持事业发展，为提高我国水土保持工作的科技含量，加快水土流失治理步伐，起到了积极作用。

9.3.2　研究基地

9.3.2.1　试验基地

我国现有研究基地平台主要为中国科学院系统专业院所、教育部系统大专院校、水利和林业系统科研机构、流域机构或省市所属的区域技术单位等各类水土保持科研机构建立的野外试验基地和专业实验室。

（1）国家级水土保持试验基地。主要包括以下两个方面。

1）黄土高原土壤侵蚀与旱地农业国家重点实验室是我国土壤侵蚀与旱地农业基础及应用基础研究的重要基地，依托中国科学院水利部水土保持研究所建设。主要研究领域包括土壤侵蚀过程及其调控、土壤侵蚀模型及预报、侵蚀与干旱逆境下作物生理生态以及土壤水分养分循环机制及其调控、土壤侵蚀与旱地农业研究的新方法、新技术。截至 2017 年，实验室有农业资源利用博士后流动站 1 个，土壤学、水土保持与荒漠化防治博士点各 1 个，土壤学、生态学和水土保持与荒漠化防治 3 个硕士点。实验室依托中国科学院水利部水土保持研究所（中国科学院教育部水土保持与生态环境研究中心）的 4 个野外生态网络试验站，作为研究与观测基地，同时拥有开展土壤侵蚀与旱地农业研究所需的室内模拟设备及 20 多台套大、中型先进分析仪器，如人工模拟降雨大厅，人工模拟干旱大厅、遥感和 GIS 系统；拥有双频 RTKGPS 全站仪、等离子光谱仪、原子吸收光谱仪、γ 能谱仪、偏光显微镜、激光粒度分析仪、元素分析仪、土壤水分测定系统、数值化网络气象站、植物生长箱、光合与呼吸作用仪、细胞压力探针、数字化网络生态监测系统、根系生长动态监测分析系统等。实验室先后承担了国家、地方及国际合作项目及课题 200 多项，主要有 973 项目、863 项目、国家科技支撑计划项目、国家自然科学基金重大、重点项目、杰出青年基金项目及中国科学院知识创新重要方向项目、中国科学院"百人计划"以及国际合作项目（主要有中美、中澳、中欧、中英、中以、中日、中韩、中德）等。近十年实验室有 23 项成果获国家、省部级奖励，其中国家自然科学奖二等奖 1 项、国家科技进步一等奖 1 项、国家科技进步二等奖 4 项；省（部）级一、二等奖 17 项。与美国、澳大利亚、日本、加拿大、以色列、德国、英国、奥地利、韩国等 20 多个国家和地区建立了良好的合作关系。每年有近 20 名访问学者和研究生被派往国外进行合作研究。实验室设有科研基金，主要资助国内外研究人员到实验室从事土壤侵蚀和旱地农业基础或应用基础研究。基金类型包括：重点实验室主任基金、自由申请项目和合作指导性项目。具有博士学位、具有一定研究基础和充足研究时间者优先资助，尤其优先资助在实验室从事博士后研究和从事访问学者的研究人员。

2）水土保持与荒漠化防治教育部重点实验室：是目前我国水土保持与荒漠化防治领域唯一的教育部重点实验室，依托北京林业大学建设。研究方向主要包括小流域土壤侵蚀与森林水文机理与过程、荒漠化生态修复机理与过程、水土流失生态修复机理与过程 3 个方面。拥有 ELE 全自动荒漠化监测系统、RC‐30HFW 大型人工降雨模拟系统、HP9000 图形工作站及 RS‐GIS‐GPS 软件等大型研究设备和 6 个野外定位开放实验基地。这些基地横跨我国的黄土高原、华北土石山区、长江上游天然林保护区、长江中游三峡库区、北方风沙区等区域，基本覆盖了我国生态环境建设规划所制定的分区，可以完成降雨、径流、泥沙的自动半自动监测、荒漠化动态监测、小气候动态等诸多项目的研究。实验室承担了多项国家科技攻关、自然科学基金和国际科技合作项目，获得多项世界、国家和省部级奖励，并培养了一大批科研骨干和科技创新人才。与美国、俄罗斯、日本、德国、土耳其、奥地利、以色列、伊朗、尼泊尔等国建立了广泛的学术研究交流关系。在未来的发展中，将紧跟国际发展前沿，针对我国生态环境现状及急需解决的重大环境问题，继续加强水土流失和荒漠化发生机理方面的研究，建立评估预测各种水土流失形式的数学模型，为水土流失综合治理提供科学依据；在不同流域尺度森林植被结构格局与水文功能过程规律、土地荒漠化的动力学机制、防护林体系空间配置与结构设计、逆境条件下植被恢复与重建等方面开展创新性基础理论与技术应用研究，并注意扩大科技成果应用与辐射范围，为生态建设和环境保护提供有力的理论依据和技术支撑。

（2）流域机构水土保持试验基地。主要包括以下 3 个方面。

1）黄河水利委员会西峰水土保持科学试验站始建于 1951 年 10 月 12 日，属黄委会设在黄土高原沟壑区的水保科研机构，隶属于黄河上中游管理局领导。共设部门（单位）18 个，下辖 4 个试验示范、监测基地，试验基地总面积 505hm²，拥有示范果园 20hm²，水土保持苗木试验、繁育基地 6hm²。60 多年来，主要进行了黄土高原沟壑区水土流失规律研究、水土保持综合治理及单项措施的试验、示范与推广，基本摸清了黄土高原沟壑区小流域水土流失和水土流失规律，总结提出了黄土高原沟壑区"三道防线"综合治理模式，开展了卓有成效的技术推广工作。累积取得科研成果 100 多项，其中国家级奖励 5 项（次），省部级以上奖励 40 项（次）；曾两次被评为"全国水土保持先进单位"，先后被甘肃省人民政府评为"植树造林先进单位""科技示范先进单位"，多次受到国家部委和地方各级政府的表彰奖励。先后有苏联、加拿大、英国、日本、美国、荷兰、澳大利亚等 18 个国家和国内外专家、学者来试验站进行科学考察和学术交流，培训各类专业技术人员上万人次。

2）水利部黄河水利委员会天水水土保持科学试验站创建于 1942 年，是国内建立最早的水土保持科研机构之一，主要从事水土保持科研试验、示范、推广等工作。属黄委会设在黄土高原沟壑区的水保科研机构，隶属于黄河上中游管理局领导。现有 15 个科室，拥有 4 个试验设施较为完善的水土保持试验、研究、示范基地，4 个径流泥沙监测站、36 个雨量站和 36 个坡面径流小区。建站 70 多年来，坚持科研面向生产、联系实际，走试验、示范、推广相结合的道路，不断探索，取得了大批具有推广应用价值的研究成果。先后开展试验研究课题 450 多项，获国家级奖 2 项，省部级奖 4 项。先后建立了大柳树沟小流域综合治理、吕二沟小流域综合治理、天水石崖水土保持示范、秦安县王窑水土保持示范基地、藉河示范区等一大批水土流失综合治理示范基地，受到了各级领导及专家学者的高度评价。先后与中国农业大学、西北大学、西安理工大学等大专院校，中科院西北水土保持研究所等科研机构建立了合作、协作关系，开展了一系列国家重点科研项目和课题研究。

3）黄河水利委员会绥德水土保持科学试验站：始建于 1952 年，属水利部黄河水利委员会设在黄土高原沟壑区的水保科研机构，隶属于黄河上中游管理局领导，主要从事水土保持科研试验、示范、推广等工作。全站下设 14 个科室。60 多年来，先后在 28 条流域开展了综合治理措施配置研究，总结提出"以小流域为单元，山水田林路统一规划，工程措施与生物措施相结合，治沟与治坡相结合"的综合治理方略和经验，并结合当地自然气候和不同地形地貌，因地制宜地发展水保生态林草和经济林果品种，曾塑造出"黄土高原治理典型——小石沟'三道防线'治理模式"，建成了陕北第一座淤地坝、第一片水平梯田、第一块山地果园。成功地建立韭园沟、辛店沟、桥沟等综合治理试验示范典型样板，布设有措施较为完善的水土流失观测站网和水土保持措施效益监测小区。开展了 600 多个专题的试验研究，取得 130 多项科研成果，其中国家级科研成果 3 项，省（部）级科研成果 37 项。两次被国务院授予"全国水土保持先进单位"，先后被陕西省、黄委、榆林市授予"省级文明单位""治黄先进单位""为榆林经济和社会发展做出显著成绩先进单位"。

（3）省级水土保持试验基地。主要包括以下两个方面。

1）江西省土壤侵蚀与防治重点实验室：2011 年 12 月，江西省水利厅批复同意组建江西省土壤侵蚀与防治重点实验室，为江西省省水利系统首个省级重点实验室。实验室依托江西省水土保持科学研究院建设，以南方红壤为研究对象，土壤侵蚀与流域水土资源优化配置为研究重点，以江西省水土保持生态科技园为主要支撑，正逐步建设成为国内先进的水土保持科学研究与学术交流基地、理论与应用人才培养基地、科技创新与成果转化基地。下设土壤侵蚀基础研究所、水生态环境研究所、坡地生态农业研究所等 9 个机构。主要研究方向包括南方红壤土壤侵蚀过程机制与预测预报、土壤侵蚀与流域生态环境、植被退化及其恢复技术、现代坡地生态农业开发利用、生产建设项目水土流失防治和高新技术应用等 6 个领域。现已构建形成 1 个国家级科技示范园和 12 个野外实验基地。拥有多个专业实验室，已建土化实验室、组培实验室、生化实验室、综合实验室等实验室 1200m²，新建坡耕地土壤水量平衡实验室、人为水土流失实验室、人工模拟降雨实验室等专业实验室 5000m²，配备了气象试验观测设备、土壤墒情试验观测设备、径流泥沙试验采集设备、常规试验仪器设备等先进仪器设备，且大部分实现了数据的全自动接收和采集。实验室先后承担完成了 80 多项国家级、省部级重大课题和 20 余项技术推广项目，探索总结出了一套具有南方特色的水土保持技术体系，先后获得国家级、省部级科技奖励 40 余项。

2）山东省水土保持与环境保育重点实验室：于 2009 年 12 月通过山东省科技厅评审立项建设。实验室立足沂蒙山区特点，在水土流失过程机理、非点源污染效应、区域环境演变、生态修复模式等方面开展研究。实验室依托临沂大学建立，有固定研究人员 30 余名，涉及土壤学、环境科学、地理学和生态学等多个学科。主要研究方向为侵蚀环境、水土保持、土壤生态和湿地生态。拥有 DecaXP MAX10 液相色谱质谱联用仪、S-3400N 扫描电镜、GCMS-QP2010 气质联用仪等大型设备 30 余台。2006 年以来，承担国家及省部级课题 40 余项，获得市级以上科研奖励 21 项。

9.3.2.2 科技示范园区

水土保持科技示范园区工作起步于 20 世纪末，江西、福建率先启动了水土保持科技示范园区规划和建设工作。在 2000 年全国水土保持科技工作会议的推动下，各地积极行动起来，相继涌现了一批先试典型。2004 年，水利部印发了《关于开展水土保持科技示范园区建设的通知》，在全国启动实施了水土保持科技示范园创建工作。目前，全国已建成了 130 个国家级水土保持科技示范园区，分布在全国 29 个省（自治区、直辖市）。河南、湖南、陕西等省（自治区、直辖市）还相继创建了一批地方水土保持科技示范园区。

各地在水土保持科技示范园建设中，采取因地制宜、因势利导的做法，建设了一批集科学研究、技术推广科普教育和生态休闲为一体，形成了类型多样和各具特色的科技示范园区，有力地促进了全国水土保持科技工作的开展。这些园区的建设主要由水行政主管部门推动，其他部门参与的建设形式，形成了综合治理型、科研试验型、监测示范型、科普教育型、特色产业型和休闲观光型等几种主要类型。

水土保持科技示范园区建设工作是一项立足当前、立足国情、面向社会、面向未来的重要工作。它充分体现了水土保持综合防治、宣传示范、科研试验、科普教育、成果推广、休闲观光等多重功能和作用。这为全社会树立生态文明理念，为社会公众和学生提高生态环境意识提供了很好的工作场所和实物教材，受到社会各界的广泛好评。据不完全统计，全国每年到水土保持科技示范园区参观的社会公众达 200 多万人，其中中小学生 10 多万人；科技示范园区建设累计吸引社会资金 20 多亿元，培养社会水土保持管理和科技人员 500 多人。开展省部级以上的水土保持研究 1000 多项，实施部级水土保持科技推广项目 20 多个，以科技示范园区为平台的研究成果荣获省部级以上科技奖项 100 多个，在省部级以上刊物发表论文 3000 多篇。共与 40 多所大专院校合作建立了试验实习基地，培养了一批高科技人才，培育了一批水土保持特色产业，辐射带动了周边群众增收致富。

9.3.3　技术标准体系

水土保持是一项社会性、综合性和技术性很强的工作，需要一批国家标准和行业标准作为技术支撑。我国水土保持技术标准从 20 世纪 80 年代开始，经历了一个由无到有的过程，最初制订的是基础和行业标准，如 1987 年由水利电力部颁发的《水土保持技术规范》和《水土保持试验规范》。随着事业的发展和技术的进步，然后进行细化，将部分提升为国家标准。

进入 21 世纪以来，我国加大了水土保持标准制订的力度，制订的标准数量大幅增加，逐步形成了水土保持标准体系。2014 年 11 月，水利部发布了 2014 年版《水利技术标准体系表》，共包含水土保持技术标准 53 项，全面涵盖了综合、建设、管理三大水利标准类别，涉及通用、勘测、规划、设计、施工、监理、验收、质量、评价、运行维护、监测预测、设备、信息化、材料与试验 14 个功能序列，其中已颁标准 31 项、在编（修订）标准 9 项，拟编标准 13 项。

在 2014 年版《水利技术标准体系表》中，按功能序列将水土保持技术标准划分为14 类。

9.3.3.1　通用技术标准

水土保持工作是一门涉及多个学科和专业部门的综合性工作，这就要求参照其所涉及学科或部门的行业标准，以通用为原则，设计通用技术标准。

已颁发通用技术标准 7 项，包括《水土保持术语》（GB/T 20465—2006）、《土壤侵蚀分类分级标准》（SL 190—2007）、《生态清洁小流域建设技术导则》（SL 534—2013）、《黑土区水土流失综合防治技术标准》（SL 446—2009）、《北方土石山区水土流失综合治理技术标准》（SL 665—2014）、《南方红壤丘陵区水土流失综合治理技术标准》（SL 657—2014）和《岩溶地区水土流失综合治理技术标准》（SL 461—2009）。

在编（修订）通用标准 2 项，包括《水利水电工程制图标准　水土保持图》（SL 73.6—2001）和《水土流失危险程度分级标准》。

拟编通用标准 5 项，包括《水土流失监测小区建设标准》《淤地坝技术规范》《风沙区水土流失综合治理技术标准》《黄土高原地区水土流失综合治理技术标准》和《西南紫色土区水土流失综合治理技术标准》。

9.3.3.2　规划技术标准

水土保持规划是宏观的区域规划，体现战略性和指导性。已颁发规划技术标准 1项——《水土保持规划编制规范》（SL 335—2014）。在编规划技术标准 1 项——《水土流失重点防治区划分导则》。

9.3.3.3　勘测技术标准

在编勘测技术标准 1 项，为《水土保持工程调查与勘测规范》。

9.3.3.4　设计技术标准

已颁发设计技术标准 6 项，包括《水土保持工程项目建议书编制规程》（SL 447—2009）、《水土保持工程可行性研究报告编制规程》（SL 448—2009）、《水土保持工程初步设计报告编制规程》（SL 449—2009）、《水利水电工程水土保持技术规范》（SL 575—

2012)、《输变电项目水土保持技术规范》（SL 640—2013）和《水土保持工程设计规范》（GB 5018—2014）。

在编（修订）设计技术标准2项，包括《生产建设项目水土保持技术规范》（GB 50433—2008）和《生产建设项目水土流失防治标准》（GB 50434—2008）。

拟编设计技术标准4项，包括《生产建设项目水土流失量测算规范》《交通工程水土保持技术规范》《采矿工程水土保持技术规范》和《输气（油）管道工程水土保持技术规范》。

9.3.3.5 信息化技术标准

已颁发信息化技术标准3项，包括《水土保持监测点代码》（SL 452—2009）、《水土保持数据库表结构及标识符》（SL 513—2011）和《水土保持信息管理技术规程》（SL 341—2006）。在编信息化技术标准1项——《水土保持信息分类与编码》。

9.3.3.6 质量技术标准

已颁发质量技术标准1项——《水土保持工程质量评定规程》（SL 336—2006）。

9.3.3.7 评价技术标准

已颁发评价技术标准1项——《水土保持综合治理效益计算方法》（GB/T 15774—2008）。

9.3.3.8 材料与试验技术标准

已颁发材料与试验技术标准1项——《水土保持试验规程》（SL 419—2007）。拟编材料与试验技术标准2项，包括《人工模拟降雨试验技术标准》和《水土保持科技示范园建设技术标准》。

9.3.3.9 施工与安装技术标准

已颁发技术标准2项，包括《黄土高原适生灌木种植技术规程》（SL 287—2014）和《沙棘生态建设工程技术规程》（SL 350—2006）。

9.3.3.10 设备技术标准

已颁发技术标准1项——《水土保持监测设施通用技术条件》（SL 342—2006）。

9.3.3.11 监理技术标准

已颁发技术标准1项——《水土保持工程施工监理规范》（SL 523—2011）。

9.3.3.12 验收技术标准

已颁发技术标准1项——《水土保持综合治理 验收规范》（GB/T 15773—2008）。在编（修订）技术标准1项——《生产建设项目水土保持设施验收技术规程》（GB/T 22490—2008）。

9.3.3.13 运行维护技术标准

已颁发技术标准5项，包括《水土保持工程运行技术管理规程》（SL 312—2005）、《沙棘原果汁》（SL 353—2006）、《沙棘种子》（SL 283—2003）、《沙棘苗木》（SL 284—2003）和《沙棘果叶采摘技术规范》（SL 494—2010）。

9.3.3.14 监测预测技术标准

已颁技术标准2项，包括《水土保持监测技术规程》（SL 277—2002）和《水土保持遥感监测技术规范》（SL 592—2012）。

9.4　发　展　需　求

9.4.1　国家需求

水土流失是我国的头号生态环境问题。全国现有水土流失面积 294.91 万 km²，约占陆地国土面积的 30.7%。年均土壤侵蚀总量 45.2 亿 t，超过允许土壤流失量 5～10 倍，局部地区达 20 倍以上，相当于每年损失耕地约 100 万亩，而形成 1cm 厚的土壤需要数百年以上。水土流失直接导致土地退化和耕地损毁，严重威胁我国 18 亿亩耕地红线，同时还加剧江河湖库淤积、森林退化、水体污染、滑坡山洪、扬尘雾霾和二氧化碳排放等其他生态与环境灾害。据亚洲开发银行研究显示，水土流失给我国造成的经济损失相当于 GDP 总量的 3.5%。水土流失已成为国家生态安全、粮食安全、水安全和人居安全的根本性威胁。为了不使有限的水资源变成江河泛滥的洪水，不使珍贵的土壤资源变成淤塞江河湖库的泥沙和日益严重的雾霾尘埃，实现生态文明和人与自然和谐的国家战略，开展水土保持科学研究工作十分必要。

党中央和国务院历来高度重视水土保持工作，党中央十八大又将生态文明纳入中国特色社会主义发展"五位一体"的总体布局，水土保持成为生态文明建设的基础工程。然而，面对量大面广、成因复杂且呈现结构型和复合型特征的水土流失问题，水土保持科学研究工作仍存在科研经费不足、原始创新能力不强、理论体系不完善、治理技术碎片化等问题，无法满足国家生态文明建设的重大科技需求。为全面提升我国水土保持的理论与技术水平，夯实支撑国家持续发展的生态环境与农业生产基础，加快生态修复速度，提高生态环境承载能力，亟待加强水土保持科学技术研究工作。

9.4.2　行业需求

围绕我国水土保持工作的目标和任务，针对水土保持科技领域存在的主要问题，今后一段时期应主要针对 5 个方面重大需求开展科技攻关。

9.4.2.1　不同类型土壤侵蚀多尺度监测、预报与评价技术

我国地域广阔，水土流失空间分异显著，加上当前大规模治理和气候变化背景下，水土流失时空变化迅速、剧烈，开展动态监测十分必要，建立针对不同时空尺度的预报与评价技术，及时、快速获取水土流失基础信息、评估水土保持治理成效，从而为科学防治、监督执法和规划管理提供决策依据。然而，限于技术手段，现有监测体系还不尽完善，未能建立公认、统一的预报模型体系和效益评价体系。主要表现为，国家水土保持重点工程和生产建设项目水土保持工程的水土保持效益缺少评价指标体系和量化方法；坡面、流域和区域多空间尺度，针对次降雨、年内和年际的多时间尺度的水蚀预报缺少公认的模型体系；野外实际风蚀强度预报不准，可以实际应用的重力侵蚀、冻融侵蚀的预报方法几近空白等。因此，要继续开展不同类型土壤侵蚀的多尺度监测、预报与评价技术研究，包括面向重点工程的水土保持效益评价技术，针对面蚀、沟蚀等不同水力侵蚀，风力、冻融和重力等侵蚀类型，以及生产建设项目扰动地表土壤流失的监测、预报技术等。

9.4.2.2 侵蚀劣地植被恢复与水土流失区高效生态修复技术

经过数十年治理，我国水土流失面积大幅减少，但仍有近1/3的国土面积存在不同程度水土流失，且随着生态建设不断推进，治理难度不断加大，植被恢复的困难立地和侵蚀劣地在总治理面积中的比例日趋增加。为此，迫切需要针对黄土干旱阳坡、干热河谷过渡区、高山峡谷区、岩溶石漠化区、盐碱地、工矿废弃地、农牧交错带严重侵蚀区等地的植被恢复困难立地，三北戈壁沙漠区、西北黄土高原区、东北低山丘陵和漫岗丘陵区、北方山地丘陵区、南方山地丘陵区、云贵高原区等地的侵蚀劣地，以及三峡库区紫色砂页岩区和沿河环湖与水库消落带的退化土地，研究快速、高效、稳定的植被恢复技术和抗逆性植物品种的选择、繁育和驯化技术。同时，发挥自然力量，通过生态修复促进大面积植被恢复成为新时期生态建设的有效手段。然而，生态修复理论还不尽完善，不同自然条件下生态修复的目标和过程尚不明晰，面向不同演替阶段和修复条件的调控技术有待集成、创新。因此，针对我国不同区域的自然、社会条件，确定生态修复目标，揭示生态系统自然演替进程与规律，研究不同状态和阶段下的人工干预促进方法，完善生态修复理论与技术体系，并有效应用推广，增强生态修复在全国水土流失防治中的实效，具有迫切社会需求。

9.4.2.3 坡耕地与侵蚀沟水土流失综合整治新材料和新技术

坡耕地是我国山地丘陵地区的主要生产用地，广泛分布于30多个省（自治区、直辖市）。现有3.6亿亩坡耕地虽然只占全国总侵蚀面积的不足10%，但年均土壤侵蚀量占全国土壤侵蚀量的近30%，尤其坡耕地集中的地区，其水土流失量可占全区水土流失总量的70%。根据第一次全国水利普查水土保持公报，我国西北黄土高原和东北黑土区现有侵蚀沟道96万余条。黄土高原的沟道侵蚀产沙通常占流域总侵蚀产沙的50%～70%，而东北黑土区的沟道侵蚀不仅侵蚀强度高，还严重损毁耕地、威胁粮食生产。除此以外，我国东南红壤丘陵区的湖北、湖南、安徽、江西、福建、广东、广西等省区现存崩岗约24万条，是当地破坏最大、危害最广的水土流失灾害；西南干热河谷冲沟分布广泛，区内金沙江流域的沟壑密度多达3～5km/km^2，其侵蚀强度剧烈，发育过程与黄土沟蚀、红壤崩岗均有所不同，成为当地突出的生态环境问题和长江上游的重要产沙来源。总体上，坡耕地与侵蚀沟是我国山丘区水土流失主要策源地，也是对粮食生产和人居安全威胁严重的水土流失灾害形式。在60余年水土保持实践中，坡耕地水土流失治理逐步形成一系列有效的防治模式，研发出一系列优质材料与方法。其中，厚土坡耕地主要采用机修梯田和路、渠、塘有序结合的治理模式；薄土坡耕地则主要采用水土保持耕作为主的治理模式。侵蚀沟治理逐步形成"治坡为先、沟坡兼治"的综合防治模式，以及针对沟道治理的"主沟输沙工程拦蓄、支沟产沙综合防护"等整治对策，形成淤地、封沟、削坡、填堵以及布设谷坊、跌水等一系列工作措施。但现有针对坡耕地和侵蚀沟的水土流失防治技术还存在稳定性不高、波动性较大等问题，总体上较为零散，高效集成不足，缺乏资源化利用与生态环保的理念和技术。尤其是薄土坡耕地和发育型沟道的治理技术比较缺乏，破碎复杂下垫面的水土流失治理技术十分薄弱。因此，针对我国不同地区坡耕地和侵蚀沟的类型和特点，有效集成现有水土流失综合整治措施，筛选水土保持新材料和新技术，研发以工程防治为主体的高效、持续、稳定型防治技术体系，更好服务于当前全国坡耕地和侵蚀沟水土流失综合整治工程，加快全国坡耕地和侵蚀沟水土流失防治步伐，不仅能保护与合理利用水土资源，提高农业综合生产能力，改善山区群众民生，而且能保障粮食安全、推动新农村建设，具有重要现实意义。

9.4.2.4 流域综合治理与中小河流防灾整治技术

流域是由自然、经济、人文和社会要素组成的、相对独立的水文系统。以小流域为单元开展水土流失防治和环境综合治理是我国水土保持的宝贵经验。目前，全国累计完成小流域综合治理 4 万多条，基本形成由点及面、连片治理的良好局面。随着全国水土流失防治进程的深入以及生态环境保护要求的提高，需进一步巩固小流域治理成果，推动大中流域综合治理，加快主要江河流域内水土流失重点治理区的水土保持。同时，我国河流较多、水网较密，其中，流域面积 100km² 以上的中小河流约 5 万多条，是水土流失和面源污染的策源地。目前，2/3 中小河流没有达到规定的防洪标准，中小河流内发生的山洪、河洪、泥石流等灾害造成人员伤亡约占全国水灾伤亡总人数的 2/3 以上。因此，中小河流防灾减灾无疑是未来水土保持治理的重要任务之一。在此背景下，需要进一步优化小流域"山、水、田、林、路、沟"等不同治理对象的防治措施和材料，集成现有小流域综合治理技术和模式，研发生态清洁小流域、生态经济型和生态安全型小流域等针对不同主体功能的小流域治理技术，以及满足水资源持续承载能力需求，考虑生态与经济综合效益的大中流域水土保持规划与配置技术；进一步丰富滑坡、山洪、泥石流等山地灾害的预警与防治技术，优化水土保持措施对小流域的径流拦蓄、削峰滞洪等生态功能，将小流域水土保持配置和布局同中小河流灾害防治有机结合，通过强化水土保持在流域面上的径流泥沙调控与面源污染防治作用，减轻河道水利工程的防灾压力，提升流域抗灾能力。

9.4.2.5 水土保持科技示范推广与生态理念宣传教育范式

水土保持是一项具有社会性和群众性的实践工作。如何将水土保持技术成果更好、更快应用于水土流失防治实践，如何使社会公众更深、更透地认识和认可水土保持事业的意义和地位，是最终决定水土保持事业发展的重要因素。我国已取得大量水土保持技术成果，并通过与重点治理工程结合，使其在水土流失防治中发挥出巨大效益。同时，《水土保持法》颁布至今，国家通过举办"保护母亲河""中华环保世纪行"等宣传活动，使全民水土保持意识明显增强。然而，科技成果的推广应用效果和社会公众的水土保持意识仍与当前生态建设的要求存在较大差距。因此，亟待建立全国水土保持科技示范推广与生态理念宣传教育范式，并形成高效流畅的科技成果推广、转化机制，使科技成果迅速转化和推广，社会公众的水土保持理念更加深化和牢固，最终加快全国水土流失治理步伐。

9.5 重 点 方 向

为满足国家需求和行业需求，未来水土保持科技发展应突出水土保持基础科学研究、水土保持关键技术创新、水土保持科技平台建设、水土保持标准体系建设、水土保持科普教育、水土保持数字化和信息化等六大重点领域，以强化自主创新能力为核心，集成科技资源、强化科技协作，从建立和完善科技研发、成果推广、技术标准和平台建设等方面进行系统研究。

9.5.1　近期部署

（1）水土保持基础科学研究。加快水土保持领域国家科技重大专项和国家自然科学基金项目等立项和实施，围绕水土流失发生、发展和变化机理，水土流失时空分布和演变的过程、特征及其内在规律等，集中力量，协同攻关，重点突破，整体推进，力争在土壤侵蚀动力学和植被地学机理、水土流失区退化生态系统植被恢复机制、不同尺度土壤侵蚀定量评价及其预测预报模型、水土保持对江河水沙演变的作用机理、水土流失与水土保持环境综合效应、水土保持与全球气候变化耦合关系及评价模型、中小河流水土保持防洪减灾机理、水土保持与社会经济的互动关系与管理对策等方面的基础理论研究上获取一批原创性研究成果，实现战略性跨越。

（2）水土保持关键技术创新。积极推动水土保持机制创新，增强水土保持技术创新能力。依托国家科技重大专项和国家自然科学基金项目等，重点部署水土流失区植被快速恢复与生态修复，坡耕地与侵蚀沟水土流失综合整治和高效利用，生态清洁型流域高效构建，工程建设水土流失高效防治，降雨径流调控与高效利用，水土流失试验方法与动态监测，水土保持数字化等重点项目，提升水土保持共性关键技术水平。依托国家科技重大专项等，重点部署降雨径流调控及雨洪利用、生态农业、生产建设项目水土流失监测与防治、水土保持工程项目新材料、新工艺和新技术等一批项目，推进水土保持应用技术水平及成果转化，推动水土保持科技成果产业化。

（3）水土保持科技平台建设。强化水土保持科技协作机制与网络建设，创建国内产学研合作联盟，切实构建国际科技交流合作平台，整合优势资源，联合开展重大科研攻关和成果示范推广，提升水土保持领域国际影响力。推动水土保持科技与技术成果转化及产业化基地建设，推进水土保持领域及其交叉领域部级重点实验室和国家级重点实验室创建，凝练水土保持领域重大主题方向，提升水土保持科技国际影响力。推进和完善水土保持管理、科研机构、技术推广与试验站的体系化建设，完善水土保持科技创新人才队伍建设及分层次、分类别规范的培训制度体系。

（4）水土保持标准体系建设。基于新《水土保持法》实施、2011年中央1号文件和中央水利工作会议、党的十八大关于对生态文明建设的重视等中央对水土保持工作的新要求，立足国情和水土保持科学发展现状，推动对已有水土保持技术标准实施效果的定性和定量评价，对已有规范标准的适宜性复核验证，更新和构建适宜于当前生态和社会经济发展等规范标准，推进完善覆盖水土保持规划设计、综合治理、开发建设项目、效益评价、生态修复、竣工验收、监测技术、水土保持管理等各个方面的水土保持技术标准体系化建设，并推进标准与标准化绩效研究，为我国水土保持管理水平的提高提供技术保障。

（5）水土保持科普教育推进。构建高效流畅的科技成果推广、转化机制，推动建立全国性的水土保持科技示范推广与生态理念宣传教育范式，强化水土保持科普教育的媒体宣传力度，探索运用影响面广、公众喜闻乐见的宣传方式，深化水土保持国策宣传教育。继续推进水土保持科技示范园区建设，积极推行生态安全科学考察、保护母亲河等多形式的全国性宣传活动。继续大力开展以青少年为主要对象的水土保持普及教育，积极支持有关大专院校的教育工作，创建水土保持教育同生产实践相结合的良性互动机制。

（6）水土保持数字化与信息化。推动科学统一的水土保持数据指标体系与采集管理规范建设，构建水土保持信息化标准和工作制度；完善由地面观测、遥感监测、科学试验和信息网络等构成的数据标准化采集、处理、传输与发布的基础设施体系，建成基于时空逻辑的水土流失、水土保持措施以及相关因素的数据库；构建满足各级水土保持业务应用服务和信息共享的技术平台，形成基于网络、面向社会的信息服务体系，培养高水平的水土保持数据采集、管理和使用的专业队伍；强化水土流失监测预报、水土保持生态建设管理、预防监督、科学研究以及社会公众服务的能力，以水土保持数字化和信息化带动水利现代化。

9.5.2　远期部署

积极开展水土保持学科建设和基础理论研究，依托国家科技重大专项和国家自然科学基金项目，构建完善的水土保持学科建设和基础理论研究体系；围绕培育和发展战略性新兴产业，加强技术研发、集成应用和产业化示范，力争在重点领域实现战略性跨越；围绕产业升级和民生改善的迫切需求，力争突破一批核心关键技术和重大公益技术，切实支撑经济社会发展；前瞻部署若干重大宏观战略问题研究，突破制约经济社会发展的水土保持领域重大科学问题，强化重点战略高技术领域研究，加强科技创新基地和平台的建设布局；组织实施创新人才推进计划，加强科技领军人才、优秀专业技术人才、青年科技人才的培养、建立创新团队和创新人才培养基地；深化科技管理体制改革和政策落实，深入实施国家技术创新工程和知识创新工程，深化国际科技交流合作，营造更加开放的创新环境。为建设美丽中国，实现生态文明提供强有力的技术支撑。

本 章 参 考 文 献

[1]　水利部. 全国水土保持规划国家级水土流失重点预防区和重点治理区复核划分成果 [Z]. 2013.
[2]　水利部. 水利技术标准体系表 [M]. 北京：中国水利水电出版社，2014.

第 10 章
水土保持发展
战略与展望

10.1 总 体 布 局

10.1.1 水土流失防治总体方略

按照规划目标，以国家主体功能区规划为重要依据，综合分析水土流失防治现状和趋势、水土保持功能的维护和提高需求，提出全国水土保持总体方略。

10.1.1.1 预防

保护林草植被和治理成果，强化生产建设活动和项目水土保持管理，实施封育保护，促进自然修复，全面预防水土流失。重点突出重要水源地、重要江河源头区、水蚀风蚀交错区的水土流失预防。

要坚决贯彻"预防为主，保护优先"的方针，在我国所有陆地实施全面预防保护，从源头上有效控制水土流失，以维护和增强水土保持功能为原则，充分发挥生态自然修复作用，多措并举，形成综合预防保护体系，扩大林草植被覆盖。坚决保护原生态、原地貌植被，禁止过度放牧、无序采矿、毁林开荒和开垦草地等行为。林草覆盖率高、水土流失潜在危险大的区域实施封育保护；绿洲边缘沙漠地带及水蚀风蚀交错地区实施封育保护和局部治理，采取舍饲养畜、生态移民、能源替代等措施，促进传统的农牧业生产方式向生态改善、生产发展、生活富裕的良性发展模式转变，为大范围植被恢复创造条件；条件相对恶劣、不适宜治理的水蚀区域和沙漠戈壁等无人区进行封禁；重要江河源头区、重要水源地、水蚀风蚀交错区实施重点预防。严格管理、加强监督，对水土流失严重、生态脆弱和具有重要生态功能的区域，实行生产建设活动管制，可能造成水土流失的，该限制的要限制，该禁止的要禁止，把好各类项目建设的水土保持关，从源头上严控人为水土流失和生态破坏。在生产建设项目和水土保持生态建设工程设计、实施中尽可能保留原地貌植被，扩大生物措施比例，减少对自然植被的破坏，提高生态功能和服务价值。

10.1.1.2 治理

在水土流失地区，开展以小流域为单元的山水田林路综合治理，加强坡耕地、侵蚀沟及崩岗的综合整治。重点突出西北黄土高原区、东北黑土区、西南岩溶区等水土流失相对严重地区，坡耕地相对集中区域，以及侵蚀沟相对密集区域的水土流失治理。

坚持"综合治理、因地制宜"。对水土流失地区开展综合治理，坚持以小流域为单元，合理配置工程、林草、耕作等措施，形成综合治理体系，维护和增强区域水土保持功能。适宜治理的水蚀和风蚀地区、绿洲及其周边地区等进行小流域综合治理，坡耕地相对集中区域及侵蚀沟相对密集区域开展专项综合治理，加强综合治理示范区建设。在水土流失严重的山丘区，相当一部分群众生产条件艰苦，种地难、饮水难、行路难、增收难，水土保持工作在有效控制水土流失的同时，应尽可能在措施配置上将改善当地群众生产生活条件放在突出位置，在坡改梯、坡面水系、沟道治理、农田生产道路和特色产业发展等方面加大投入力度，促进广大山丘区产业结构调整，实现粮食增产、农业增效、农民增收，不断增强发展的普惠性和持续性。同时，应根据不同地区社会经济发展水平和人民群众对良好生态和优美环境的新期盼，采取不同的治理模式，使水土保持小流域治理发挥"保生存、保水源、保安全、保生态"的作用。在泥石流、滑坡易发区，通过水土保持综合整治，保护当地群众生命财产和公共设施安全。在重要水源保护区，通过积极推进生态清洁型小流域建设，保护水源、控制面源污染、大力改善生态，为人民群众提供宜居舒适的生活环境。

10.1.1.3　监管

建立健全综合监管体系，创新体制机制，强化水土保持动态监测与预警，提高信息化水平，建立和完善水土保持社会化服务体系。

以贯彻实施水土保持法为重点，加强水土保持监督管理、动态监测和能力建设。构建上下衔接、结构合理、规定严密、切合实际的水土保持法律法规体系，建立与之相适应的一系列重点制度。构建布局合理、技术先进的监测网络和信息系统，实现动态实时监控。构建完善的宣传教育平台，加强一系列水土保持关键技术研究和推广，从而不断提高水土流失防治水平和效益，提升政府公共服务及社会管理能力。

10.1.2　"六带六片"水土流失防治战略格局

10.1.2.1　水土流失防治战略格局背景

建设生态文明，是关系人民福祉、关乎民族未来的长远大计。面对资源约束趋紧、环境污染严重、生态系统退化的严峻形势，必须树立尊重自然、顺应自然、保护自然的生态文明理念，把生态文明建设放在突出地位，融入经济建设、政治建设、文化建设、社会建设各方面和全过程，努力建设美丽中国，实现中华民族永续发展。

水土资源是人类赖以生存和发展的基础性资源，"皮之不存，毛将焉附，"离开水土资源，一切文明都将无从谈起。实施水土流失的综合防治，保护和合理利用水土资源，能够改善农业生产条件和推动农村发展；增加林草植被覆盖率，提升生态系统稳定性，增强水源涵养和防风固沙能力，提升生态功能和维护生态安全；促进江河治理与减轻山洪灾害；保障饮用水安全与改善人居环境。水土保持是我国生态文明建设的重要组成部分。

中共中央、国务院印发的《关于加快推进生态文明建设的意见》明确提出，加快生态安全屏障建设，形成以青藏高原、黄土高原-川滇、东北森林带、北方防沙带、南方丘陵山地带、近岸近海生态区以及大江大河重要水系为骨架，以其他重点生态功能区为重要支撑，以禁止开发区域为重要组成的生态安全战略格局。要求继续推进京津风沙源治理、黄土高原地区综合治理、石漠化综合治理，开展沙化土地封禁保护试点。加强水土保持，因地制宜推进小流域综合治理。这些新的要求给我国水土保持工作提出了新的挑战，也要求构建我国水土保持生态建设新格局。

10.1.2.2 水土流失防治战略格局的基础

水土流失防治战略格局的确定首先要与国家确定的生态保护与建设格局相衔接，突出水土保持对生态文明建设的重要作用，突出国家主体功能区规划中确定的重点生态功能区，突出目前水土流失防治存在的突出问题。其次要突出我国重点预防和治理的区域，以国家级水土流失重点预防区和重点治理区为基础，构建我国水土流失防治框架。

（1）国家重点生态功能区。国家主体功能区规划确定的生态安全屏障大都与水土保持有着重大关系，25个重点生态功能区中有黄土高原丘陵沟壑、大别山、三峡库区、武陵山4个水土保持生态功能区，其余重点生态功能区也与水土保持工作内容密不可分。

（2）国家级水土流失重点预防区和重点治理区。新《水土保持法》要求规划应当在水土流失重点预防区和重点治理区（以下简称"重点两区"）划定的基础上进行编制，并明确了水土流失重点预防区和重点治理区含义，即"对水土流失潜在危险较大的区域，应当划定为水土流失重点预防区；对水土流失严重的区域，应当划定为水土流失重点治理区"。

充分继承2006年水利部公告水土流失重点防治区划分成果，根据水土保持普查成果和数据，结合新形势新要求，全国水土保持规划完成了国家级重点两区复核划分。国家级水土流失重点预防区和重点治理区是依法明确的国家水土流失重点防治区域，重点预防面积和重点治理面积之和仅占国土面积的10%左右，体现"突出重点"的水土保持工作方针，是规划重点项目布局的基础，是国家重点预防和治理项目安排的主要区域。

10.1.2.3 水土流失防治战略格局

国家水土流失防治战略格局是在复核划分国家级水土流失重点防治区的基础上，充分考虑国家主体功能区规划，综合分析我国水土流失及其潜在危害的分布状况、防治现状、三级区水土保持功能重点维护和提高以及水土保持未来工作方向，提出了"六带六片"水土流失防治战略格局，是国家水土流失防治重点的高度概括，是规划总体布局的重点。

我国水土流失预防格局为"六带"，即北方边疆防沙生态维护预防带、大兴安岭-长白山-燕山水源涵养预防带、昆仑山-祁连山水源涵养预防带、青藏高原水源涵养生态维护预防带、秦岭-大别山-天目山水源涵养生态维护预防带、武陵山-南岭生态维护水源涵养预防带。

我国水土流失治理格局为"六片"，即东北黑土治理片、北方土石山治理片、西北黄土高原治理片、西南紫色土治理片、西南岩溶治理片、南方红壤治理片。

10.2 分 区 发 展 战 略

10.2.1 东北黑土区

东北黑土区是以黑色腐殖质表土为优势地面组成物质的区域，主要分布在大小兴安岭、长白山、呼伦贝尔高原、三江及松嫩平原，大部分位于我国第三级阶梯，总体地貌格局为大小兴安岭和长白山地拱卫着三江及松嫩平原，主要河流涉及黑龙江、松花江等。该区属温带季风气候，大部分地区年均降水量 300～800mm。土壤类型以灰色森林土、暗棕壤、棕色针叶林土、黑土、黑钙土、草甸土和沼泽土为主。植被类型以落叶针叶林、落叶针阔混交林和草原植被为主，林草覆盖率 55.27%。区内耕地总面积 2892.3 万 hm²，其中坡耕地面积 230.9 万 hm²，以及亟须治理的缓坡耕地面积 356.3 万 hm²。水土流失面积 25.3 万 km²，以轻中度水力侵蚀为主，间有风力侵蚀，北部有冻融侵蚀分布。

东北黑土区是世界三大黑土带之一，森林繁茂、江河众多、湿地广布，既是我国森林资源最为丰富的地区，也是国家重要的生态屏障。三江平原和松嫩平原是全国重要商品粮生产基地，呼伦贝尔草原是国家重要畜产品生产基地，哈长地区是我国面向东北亚地区对外开放的重要门户，是全国重要的能源、装备制造基地，是带动东北地区发展的重要增长极。该区由于森林采伐、大规模垦殖等历史原因导致森林后备资源不足、湿地萎缩、黑土流失。

东北黑土区发展战略是以漫川漫岗区的坡耕地和侵蚀沟治理为重点。加强农田水土保持工作，农林镶嵌区的退耕还林还草和农田防护、西部地区风力侵蚀防治，强化自然保护区、天然林保护区、重要水源地的预防和监督管理，构筑大兴安岭-长白山-燕山水源涵养预防带。

增强大小兴安岭山地区嫩江、松花江等江河源头区水源涵养功能。加强长白山-完达山山地丘陵区坡耕地及侵蚀沟道治理，保护水源地，维护生态屏障。保护东北漫川漫岗区黑土资源，加大坡耕地综合治理，推行水土保持耕作制度。加强松辽平原风沙区农田防护体系建设和风力侵蚀防治，实施水土保持耕作措施。控制大兴安岭东南山地丘陵区坡面侵蚀，加强侵蚀沟道治理，防治草场退化。加强呼伦贝尔丘陵平原区草场管理、保护现有草地和森林。

10.2.2 北方风沙区

北方风沙区是以沙质和砾质荒漠土为优势地面组成物质的区域，主要分布于内蒙古高原、阿尔泰山、准噶尔盆地、天山、塔里木盆地、昆仑山、阿尔金山，区内包含塔克拉玛干、古尔班通古特、巴丹吉林、腾格里、库姆塔格、库布齐和乌兰布沙漠及浑善达克沙地，沙漠戈壁广布；主要涉及塔里木河、黑河、石羊河、疏勒河等内陆河，以及额尔齐斯河、伊犁河等国际河流。该区属于温带干旱、半干旱气候区，大部分地区年均降水量25～350mm。土壤类型以栗钙土、灰钙土、风沙土和棕漠土为主。植被类型以荒漠草原、典型草原以及疏林灌木草原为主，局部高山地区分布森林，林草覆盖率31.02%。区内耕地总面积为 7.54 万 km²，其中坡耕地面积为 0.2 万 km²。水土流失面积 142.6 万 km²，以风力侵蚀为主，局部地区风力侵蚀和水力侵蚀并存，土地沙漠化严重。

北方风沙区绿洲星罗棋布，荒漠草原相间，天山、祁连山、昆仑山、阿尔泰山是区内主要河流的发源地，生态环境脆弱，在我国生态安全战略格局中占有十分重要的地位，是国家重要的能源矿产和风能开发基地。该区是国家重要农牧产品产业带；天山北坡地区是国家重点开发区域，是我国面向中亚、西亚地区对外开放的陆路交通枢纽和重要门户。区内草场退化和土地沙化问题突出，风沙严重危害工农业生产和群众生活；水资源匮乏，河流下游尾闾绿洲萎缩；局部地区能源矿产开发颇具规模，植被破坏和沙丘活化现象严重。

北方风沙区发展战略是加强预防，防治草场沙化退化，构建北方边疆防沙生态维护预防带；保护和修复山地森林植被，提高水源涵养能力，维护江河源头区生态安全，构筑昆仑山—祁连山水源涵养预防带；综合防治农牧交错地带水土流失，建立绿洲防风固沙体系，加强能源矿产开发的监督管理。

加强内蒙古中部高原丘陵区草场管理和风力侵蚀防治。保护河西走廊及阿拉善高原区绿洲农业和草地资源。提高北疆山地盆地区森林水源涵养能力，开展绿洲边缘冲积洪积山麓地带综合治理和山洪灾害防治工作。加强南疆山地盆地区绿洲农田防护和荒漠植被保护。

10.2.3　北方土石山区

北方土石山区是以棕褐色土状物和粗骨质风化壳及裸岩为优势地面组成物质的区域，主要包括辽河平原、燕山-太行山、胶东低山丘陵、沂蒙山-泰山以及淮河以北的黄淮海平原等。区内山地和平原呈环抱态势，主要河流涉及辽河、大凌河、滦河、北三河、永定河、大清河、子牙河、漳卫河，以及伊洛河、大汶河、沂沭泗河。该区属于温带半干旱区、暖温带半干旱区及半湿润区，大部分地区年均降水量 400～800mm。土壤主要以褐土、棕壤和栗钙土为主。植被类型主要为温带落叶阔叶林、针阔混交林，林草覆盖率24.22%。区内耕地总面积 3229.0 万 hm^2，其中坡耕地面积 192.4 万 hm^2。水土流失面积19.0 万 km^2，以水力侵蚀为主，部分地区间有风力侵蚀。

北方土石山区的环渤海地区、冀中南、东陇海、中原地区等重要的优化开发和重点开发区域是我国城市化战略格局的重要组成部分，辽河平原、黄淮海平原是我国重要的粮食主产区，沿海低山丘陵区为农业综合开发基地，太行山、燕山等区域是华北重要供水水源地。该区除西部和西北部山区丘陵区有森林分布外，大部分为农业耕作区，整体林草覆盖率低；山区丘陵区耕地资源短缺，坡耕地比例大，江河源头区水源涵养能力有待提高，局部地区存在山洪灾害；区内开发强度大，人为水土流失问题突出；海河下游和黄泛区潜在风力侵蚀危险大。

北方土石山区发展战略是以保护和建设山地森林植被，提高河流上游水源涵养能力为重点，维护饮用水水源地水质安全，构筑大兴安岭-长白山-燕山水源涵养预防带；加强山丘区小流域综合治理、微丘岗地及平原沙土区农田水土保持工作，改善农村生产生活条件；全面加强生产建设活动和项目水土保持监督管理。

加强辽宁环渤海山地丘陵区水源涵养林、农田防护林和城市人居环境建设。开展燕山及辽西山地丘陵区水土流失综合治理，推动城郊及周边地区清洁小流域建设。提高太行山山地丘陵区森林水源涵养能力，加强京津风沙源区综合治理，改造坡耕地，发展特色产业，巩固退耕还林还草成果。保护泰沂及胶东山地丘陵区耕地资源，实施综合治理，加强农业综合开发。改善华北平原区农业产业结构，推行保护性耕作制度，强化河湖滨海及黄泛平原风沙区的监督管理。加强豫西南山地丘陵区水土流失综合治理，发展特色产业，保护现有森林植被。

10.2.4　西北黄土高原区

西北黄土高原区是以黄土及黄土状物质为优势地面组成物质的区域，主要包括鄂尔多

斯高原、陕北高原、陇中高原等，涉及毛乌素沙地、库布齐沙漠、晋陕黄土丘陵、陇东及
渭北黄土台塬、甘青宁黄土丘陵、六盘山、吕梁山、子午岭、中条山、河套平原、汾渭平
原，位于我国第二级阶梯，地势自西北向东南倾斜。主要河流涉及黄河干流、汾河、无定
河、渭河、泾河、洛河、洮河、湟水河等。该区属暖温带半湿润区、半干旱区，大部分地
区年均降水量 250～700mm。主要土壤类型有黄绵土、棕壤、褐土、垆土、栗钙土和风沙
土等。植被类型主要为暖温带落叶阔叶林和森林草原，林草覆盖率 45.29%。区内耕地总
面积为 1268.8 万 hm^2，其中坡耕地面积为 452.0 万 hm^2。水土流失面积为 23.5 万 km^2，
以水力侵蚀为主，北部地区水力侵蚀和风力侵蚀交错。

西北黄土高原区是中华文明的发祥地，也是世界上面积最大的黄土覆盖地区和黄河泥
沙的主要策源地；是阻止内蒙古高原风沙南移的生态屏障，也是重要的能源重化工基地。
汾渭平原、河套灌区是国家的农产品主产区，呼包鄂榆、宁夏沿黄经济区、兰州-西宁和
关中-天水等国家重点开发区是我国城市化战略格局的重要组成部分。该区水土流失严重，
泥沙下泄影响黄河下游防洪安全；坡耕地多，水资源匮乏，农业综合生产能力较低；部分
区域草场退化沙化严重；能源开发引起的水土流失问题十分突出。

西北黄土高原区发展战略是实施小流域综合治理，建设以梯田和淤地坝为核心的拦沙
减沙体系，发展农业特色产业，保障黄河下游安全。巩固退耕还林还草成果，保护和建设
林草植被，防风固沙，控制沙漠南移。

建设宁蒙覆沙黄土丘陵区毛乌素沙地、库布齐沙漠、河套平原周边的防风固沙体系。
实施晋陕蒙丘陵沟壑区拦沙减沙工程，恢复与建设长城沿线防风固沙林草植被。加强汾渭
及晋城丘陵阶地区丘陵台塬水土流失综合治理，保护与建设山地森林水源涵养林。做好晋
陕甘高塬沟壑区坡耕地综合治理和沟道坝系建设，建设与保护子午岭和吕梁林区植被。加
强甘宁青山地丘陵沟壑区坡改梯和雨水集蓄利用为主的小流域综合治理，保护与建设林草
植被。

10.2.5　南方红壤区

南方红壤区是以硅铝质红色和棕红色土状物为优势地面组成物质的区域，包括大别
山、桐柏山山地、江南丘陵、淮阳丘陵、浙闽山地丘陵、南岭山地丘陵及长江中下游平
原、东南沿海平原等。大部分位于我国第三级地势阶梯，山地、丘陵、平原交错，河湖水
网密布。主要河流湖泊涉及淮河部分支流，长江中下游及汉江、湘江、赣江等重要支流，
珠江中下游及桂江、东江、北江等重要支流，钱塘江、韩江、闽江等东南沿海诸河，以及
洞庭湖、鄱阳湖、太湖、巢湖等。该区属于亚热带、热带湿润区，大部分地区年均降水量
800～2000mm。主要土壤类型有棕壤、黄红壤和红壤等。主要植被类型为常绿针叶林、
阔叶林、针阔混交林以及热带季雨林，林草覆盖率 45.16%。区域耕地总面积 2823.4 万
hm^2，其中坡耕地面积 178.3 万 hm^2。水土流失面积 16.0 万 km^2，以水力侵蚀为主，局部
地区崩岗发育，滨海环湖地带兼有风力侵蚀。

南方红壤区是我国重要的粮食、经济作物、水产品、速生丰产林和水果生产基地，也
是有色金属和核电生产基地。大别山山地丘陵、南岭山地、海南岛中部山区等是重要的生
态功能区；洞庭湖、鄱阳湖是我国重要湿地；长江、珠江三角洲等城市群是我国城市化战

略格局的重要组成部分。该区人口密度大，人均耕地少，农业开发程度高；山丘区坡耕地以及经济林和速生丰产林林下水土流失严重，局部地区存在侵蚀劣地，崩岗发育；水网地区存在河岸坍塌，河道淤积，水体富营养化严重。

南方红壤区发展战略是加强山丘区坡耕地改造及坡面水系工程配套，控制林下水土流失，开展微丘岗地缓坡地带的农田水土保持工作，实施侵蚀劣地和崩岗治理，发展特色产业。保护和建设森林植被，提高水源涵养能力，构筑秦岭-大别山-天目山水源涵养生态维护预防带、武陵山-南岭生态维护水源涵养预防带，推动城市周边地区清洁小流域建设，维护水源地水质安全。加强城市和经济开发区及基础设施建设的水土保持监督管理。

加强江淮丘陵及下游平原区农田保护及丘岗水土流失综合防治，维护水质及人居环境。保护与建设大别山-桐柏山山地丘陵区森林植被，提高水源涵养能力，实施以坡改梯及配套水系工程和发展特色产业为核心的综合治理。优化长江中游丘陵平原区农业产业结构，保护农田，维护水网地区水质和城市群人居环境。加强江南山地丘陵区坡耕地、坡林地及崩岗的水土流失综合治理，保护与建设河流源头区水源涵养林，培育和合理利用森林资源，维护重要水源地水质。保护浙闽山地丘陵区耕地资源，配套坡面排蓄工程，强化溪岸整治，加强农林开发水土流失治理和监督管理，加强崩岗和侵蚀劣地的综合治理，保护好河流上游森林植被。保护和建设南岭山地丘陵区森林植被，提高水源涵养能力，防治亚热带特色林果产业开发产生的水土流失，抢救岩溶分布地带土地资源，实施坡改梯，做好坡面径流排蓄和岩溶水利用。保护华南沿海丘陵台地区森林植被，建设清洁小流域，维护人居环境。

10.2.6 西南紫色土区

西南紫色土区是以紫色砂页岩风化物为优势地面组成物质的区域，分布于秦岭、武当山、大巴山、巫山、武陵山、岷山、汉江谷地、四川盆地等地区。本区大部分位于我国第二级阶梯，山地、丘陵、谷地和盆地相间分布，主要涉及长江上游干流，以及岷江、沱江、嘉陵江、汉江、丹江、清江、澧水等河流。该区属亚热带湿润气候区，大部分地区年均降水量 800～1400mm。土壤类型以紫色土、黄棕壤和黄壤为主。植被类型以亚热带常绿阔叶林、针叶林及竹林为主，林草覆盖率 57.84%。区域耕地总面积为 1137.8 万 hm²，其中坡耕地面积为 622.1 万 hm²。水土流失面积为 16.2 万 km²，以水力侵蚀为主，局部地区山地灾害频发。

西南紫色土区是我国西部重点开发区和重要的农产品生产区，也是重要的水电资源开发区和有色金属矿产生产基地，是长江上游重要水源涵养区。区内有三峡水库和丹江口水库，秦巴山地是嘉陵江与汉江等河流的发源地，成渝地区是全国统筹城乡发展示范区以及全国重要的高新技术产业、先进制造业和现代服务业基地。该区人多地少，坡耕地广布，水电、石油天然气和有色金属矿产等资源开发强度大，水土流失严重，山地灾害频发，是长江泥沙的策源地之一。

西南紫色土区发展战略是加强以坡耕地改造及坡面水系工程配套为主的小流域综合治理，巩固退耕还林还草成果；实施重要水源地和江河源头区预防保护，建设与保护植被，提高水源涵养能力，完善长江上游防护林体系，构筑秦岭-大别山-天目山水源涵养生态维护预防带、武陵山-南岭生态维护水源涵养预防带；积极推行重要水源地清洁小流域建设，维护水源地水质；防治山洪灾害，健全滑坡泥石流预警体系；加强水电资源及经济开发的水土保持监督管理。

巩固秦巴山山地区治理成果，保护河流源头区和水源地植被，继续推进小流域综合治理，发展特色产业，加强库区移民安置和城镇迁建的水土保持监督管理。保护武陵山山地丘陵区森林植被，大力营造水源涵养林，开展坡耕地综合整治，发展特色旅游生态产业。强化川渝山地丘陵区以坡改梯和坡面水系工程为主的小流域综合治理，保护山丘区水源涵养林，建设沿江滨库植被带，注重山区山洪、泥石流沟道治理。

10.2.7　西南岩溶区

西南岩溶区是以石灰岩母质及土状物为优势地面组成物质的区域，主要分布于横断山山地、云贵高原、桂西山地丘陵等。该区地质构造运动强烈，横断山地为一二级阶梯过渡带，水系河流深切，高原峡谷众多；区内岩溶地貌广布，主要河流涉及澜沧江、怒江、元江、金沙江、雅砻江、乌江、赤水河、南北盘江、红水河、左江、右江。该区大部分属于亚热带和热带湿润气候，大部分地区年均降水量 800～1600mm。土壤类型主要分布有黄壤、黄棕壤、红壤和赤红壤。植被类型以亚热带和热带常绿阔叶林、针叶林以及针阔混交林为主，干热河谷以落叶阔叶灌丛为主，林草覆盖率 57.80%。区内耕地总面积为 1327.8 万 hm²，其中坡耕地面积为 722.0 万 hm²。水土流失面积为 20.4 万 km²，以水力侵蚀为主，局部地区存在滑坡、泥石流。

西南岩溶区是少数民族聚居区，是我国水电资源蕴藏最丰富的地区之一，是重要的有色金属及稀土等矿产基地，是重要的生态屏障。黔中和滇中地区是国家重点开发区，滇南是华南农产品主产区的重要组成部分。该区岩溶石漠化严重，耕地资源短缺，陡坡耕地比例大，工程性缺水严重，农村能源匮乏，贫困人口多，山区滑坡、泥石流等灾害频发，水土流失问题突出。

西南岩溶区发展战略是改造坡耕地和建设小型蓄水工程，强化岩溶石漠化治理，保护耕地资源，提高耕地资源的综合利用效率，加快群众脱贫致富。注重自然修复，推进陡坡耕地退耕，保护和建设林草植被。防治山地灾害。加强水电、矿产资源开发的水土保持监督管理。

加强滇黔桂山地丘陵区坡耕地整治，实施坡面水系工程和表层泉水引蓄灌工程，保护现有森林植被，实施退耕还林还草和自然修复。保护滇北及川西南高山峡谷区森林植被，实施坡改梯及配套坡面水系工程，提高抗旱能力和土地生产力，促进陡坡退耕还林还草，加强山洪泥石流预警预报，防治山地灾害。保护和恢复滇西南山地区热带森林，治理坡耕地及橡胶园等林下水土流失，加强水电资源开发的水土保持监督管理。

10.2.8　青藏高原区

青藏高原区以高原草甸土为优势地面组成物质的区域，主要分布于祁连山、唐古拉山、巴颜喀拉山、横断山脉、喜马拉雅山、柴达木盆地、羌塘高原、青海高原、藏南谷地。该区以高原山地为主，宽谷盆地镶嵌分布，湖泊众多。主要河流涉及黄河、怒江、澜沧江、金沙江、雅鲁藏布江。青藏高原区从东往西由温带湿润区过渡到寒带干旱区，大部分地区年均降水量 50～800mm。土壤类型以高山草甸土、草原土和漠土为主。植被类型以温带高寒草原、草甸和疏林灌木草原为主，林草覆盖率 58.24%。区域耕地总面积为104.9 万 hm²，其中坡耕地面积为 34.3 万 hm²。在以冻融为主导侵蚀营力的作用下，冻融、水力、风力侵蚀广泛分布，水力侵蚀和风力侵蚀总面积为 31.9 万 km²。

青藏高原区是我国西部重要的生态屏障，也是我国高原湿地、淡水资源和水电资源最为丰富的地区。青海湖是我国最大的内陆湖和咸水湖，也是我国七大国际重要湿地之一；三江源是长江、黄河和澜沧江的源头汇水区，湿地、物种丰富。该区地广人稀，冰川退化，雪线上移，湿地萎缩，植被退化，水源涵养能力下降，自然生态系统保存较为完整但极端脆弱。

青藏高原区发展战略是维护独特的高原生态系统，加强草场和湿地的预防保护，提高江河源头水源涵养能力，治理退化草场，合理利用草地资源，构筑青藏高原水源涵养生态维护预防带，综合治理河谷周边水土流失，促进河谷农业生产。

加强柴达木盆地及昆仑山北麓高原区预防保护，保护青海湖周边的生态及柴达木盆地东端的绿洲农田。强化若尔盖-江河源高原山地区草场和湿地保护，防治草场沙化退化，维护水源涵养功能。保护羌塘-藏西南高原区天然草场，轮封轮牧，发展冬季草场，防止草场退化。实施藏东-川西高山峡谷区天然林保护，改造坡耕地，陡坡退耕还林还草，加强水电资源开发的水土保持监督管理。保护雅鲁藏布河谷及藏南山地区天然林，建设人工草地，保护天然草场，轮封轮牧，实施河谷农区小流域综合治理。

10.3 远 景 展 望

紧紧围绕水土资源的可持续利用和生态环境的可持续维护的根本目标，根据生态文明建设和全面建成小康社会的新要求，到 2050 年，建成完善的水土流失综合防治体系，实现全面预防保护，适宜治理的水土流失得到全面治理，林草植被得到全面保护与恢复，生态系统良性循环。形成完善的全国水土保持法律法规体系和水土保持法配套法规，通过强有力的监督执法全面控制人为水土流失。建成完善的水土保持监测与评价体系，实现水土保持全过程信息化，提供高效高水平的水土保持社会管理、公共服务。

本 章 参 考 文 献

［1］ 刘震. 全国水土保持规划主要成果及其应用［J］. 中国水土保持，2015（12）：1-4.

［2］ 鲁胜力，王治国，张超. 努力构建我国水土保持生态建设新格局［J］. 中国水土保持，2015（12）：21-23.

［3］ 全国水土保持规划编制工作领导小组办公室，水利部水利水电规划设计总院. 中国水土保持区划［M］. 北京：中国水利水电出版社，2016.

［4］ 王治国，张超，孙保平，等. 全国水土保持区划概述［J］. 中国水土保持，2015（12）：12-17.

［5］ 王治国，张超，纪强，等. 全国水土保持区划及其应用［J］. 中国水土保持科学，2016，14（6）：101-106.